Die Wunder der Sternenwelt

Die
Wunder der Sternenwelt

Ein
Ausflug in den Himmelsraum

Für die Gebildeten aller Stände und alle Freunde der Natur

von

Dr. Otto Ule

Neu herausgegeben

von

Prof. Dr. Hermann J. Klein

Sechste, mit der fünften gleichlautende Auflage

Mit 121 Textabbildungen und 4 Tafeln

Springer-Verlag Berlin Heidelberg GmbH

1913

Additional material to this book can be downloaded from http://extras.springer.com

ISBN 978-3-662-23897-4   ISBN 978-3-662-26009-8 (eBook)

DOI 10.1007/978-3-662-26009-8

Softcover reprint of the hardcover 1st edition 1913

Spamerfche Buchdruckerei in Leipzig

Aus dem Vorwort zur erften Auflage.

Das Denken ift mehr wert als das Gedachte! Nicht die Ergebniffe der Wiffenfchaft find es, welche die wahre Volksbildung bedingen; es gehört dazu vor allem die Erkenntnis der Wege, auf denen fie erreicht find. Daß man von dem Bau des Himmels, von der Ordnung und dem Dafein der Geftirne, von den Entdeckungen der Aftronomen erfährt, dafür forgen Schule und Zeitungen. Aber die Vermittelung kommt nicht von felbft. Den Zahlen, Maßen und Gefetzen des Weltgebäudes fehlt der begründende Boden der Erkenntnis; man glaubt an die feinen Beobachtungen und fcharffinnigen Rechnungen der Aftronomen, aber man begreift fie nicht.

Der Menfch ift ein Ganzes. Auch das Gefühl will einen Anteil an der Erkenntnis haben; darum muß fich die Form mit dem Inhalt, die Schönheit mit der Wahrheit vermählen. Selbft der fittliche Wille des Menfchen will der Natur nicht berührungslos gegenüberftehen; er verlangt nach einem Einklange feiner Gefetze mit denen des Alls, nach einer lebendigen Geftaltung der außen wirkenden Gedanken und Kräfte in feinem Inneren.

Solche Gefichtspunkte machen freilich die Aufgabe eines für das Volk fchreibenden Darftellers fehr fchwierig. Die bloße Kenntnis des wiffenfchaftlichen Stoffs reicht nicht mehr hin, neue Kräfte müffen wach gerufen werden. „Wer mir feine Kenntniffe in fchulgerechter Form überliefert", fagt Schiller, „der überzeugt mich zwar, daß er fie richtig faßte und zu behaupten weiß; wer aber zugleich imftande ift, fie in einer fchönen Form mitzuteilen, der beweift nicht nur, daß er dazu befähigt ift, fie zu erweitern, er beweift auch, daß er fie in feine Natur aufgenommen und in feinen Handlungen darzuftellen fähig ift. Nichts, als was in uns felbft fchon lebendige Tat ift, kann es außer uns werden, und es ift mit Schöpfungen des Geiftes wie mit organifchen Bildungen: nur aus der Blüte geht die Frucht hervor." Sollte ich diefen Maßftab des großen Dichters an meine Schöpfung legen, fo möchte ich vollends zweifeln, ob ich mein Ziel erreicht habe.

Jedenfalls ift es meine Abficht gewefen, in diefem Werke eine umfaffende, anfchauliche Darftellung der gefamten Wiffenfchaft des Himmels zu geben. Vollftändigkeit des Inhalts, foweit fie nur irgend für die Zwecke allgemeiner Bildung möglich ift, Deutlichkeit im Aufzeigen der Wege der Forfchung, Überfichtlichkeit in der Verknüpfung der Einzelheiten zu einem geordneten Ganzen, das waren Gegenftände meines redlichften Strebens.

In bezug auf die Formgebung war es meine Abficht, die aftronomifche Wiffenfchaft unter der Form von Wanderungen durch den Himmelsraum darzuftellen. Eine Berechtigung dazu glaubte ich in der Wiffenfchaft felbft zu finden. Sie ift ja offenbar das Refultat folcher feit Jahrtaufenden fortgefetzten Eroberungszüge des Gedankens. Reiche Schätze wurden von jedem Zuge heimgebracht, gefammelt, geordnet, durch neue Beobachtungen geprüft, durch die Rechnung unter Gefetz und Syftem gebracht. Gerade wenn ich die Wege der Forfchung darlegen, die Mittel zur Erlangung diefer ftaunenswerten Refultate zur Anfchauung bringen wollte, dann konnte ich es nicht beffer, als wenn ich den Lefer felbft auf folche Wanderungen hinausführte. Hierzu kam ein zweiter Gefichtspunkt, der mich noch mehr beftimmte. Gerade durch diefe Form von Wanderungen wurde meiner Darftellung der Charakter eines geordneten fyftematifchen

Ganzen in natürlichster Weise aufgedrängt. Es wurde mir möglich, Schritt vor
Schritt die Anschauung des Lesers zu erweitern und ihm zugleich in den zurück=
gelegten Wegen wie in den gesammelten Erfahrungen einen Maßstab für die immer
endloser sich ausdehnenden Räume des Alls zu bewahren. Endlich aber zeigte
sich mir in dieser Form ein Vorteil, sofern ich meine Darstellung in die Weise
des Vortrags kleiden mußte. Es liegt immer etwas besonders Anregendes darin,
daß man beständig diejenigen vor Augen hat, welche man belehren will. Man
liest gleichsam die Fragen und Zweifel auf den Gesichtern der Umgebung; man
kann es nicht über sich gewinnen, schwierigere Gegenstände leicht abzufertigen oder
gar zu umgehen; man wird unbewußt anschaulicher und eindringlicher.

Ich glaube nicht, daß ich solche Vorteile durch die angedeutete Form zu
teuer erkaufte. Freilich bedurfte die Ausführung großer Vorsicht. Die Dar=
stellung konnte leicht an das Belletristische streifen, und die Sprache der Belle=
tristik ist nicht die Sprache der Wissenschaft. Der Gelehrte soll Gelehrter bleiben,
auch wenn er zum großen Publikum spricht. Aber ich glaube der Würde der
Wissenschaft nichts vergeben, durch mein ganzes Werk mir das Bewußtsein eines
Vertreters der Wissenschaft treu bewahrt zu haben. Darum ließ ich bereits in
den ersten vorbereitenden Kapiteln meine ideale Reisegesellschaft allmählich in
das große lesende Publikum aufgehen; darum ließ ich selbst diesem gegenüber
im weiteren Verlaufe des Buches das subjektive Verhältnis des Lehrers und
Führers nur da noch hervortreten, wo es mir eines Ruhepunktes für den Leser
nach einer überwältigenden Fülle von Denkanstrengungen zu bedürfen schien.

Meine Einleitung ist eine Einladung. Ich rolle zunächst das Gemälde des
unendlichen Raumes auf, das der Schauplatz unserer Wanderungen sein soll.
Ich leite dann das Auge an, sich in der äußeren Erscheinung zurechtzufinden,
welche diese Welt im Himmelsgewölbe darbietet. Ich lehre endlich sehen und
beobachten und gewähre damit die einzig möglichen Mittel zu einem Auf=
schwung in jene Räume. Nach diesen Vorbereitungen erst beginnen die wissen=
schaftlichen Wanderungen selbst.

Ernste Wissenschaftlichkeit, Streben nach Klarheit und Anschaulichkeit, strenge
Ordnung, Gleichmäßigkeit und innere Einheit wird man meinem Buche nicht
absprechen. Gelingt es ihm, Freunde für die Wissenschaft zu gewinnen, ihr
Verständnis zu verbreiten, die Teilnahme an ihren Bestrebungen, Forschungen
und Entdeckungen rege zu machen, so hat es seinen Beruf erfüllt.

Halle. **Dr. Otto Ule.**

Vorwort zur vierten Auflage.

Seit dem Erscheinen der dritten Auflage dieses Werkes sind auf dem Ge=
biete der Sternkunde so zahlreiche neue Ergebnisse gewonnen worden, daß das
ganze Werk einer völligen Umarbeitung unterzogen werden mußte. Ich habe
mich redlich bemüht diese Neubearbeitung durchaus im Geiste der ursprünglichen
Darstellung zu halten, und hoffe, daß die vorliegende neue Auflage denselben
freundlichen Empfang im täglich größer werdenden Kreise der Freunde der
Himmelskunde finden möge, den die früheren Auflagen gefunden haben.

Köln=Lindenthal. **Prof. Dr. Hermann J. Klein.**

Inhalt.

Erstes Buch.
Vorbereitungen zum Ausflug in den Himmelsraum.

		Seite
Einleitung		3
Erstes Kapitel: Der Weltraum		8
Zweites Kapitel: Die Sternbilder		14
Drittes Kapitel: Das Fernrohr		20
Viertes Kapitel: Die tägliche Bewegung des Himmels		31
Fünftes Kapitel: Die jährliche Bewegung des Himmels		44

Zweites Buch.
Die planetarische Welt.

Erstes Kapitel: Eine Mondnacht		65
Zweites Kapitel: Der Mond		85
Drittes Kapitel: Die Sonne		113
Viertes Kapitel: Die sonnennahen Planeten		141
Fünftes Kapitel: Die Planetoiden		156
Sechstes Kapitel: Die sonnenfernen Planeten		167
Siebentes Kapitel: Die Kometen		199
Achtes Kapitel: Die Meteor=Asteroiden		213
Rückblick auf das Planetensystem		227

Drittes Buch.
Die Fixstern= und Nebelwelt.

Erstes Kapitel: Eine Sternennacht		243
Zweites Kapitel: Die Eigenbewegungen der Fixsterne		250
Drittes Kapitel: Die veränderlichen und die neuen Sterne		256
Viertes Kapitel: Die Grenzen der Fixsternwelt		263
Fünftes Kapitel: Die Doppelsterne und die mehrfachen Sterne		270
Sechstes Kapitel: Das Fixsternsystem		280
Siebentes Kapitel: Die Nebelflecke und die Nebelsterne		291
Schluß: Rückkehr zur Erde		298
Register		311

Tafeln in Farbendruck

Protuberanzen der Sonne, betrachtet am 17. Mai 1882 . . . . zu Seite 134
Die Hemisphären des Mars 1879 . . . . „ 152
Karte des nördlichen Sternenhimmels . . . . „ 310
Karte des südlichen Sternenhimmels . . . . „ 310

Erstes Buch

Vorbereitungen zum Ausflug in den Himmelsraum

Einleitung.

Es ist erstaunlich, wie viele einsichtsvolle Menschen es gibt, die um keinen Preis für ganz unwissend in der heutigen Astronomie gehalten werden möchten und die doch nie mit einiger Aufmerksamkeit zum Himmelsgewölbe aufgeblickt, die aus eigener Erfahrung nicht ein Wort von den mancherlei Bewegungen, die sich daran zeigen, zu sagen vermöchten. Es gibt Tausende und Hunderttausende, die an manchem Abende eine lange Reihe von Jahren hindurch zum klaren Sternenhimmel aufschauten und nichts weiter aus dem Anblicke dieses herrlichen Gemäldes zurückbehalten haben, als daß dort in allen Richtungen eine Menge schimmernder oder funkelnder Punkte sich zeigt. Ob aber diese Punkte ihre Stellung untereinander verändern oder nicht, ob das ganze Himmelsgewölbe still zu stehen scheint oder als ein Ganzes sich dreht, ob alle die Sterne, die sie um 6 Uhr abends sahen, ebenso sichtbar sind um 12 Uhr nachts, ob die Sterne auf= und untergehen, wie Sonne und Mond, ob sie im Osten oder Nordosten oder sonstwo aufgehen, ob einzelne Sterne sich gelegentlich rückwärts oder vorwärts bewegen, und in welcher Gegend des Himmels sie erscheinen, ob dieselben Sternbilder im Sommer und Winter sichtbar sind? — — alle diese Fragen können viele beantworten, nämlich aus astronomischen Lehr= und Handbüchern, aber nur selten jemand aus eigner Anschauung, eigner Beobachtung! Und doch liegt in diesen Fragen die Grammatik des Himmels, ohne welche keine astronomische Schrift, möge sie noch so interessant, geistreich und zugleich populär sein, wahrhaft verstanden werden kann.

Die Herrlichkeiten des Himmels sind bis zu einem gewissen Grade über= aus leicht, weil ohne besondere Instrumente, zugänglich, und es ist ein großes Vorurteil, zu glauben, daß die wahren Wunder des Himmels nur den wenigen zu schauen vergönnt seien, die ihr Auge an ein Riesenteleskop bringen können. Gerade der Umstand, daß der gestirnte Himmel sich gewissermaßen von selbst darbietet und zum Nachdenken anregt, ist auch die Veranlassung, daß die

Astronomie in ihren Anfängen bis in die ältesten Zeiten der menschlichen Bildung hinaufreicht. Von diesen ersten Spuren der Sternkunde bis zu einer wissenschaftlichen Behandlung der himmlischen Erscheinungen ist natürlich ein sehr weiter Weg; aber bereits die alten Babylonier und Ägypter haben das Gesetzmäßige mancher Himmelserscheinungen klar erkannt. Auch in China ist man früh auf astronomische Beobachtungen gekommen, und Aufzeichnungen über dort beobachtete Sonnenfinsternisse reichen bis ins dritte Jahrtausend vor Chr. hinauf. Die hochgebildeten Griechen haben dagegen die Sternkunde nur wenig gepflegt; sie waren keine Beobachter, und philosophisches Nachsinnen allein vermag auf dem wissenschaftlichen Gebiete nicht zu praktischen Wahrheitsermittelungen vorzudringen. Zu wirklicher Blüte gelangte die Sternkunde erst am Hofe der für Kunst und Wissenschaft begeisterten Ptolemäer in Ägypten. Hier beobachtete Hipparchos (geb. 160, gest. 125 v. Chr.), der „Schöpfer der wissenschaftlichen Astronomie", und suchte die Art der Bewegungen von Sonne und Mond zu ergründen. Auf seinen Forschungen baute Claudius Ptolemäus (um 150 v. Chr.) weiter fort, ersann sein vielgenanntes Weltsystem des Scheines und verfaßte auch den sogenannten „Almagest", das astronomische Hauptwerk des Altertums. Im siebenten Jahrhundert unsrer Zeitrechnung aber, seit den Eroberungszügen der Araber, sank die alexandrinische Wissenschaft, um sich nie wieder zu erheben. Dafür blühte nach kurzem Schlummer die Himmelskunde bei den Tataren auf, und selbst Nachfolger des Propheten zeichneten sich als eifrige Beobachter aus. Düstere Nacht der Unwissenheit deckte in jenen Jahrhunderten das Abendland. Erst im dreizehnten Jahrhundert treffen wir auf Alfons von Kastilien, (geb. 1221, gest. 1284), welcher sich um die Sternkunde ein bleibendes Verdienst dadurch erwarb, daß er mit großem Aufwande von Fleiß und Geld die Ptolemäischen Planetentafeln verbesserte.

In Deutschland wirkten Peurbach (geb. 1423, gest. 1461) und dessen großer Schüler Regiomontanus (Johann Müller) für die Fortbildung unsrer Wissenschaft.

Inzwischen ging aber im fernen Osten unsres Vaterlandes, zu Thorn an der Weichsel, dasjenige Gestirn am Horizont der Himmelskunde auf, mit dessen Erscheinen eine neue Weltordnung ihren Anfang nimmt: Nikolaus Kopernikus (1473 bis 1543) setzte die Sonne als Weltleuchte auf den Thron und hieß den Erdball mit all seinen Planetengeschwistern um sie in harmonischem Reigen sich schwingen. Lernend und lehrend hatte dieser Schöpfer der neueren Astronomie verschiedene Länder durchzogen, bis er endlich in Frauenburg Domherr wurde und die Beobachtung der Himmelserscheinungen in seinen Mußestunden pflegte und förderte.

Die Wahrheit der Bewegung unsrer Erde um die Sonne war freilich schon früher ausgesprochen worden und Kopernikus selbst sagt: „Ich fand zuerst bei Cicero, daß Hicetas gemeint habe, die Erde bewege sich; und daß auch andre dieser Meinung gewesen, ersah ich aus einer Stelle des Plutarch. Das waren aber alles nur vage Vermutungen.

Zur Gewißheit der Erdbeweguug gelangte erst Kopernikus durch fort=
gesetzte Beobachtungen, wozu er sich die erforderlichen Instrumente selbst ver=
fertigte. Das bedeutendste seiner Werke, an welchem er zwanzig Jahre lang
arbeitete, handelt in sechs Büchern von den „Verläufen der Himmelskörper“,
und es war dem Verfasser desselben noch vor seinem Hinscheiden Mitte Mai
1543 vergönnt, einen Blick auf den ersten gedruckten Bogen dieses unsterblichen
Buches zu werfen; darauf schlossen sich seine Augen für immer. — Drei Jahre
nach dem Tode dieses Begründers der neueren Astronomie erblickte das Licht
der Welt Tycho Brahe (geb. 1546, gest. 1601), der sich ein großes Verdienst
und seinen Platz in der Geschichte unsrer Wissenschaft dadurch gesichert, daß er
den Lauf, d. h. die Stellungen des Mars am Himmel schärfer bestimmte und
so seinem Nachfolger Johannes Kepler das Material zu dessen unsterb=
lichen Entdeckungen lieferte.

Zu Weil im Württembergischen 1571 geboren, studierte Kepler in Tübingen,
wirkte als Lehrer der Mathematik in Steiermark und fertigte Kalender; er mußte
jedoch als Protestant seine dortige Stellung aufgeben und ging dann nach Prag,
um Tycho zu unterstützen. Hier entdeckte er sein erstes und zweites Gesetz der
Planetenbewegungen. Trübe Familienverhältnisse und unzureichendes Aus=
kommen bestimmten ihn, eine Lehrerstelle in Linz anzunehmen; dort entdeckte
er das dritte seiner großen Gesetze. Abermals seines Glaubens halber vertrieben,
fand er Aufnahme bei dem sterngläubigen Wallenstein, der ihm zwar ein aka=
demisches Lehramt in Rostock gewährte, aber nicht für Zahlung des Gehaltes
sorgte. In Kummer und Elend starb Kepler 1630 zu Regensburg, wohin er
gegangen, um vom Reichstage seinen seit Jahren rückständigen Gehalt zu er=
bitten. Weniger unglücklich als Kepler war sein Zeitgenosse Galileo Galilei.
Zu Pisa 1564 geboren lebte er teils in dieser Stadt, teils in Padua als Lehrer
der Mathematik und förderte nicht nur durch die Entdeckung der Gesetze des
freien Falles wie der Pendelbewegung ganz wesentlich die Fortentwickelung der
physikalischen Wissenschaft. Das Fernrohr, von dessen Konstruktion er zufällig
erfuhr, erschloß seinem Auge neue Pforten, durch welche es in ferne Welten
drang, und Galilei ist der erste Erdgeborene, der die Monde des Jupiter, die
Phasen des Merkur und der Venus, die Gebirge des Mondes und die Flecken
der Sonne gesehen. Durch die Verbesserung des Fernrohrs, wie sie zunächst
Christian Huygens erzielte, gelang es dann auch bald, die wahre Gestalt des
Saturn und einen seiner Trabanten zu ermitteln. Dieser berühmteste Mathematiker
und Physiker Hollands hat sich auch durch seine Studien über die Verwertung
des Pendels, besonders bei den Uhren, sowie durch seine Untersuchungen über
die Natur des Lichtes verdient gemacht.

Das Sterbejahr Galileis (1643) ist das Geburtsjahr von Isaak Newton.
Wenn Kopernikus nachwies, daß sich die Planeten um die Sonne bewegen,
Kepler uns zeigte, wie sie sich bewegen, so offenbarte Newton, warum sie sich
so und nicht anders bewegen. Schon als junger Mann soll er in seinem Ge=
burtsorte auf die ersten Gedanken gekommen sein, die Schwere als eine Kraft

zu betrachten, welche im ganzen Weltenraume herrscht und ebenso den Fall der Körper auf der Erde wie die Bewegung der Planeten bewirkt. Aber zwanzig Jahre dauerte es, ehe er die Ergebnisse seines Nachdenkens zu einer einheitlichen Theorie zusammenfassen konnte, wie sie sich in seinem unsterblichen Werke über die mathematischen Grundgesetze der Naturlehre dargelegt findet. Er starb hoch=betagt im Jahre 1727. Ein jüngerer Zeitgenosse und Landsmann des großen Briten, Edmund Halley (geb. 1656, gest. 1724), hat sich durch die Berechnung vieler Kometenbahnen bekannt gemacht, auch verdienstvolle Arbeiten über die Bewegung des Mondes und über die Sonnen=Parallaxe verfaßt. Ein andrer englischer Astronom, James Bradley (geb. 1692, gest. 1762), berühmt durch die Genauigkeit seiner Beobachtungen, führte die Lehre von der Aberration des Lichtes und der Nutation der Erdachse in unsere Wissenschaft ein.

Kopernikus, Kepler, Newton (zwei Deutsche und ein stammverwandter Brite) hatten den Bau und die Ordnung unsres Sonnensystems gelehrt; einem fran=zösischen Forscher blieb es vorbehalten, die Entstehung dieses Systems im Sinne einer allgemeinen Weltordnung zu entwickeln. Hierzu diente dem Marquis Pierre Simon de Laplace (geb. 1749, gest. 1827) eine kühn erfaßte von dem Königsberger Philosophen Immanuel Kant in ähnlicher Weise angeregte Gedankenreihe, welche er zwar unter teilweisem Widerspruch der Mitwelt, aber zur Befriedigung nachfolgender Forscher, in ihren Hauptpunkten kurz dargelegt hat. Seinem Zeitgenossen Friedrich Wilhelm Herschel (geb. 1738, gest. 1822), einem gebornen Deutschen, der aber in England sein glorreiches Leben unsrer Wissenschaft widmete, gelang es, das Rüstzeug zur Eroberung ferner Himmels=welten wesentlich zu vervollkommnen und von seinen Eroberungszügen dorthin große Ergebnisse in unsre irdische Heimat zurückzubringen. Mittels selbstge=schaffener Teleskope drang dieser Meister im Beobachten bis zu den fernen Grenzen unsrer Sonnenwelt wie in die Tiefen des Universums vor; er ent=deckte den Planeten Uranus, löste Nebelflecke in Sternhaufen auf und suchte, die Fixsternwelt erforschend, den Bau des Himmels zu ergründen.

So wetteiferten die größten Geister der heutigen Kulturvölker miteinander, den astronomischen Forschungen die möglichste Förderung angedeihen zu lassen. Zugleich entstanden vortrefflich eingerichtete Sternwarten, wie die zu Greenwich, Paris, Berlin, zu Pulkowa bei Petersburg, und es bildete sich die Kunst, astro=nomische Instrumente zu bauen (gefördert namentlich durch Joseph Fraun=hofer) zu immer größerer Vollendung aus. Auch die Mathematik machte, an=gespornt durch die Probleme welche die Astronomie ihr vorlegte, bedeutende Fortschritte. Den Ausbau des mathematischen Teiles der Himmelskunde haben gleichmäßig Deutsche, Engländer und Franzosen vollendet. Der größte aller Mathematiker, Karl Friedrich Gauß (geb. 1767, gest. 1855 zu Göttingen), löste u. a. in seiner „Theorie der Bewegung der himmlischen Körper" ein Pro=blem, das ebenso wichtig wie unlösbar dastand. Neben ihm führte Friedrich Wilhelm Bessel (geb. 1784, gest. 1846) zu Königsberg, die Kunst, möglichst fehlerfreier Beobachtung auf einer Höhe, die auch heute noch nicht überstiegen iſt. Reich an Verdienſt, beſonders als Lehrer der Aſtronomie, war Johann Franz Encke (geb. 1791, geſt. 1865), welcher 1825 als Direktor der Berliner Sternwarte berufen, viele wiſſenſchaftliche Abhandlungen, namentlich in dem von ihm geleiteten „Berliner aſtronomiſchen Jahrbuch" veröffentlichte, auch die Bahn des nach ihm benannten Kometen berechnete. Anderſeits haben der Fran= zoſe Joseph Leverrier (geb. 1811, geſt. 1881) und der Engländer John Adams mit der Spitze der Feder unſerm Sonnenſyſtem ein neues Glied zu= geführt, das ſie durch bloße Berechnung in dem ſpäter Neptun genannten Planeten ermittelten. Völlig neue Wege eröffneten ſich endlich in der zweiten Hälfte des 19. Jahrhunderts für die Sternkunde durch die Erfindung der Spektralanalyſe und der Photographie, welche ſpäter eingehend zu beſprechen ſind.

Wir haben hier in flüchtigen Zügen ein Bild geſchichtlicher Entwickelung der Aſtronomie; ich mußte freilich viele reiche und intereſſante Partien mit Stillſchweigen übergehen, weil noch die Vorkenntniſſe zum näheren Verſtändniſſe mangeln. Aber ſchon aus den wenigen Andeutungen, die ich jetzt geben konnte, wird klar geworden ſein, daß die Himmelskunde ehrwürdig durch ihr Alter, intereſſaut durch ihre Geſchichte und bewunderungswürdig durch ihre gegenwärtige Ausbildung daſteht. Und endlich möchte ich noch auf eine Tatſache von größter Wichtigkeit aufmerkſam machen, auf die nämlich, daß die Aſtronomie mehr als irgend eine andere Wiſſenſchaft dazu beigetragen hat, die Menſchheit geiſtig frei zu machen, ſie von der einſeitigen Verehrung des bloßen Wortkrames zu erlöſen und mit Hochachtung vor wirklichem Forſchen, mit Begeiſterung für die Ver= mehrung poſitiver Kenntniſſe zu erfüllen. Und ſo betrachtet darf denn auch ein Ausflug in den Himmelsraum zu den genußreichſten Reiſen gezählt werden.

Erstes Kapitel

Der Weltraum.

Und hätteft du den Ozean durchfchwommen,
Das Grenzenlofe dort erfchaut,
Dort fäheft du noch Well' auf Welle kommen,
Selbft wenn es dir vorm Untergange graut; —
Säh'ft Wolken ziehen, Sonne, Mond und Sterne. —
Nichts wirft du fehen in ewig leerer Ferne
Den Schritt nicht hören, den du tuft,
Nichts Feftes finden, wo du ruhft.

Schrankenlos dehnt fich nach allen Seiten hin der Luftozean aus, an deffen Grunde auf der Erdoberfläche, wir atmen. Steigen wir empor, fei es mühe= voll und langfam an den zerriffenen Felswänden der Alpen oder den Vulkan= kegeln der Kordilleren, oder anftrengungslos im gasgefüllten Ballon, fo gelangen wir in Schichten von zunehmend geringerer Dichte der Lufthülle, und endlich wird jedes weitere Auffteigen unmöglich, weil die Luft zu dünn ift, um dem Atmungsbedürfniffe lebender Wefen zu genügen. Das findet in einer Höhe von etwa einer deutfchen Meile ftatt; noch höher hinauf erreicht die Verdünnung der Luft rafch einen Grad, den wir in der Tiefe kaum mit unfern beften Luft= pumpen herftellen können. Und doch gehören diefe Luftteilchen zur Erde. Wie mag es erft jenfeit derfelben im eigentlichen Weltraum ausfehen? Könnten wir uns viele Meilen hoch in unferer Atmofphäre emporheben, fo würden wir das Blau des Himmels fchwinden fehen, dunkle, fchwarze Nacht würde uns umfangen, aus der in ungetrübtem, blendendem Glanze die fcharf begrenzte Sonnenfcheibe mitten in dem Heere der nicht mehr funkelnden, fondern ruhig glimmenden Sterne uns entgegenftrahlte. Solch eine ewige Sternennacht er= wartet uns tatfächlich im Weltraum. Tag und Nacht, wie fie uns Menfchen einzig taugen, auf fie verzichte, wer fich zu den Räumen des Äthers empor= fchwingt! Nacht und Schweigen, das ift der Charakter des Äthers; kein Laut, kein Ton dringt dort in unfer Ohr, kein Sonnenftäubchen durchzittert den fchweigenden, ruhenden Ozean!

Aber wie könnten wir diefen Raum ohne Luft, ohne Licht, ohne Laut durch= meffen! Etwa auf den Flügeln des Sturmwindes?

Der mag manchmal 30 m in einer Sekunde, er mag ganze Länder in wenigen Stunden durchtoben, aber für unfere himmlifchen Räume würde er nicht einmal zu einer Spazierfahrt taugen. Selbft zum nachbarlichen Monde würde er uns erft in 9 Monaten hinauftragen. Aber wir wollen weiter, viel weiter; wir haben keine Zeit, uns an folchen Schneckenfchritt zu binden. Haben wir etwa dreihundert Jahre zu leben, um auf den Flügeln des Sturm= windes auch nur zur Sonne zu kommen?

Hier stehen wir also anscheinend ratlos. Aber gerade so ratlos standen auch vor Jahrtausenden, unsere Vorfahren in mancher heiteren Sternennacht, sehnend den Blick zum Horizont gerichtet, wo vor kurzem der glühende Sonnenball niedersank. Da ward es ihnen plötzlich, als nahten hilfreiche Geister, als flüsterte es leise um sie: Wir sind Boten von dort oben, wir wollen euch tragen; versucht es nur, vertraut euch unsern zarten Wellen, und ihr werdet auf ihnen gleiten zu jenen Wunderwelten, von denen wir stammen! Wer seid ihr, himmlische Wesen? fragten unsere Ahnen erstaunt. Ihr saht uns oft, erwiderten sie; aber ihr achtetet unser nicht, ihr verstandet uns nicht, weil ihr die Sehnsucht nicht kanntet. Wir sind die Lichtstrahlen jener Welten, die auf den Wellen des Äthers hin und wieder schweben. Nun begannen sinnreiche Versuche, die Lichtstrahlen einzuspannen und zu benutzen. Hatte es aber schon Jahrhunderte lang gefahrvoller Mühen bedurft, die groben und schweren Wellen des Meeres unter die Herrschaft des Menschen zu beugen, so war es doch noch schwieriger, den flüchtigen Ätherwellen beizukommen. Endlich aber war die Kunst ihrer Zähmung gefunden. Getrost schwang man sich auf den Rücken des Lichtstrahls, und kaum eine Sekunde dünkte verflossen, da war man bereits am Monde vorübergesaust; nur wenige Minuten weiter, da schwebte schon der ungeheure Sonnenball vor den erstaunten Blicken. Bald entschwand auch dieser wieder, und immer tiefer tauchte der Mensch vom Lichtstrahle getragen in die Nacht des unendlichen Raumes. Die Planeten flogen vorüber gleich den Wärterhäuschen an einer Eisenbahn; er durchschnitt einen Schwarm zahlloser Feuerkugeln und Sternschnuppen; er eilte vorüber an den Planetoiden, dann an dem mächtigen Balle des Jupiter und seinen Monden, am Saturn mit seinen seltsamen Ringen, am Uranus und nahte dem äußersten Planeten unsres Sonnensystems, dem Neptun. Über $4\frac{1}{4}$ Stunden waren verflossen, seit er mit seinem ätherischen Rosse von der Erde aufbrach, und noch schimmerte ein reiches Ziel in unendlicher Ferne.

Ohne Rast eilte er weiter. Er stürzte sich in das Gewühl der zahllosen Kometen, die nach allen Seiten hin jene Räume durchstreifen; er tauchte in ihre Millionen Meilen langen Schweife und ergötzte sich an den seltsamen Gestalten und dem luftig zarten Stoff ihrer Kerne; er grüßte den gesegneten Kometen des Jahres 1811 mit seinem prachtvollen Doppelschweife, der wie ein glänzender Schleier dessen Kopf umwallte. Er drang mitten durch das Herz des gefürchteten Kometen von 1556, der einst Kaiser Karl V. zur Niederlegung seiner Krone bestimmte. Tagelang sauste er, vom Lichtstrahle getragen, in schwindelndem Fluge dahin, und immer wieder tauchten neue Kometen in den Tiefen des Raumes auf, Kometen, die vielleicht erst nach Jahrtausenden irdischem Auge erscheinen werden. Trotz des schwindelnden Fluges waren also noch nicht einmal die Grenzen unsres Sonnengebietes erreicht.

Da schaute er zurück auf das Weltengewühl, das er verlassen, auf die Tausende bunter Weltenformen, hier in dichte, schwere Kugeln geballt, dort ätherisch leicht in ungeheure Räume ausgedehnt, alle von einer Ordnung, einem Willen umfaßt, alle einer mächtigen Herrscherin, der Sonne, huldigend und sie umkreisend, wie an unsichtbaren Fäden gezogen. Endlich schwanden auch die letzten vereinzelten Wanderer dieses Reiches hinter dem kühnen Lichtreisenden. Eine fremde Welt nahm ihn auf. Der Flug des Lichtes erlahmte fast in dieser weiten Einöde, und noch immer derselbe Sternenschimmer in derselben nebelnden Ferne! — Was ist das für ein glänzender Stern dort gerade vor uns, dem wir entgegen zu eilen scheinen? fragt er seinen ätherischen Freund. — Den solltest du doch kennen, flüsterte der Lichtstrahl, deine irdischen Brüder im Süden sind ja so stolz auf diesen funkelnden Schmuck ihres Himmels, den prächtigen Stern des Centauren! Das ist zudem unser nächstes Reiseziel, der erste Ruhepunkt, den wir in weitem Umkreise finden werden. Viertehalb eurer Erdenjahre sind freilich verflossen, seit diese Lichtstrahlen, die hier an uns vorübergleiten, von jener Nachbarwelt ausgingen. — Viertehalb Jahre? fragt der Wanderer erstaunt. — Wie lange soll denn unser Flug währen, bis wir in die schimmernden Nebel der Milchstraße eintauchen, die mir noch immer gerade so fern dünkt, als sie mir auf Erden schien? — Wohl tausend Jahre, erwiderte der Lichtstrahl gleichgültig — eine Kleinigkeit für uns Kinder der Unendlichkeit! — Aber eine Ewigkeit für uns Kinder der Erde! rief der kühne Himmelsstürmer erschreckt, und der Flug des Lichtes, der ihm eben noch Schwindel erregte, dünkte ihm jetzt nur noch ein langweilig schleichender Schneckenschritt. — Warum wagst du dich in diese Räume, wenn die Ewigkeit dich schreckt? — spottete der Lichtstrahl. Sieh, tausend Jahre lang fliegen wir von einem Ende des schimmernden Sternenhimmels über dir zum andern. Und jenseits grüßen uns wieder neue, größere Weltensysteme.

Nicht umsonst sollst du gewarnt haben, dachte der Mensch, und erinnerte sich jener schönen nordischen Sage, welche den schnellsten Läufer des erd- und meererschütternden Tor durch einen unbekannten Gegner im Wettlaufe besiegen läßt. Dieser unbekannte schnellfüßige Sieger war der Gedanke! Du magst gut sein, rief er dem Lichtstrahl zu, als Bote von Welt zu Welt zu wandern und die Sehnsucht und das Leben der Welten zu verkünden; aber für den forschenden Menschengeist bist du ein träger Geselle. Nur der Gedanke mag diesen durch die Räume des Himmels tragen!

Auf flüchtigeren Schwingen schwebte der Mensch nun dahin zu den funkelnden Sternen. Erde und irdisches Maß waren vergessen. Frei schweifte er rechts und links, hier und dorthin, dem Zuge der Neugierde folgend. Riesige Sonnen, hundertmal an Glanz und Größe die heimische übertreffend, begegneten ihm; dichter und dichter scharten sich die Welten und vereinigten sich zu Gruppen, die in lustigem Tanze durcheinander wirbelten. Hin und wieder fing er wohl auch einen Lichtstrahl auf, der aus den fernen Nebelregionen herüber kam, er forschte ihn aus und erhielt Kunde auch von den Wundern jener Ferne, für welche die Phantasie vergeblich nach Bildern suchen würde. — —

Ich habe anscheinend ein Märchen erzählt, aber es ist unser eignes Reisemärchen. Was ich von dem wunderbaren Fluge des Lichtes erzählte, war schon

nüchterne Prosa. Jene eigentümliche Wellenbewegung, die wir Licht nennen, wenn sie von den mitschwingenden Nerven unsres Auges empfunden wird, be=
sitzt in der Tat eine solche Geschwindigkeit, die von unsrer Phantasie nicht mehr erfaßt, von der Wissenschaft aber dennoch gemessen werden kann. Wir fragen, wie das möglich sei? Nun, denken wir uns eine Erscheinung am Himmel, die regelmäßig nach unabänderlichem Gesetze und, ohne ihren Ort wesentlich zu verändern, in bestimmten Zeiträumen sich wiederholt; denken wir uns dann, wir könnten während solcher Zwischenzeiten uns eine Strecke weit entfernen, so weit freilich, daß sie für die Geschwindigkeit des Lichtes noch von einiger

Der nächtliche Sternenhimmel in der Umgebung des Orion.

Bedeutung bliebe: so würden wir doch offenbar die wiederkehrende Erscheinung jedesmal etwas verspätet beobachten. Diese Verspätung nun würde im Ver=
hältnis zu der vergrößerten Entfernung natürlich die Geschwindigkeit des Lichtes messen. Eine solche Erscheinung gibt es in der Tat am Himmel, und sie ge=
währte schon vor vielen Jahren das Mittel zur Messung dieser geschwindesten aller Bewegungen. Dort oben im Südwesten steht der Jupiter, und in seiner Nähe hat uns das Fernrohr seine vier Monde gezeigt, die ihn nach ewigen Gesetzen umkreisen, gerade wie unser Mond die Erde, der nächste jedesmal in 42 Stunden 28 Minuten. Bei jeder Umkreisung tritt dieser Jupitersmond einmal in den Schatten seines gewaltigen Hauptplaneten; der Astronom sieht ihn sich verfinstern. Genau wie der Lauf des Mondes sollten nun auch diese

Verfinsterungen eintreten, und der Uhr und dem Auge des gewöhnlichen Be=
obachters würde es freilich auch so scheinen. Aber der Astronom sieht und
mißt schärfer. Der Däne Olof Römer beobachtete schon im J. 1675, daß
der Eintritt der Verfinsterung sich regelmäßig um 14 bis 15 Sekunden ver=
zögerte, wenn die Erde sich in ihrem Laufe vom Jupiter in gerader Richtung
entfernte. Was war also einfacher, als diese Verzögerung aus der Zeit zu er=
klären, welche das Licht des Jupiter und seines Mondes zum Durchlaufen
dieses größeren Raumes gebrauchte? Die Erde hatte sich aber in den
42 Stunden 28 Minuten um 4 425 000 Kilometer oder 590 000 Meilen ent=
fernt, das Licht hatte also in jeder Sekunde etwa 315 750 Kilometer oder
42 100 Meilen zurücklegen müssen. Das ist freilich eine Geschwindigkeit, wie
sie uns für irdische Verhältnisse kaum meßbar erscheint, die millionenmal die
Geschwindigkeit des Schalls, 10 000 mal den Flug der Erde übertrifft!

Die ungeheure, jede Vorstellung überbietende Geschwindigkeit des Lichtes
erscheint nach der Methode, welche ich in kurzen Umrissen schilderte, meßbar,
indem man den Lichtstrahl bei seiner Bewegung durch einen ungeheuer großen
Raum verfolgt. Aber dieses ungeheuren Raumes bedarf es bei uns gar nicht
einmal. Die Wissenschaft weiß nicht bloß den Flug des Lichtes für Strecken,
wie von der Sonne zur Erde, sondern für kurze irdische Strecken, für Strecken
von wenigen Metern zu messen. Denken wir, was das heißt! Eine solche
Strecke entspricht für den Flug des Lichtes ungefähr dem 10 000 000. Teile
einer Sekunde! Die Kunst dieser Messung beruht einfach in der Umwandlung
der Zeit in scheinbare Raumdistanzen, und das Mittel zu dieser Verwandlung
ist eine meßbare Bewegung von außerordentlicher Geschwindigkeit. Wir werden
leicht begreifen, daß man mit Hilfe zweckmäßig verbundener Zahnräder imstande
ist, Umdrehungen von außerordentlicher Geschwindigkeit hervorzubringen. Man
hat Apparate gebaut, in denen ein Zylinder in jeder Sekunde 1000—1500
Umläufe um seine Achse vollendet. Ist nun der Umfang eines solchen Zylinders
selbst wieder eingeteilt, etwa in 360 Grade, so entspricht jeder Teilstrich des
rotierenden Zylinders dem 360 000. resp. 540 000. Teile einer Sekunde.
Nimmt man das Mikroskop zu Hilfe, so kann man noch kleinere Teile unter=
scheiden, die also recht gut Zehn= und Hundertmillionteln der Sekunde entsprechen
können. Ist also ein Ereignis von außerordentlich kurzer Zeitdauer zu messen,
so genügt es, seinen Anfang und sein Ende sich selbst durch Marken, etwa
durch die von elektrischen Funken zurückgelassenen Punkte, verzeichnen zu lassen,
und der Abstand dieser Marken voneinander wird den sichersten Schluß auf
die verflossenen Zeitteilchen gestatten. Die Messung der Lichtgeschwindigkeit
erfordert statt des rotierenden Zylinders einen rotierenden Spiegel. Erzeugt
man nun an einer und derselben Stelle schnell hintereinander zwei Lichtblitze,
etwa zwei elektrische Funken, oder läßt man, wie es hier der Zweck erfordert,
einen solchen dicht vor dem rotierenden Spiegel erzeugten Funken von einem
2 m entfernten ruhenden Spiegel zurückwerfen und also nach einem Umwege
von 4 m auf dieselbe Stelle des rotierenden Spiegels zurückkehren, so werden

diese beiden Funken, in dem rotierenden Spiegel gesehen, nicht mehr an der=
selben Stelle erscheinen, wenn in der Zwischenzeit der Spiegel nur irgend
merklich seine Lage ändern konnte. Durch ein Fernrohr läßt sich aber der Ab=
stand dieser Bilder genau beobachten, der Winkel, unter dem sie erscheinen,
messen, die vom Spiegel durchlaufene Strecke und damit endlich die zwischen
ihren Erscheinungen verflossene Zeit berechnen. Als Ergebnis der auf diesen
und ähnlichen Wegen angestellten Versuche fand sich die Geschwindigkeit des
Lichtes zu 300 000 m in der Sekunde. Im Vergleich zu der ungeheueren
Ausdehnung des Himmelsraumes wird aber selbst der Lichtstrahl zu einem
hinkenden Boten.

Jene flimmernden Sterne sind nur noch die abgelösten Bilder einer tausend=
jährigen Vergangenheit, die Welten, die sie abspiegeln, sind vielleicht längst andre
geworden, einzelne vielleicht längst zertrümmert, und nur die kurzen Jahrtausende
unsrer Beobachtung erfuhren noch nichts davon. Könnten wir jeden Lichtstrahl,
der von dort herniederschießt, auf seinem schwindelnden Fluge begleiten, er würde
die ganze Geschichte des Weltalls wie ein Gemälde vor unsern Blicken aufrollen.
Wir würden da allen Lichtstrahlen begegnen, die von Augenblick zu Augenblick
seit Millionen Jahren bis heute von unsrer Erde und von den Sternenwelten
ausgegangen sind, und die uns die Bilder aller dieser Zeiten abspiegeln würden von
den wirbelnden Nebeln des ersten Chaos bis zu den Feuergeburten unsrer Erde.

Zweites Kapitel.

Die Sternbilder.

Er hat euch die Gestirne gesetzt
Als Leiter zu Land und See;
Damit ihr euch daran ergötzt,
Stets blickend in die Höh'!

Die Erdkugel ist unsre hohe Warte, und über uns breitet sich die ganze weite Himmelslandschaft aus, die wir durchwandern wollen. Wir schauen weit hinaus in dieses Land bis in verschwimmende Tiefen; aber es ist doch ein wesentlich andrer Eindruck, als der, welchen wir empfangen, wenn wir auf eine unsrer irdischen Hügellandschaften hinausschauen. Wir vermissen hier jede Perspektive; wir sehen wohl ein Nebeneinander der Dinge, aber empfinden nichts von ihrem Hintereinander; wir unterscheiden größere und kleinere Punkte, wagen aber nicht über wirkliche Größen- oder Entfernungsverhältnisse zu urteilen. Darum ist auch eine Himmelskarte für die wirklichen Raumverhältnisse des Himmels durchaus nicht das, was eine Landkarte für die räumlichen Verhältnisse eines Landes ist. Es ist gleichsam nur das Profil einer Landschaft, das uns darin dargestellt wird. Es sind nicht die wirklichen Entfernungen, nicht die wirklichen Größen, die wir hier verzeichnet finden, und die Figuren, welche die einzelnen Punkte hier miteinander bilden, müssen wir gleichsam nach der Tiefe hin auflösen, um eine Vorstellung von der Wahrheit zu gewinnen. Darum vermag uns eine solche Himmelskarte auf einer Wanderung durch die unendlichen Weiten der Himmelsräume auch nichts weiter zu leisten, als daß sie die gemachten Erfahrungen auf das ursprüngliche Bild, das der Himmel vom irdischen Standpunkte bietet, zurückzuführen gestattet.

Wer zum erstenmal eine Sternkarte zur Hand nimmt, ist überrascht von den seltsamen Bildern, die darauf gezeichnet sind, und es macht Mühe, in diesem bizarren Gemisch auch nur einzelne durch Punkte angedeutete Sterne am Himmel aufzufinden.

In diesen Sternbildern sehen wir die Bemühungen eines rohen Altertums, dem Gedächtnis bei der Erforschung des Himmels eine äußerliche Hilfe zu gewähren. Sie mögen zu einer Zeit entstanden sein, als man noch beständig den Himmel im Auge behielt und der Phantasie, die damals jede Aufzeichnung vertreten mußte, stets durch Anschauung zu Hilfe kommen konnte. Viele von ihnen gehören den ersten Anfängen der menschlichen Kultur an und tragen das Gepräge der Beschäftigungen und der Naturereignisse, deren einzige Verkünder und Ordner die Sterne damals waren.

Die Kultur hat zwar allmählich die Phantasie verwässert und die Bedeutung jener Bilder und ihrer Spuren am Himmel verwischt. Aber selbst über die Kataloge und Sternkarten der neueren wissenschaftlichen Astronomie ziehen die alten Bilder noch wie Schatten dahin. Dem Laien sind sie, was sie von Anfang an waren, noch immer die ersten Führer durch die Landschaft des Himmels.

Das einfachste Mittel, die Bilder der Sternkarte am Himmel aufzusuchen, besteht darin, die unbekannten Sterne mit den bekannten durch gerade Linien zu verbinden. Jeder kennt gewiß das Sternbild des großen Bären oder des großen Himmelswagen.

Das Sternbild des großen Bären.

Dieses Sternbild soll den Ausgangspunkt für unsre Rekognoszierungen am Himmel bilden. Denke man sich also zunächst die gerade Linie, welche die beiden äußersten hellen Sterne des großen Bären verbindet, nach Norden hin verlängert, so wird der Blick zu einem hellen Sterne hinüberschweifen, der den Endpunkt einer dem großen Bären ähnlichen, nur entgegengesetzt gerichteten Figur bezeichnet. Dieser Stern ist der Polarstern, das Sternbild aber heißt der kleine Bär. Wenn man nun durch den Polarstern eine Linie von dem ersten Schwanzsterne des großen Bären zieht, so trifft man auf eines der reichsten und glänzendsten Sternbilder des nördlichen Himmels, die Kassiopeia. Es sind fünf helle Sterne, welche in ihrer Anordnung ungefähr einem lateinischen W gleichen. Verbindet man die beiden letzten und hellsten dieser fünf Sterne durch eine gerade Linie, so gelangt man in der Richtung derselben zu einem ziemlich hellen Sterne, der mit zwei andern ein gleichschenkeliges Dreieck bildet, durch

welches das zwischen dem kleinen Bären und der Kassiopeia befindliche Stern=
bild des Cepheus kenntlich ist. Zieht man dann eine Linie von dem Polarsterne
über den letzten Stern der Kassiopeia hinaus, so trifft man abermals den hellsten
Stern eines glänzenden Sternbildes, der Andromeda. Man wird es stets an
den drei großen Sternen wieder erkennen, die unter sich ein ähnliches, gleich=
schenkeliges Dreieck, wie die Sterne des Cepheus, nur auf der entgegengesetzten
Seite der Kassiopeia, bilden. Endlich verfolge man nun auch die Richtung
dieses Dreiecks links nach Nordosten hin, und eines der prachtvollsten Stern=
bilder, der Perseus, wird uns entgegenleuchten. Man wird es auch leicht an
den beiden hellsten Sternen desselben merken können, die mit dem letzten hellen
Sterne der Andromeda ein fast rechtwinkeliges Dreieck bilden.

Das Sternbild des Stiers.

Zwischen den Sternbildern des kleinen und großen Bären, letzteres zur
Hälfte umschlingend, zieht sich in langen Windungen das Sternbild des Drachen
hin. Seine zahlreichen Sterne bilden eine dem Z ähnliche Figur und finden
ihr Ende in dem Kopfe des Drachen, der durch die beiden hellsten Sterne be=
zeichnet wird. Diesen Kopf wird man stets sehr leicht auffinden, wenn man die
Linie verfolgt, welche vom Perseus durch den mittleren Stern des Cepheus führt.

Verlängert man die obere Seite des Vierecks im großen Bären in der
dem Schwanze entgegengesetzten Richtung, so gelangt man gegen Osten hin zu
einem der hellsten Sterne unsres Himmels, der unter dem Namen der Capella
bekannt ist. Es ist der Hauptstern eines großen Sternbildes, des Fuhrmanns.

Jetzt wenden wir unsre Blicke weiter abwärts dem nordöstlichen Horizonte zu. Dort sehen wir einen schimmernden Sternhaufen und etwas weiter rechts einen sehr hellen Stern, der mit vier andern minder hellen die Figur eines V bildet. In jenem schimmernden Sternhaufen haben wir die Plejaden vor uns das Siebengestirn der Alten, in der einem V ähnlichen Gruppe die Hyaden oder das Haupt des Stiers. Wir sehen, daß der Hauptstern dieses Bildes, den man Aldebaran nennt, ein fast gleichschenkeliges Dreieck mit der Capella und dem östlichsten Sterne der Kassiopeia bildet, und werden dadurch das Sternbild leicht auffinden können.

Wir wollen jetzt unsere Blicke noch tiefer zum Horizonte senken und zu=

Das Sternbild des Orion.

gleich etwas mehr nach Osten zu schweifen. Ziehen wir eine Linie von dem äußersten links gelegenen Sterne der Kassiopeia durch den äußersten Stern der Andromeda und verlängern wir dieselbe nach dem Horizonte zu, so werden wir wieder zwei ziemlich hellen Sternen begegnen, deren jeder den Hauptstern eines zwar schwachen, aber für uns in der Folge wichtigen Sternbildes bezeichnet. Der erste Stern, in dessen Nähe wir noch zwei andere erblicken, gehört dem Widder, der zweite dem Sternbild der Fische an.

Lassen wir unsern Blick jetzt ganz am östlichen Horizonte haften. Dort sehen wir einen Stern im Aufgange begriffen, der mit den beiden Hauptsternen des Widders und der Fische nach links hin ein vollkommen gleichseitiges Dreieck bildet, das durch die Plejaden zu einem genauen Rhombus vervollständigt wird.

Dieser Stern ist der Hauptstern des Walfisches, eines Sternbildes, das man aber nur im Winter vollständig am Himmel erblickt.

Wenn wir an einem schönen Dezemberabende durch die beiden hellsten Sterne des dann ziemlich hoch im Osten glänzenden Fuhrmanns eine gerade Linie ziehen, so treffen wir auf zwei hellfunkelnde Sterne, Kastor und Pollux, im Sternbild der Zwillinge. An diesen beiden Sternen, die mit einem dritten in der Nähe der Milch= straße ein rechtwinkeliges Dreieck bilden, können wir das Sternbild leicht erkennen.

In der durch den Polarstern und die Capella bezeichneten Richtung werden wir dann zu dieser Zeit das schönste unter allen Sternbildern unseres heimatlichen Himmels erblicken, den Orion.

Die drei Gürtelsterne des Orion führen uns in östlicher Verlängerung auf den glänzendsten Stern des ganzen Himmels, den Sirius im großen Hunde, unter dem wir noch eine Gruppe von helleren und viele kleine Sterne gewahren werden. Vom Sirius in der Richtung auf das Sternbild der Zwillinge zu, treffen wir auf einen sehr hellen Stern, es ist Procyon im kleinen Hunde.

Wenn wir in einer März= oder Aprilnacht unsre Blicke auf diese Gegend des Himmels richten, der Orion sich bereits zum Untergange neigt, und Sirius und Procyon schon tief am südwestlichen Himmel stehen, werden wir weiter im Osten ein andres schönes Sternbild aufgehen sehen, das Sternbild des großen Löwen. Wir können es sehr leicht an seinem Hauptstern, dem Regulus, er= kennen, auf den eine Linie durch Sirius und Procyon hinweist, und der mit Kastor und Procyon ein gleichschenkliges Dreieck bildet.

Gegen Ende des März werden wir unter dem Löwen ein neues Sternbild auftauchen sehen, und darin einen glänzenden Stern, der mit Kastor, Procyon und Regulus fast ein vollkommenes Parallelogramm bildet. Das ist Alphard in der Wasserschlange oder Hydra. Es ist ein sehr langgestrecktes Sternbild, das zwischen Procyon und Regulus mit einem kleinen Sternviereck beginnt und sich parallel mit der Milchstraße weit über den südlichen Himmel hinzieht.

In der Mitte jenes von Kastor, Procyon, Regulus und Alphard gebildeten Parallelogramms, im Durchschnitt seiner Diagonalen, werden wir noch ein kleines, schwachschimmerndes Sternbild erblicken, den Krebs. In seiner Mitte können wir zwei kleine Sterne unterscheiden, und zwischen diesen dann ein blasses Nebelwölkchen, das man die Krippe oder Präsepe nennt.

Ehe wir zu unserm Augusthimmel zurückkehren, müssen wir in der Phan= tasie noch einen letzten Blick auf den östlichen Horizont eines schönen März= oder Aprilhimmels werfen. Dort ist eben unter dem Sternbilde des Löwen ein neues großes und prachtvolles Sternbild aufgestiegen, das Sternbild der Jungfrau. Wir werden den Hauptstern desselben, die Spica oder Kornähre, leicht finden, wenn wir die gerade Linie vom Procyon durch den Regulus bis gegen den Horizont fortsetzen, oder wenn wir die Diagonale im Vierecke des großen Bären südlich verlängern.

Suchen wir nun die Wage auf, die am Himmel zu den Füßen der Jung= frau schwebt, so werden wir unten am südwestlichen Horizonte, wenn wir der

Richtung der beiden oberen Sterne des Vierecks im großen Bären dorthin folgen, zwei helle Sterne erblicken, welche mit zwei kleineren ein Quadrat bilden.

Wir sind damit in die Wirklichkeit, zu unserm Augusthimmel über uns zurückgekehrt und wollen nun in seinem Anschauen unsre Rekognoszierung vollenden. Jene Linie, welche wir soeben durch die Sterne des großen Bären zogen, wird uns an einem prachtvoll funkelnden Sterne vorüberführen. Das ist der Arktur, der Hauptstern des Bootes. Seine hellsten Sterne bilden nördlich über dem Arktur ein unregelmäßiges Viereck. Von seinen beiden Jagdhunden, Asterion und Chara, die wir westlich von dem Sternbilde nach dem großen Bären hin sehen, trägt der letztere einen mäßig hellen Stern im Halsbande, den man das Herz Karls II. genannt hat. Der Sternhaufen, den wir nahe unter diesem Sterne erblicken, ist das Haupthaar der Berenike, welches diese Gemahlin des ägyptischen Königs Ptolemäos Euergetes einst den Göttern weihte und im Tempel der Venus auf Cypern niederlegte, das aber, bald darauf gestohlen, von der höfischen Schmeichelei des Mathematikers Konon an den Himmel versetzt wurde.

Wenn wir der Richtung der beiden ersten Schwanzsterne des großen Bären folgen, so kommen wir jenseits des Bootes zu einem äußerst kenntlichen, glänzenden Sternenkranze. Das ist die nördliche Krone.

Folgen wir der angegebenen Richtung weiter, so treffen wir auf zwei kleine Sterngruppen, die dem Kopf und Hals der Schlange des Ophiuchus oder Schlangenträgers angehören. Den Hauptstern im Kopfe des Ophiuchus werden wir am leichtesten auffinden, wenn wir eine Linie vom östlichsten unteren Ecksterne des großen Bären durch den mittleren Schwanzstern desselben ziehen. Diese Linie wird uns aber vorher noch durch ein andres Sternbild führen, durch das des Herkules.

Wenn wir der vorigen Richtung durch die Krone und den Hals der Schlange weiter folgen, so treffen wir auf einen schönen Stern am westlichen Horizonte. Das ist Antares, der Hauptstern des Skorpions, eines nur zum Teil an unserm Himmel aufgehenden Sternbildes.

Lassen wir uns nun mit dieser flüchtigen Kenntnis von der Außenseite unsres Sternhimmels genügen! Wir werden dadurch in den Stand gesetzt sein, die wichtigsten Sternbilder, die über unsern Horizont treten, aufzufinden. Eines Weiteren aber bedarf es nicht; denn dieser Sternhimmel soll für uns nur die Stelle einer Karte vertreten, in deren Felder wir unsre späteren Reisebeobachtungen und Erfahrungen eintragen können. Für den Astronom möchte freilich eine solche Karte nicht genügen. Eine Bewegung am Himmel ist uns schon heute während unsrer kurzen Betrachtung nicht entgangen. Wer steht uns dafür, daß diese Bewegung, die ein Sternbild nach dem andern über den Horizont hinaufführte, nur den Himmel in seiner Gesamtheit trifft, daß sie nicht auch Verschiebungen der einzelnen Sterne bewirkt? Welche sicheren Wege sich nun der Astronom durch diese Himmelszeichen gebahnt hat, das werden wir später erfahren. Man muß erst sehen lernen, ehe man beobachten lernt; und nur wenn wir beides verstehen, sind wir zu unsrer Reise geschickt.

2*

Drittes Kapitel.

Das Fernrohr.

Das Hauptinstrument für den beobachtenden Astronom ist das Fernrohr und es wird daher notwendig, daß wir uns mit dessen Einrichtung wenigstens allgemein vertraut machen. Zu diesem Zwecke betrachten wir zunächst den optischen Bau unsres Auges.

Das Auge besteht aus drei hintereinander liegenden linsenförmigen Körpern, welche vermöge ihrer lichtbrechenden Eigenschaft die eindringenden Lichtstrahlen sammeln und so von allen leuchtenden Punkten Bilder erzeugen, die sich zu einem Gesamtbilde des Gegenstandes vereinigen. Dieses findet stets in einer bestimmten Entfernung von den Linsen des Auges statt, die man ihre Brennweite nennt. Soll das erzeugte Bild ein vollkommen deutliches sein, so muß es genau auf der Netzhautfläche entstehen. Nun wissen wir wohl von der Schule her, daß eine durchsichtige Linse die Vereinigung der von einem leuchtenden Punkte herkommenden Lichtstrahlen nur dann in ihrem Brennpunkte bewirkt, wenn dieser Punkt so weit entfernt ist, daß seine Strahlen als nahezu parallel angenommen werden können. Diese Entfernung, die durch Erfahrung auf etwa 8 Zoll festgestellt ist, können wir als die Grenze des deutlichen Sehens bezeichnen. Bringen wir einen Gegenstand in größere Nähe zum Auge, so wird das Bild auf der Netzhaut allerdings eine größere Ausdehnung gewinnen, aber zugleich werden die von seinen einzelnen Punkten ausgehenden Strahlen nicht mehr als parallele gelten können, sondern auseinander fahren und sich darum nicht mehr in der Brennweite der Augenlinsen, sondern in etwas weiterer Entfernung vereinigen. Jeder leuchtende Punkt des Gegenstandes wird also auf der Netzhaut nicht mehr das Bild eines Punktes, sondern vielmehr eine kleine ausgedehnte Fläche erzeugen. Die benachbarten Bilder auf der Netzhaut werden folglich übereinander greifen, und so muß das Gesamtbild des Gegenstandes undeutlich werden.

Das ist ein Übelstand, der jede nahe Betrachtung eines Gegenstandes unmöglich zu machen scheint. Aber wir haben längst gelernt, diesen Übelstand zu beseitigen. Wir nehmen eine Lupe zu Hilfe, obgleich dies befremdlich erscheint,

da mancher eine ganz andre Vorstellung mit den Wirkungen einer Lupe ver=
bindet, der glaubt, die Lupe vergrößere nur die Gegenstände, während sie die
Undeutlichkeit eines bereits im Auge vorhandenen vergrößerten Bildes aufhebt.
Eine Lupe ist eine Glaslinse, und wir wissen, daß eine solche Linse die Eigen=
schaft besitzt, alle von einem in ihrer Brennweite gelegenen Punkte ausgehenden
Strahlen bei ihrem Durchgange durch die Linse so abzulenken, daß sie unter
sich parallel in einer durch den strahlenden Punkt und den Mittelpunkt der
Linse bestimmten Richtung austreten. Bringen wir also eine Linse in eine
solche Entfernung von unserm Auge, daß der kleine Gegenstand, den wir be=
trachten wollen, sich genau in der Brennweite derselben befindet, so werden von
jedem Punkte dieses Gegenstandes nur noch parallele Strahlen in das Auge
gelangen, und es wird auf der Netzhaut zwar wieder ein der Nähe des Gegen=
standes entsprechend vergrößertes Bild entstehen, aber nicht mehr ein verwaschenes,
sondern ein völlig klares und deutliches. Die nebenstehende Figur gibt von dieser
Wirkung der Linse eine Vorstellung.

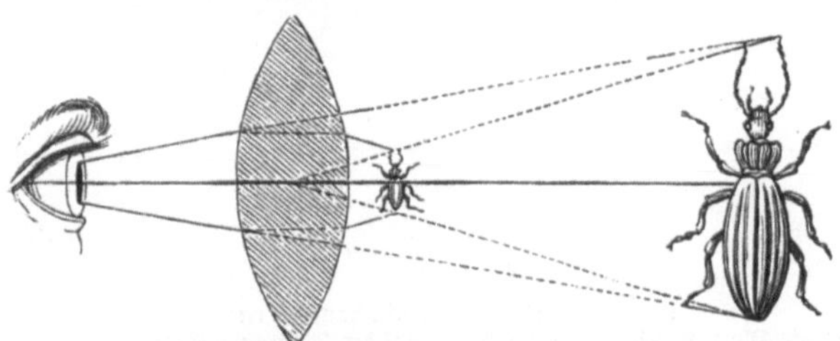

Virtuelles Bild einer bikonvexen Linse.

Im gewöhnlichen Leben pflegt man zu sagen, eine Lupe vergrößere die
Gegenstände. Das ist, wie ich vorhin schon angedeutet habe, nicht ganz richtig.
Man müßte eigentlich sagen, eine Lupe gestattet, die Gegenstände in größerer
Nähe zu betrachten, ohne Verminderung der Deutlichkeit. Eine Linse von
einem Millimeter Brennweite gestattet die Betrachtung eines Gegenstandes in
zehnmal größerer Nähe als eine Linse von 10 Millimeter Brennweite, und
vergrößert darum auch zehnmal mehr als diese.

Was hat nun aber eine Linse mit dem Himmel zu schaffen? Wir können
doch nicht die Sterne herunterholen, um sie durch Lupen zu betrachten! Freilich
können wir nicht die Sterne vom Himmel holen, aber wir können uns Bilder
davon verschaffen, die wir durch eine Lupe betrachten. Ich habe bei Besprechung
des Auges gesagt, daß eine Linse die Eigenschaft besitzt, von einem Gegenstande,
der so weit entfernt ist, daß alle von einem Punkte desselben ausgehenden
Strahlen beim Durchgang durch die Linse als parallel angesehen werden können,
in ihrer Brennweite ein treues Bild dieses Gegenstandes zu erzeugen. Auch
ein metallener Hohlspiegel erzeugt ein solches Bild, nur mit dem Unterschiede,
daß es hier vor dem Spiegel durch die zurückgeworfenen, dort hinter der Linse
durch die gebrochenen Strahlen entsteht. Dieses Bild ist natürlich kleiner als
der Gegenstand selbst, aber um so größer, je größer die Brennweite der Linse

oder des Hohlspiegels ist, zugleich um so heller, je größer die Fläche ist, welche die Strahlen des Gegenstandes auffängt.

Da haben wir nun die Grundzüge aller Fernrohre und Teleskope. Verschaffen wir uns durch eine Linse oder einen Hohlspiegel von großer Brennweite und möglichst großen Dimensionen das Bild eines Sternes, und betrachten wir dieses Bild durch eine Lupe, d. h. eine Linse von möglichst kleiner Brennweite, so tun wir alles, was der Astronom tut, wenn er durch die kostbaren Instrumente blickt, die wir auf der Sternwarte sehen. In dem Fernrohre sind nur die beiden Gläser in ein Rohr gefaßt, damit sie leichter in der erforderlichen Stellung zu einander erhalten werden können. Das kleine Glas, welches die Stelle der Lupe vertritt, und das man an das Auge hält, heißt hier das Okular, das größere Glas, das die Bilder im Innern des Fernrohres erzeugt, das Objektiv. Das kleinere Rohr, welches die Okularlinse enthält, ist überdies beweglich und verschiebbar, damit man das Okular sowohl nach seiner Eigentümlichkeit als nach der des Auges richtig einstellen kann. In den Spiegelteleskopen

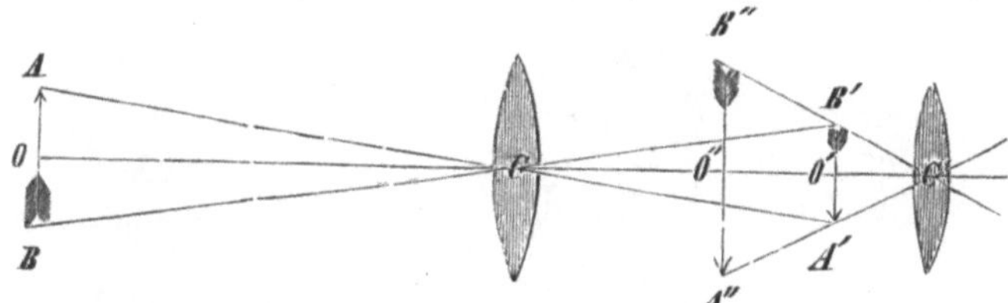

Durchschnitt eines einfachen Fernrohrs.
C die Objektivlinse, C' das Okular, AB der leuchtende Gegenstand, A'B' das
Objektivbild, A"B" das durch das Okular vergrößerte Bild.

vertritt der Hohlspiegel die Stelle des Objektivs. Das Auge, welches das in diesem Spiegel erzeugte Bild durch das Okular betrachten will, muß also seine

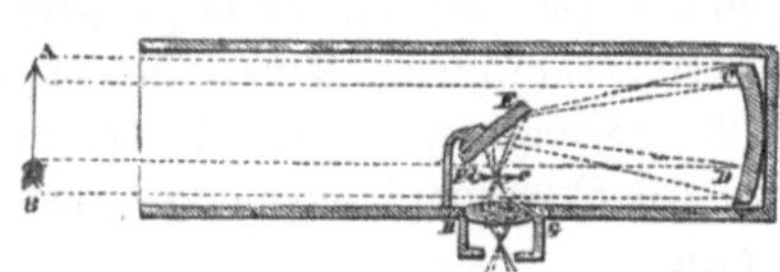

Durchschnitt des Newtonschen Teleskops.
CD der Hohlspiegel, EF der Planspiegel,
GH das Okular.

Stellung diesem Spiegel gegenüber haben. Dabei würde aber der Kopf des Beschauers einen großen Teil des einfallenden Lichtes von dem Spiegel abhalten, und um dies zu verhindern, hat man verschiedene Vorrichtungen angewandt. Newton, einer der ersten, welche vom Spiegelteleskop bei astronomischen

Beobachtungen Gebrauch machten, ließ das Bild des Hohlspiegels auf einen vor demselben unter einer Neigung von 45° angebrachten, kleinen, ebenen Spiegel fallen, auf dem es von der Seite her durch eine Okularlinse betrachten werden konnte. In dem noch früher gebräuchlichen Gregoryschen Teleskope befindet sich gerade dem großen Hohlspiegel gegenüber am Ende des Rohres ein zweiter kleiner Hohlspiegel, welcher das Bild des ersteren auffängt und abermals ein Bild davon erzeugt, das durch eine in der Mitte des großen Spiegels angebrachte Öffnung vermittels einer Okularlinse betrachtet werden kann. Bei diesen Einrichtungen erleidet freilich die Helligkeit des Bildes infolge der doppelten Zurückwerfung eine bedeutende Verminderung. Herschel hat daher bei seinem Rieseninstrumente diese Schwächung dadurch zu vermindern gesucht, daß er dem großen Spiegel eine etwas geneigte Stellung gab, so daß die Bilder also nicht mehr in der Achse des Rohres, sondern an seinem äußeren Umfange nahe an der oberen Öffnung erzeugt wurden und hier unmittelbar ohne Dazwischenkunft eines zweiten Spiegels durch das Okular betrachtet werden konnten.

Wir kennen nun im wesentlichen die Einrichtung der astronomischen Sehapparate, die man, je nachdem die Bilder in ihnen durch Linsen oder durch Spiegel erzeugt werden, oft als Fernrohr und Teleskop, passender als Refraktor und Reflektor unterscheidet. Wir wollen nun auch die Leistungen dieser Apparate näher prüfen!

Wie und worin können diese Leistungen wohl anders bestehen, als in der Vergrößerung? wird der Leser nach der Vorstellung, die er bisher von Fernrohren hatte, sagen. Gut, lassen wir es denn bei der Vergrößerung! Wir wissen nun aber schon, daß diese Vergrößerung von zwei Umständen abhängt, einmal von der Brennweite des Okulars, dann von der Brennweite des Objektivglases oder Hohlspiegels. Je größer die Brennweite des Hohlspiegels oder der Objektivlinse, desto größer werden die Bilder, die sie erzeugen. Je kleiner aber die Brennweite des Okulars, in desto größerer Nähe gestattet es die Bilder zu betrachten, und desto größer erscheinen diese. Wir sehen also, das Maß für die vergrößernde Kraft eines Fernrohrs wird bedingt durch das Verhältnis zwischen den Brennweiten des Objektivs und des Okulars. Wir werden also nicht mehr fragen, wievielmal dieses oder jenes bestimmte Fernrohr vergrößere, denn wir wissen jetzt, daß es je nach dem Okular, welches man anschraubt, ganz verschiedene Vergrößerungen gewähren muß. Wir werden aber dafür fragen müssen: welches ist die stärkste Vergrößerung, die ein Fernrohr erträgt, oder bis zu welcher Grenze darf man das Okular verschärfen, d. h. seine Brennweite verkürzen, ohne der Deutlichkeit des Objektivbildes zu schaden? Wir wissen, daß die Deutlichkeit eines Bildes auch von seiner Helligkeit abhängt, und daß diese Helligkeit verschieden wird je nach der Fläche, über welche eine bestimmte Lichtmenge ausgebreitet ist. In je größerer Nähe wir nun durch ein Okular das Objektivbild betrachten, einen desto größeren Raum nimmt dieses Bild auf unsrer Netzhaut ein, desto mehr verliert es also auch an Helligkeit, und es wird eine Grenze geben, wo uns der Helligkeit wegen für ein bestimmtes Objektiv keine fernere Vergrößerung durch das Okular gestattet ist.

Jetzt darf ich nun auch sagen, daß eine zweite, wichtige, oft ganz allein entscheidende Leistung des astronomischen Fernrohrs die Vermehrung der Helligkeit ist. Dieser von Laien sehr übersehene Umstand, durch den aber wesentlich der Gebrauch und die Einrichtung des Fernrohrs bedingt ist, findet seine Erklärung in einem höchst einfachen Umstande. Denken wir uns einen fernen leuchtenden Punkt, so gelangt bei der Beobachtung mit bloßem Auge von dem Lichte das er uns sendet, gerade soviel auf die Netzhaut, als die Öffnung der

Pupille aufnimmt. Wollen wir nun denselben Punkt durch ein Fernrohr be=
trachten, so wird das ganze Licht, welches durch das Objektiv einfällt, in das
Auge gelangen, und dort also eine um so größere Helligkeit erzeugen, als die
Objektivöffnung des Fernrohrs die Öffnung der Pupille übertrifft. Wir wollen
diese Sache noch etwas weiter verfolgen! Zur bloßen Deutlichkeit des Sehens
erfordert unsre Netzhaut offenbar nur einen bestimmten Grad der Helligkeit.
Da nun durch die Objektivöffnung eines Fernrohrs mehr Licht in unser Auge
kommt, so wird, um dieselbe, für das deutliche Sehen genügende Helligkeit zu
gewähren, der leuchtende Punkt um so viel entfernter sein können. Wir sehen
also, das Fernrohr macht uns Gegenstände sichtbar, die jenseits der natürlichen
Sehgrenze liegen, es dringt weiter in die Himmelsräume ein, als die natürliche
Kraft des Auges. Wollen wir also die raumdurchdringende Kraft eines Fern=
rohrs nach Zahlen bestimmen, so haben wir vorzugsweise die Weite der Ob=
jektivöffnung zu berücksichtigen, dürfen freilich auch die Unvollkommenheiten in
der Durchsichtigkeit des Glases wie der Atmosphäre nicht vernachlässigen. Wir
finden dann, daß ein Fernrohr von 1 Zoll Öffnung etwa 4mal, ein 2zölliges
7mal, ein 5zölliges 14mal, ein 9zölliges 20mal und ein 14zölliges 25mal
weiter in den Himmelsraum vorzudringen vermag, als das bloße Auge. Wilhelm
Herschel hat berechnet, daß sein zwanzigfüßiges Riesenteleskop 75mal und sein
vierzigfüßiges 192mal weiter in den Raum einzudringen vermochte als das
unbewaffnete Auge.

Wie steht es nun aber mit dieser vermehrten Helligkeit des Bildes im
Fernrohr, wenn wir es durch verschiedene Okulare, also unter verschiedenen Ver=
größerungen betrachten? Wir werden hier einen Unterschied machen müssen,
je nachdem wir es mit leuchtenden Flächen oder bloß mit leuchtenden Punkten,
also mit Planeten oder Fixsternen zu tun haben. Betrachten wir zunächst die
Planeten, die uns ihrer Nähe wegen als kleine Scheibchen gelten müssen! Das
Okular vermag offenbar nicht mehr Licht in das Auge zu senden, als es von
dem Objektiv empfängt. Alle Bilder eines Planeten, welche Vergrößerung auch
angewandt ist, werden also immer nur durch dieselbe Lichtmenge erzeugt werden.

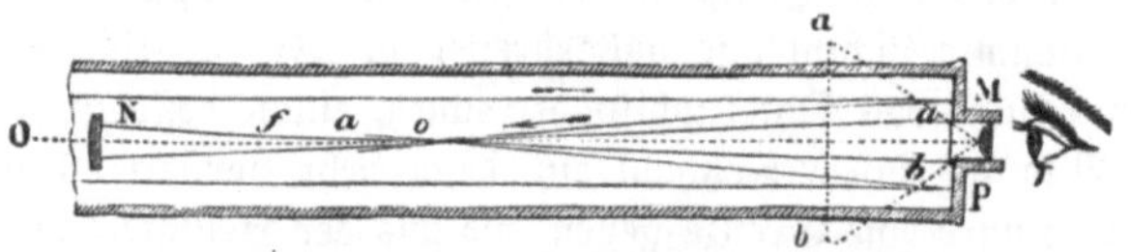

Durchschnitt des Gregoryschen Teleskops.
N der kleine dem Hauptspiegel gegenüberstehende Hohlspiegel, a b das Bild desselben, M P das
Okular, a' b' das vergrößerte Bild des letzteren.

Nun ist es natürlich, daß, wenn dieselbe Lichtmenge über eine größere Netzhaut=
fläche verbreitet wird, die Helligkeitsempfindung sich vermindern muß. Die
Helligkeit eines Planetenbildes wird also beträchtlich abnehmen mit der Ver=
größerung, und stark vergrößernde Okulare werden also keineswegs bei Planeten=
beobachtungen große Verwendung finden können.

Ganz anders ist es bei den Fixsternen. Hier haben wir es wirklich der großen Entfernungen wegen mit leuchtenden Punkten zu tun, deren Licht also nicht auf der Netzhaut ausgebreitet wird. Hier bleibt demnach wirklich die Helligkeit des Bildes für alle Okulare unveränderlich, da eine Vergrößerung des Bildes nicht stattfindet. Ja diese Helligkeit wächst sogar mit der vergrößernden Kraft des Okulars. Das Gesichtsfeld nämlich, in welchem der Stern erscheint, und dessen Lichtmenge natürlich von der Größe der Objektivöffnung abhängt, erfährt durch das Okular eine Vergrößerung und damit eine

eben solche Schwächung seiner Helligkeit, wie das vergrößerte Bild eines Planeten. Der Stern erscheint also auf einem dunkleren Felde und hebt sich um so schärfer von diesem Grunde ab, je stärker die Vergrößerung ist. Zugleich wird dabei das falsche Licht, welches der brechenden Atmosphäre und der un=

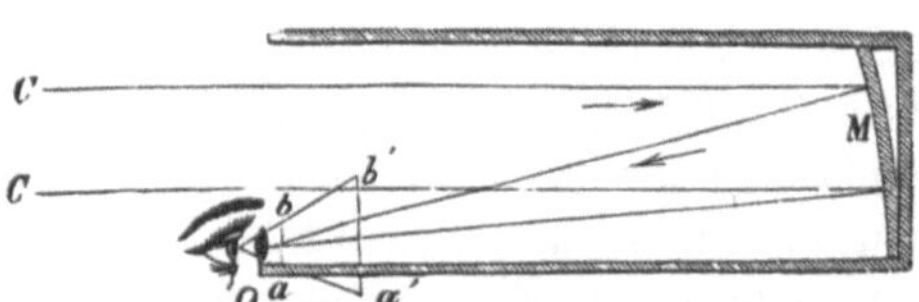

Durchschnitt des Herschelschen Teleskops.
M der geneigte Spiegel, a b das Bild desselben, O das Okular und a'b' das vergrößerte Bild desselben.

vollkommenen Durchsichtigkeit der Hornhaut wegen stets das Bild eines Fixsterns umgibt, verringert, und der Stern erscheint kleiner und schärfer begrenzt, als dem bloßen Auge; um so kleiner, je mehr das Okular vergrößert. Auch dies trägt wesentlich zur Sichtbarkeit der Fixsterne bei, denn auf einen je kleinern Raum dieselbe Lichtmenge vereinigt ist, desto größer ist die Helligkeit. Wenn Tycho Brahe für das bloße Auge den Durchmesser der hellen Fixsterne auf $1—1\frac{1}{2}$ Minute schätzte, so verringert ein gutes Fernrohr diesen Durchmesser auf wenige Sekunden. Nehmen wir aber auch nur an, daß die Durchmesser der kleinen Kreisscheiben, über welche sich in beiden Fällen das Licht eines Sternes ausbreitet, sich wie 20 : 1 verhalten, so wird das Verhältnis der Flächen und dem entsprechend der Lichtstärken selbst gleich 400 : 1. Nun haben wir gesehen, daß beim Sehen mit bloßem Auge das Bild eines leuchtenden Punktes nur dann auf unsrer Netzhaut empfunden wird, wenn seine Helligkeit mindestens um $\frac{1}{64}$ größer ist als die von atmosphärischem Lichte bewirkte Erleuchtung der Netzhaut. Beim teleskopischen Sehen wird ein Stern also sichtbar werden, wenn dieser Helligkeitsunterschied noch 400 mal geringer ist.

Wir werden nun begierig sein, zu erfahren, wie weit es die Kunst in der Verfertigung solcher Instrumente eigentlich gebracht hat. Wenn Galilei seine Entdeckung der Jupiterstrabanten noch mit einem Fernrohr von siebenmaliger Vergrößerung machte, wenn 170 Jahre später William Herschel zu seinen Beobachtungen 6 und 12 m lange Spiegelteleskope anwandte, und wenn wir dann heutigestags auf der irischen Insel jenes Riesenteleskop Lord Rosses aufgestellt sehen, das noch einmal so tief als das beste Herschelsche Instrument in die Tiefen des Himmelsraumes einzudringen gestattet, so offenbart sich darin ein Fortschritt, der nur mit dem der Wissenschaft selbst zu vergleichen ist. Dennoch könnte man meinen, daß, nachdem die Theorie einmal erkannt war, doch auch die voll=

kommenen Instrumente der Gegenwart unmittelbar aus den Händen der Kunst hätten hervorgehen können. Das ist freilich mit großen Schwierigkeiten verbunden. Jetzt, nachdem ich von den wunderbaren Leistungen dieser Instrumente erzählt habe, werde ich auch ihre Schwächen nicht länger vorenthalten dürfen.

Wir wollen zunächst von den Linsenfernrohren sprechen, die ja den ersten Anstoß zu den neueren astronomischen Forschungen gaben und über ein Jahrhundert lang die unbestrittene Herrschaft auf diesem Gebiete behaupteten.

Von der Wichtigkeit der Objektivlinse glaube ich den Leser überzeugt zu haben. Er wird einsehen, daß von der Deutlichkeit des Bildes, welches die Objektivlinse erzeugt, auch die Deutlichkeit des durch das Okular vergrößerten Bildes abhängt. Diese Deutlichkeit aber setzt voraus, daß alle von einem leuchtenden Punkte herkommenden Strahlen auch in einem einzigen Punkt, dem sogenannten Brennpunkt, durch die Linse vereinigt werden. Ich kann ohne mich auf mathematische Erörterungen einzulassen, nicht nachweisen, daß nur eine bestimmte Form der Krümmung es ist, welche diese Bedingung erfüllt. Die Kugelform, welche man der Schwierigkeit wegen, die mit dem Schleifen der Linsengläser verbunden ist, gewöhnlich diesen Gläsern gibt, entspricht aber dieser theoretisch geforderten Form keineswegs. Vielmehr haben die verschiedenen Zonen solcher Linsen verschiedene Brennpunkte, und die Strahlen, welche nahe an dem Rande der Linse durchgehen, werden stärker gebrochen als die in der Mitte durchgehenden. Die Folge davon ist, daß jeder Punkt eines leuchtenden Gegenstandes im Bilde nicht mehr als Punkt, sondern als kleine Fläche erscheint, woraus natürlich auch ein undeutliches Gesamtbild hervorgehen muß. Es gehört also große Geschicklichkeit von seiten des Schleifers dazu, wenn diese Fehler in der Krümmung der Linsen beseitigt oder wenigstens fast unschädlich gemacht werden sollen, und man konnte zu einer Zeit, wo man diese Geschicklichkeit durch Erfahrung und Scharfsinn noch nicht erlangt hatte, auch nicht daran denken, bedeutende Vergrößerungen auf diese undeutlichen Bilder anzuwenden. Alle Bestrebungen des 17. Jahrhunderts liefen daher darauf hinaus, außerordentlich lange Fernrohre zu verfertigen, d. h. Objektivlinsen von möglichst großen Brennweiten zu erzeugen, welche natürlich auch große Länge des Rohres bedingten. Man verlegte also die vergrößernde Kraft vorzugsweise in das Objektiv und erreichte dadurch, daß man sich mit schwachen Okularen begnügen konnte, welche die Fehler des Bildes nicht gar zu stark vergrößerten.

Die Unbequemlichkeit in der Handhabung sehr langer Fernrohre oder vielmehr loser, nur durch Stricke einzustellender Linsenpaare, entzog allmählich den Linsenfernrohren die Gunst der Astronomen und verschaffte in der ersten Hälfte des achtzehnten Jahrhunderts den von Newton erfundenen Spiegelteleskopen das Übergewicht. Zwar waren auch diese mit jenem Fehler der sphärischen Form behaftet, aber sie gewährten den Vorteil, daß man den Spiegeln leicht größere Dimensionen geben und dadurch die Helligkeit der Bilder in einem Grade erhöhen konnte, wie es bei Glaslinsen kaum ausführbar erschien. Man darf freilich nicht glauben, daß ein Spiegelteleskop bei gleicher Objektivöffnung auch gleiche Helligkeit wie ein Linsenteleskop gibt. Bei der Spiegelung erleidet das Licht eine bedeutende Schwächung; kaum zwei Drittel des auffallenden Lichtes werden von dem Metallspiegel zurückgeworfen, und da bei den Newtonschen und Gregoryschen Teleskopen sogar eine zweimalige Spiegelung stattfindet, so konnte bei einer Vergleichung mit den Linsenfernrohren nicht einmal die Hälfte der Objektivöffnung in Betracht kommen. Jedenfalls aber war dem Verlangen nach dem Riesenmäßigen hier eine günstigere Aussicht eröffnet als dort. Ehe diese Aussicht sich aber erfüllte, wurde eine Entdeckung gemacht, die den Linsen=fernrohren abermals die ungeteilte Auf=merksamkeit der Astronomen zuwandte und ihnen bis heute eine bleibende Stätte in den Beobachtungssälen derselben sicherte.

Die Fehler der sphärischen Gestalt der Glaslinsen lassen sich durch mecha=nische Geschicklichkeit mit der Zeit be=seitigen. Aber diese Linsen sind noch mit

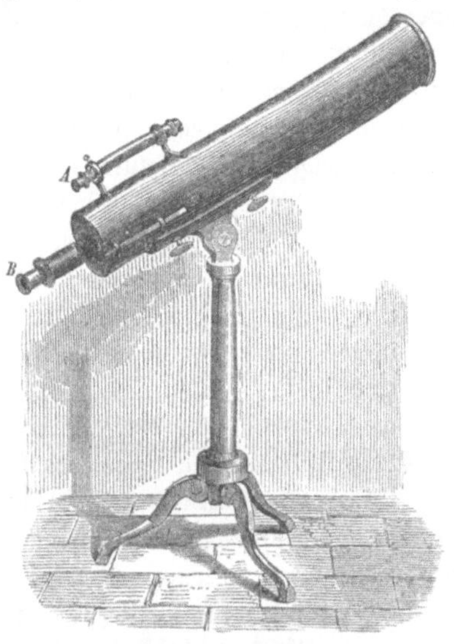

Gregorys Spiegelteleskop.

einem andern Mangel behaftet, gegen den keine mechanische Kunst hilft, und der so in der Natur des Lichtes begründet ist, daß selbst ein Newton an der Möglichkeit seiner Beseitigung verzweifelte. Ein Lichtstrahl wird nämlich durch eine Linse nicht allein gebrochen, sondern auch in Farben zerstreut. Das weiße Licht besteht aus verschiedenen farbigen Strahlen, deren Teilchen sich in ver=schiedenen Schwingungsständen befinden, und die darum auch ganz verschiedene Ablenkungen durch brechende Mittel erfahren. Solche verschiedene Brechbarkeit bedingt aber auch verschiedene Brennpunkte, die um so weiter von der Linse entfernt liegen, je weniger der farbige Strahl gebrochen wurde, d. h. je näher seine Farbe dem Rot liegt. Man sieht also, daß beim Durchgange durch eine Linse jeder der farbigen Strahlen sein besonderes Bild erzeugt, und daß wir also statt eines einzigen weißen Bildes, wie verlangt wurde, eine Reihe von hintereinanderliegenden, gesonderten, farbigen Bildern erhalten. Nur eines dieser Bilder kann natürlich in der Brennweite der Okularlinse betrachtet werden, nur eines kann also bei seiner Vergrößerung ein deutliches Bild erzeugen. Die übrigen Bilder vermischen sich aber mit diesem einen deutlichen Bilde, und wenn sie sich auch in der Mitte decken und dadurch das Bild wieder weißer erscheinen lassen, so daß nur an den Rändern die Spuren der farbigen Bilder sichtbar werden, so muß doch die Deutlichkeit des Gesamtbildes unter dieser Vielfältigkeit der Bilder leiden.

Von diesem Übelstande, der mehr als alles den Gebrauch einer starken

Vergrößerung verhinderte, befreite Dollonds Konstruktion im Jahre 1759 die Linsenfernrohre. Sie beruht auf dem Umstande, daß das Brechungsvermögen verschiedener Körper keineswegs ihrer Farbenzerstreuung entspricht, daß also zwei durchsichtige Körper einen Lichtstrahl gleichstark brechen, d. h. ablenken können, während die Farben, die sie erzeugen, in dem einen Bilde auf einen kleineren Raum zusammengedrängt sind als in dem andern. Wir wissen nun, daß eine hohlgeschliffene Linse in bezug auf die durchgehenden Strahlen gerade die entgegengesetzten Wirkungen wie eine erhaben geschliffene ausübt. Man könnte also die durch das Objektivglas gegangenen Strahlen nochmals durch eine hohlgeschliffene Linse gehen lassen, deren Material ihr aber eine solche Eigenschaft verleihen müßte, daß sie nur die Farbenstreuung aufhebe, ohne die Brechung ganz zu vernichten. Ein solches Material fand Dollond in einem bleihaltigen Glase, dem sogenannten Flintglase, und die Verbindung einer halb hohl geschliffenen Flintglaslinse mit einer erhabenen Crownglaslinse ist es, die wir seit Dollond unter dem Namen der achromatischen Linse kennen. Durch sie ist die Undeutlichkeit wegen vielfacher Farbenbilder fast gänzlich beseitigt.

Die Dollondschen Ferngläser waren, wie die Beobachtungen erweisen, den langen blasrohrähnlichen Instrumenten, in der optischen Wirkung nicht sehr überlegen, aber sie waren unvergleichlich kürzer und handlicher, den Spiegel= teleskopen standen sie freilich im allgemeinen an optischer Kraft nicht gleich. Der von Dollond praktisch betretene Weg verhieß indessen weitere Erfolge.

Daß die Kunst die Erwartung der Astronomen nicht getäuscht hat, davon liefert Fraunhofer den sichtlichsten Beweis. Aus seiner Hand gingen die großen Refraktoren der Dorpater und der Berliner Sternwarte hervor, die eine Objektiv= öffnung von 24 cm und eine Brennweite von $4^1/_2$ m besitzen. Nach Fraun= hofers Tod schritt sein Nachfolger auf der von ihm eröffneten Bahn mit Erfolg weiter und in neuster Zeit ist man in der Herstellung von Refraktoren zu ungeheuren Dimensionen gekommen. Die größten zur Zeit vorhandenen Refraktoren sind der Refraktor auf der Lick=Sternwarte in Kalifornien, der ein Objektivglas von 36 engl. Zoll im Durchmesser besitzt, und der Refraktor der Yerkes=Stern= warte, dessen Objektiv 40 Zoll Durchmesser hat. Mit diesen Dimensionen ist man aber auch ziemlich nahe an die Grenze des überhaupt Erreichbaren an= gelangt, denn bei noch größerem Durchmesser erzeugt allein schon das Gewicht der Glaslinsen in verschiedenen Lagen derselben Deformationen, welche die Schärfe der Bilder im hohen Grade beeinflussen. Auch tritt bei sehr großen Instrumenten die Unruhe der Luft sehr störend hervor und es hat sich herausgestellt, daß im allgemeinen die größten Teleskope um so seltener ihre volle optische Kraft be= währen können, je größer sie sind. In gewissen Gegenden der Erde, besonders auch in größeren Höhen, sind die Luftzustände für astronomische Beobachtungen geeigneter als in den tiefer liegenden Regionen, wo seit alters die Sternwarten erbaut wurden. Man ist daher in neuster Zeit dazu übergegangen, die großen Instrumente an besonders ausgewählten Orten aufzustellen, welche günstige atmosphärische Bedingungen aufweisen. So erhebt sich die Lick=Sternwarte auf Mt. Hamilton in Kalifornien, die Harvard-Sternwarte hat auf einem Berge bei Arequipa in Südamerika eine Filiale errichtet, die Yerkes-Sternwarte liegt weit ab von größeren Orten am Lac Geneva in Nordamerika, die von Bischoffs-heim gegründete große Sternwarte bei Nizza erhebt sich frei auf einem Hügel, kurz, unter den heutigen Verhältnissen spielt die Lokalität, an der eine mit sehr großen Instrumenten versehene Sternwarte sich erheben soll, eine fast ebenso wichtige Rolle als die Größe der Instrumente selbst. Es gibt nicht wenige Freunde der Himmelskunde, welche sich in den Besitz eines Fernrohrs zu setzen wünschen, um die „Wunder des Himmels" mit eignen Augen zu schauen. Für diese ist es im allgemeinen ratsam, bei Beschaffung eines Fernrohrs über 3 bis 4 Zoll Objektivdurchmesser nicht hinauszugehen. Bei der heutigen Ver-vollkommnung der optischen Instrumente leistet ein gutes Fernrohr von dieser und selbst geringerer Größe weit mehr als wie einst die größten Teleskope des 18. Jahrhunderts. Stets sollen aber Laien, welche ein Fernrohr anzuschaffen wünschen, vorher den sachlichen Rat eines Fachmanns einholen, und der Herausgeber des vorliegenden Werkes ist stets gern bereit, auf Anfragen solchen Rat zu erteilen.

In der Art und Weise der Beobachtungen ist seit den letzten Jahrzehnten des vorigen Jahrhunderts durch Einführung des Spektroskops und der Photo-graphie allmählich auch eine große Umänderuug vor sich gegangen. Kirchhof und Bunsen haben bekanntlich um die Mitte des 19 Jahrhunderts nachgewiesen, daß man durch Zerlegung des Lichtes mit Hilfe eines Systems von Prismen, die physikalische Beschaffenheit des dieses Licht aussendenden Körpers ergründen kann. Die Untersuchungsmethode heißt bekanntlich Spektralanalyse, im Anklang an das Wort Spektrum, womit man das farbige Lichtband bezeichnet, das durch Zerlegung des weißen Lichts mit Hilfe des Prismas entsteht. Ein System von Glasprismen zum Zwecke dieser Zerlegung des Lichtes nennt man Spektroskop, und dieses Instrument spielt gegenwärtig in der beo-bachtenden Astronomie eine Hauptrolle. Mittels desselben ist es möglich geworden, die stoffliche Zusammensetzung der selbstleuchtenden Himmelskörper zu erkennen, gleichgültig in welcher Entfernung sie sich von uns befinden, wenn sie nur hell genug sind um im Spektroskop deutlich gesehen zu werden. Mit Hilfe der vervollkommneten Photographie wurden weitere Fortschritte erzielt, indem es gelang, die Spektra nicht bloß zu fixieren, sondern auch die Aufnahmen auf die Lichterscheinungen im Ultraviolett (welche das menschliche Auge direkt nicht mehr wahrzunehmen vermag) auszudehnen. Die hierzu dienenden Instrumente nennt man Spektrographen. Aber auch die Photographie der himmlischen Objekte selbst hat eine Bedeutung gewonnen, die niemand vorher ahnen konnte. Mit Hilfe der photographischen Momentplatten ist es bei stundenlangem Exponieren gelungen, Sterne und Nebelflecke zu photographieren, die man selbst mit den größten Fernrohren nicht sehen kann. Dadurch ist der Blick des Menschen in die Tiefe des Universums unermeßlich ausgedehnt worden und die photographischen Aufnahmen gewähren außerdem den nicht hoch genug anzuschlagenden Vorzug, daß sie frei von Irrtümern des Beobachters oder Zeichners sind. Endlich gestattet die Himmelsphotographie auch ein rascheres Arbeiten als die früheren Methoden. Dies macht sich besonders bei Herstellung von Sternkarten bemerkbar. Die reichhaltigsten durch unmittelbare Beobachtungen zustande gekommenen Karten der Himmelssphäre sind diejenigen, welche Argelander zu Bonn in den Jahren 1852 bis 1859 ausführte. Sie enthalten 324 198 Sterne, und um sie herzustellen, mußte in 625 Nächten anhaltend beobachtet werden. Die Sterne, welche diese Karte enthält, sind aber ausnahmslos nur solche, die man schon mit einem Fernglase von 3 Zoll Objektivdurchmesser sehen kann. Das ungeheure Heer der nur in großen Teleskopen sichtbaren Sterne konnte auf dem angedeuteten Wege nicht kartiert werden, schon weil dazu die Zeitdauer eines Jahrhunderts nicht ausreichen würde.

Mit Hilfe der Photographie gestaltet sich die Sache jetzt sehr viel einfacher. Ganz allein auf der Harvard-Sternwarte zu Cambridge in Nordamerika und auf ihrem Filial-Observatorium zu Arequipa ist der nördliche und südliche Sternhimmel nicht nur einmal, sondern in vielen Partien wiederholt aufgenommen worden und die so erhaltenen photographischen Platten zeigen Millionen von Sterne, ja, manche einzelne Platte enthält mehr Sterne als der ganze Argelandersche Himmelsatlas. Anderseits sind 18 Sternwarten zusammengetreten, um nach einem noch umfassenderen Plan den Himmel mit all seinen Sternen zu photographieren, und zwar handelt es sich dabei um etwa 30 Millionen Sterne. Welche Wichtigkeit diese photographischen Himmelsaufnahmen für die Beantwortung verschiedener astronomischer Fragen besitzen, werden wir später kennen lernen. Für jetzt will ich bloß darauf aufmerksam machen, daß sich zum Photographieren der allerschwächsten Sterne und Nebelflecke am besten Spiegelteleskope geeignet zeigten und deshalb ist man auf der Lick- und Yerkes-Sternwarte zur Benutzung großer Reflektoren bei den photographischen Himmelsaufnahmen übergegangen.

Viertes Kapitel.

Die tägliche Bewegung des Himmels.

Daß du nicht enden kannst, das ist dein Los,
Und daß du nie beginnst, das macht dich groß.
Dein Lied ist drehend wie das Sterngewölbe:
Anfang und Ende immerfort dasselbe,
Und was die Mitte bringt ist offenbar
Das was zu Ende bleibt und anfangs war.

Ich habe schon gesagt, daß der Sternhimmel eigentlich als eine Karte zu betrachten sei, von der unsere Sternkarten mehr oder minder treue Kopien liefern. Den Alten galt der Himmel als ein festes Kristallgewölbe, an dessen innerer Fläche die Sterne gleich Nägeln befestigt wären, und es gehörte schon die philosophische Anschauung eines Aristoteles dazu, acht solcher Himmelssphären übereinander zu erblicken. Dem Auge, selbst dem bewaffneten, ist der Himmel noch heute ein solches Gewölbe, eine bemalte, schimmernde Fläche. Wer also reisen will in jenen Regionen, der muß sich über die Anschauung erheben, der muß an die Stelle seines leiblichen Auges ein geistiges setzen. Wäre ich Philosoph, so würde ich sagen: der Begriff des Reisens hebt den Begriff der Fläche, des landschaftlichen Bildes auf, und dieses Aufheben des Begriffs geschieht durch Veränderungen in den Verhältnissen des Bildes, durch ein Auseinanderfließen des Hintergrundes und ein Hervortreten einzelner Punkte desselben, mit einem Worte, durch Bewegung.

Bewegung werde ich am Himmel zeigen, darauf läuft alles hinaus. Bewegung soll uns die Perspektive und die Schatten des Bildes ersetzen und die Wirklichkeit erraten lassen, die hinter der bemalten Fläche sich birgt. Wir sehen, daß hier der Punkt ist, wo der Gedanke in sein Recht tritt, und daß der Gedanke allein die wirkliche Himmelswelt aufbaut, während das Licht nur den Pinsel leiht für ein Gemälde der Welt. Um alle die verschieden Bewegungen am Himmel zu erkennen, dazu bedurfte es jahrtausendelanger Beobachtungen, und um selbst die alltäglichsten und dem blödesten Auge sich aufdrängenden Bewegungen in ihrem eigentlichen Wesen zu erkennen und von jedem täuschenden Scheine zu befreien, dazu mußten die größten Geister der Menschheit aufstehen und den gefährlichsten aller Kämpfe, den Kampf des Gedankens gegen die vermessene und trotzige Blindheit der Sinne vollführen. Daß uns dieser Kampf nicht so schwer werden wird, liegt teils daran, daß wir uns der absoluten Herrschaft der Sinne bereits auf andern Gebieten entzogen haben, teils aber auch an der Vortrefflichkeit der Waffen, die uns die Wissenschaft bietet. Was wir aber heute vorhaben, ist mit einem Worte, beobachten zu lernen, wie wir neulich sehen gelernt haben.

Blicken wir durch ein feststehendes Fernrohr und lassen unser Auge 2 bis 3 Minuten daran verweilen. Der Fixstern, den wir jetzt in der Mitte des Sehfeldes erblicken, wird sich mehr und mehr dem Rande nähern und endlich ganz entschwinden. Was uns hier einige Minuten zeigen, das hat man freilich längst und alltäglich durch aufmerksame Betrachtung des Himmelsgewölbes erfahren. Jene strahlende Capella dort tief im Nordosten wird in wenigen Stunden hoch am östlichen Himmel heraufgerückt sein und gegen Morgen fast gerade über unsern Köpfen nahe dem Scheitelpunkt des Himmels, dem Zenit, stehen. Das bekannte Gestirn des großen Bären, das jetzt seine Schwanzsterne fast gegen den Horizont herabsenkt, wird bald diese Sterne nach Osten kehren und am Morgen hoch gegen den Zenit emporstrecken. Dieses Gestirn scheint also täglich einen Kreislauf am Himmel zu vollenden und zwar um einen Punkt, der durch den uns bereits bekannten Polarstern angedeutet wird. Denn wir finden, daß zu jeder Zeit und in allen vorkommenden Stellungen des Gestirns die Linie, welche wir durch die beiden Hinterräder des großen Wagens ziehen, die man oft schlechthin als die Richtsterne bezeichnet, auf jenen Polarstern wie auf einen unverrückbaren Punkt hinweist. Ähnliche Kreisbewegungen können wir aber auch bei allen Sternen, die sich innerhalb eines Abstandes von etwa 52° vom Polarstern befinden, beobachten, und ich kann im voraus mitteilen, daß diese Bewegungen nicht eigentlich genau in 24 Stunden, sondern in 23 Stunden 56 Minuten 4 Sekunden vollendet werden.

Wenden wir jetzt unsre Aufmerksamkeit einer andern Gegend des Himmels zu! Im Südosten geht der glänzende Stern des südlichen Fisches, der Fomalhaut auf. Wir brauchten nur fünf Stunden der Nacht darauf zu verwenden, um seinen ganzen Lauf zu verfolgen. Wir werden ihn nur wenige Grade über den Horizont sich erheben und endlich nach Vollendung seines flachen Bogens im Südosten wieder verschwinden sehen. Andre Sterne, wie die gleichfalls soeben im Aufgang begriffenen Plejaden im Nordosten, werden wir bedeutendere und höhere Bogen am Himmel beschreiben, die Plejaden z. B. in einer der unsrer Julisonne ähnlichen Bahn nach etwa 18 Stunden zum Horizont niedersteigen sehen.

Wenn wir diese Bewegungserscheinungen des Himmels zusammenfassen, so müssen wir zu dem Schlusse gelangen, daß anscheinend das ganze Himmelsgewölbe sich täglich rings um die Erde dreht. Daß diese Drehung eine gemeinsame und nicht etwa jedem Sterne eigentümliche ist, davon kann schon die Beobachtung überzeugen, daß wir von unserm Zimmer aus denselben Stern heute wie vor Jahren stets an demselben Punkte des Horizontes, hinter demselben Baume, derselben Mauer aufgehen sehen. Einen noch bestimmtern Beweis aber würden wir erlangen, wenn wir mit Hilfe eines einfachen Winkelinstrumentes, versuchten, zu verschiedenen Tagesstunden den Winkel zu messen, welchen zwei mehr oder weniger von einander entfernte Sterne für unser Auge bilden. Wir würden finden, daß dieser Winkel stets unverändert bleibt, was doch nur der Fall sein kann, wenn wir als Beobachter im Mittelpunkte der sich drehenden Kugelschale stehen, an welcher jene Sterne befestigt sind. Aber noch mehr!

Schon ein Astronom der Vorzeit, Hipparch auf Rhodus, hat 120 Jahre vor unsrer Zeitrechnung die gegenseitigen Winkelabstände von 126 Sternen gemessen, und das Bild des Himmels, das er aus jenen Messungen für seine Zeit entwarf, ist dasselbe, welches wir noch heute erblicken. Wir sehen, daß die Alten gar nicht unrecht hatten, von Fixsternen zu reden. So sehr aber auch diese Tatsache auf den ersten Blick mit unsrer gewonnenen Vorstellung von einer gemeinsamen Drehung des Sternhimmels übereinstimmt, so könnte doch einer denkenden Betrachtung gerade ein Widerspruch darin zu liegen scheinen. Die Beobachtungen Hipparchs wurden in Alexandrien gemacht, also in einer bedeutenden Entfernung von unserm heutigen Standort. Eine solche Entfernung, sollte man meinen, könnte doch nicht ganz ohne Einfluß auf die Messung von Winkelabständen bleiben, es wäre denn, daß die Unsicherheit der Messung größer wäre, als die sich ergebenden Unterschiede. Wir wollen nun aufs Geratewohl annehmen, zwei verschiedene Beobachtungsorte seien um 1000 Meilen voneinander entfernt, und die äußerste Grenze der Genauigkeit, welche bei einer Winkelmessung erreicht werden könne, betrage gerade noch eine Bogensekunde. Nun sei der Winkelabstand irgend zweier Sterne an dem einen Orte zu 15°, also 54000 Sekunden gefunden. Betragen jene 1000 Meilen genau den 54000sten Teil der

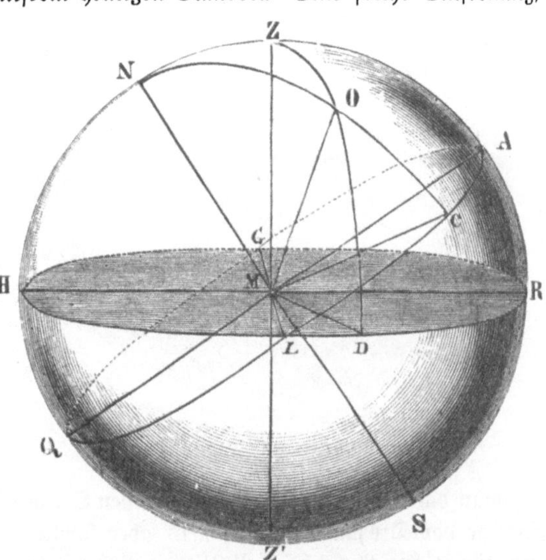

Astronomische Einteilung des Himmelsgewölbes.
Z Zenit. HR Horizont. N Nordpol. AQ Äquator. ZO Zenitdistanz. DO Höhe des Sternes. ODR Azimut. NO Poldistanz. CO Deklination des Sternes.

geradlinigen Entfernung der Sterne von diesem Beobachtungsorte, so müßten die Sterne vom zweiten Beobachtungsorte allerdings unter einem um eine Sekunde kleineren Winkel erscheinen. Geschieht dies aber nicht, so geht daraus offenbar hervor, daß 1000 Meilen noch nicht den 54000sten Teil des Abstandes der Sterne ausmachen, d. h. daß sie also mehr als 45 Millionen Meilen von der Erde entfernt sind. Wir sehen zugleich, in wie innigem Zusammenhange die Genauigkeit der Winkelmessung mit der Kenntnis von den Entfernungen der Fixsterne steht, und wir begreifen daher, wie die Sterne in dem Maße weiter in den Himmelsraum hinausgerückt werden mußten, als die Genauigkeit der Meßinstrumente zunahm.

Ich brauche nicht wohl erst daran zu erinnern, daß diese Bewegung in

der Tat nur eine scheinbare, durch die tägliche Achsendrehung unsrer Erde be=
wirkte ist. Wir sind mit dieser Vorstellung bereits von Jugend auf vertraut,
und es bedarf für uns nicht mehr des Hinweises auf die ungeheuern Entfernungen
jener Fixsterne und die schwindelnde Geschwindigkeit, die durch eine tägliche
Bewegung derselben um unsre Erde bedingt wäre.

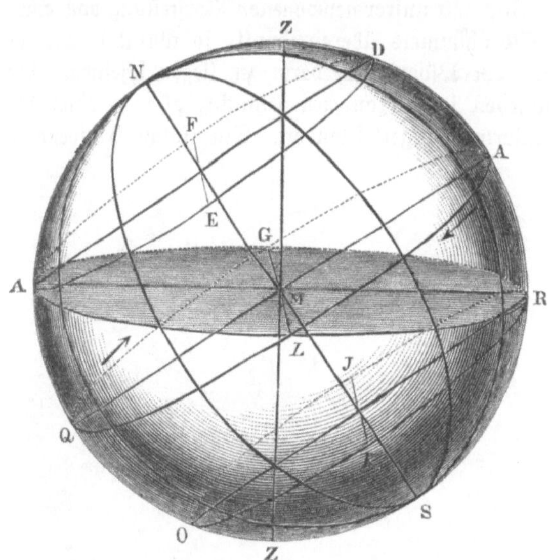

Parallelkreise und Stundenkreise.

Wäre die Drehung des Himmels nicht, so wäre es das einfachste, vom Zenit herab, gleich den Rippen einer Glas=kuppel, senkrecht auf den Horizont sogen. Höhen=kreise durch die Sterne zu ziehen. Der Abstand eines Sternes vom Zenit, (seine Zenitdistanz), oder sein Abstand vom Hori=zont, (seine Höhe), in Ver=bindung mit dem Winkel, welchen sein Höhenkreis mit dem eines andern bekannten Sternes oder sonst eines fest bestimm=ten Punktes, des Süd=punktes z. B., bildete, und
den man das Azimut nennt, hinreichen, den Ort des Sternes genau zu bestimmen.
Infolge der Drehung des Himmels aber könnte diese Ortsbestimmung immer
nur für einen Augenblick Gültigkeit haben, das Azimut und die Höhe des
Sternes werden sich beständig ändern. Wir müssen uns also nach einem andern
Netze umsehen, das von dieser täglichen Drehung unberührt bleibt.

Der ganze Sternhimmel dreht sich um zwei unverrückbar feste Pole.
Jeder Stern beschreibt einen Kreis am Himmel, und alle diese Kreise sind
unter sich parallel, weshalb man sie auch Parallelkreise nennt. Der größte
unter ihnen, genau in der Mitte zwischen beiden Polen, der Äquator, teilt
das ganze Himmelsgewölbe in zwei gleiche Hälften. Da haben wir schon die
erste Anlage zu jenem Netze. Freilich reichen diese Parallelkreise, deren Ent=
fernung vom Pole man die Poldistanz nennt, zu einer Ortsbestimmung der
Sterne noch nicht aus; denn die Poldistanz eines Sternes gilt nicht für diesen
Stern allein, sondern für den ganzen Kreis, in dem er sich bewegt. Aber jeder
Stern erreicht genau in der Mitte zwischen seinem Auf= und Untergange seinen
höchsten Stand am Himmel. Das ist selbstverständlich eine Folge der gemein=
samen Drehung des Ganzen, und ebenso selbstverständlich ist, daß alle diese
Höhepunkte der Sterne in einem einzigen größten Kreise liegen, welcher von

Pol zu Pol eine Ebene abschneidet, die man die Meridianebene nennt. Einer nach dem andern gelangen alle Sterne bei jedem Umschwunge des Himmels mindestens einmal in diese Linie, den Meridian; man sagt sie kulminieren. Bei der Gleichförmigkeit dieses Umschwunges kann daher die Zeit, welche zwischen dem Meridiandurchgange des einen Sternes und dem eines andern verfließt, sehr bequem zu einer Ortsbestimmung dieser Sterne dienen. Denn der Unterschied der Zeit entspricht genau dem Winkel, um welchen sich das Himmelsgewölbe inzwischen dreht, mißt also auch den Winkel, welchen die von den Polen durch die beiden Sterne gezogenen größten Kreise untereinander bilden. Diese Kreise aber nennt man die Stundenkreise, die Winkel, welche sie einschließen, die Stundenwinkel. Da ist nun das Netz vollendet: Parallelkreise und Stundenkreise, rechtwinkelig einander kreuzend, an einer Kugelschale gedacht. Durch Poldistanz und Stundenwinkel ist der Ort jedes Sternes am Himmel genau bestimmt. Eins freilich haben wir dabei noch vergessen, die Punkte, von denen wir unsre Zählung beginnen sollen.

Der eine Punkt, von dem wir die Abstände der Parallelkreise, die Poldistanzen also, zu zählen haben, ist uns gegeben. Das ist für unsern nördlichen Himmel der Nordpol, wird der Leser sagen und dabei auf den Polarstern deuten, den ich ihn selbst als solchen aufzufassen lehrte. Wie aber, wenn ich bekennen müßte, daß ich mir in dieser Beziehung eine kleine Ungenauigkeit habe zu schulden kommen lassen, wie, wenn der Polarstern nicht wirklich so unabänderlich fest stände, als wir es doch vom Pole verlangen müssen? Schauen wir längere Zeit durch ein Fernrohr, so werden wir uns davon überzeugen. Das Fernrohr steht unbeweglich fest, und dennoch wird der Polarstern, der jetzt in der Mitte seines Gesichtsfeldes steht, im Verlaufe einer Stunde etwa daraus verschwunden sein. Auch er steht also nur in der Nähe des Poles und beschreibt gleich andern Sternen seinen täglichen Kreis um diesen. Der Abstand des Polarsternes vom Pole beträgt etwa $1\frac{1}{2}$ Grad. Es gilt also jetzt ein Mittel zu ersinnen, durch welches wir mit Sicherheit den Pol, d. h. den wirklichen, durch keine Sterne bezeichneten, festen Drehpunkt des Himmels bestimmen können.

Wäre der Himmel, wie ihn die alten Astronomen sich dachten, ein festes kristallenes Gewölbe, wäre der Pol also einer jener Zapfen oder Angeln, in welchen die Weltachse sich unaufhörlich drehte, um jene wunderbare Harmonie der Sphären zu erzeugen, die zu vernehmen freilich dem irdischen Ohre nicht vergönnt war; wäre dieser Pol endlich — denn auch das war eine Vorstellung der alten Weisen — wie bei einem Rade oder einer Drehbank durch eine kleine Nabe bezeichnet, so könnte es für unsre vervollkommneten Instrumente keine Schwierigkeit haben, ihn aufzufinden, und jedenfalls wäre die Besorgnis unnütz, daß er jemals den einmal bestimmten Ort des Himmels verlassen könnte. Seit aber die Wissenschaft der Neuzeit solche Vorstellungen für naiv erklärt und den festen Himmel in ein Heer freier, beweglicher Welten verwandelt hat, ist auch der Pol in eine bloße Idee verflüchtigt, und wir müssen versuchen, den Pol als Produkt der täglichen Drehung durch diese selbst zu bestimmen.

3*

Erinnern wir uns jetzt, daß die höchsten Standörter, welche sämtliche Sterne in ihrem täglichen Laufe über dem Horizonte einnehmen, durch einen größten Kreis verbunden werden, den wir den Meridian oder die Mittagslinie nannten, und daß dieser Kreis durch das Zenit und auch durch den Pol des Himmels geht. Gelingt es uns, die Lage dieses Meridians genau zu bestimmen, so wird uns durch ihn wenigstens schon die Richtung auf den Pol angewiesen. Das einfachste Mittel zur Auffindung des Meridians scheint uns durch den Umstand gegeben, daß die Höhenpunkte der Sterne stets genau in der Mitte zwischen ihrem Auf- und Untergangspunkte liegen. Freilich dürfte es sehr schwer sein, diese Punkte des Auf- und Niederganges genau zu beobachten, da **der** Horizont selten ganz frei und namentlich fast immer mit Dünsten bedeckt ist. Die Astronomen verfahren daher etwas anders.

Ich brauche den Leser nicht daran zu erinnern, daß die Bewegung des Himmels eine durchaus gleichmäßige ist, daß in allen Parallelkreisen in gleicher Zeit gleiche Bogen durchlaufen werden. Eine einmalige Beobachtung des Himmels mittels eines Winkelinstruments würde ihn übrigens davon überzeugen. Lenken wir aber unsern Blick auf jene nie auf- und untergehenden Sterne, die täglich den Pol umkreisen, und die man als Zirkumpolarsterne zu bezeichnen pflegt. Denken wir uns jetzt ein um eine horizontale Achse drehbares Fernrohr, das also bei seiner Drehung stets eine Vertikalebene beschreibt, auf die Nordseite des Himmels gerichtet, an welcher jene Sterne kreisen. Das Fernrohr wird hier offenbar in seiner Drehung den Parallelkreis irgend eines jener Zirkumpolarsterne durchschneiden. Liegt dieser Schnitt rechts von dem Mittelpunkte des Kreises, so wird er denselben in zwei ungleiche Teile teilen, und der Stern wird mehr Zeit gebrauchen, um nach Westen hin den untern Durchschnitt zu erreichen, als um von Osten her wieder in den obern zu gelangen. Bewegt man also nun sein Fernrohr, ohne die horizontale Lage der Achse zu ändern, etwas weiter nach Westen, so wird ein neuer Durchschnitt des Parallelkreises erfolgen, und der Stern wird nun vielleicht umgekehrt weniger Zeit gebrauchen, um westlich den untern Schnitt zu erreichen, als um östlich zum obern zurückzukehren. Der Mittelpunkt des Parallelkreises liegt also jetzt zur Rechten des letzten Schnittes und muß zwischen beiden gesucht werden. Durch wiederholte Versuche wird man dahin gelangen, diejenige Stellung des Fernrohrs zu ermitteln, in welcher der Stern ebensoviel Zeit gebraucht, um von oben nach unten zu gehen, als um von unten nach oben zurückzukehren. Das ist die Stellung, in welcher das Fernrohr genau die Meridianlinie am Himmel beschreibt. Diese Methode ist es in der Tat, die man noch heutzutage auf den meisten Sternwarten anwendet, um die Instrumente genau in der Richtung von Süd nach Nord aufzustellen. Die genaue Festlegung der Mittagslinie ist die erste Aufgabe jeder Sternwarte, welche ihren Beobachtungen einen selbstständigen, von den Ermittelungen andrer Sternwarten unabhängigen Wert verleihen will. Denn nicht nur dient der Meridian dazu, das für alle astronomischen Beobachtungen so wichtige Element der Zeit zu ermitteln und den Gang der Uhr, von deſſen Genauigkeit vieles abhängt, zu kontrollieren, ſondern es beruht auch die abſolute Ortsbeſtimmung von Sternen, Planeten uſw. am Himmelsgewölbe auf der genauen Kenntnis der Lage des Meridians. Es iſt nun klar, daß, wenn es dem Aſtronomen gelungen iſt, die Lage ſeiner Mittags= linie genau zu ermitteln und ſein Fernrohr möglichſt ſcharf in die Ebene der= ſelben zu bringen, dieſe Lage auch auf die Dauer fixiert bleiben muß.

Wie ſoll ſich aber der Beobachter jederzeit ohne neue mühevolle Unterſuchungen überzeugen können, daß ſein Fernrohr ſich noch genau in der Ebene des Meridians be= wegt; woran ſoll er ſicher er= kennen, daß das Inſtrument während ſeiner Abweſenheit nicht durch einen Stoß aus der Meridianebene abgelenkt wurde? Hierüber muß ſich der Aſtronom offenbar jeder= zeit leicht vergewiſſern können, da ſonſt eine peinliche Unſicher= heit über ſeinen Beobachtungen ſchweben würde. Das ein= fachſte Mittel, ſich ſtets über die genaue Lage des

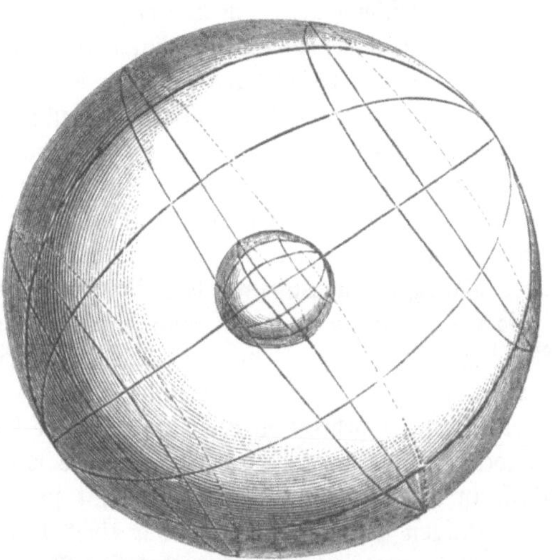

Die Stundenkreiſe und Parallelkreiſe am Himmel und die Meridiane und Parallelkreiſe auf der Erde.

Fernrohres im Meridian zu orientieren, iſt die Anbringung von Meridianzeichen in gewiſſen, nicht zu kleinen Entfernungen nördlich und ſüdlich vom Obſerva= torium. Dieſe Meridianzeichen beſtehen gewöhnlich aus ſteinernen Pfeilern, welche oben eine Skala tragen, an welcher ein ſenkrechter Strich die genaue Richtung des Meridians bezeichnet.

Es iſt nun für den Beobachter nicht ſchwer, ſich jederzeit über die richtige Stellung ſeines Inſtruments im Meridian zu vergewiſſern und es nötigenfalls leicht wieder in dieſe richtige Lage zurückführen zu können. Das mag dem Leſer für jetzt genügen, denn ich muß bald doch wieder auf das im Meridian be= wegliche Fernrohr zurückkommen.

So haben wir denn bereits eine wichtige Marke am Himmel gefunden und in dem Netze, das wir über ſeine Kuppel ausſpannten, wenigſtens einen Faden feſt beſtimmt. Wir müſſen nun aber auch den Anfangs= und Mittel= punkt dieſes Netzes, den Pol des Himmels, aufſuchen. Das wird auch für uns keine Schwierigkeiten mehr haben. Er muß ja genau in der Mitte zwiſchen jenem höchſten und niedrigſten Orte eines Zirkumpolarſternes liegen, durch deren Lage wir unſre Meridianebene beſtimmten. Dieſer Pol und der in einem Abſtande von 90° um ihn gezogene größte Kreis am Himmel, der

Äquator, haben natürlich für jeden Ort auf der Erde eine andre Höhe über dem Horizonte. Die Höhe des Pols über dem Horizonte nennt man die Pol= höhe, und ich brauche wohl nicht zu sagen, daß sie mit der geographischen Breite eines Ortes gleichbedeutend ist, da unsre irdischen Kreise erst aus der Übertragung der himmlischen auf die Erde hervorgegangen sind.

Unser Netz am Himmel ist jetzt vollendet, und wir sind in den Stand ge= setzt, Ortsbestimmungen am Himmel vorzunehmen. Es ist gebildet durch die im Pole zusammenlaufenden Stundenkreise und durch die Parallelkreise der Sterne. Ist der Parallelkreis und der Stundenkreis eines Sternes bekannt, so ist auch der Ort desselben vollständig bestimmt. Es gehört also nichts weiter zu dieser Ortsbestimmung, als die Beobachtung eines Sternes bei seinem Durchgange durch den Meridian. Zu diesem Zwecke bedarf es eines Instru= ments, dessen Fernrohr genau in der Ebene des Meridians steht. Als solche Instrumente werden wir in den Sternwarten gewöhnlich das Mittagsfernrohr oder Passageinstrument und den Meridiankreis finden. Das erstere ist ein einfaches Fernrohr, das um eine horizontale auf massiven Pfeilern ruhende Achse genau in der Ebene des Meridians drehbar ist. Das andre ist ein großer, mit einem Fernrohr versehener Höhenkreis, der gleichfalls nur in der Meridianebene gedreht werden kann. Beide sind mit außerordentlich genauen Pendeluhren verbunden, da die Uhr, wie wir sehen werden, eine bedeutende Rolle in der Ortsbestimmung der Sterne spielt.

Richten wir nun das Fernrohr eines Meridiankreises auf einen Stern im Augenblick, wo er infolge der täglichen Bewegung in den Meridian tritt, so können wir leicht an seiner Teilung den Bogen, um den dieser Stern vom Pole absteht, also seine Poldistanz ablesen.

Statt dieser Poldistanz wählen indessen die Astronomen bei Ortsbestimmung der Sterne oft den Abstand des Sternes vom Äquator, den man die Deklina= tion oder Abweichung nennt, und der die Poldistanz offenbar zu 90° ergänzt. Es käme nun nur noch darauf an, auch den Stundenkreis zu bestimmen, in welchem ein Stern sich befindet. Da sämtliche Stundenkreise einer nach dem andern in den Meridian treten, so wird es nötig werden, irgend einen derselben als den ersten und denjenigen festzustellen, auf welchen alle übrigen bezogen werden können. Kümmern wir uns nun einstweilen nicht um den Astronomen, sondern treffen wir einmal selbst unsre Wahl. Sie wird offenbar auf den Stundenkreis irgend eines besonders hellen Sternes, etwa des Sirius, fallen. Beobachten wir jetzt die Zeit, welche zwischen dem Meridiandurchgange des Sirius und dem desjenigen Sternes, dessen Ort wir bestimmen wollen, verfließt, so ist uns damit auch die Lage des Stundenkreises des letztern gegeben, d. h. der Bogen gemessen, welchen beide Stundenkreise auf dem Parallelkreise des Sternes oder auf dem Äquator abschneiden. Denn dieser Bogen muß stets zum ganzen Kreisumfange in demselben Verhältnis stehen, wie sich die zu seiner Durchlaufung erforderte Zeit zu der Zeit einer ganzen Umdrehung des Himmels verhält. Jener Bogen des Äquators aber, oder der Abstand des

Das große Äquatorial der Wiener Sternwarte.

Stundenkreises eines Sternes von dem ersten Stundenkreise, für uns jetzt dem des Sirius, ist das, was der Astronom die gerade Aufsteigung oder Rektaszension eines Sternes nennt.

Wir sehen also, daß wir es hier mit der Uhr zu tun bekommen, und daß die Zeit, welche diese Uhr mißt, allein bestimmt wird durch die tägliche Umdrehung des gestirnten Himmels. Man bezeichnet sie deshalb auch als Sternzeit und die Einheit, auf welche sie zurückgeführt wird, d. h. die Zeit, welche von einem Meridiandurchgange eines Sternes bis zum andern verfließt, als Sterntag. Aber wir dürfen nicht übersehen, daß, indem wir die Zeit in unsre Ortsbestimmung der Sterne gemischt haben, zugleich eine gewisse Beweglichkeit in das Netz gekommen ist, das wir über den Himmel ausgespannt zu haben glaubten. Es ist uns gleichsam von allen jenen Fäden, die wir an den Pol festknüpften, nur einer übrig geblieben, und die einzelnen Stundenkreise entstanden uns eigentlich nur dadurch, daß wir diesen Faden, den Meridian, über die einzelnen Sterne hingleiten ließen. Dadurch, daß wir die Ortsbestimmung der Sterne von der Umdrehung des Himmels abhängig machten, ist es nur möglich, für einen bestimmten Augenblick den Ort eines Sternes festzustellen. Für jeden andern Zeitpunkt aber wird dieser Ort auch ein andrer sein. Unsre Aufgabe scheint damit im wesentlichen verfehlt. Der Himmel sollte für uns ein festes, unerschütterliches Gewölbe werden, dessen Festigkeit uns eben in den Stand setzen sollte, auch die kleinsten Ortsveränderungen der Sterne, sei es infolge ihrer eignen Bewegung oder eigentümlicher fortschreitender Bewegungen unsrer Erde zu erkennen. Dazu bedarf es eines festen Netzes am Himmel, und das werden wir nicht gewinnen, wenn wir einen beliebigen Stern, der nicht einmal immer am Himmel sichtbar ist, der jedenfalls an der Bewegung der andern Sterne teilnimmt und so gut wie diese eigne Bewegung haben kann, zum Anfangspunkt der Stundenkreise wählen. Dazu bedürfte es streng genommen eines Punktes, der unabhängig von der gesamten Sternenwelt unabänderlich fest an den Himmel gebannt ist. Ob ein solcher existiert, und wie die Astronomen sich geholfen haben, das wollen wir nun sehen.

Für seine Beobachtungen wenigstens ist es dem Astronomen gelungen, sich unabhängig von der täglichen Bewegung zu machen und sich eine Art festen Himmelsgewölbes zu schaffen. Wir wissen, daß es eben dieser Bewegung wegen außerordentlich schwer ist, einen Stern auch nur eine kurze Zeit hindurch im Gesichtsfelde eines Fernrohres festzuhalten. Die Linse des Fernrohrs vergrößert nicht allein die Dimensionen des Objekts, sondern auch seine Bewegung. Will man eine Beobachtung von nur einiger Dauer machen, so muß man beständig mit dem Fernrohr dem Sterne nachrücken, und das verursacht eine höchst lästige Störung. Man ist daher auf den Einfall gekommen, das Fernrohr mit einem Uhrwerk in Verbindung zu setzen, durch welches es eine genau dem Sterne in seinem täglichen Laufe folgende Bewegung erhält, ohne daß der Beobachter etwas damit zu tun hätte. Hierdurch ist der Beobachter in eine Lage versetzt, als ob der ganze Himmel in völliger Ruhe wäre. Diese Einrichtung aber, die man eine parallaktische Aufstellung des Fernrohres nennt, verlangt zunächst eine genau auf den Pol gerichtete Drehungsachse, auf welcher senkrecht eine zweite Achse befestigt ist. Um letztere dreht sich das Fernrohr. Schon eine solche Vorrichtung würde genügen, durch eine bloße Handbewegung das Fernrohr dem Laufe eines Sternes folgen zu lassen. Auf den Sternwarten aber wird, wie ich schon sagte, diese Bewegung durch ein Uhrwerk hervorgerufen, welches mit größter Gleichmäßigkeit genau in einem Sterntage das Fernrohr um seine auf den Himmelspol gerichtete Achse führt, während die zweite darauf senkrechte Achse gestattet, das Fernrohr auf jeden beliebigen Parallelkreis, also auch auf jeden beliebigen Stern einzustellen.

In großen Sternwarten sieht man ein solches parallaktisches Fernrohr unter den Namen des Äquatorials stets auf dem höchsten Teile des Gebäudes unter einer drehbaren und nach einer Seite mit einer Öffnung versehenen Kuppel aufgestellt, und zwar wählt man hierzu immer die größten Instrumente. Die großen Refraktoren, welche wir früher kennen lernten, sind sämtlich als Äquatoriale aufgestellt oder „montiert“. Die Drehung dieses Instruments mißt also zugleich die Stundenwinkel oder Rektaszensionen der Sterne, die man auf einem feingeteilten Kreise ablesen kann, der genau in der Ebene des Äquators auf der schiefen Fläche des steinernen Pfeilers befestigt ist, welcher die Drehungsachse des Instruments trägt. Ein zweiter geteilter Kreis ist an dem Fernrohr selbst befestigt und läßt die Deklinationen der Sterne ablesen. Dem Astronomen ist der Äquator gleichsam zum Horizont geworden, über dem die Sterne in ewiger Ruhe schimmern, so daß er, nur das Fernrohr seines Äquatorials auf den Stern zu richten braucht, um Deklination und Rektaszension desselben abzulesen. Ich habe hiermit natürlich nur im allgemeinen die Instrumente und Beobachtungsmethode vorgeführt, womit der Astronom den Ort der Sterne am Himmelsgewölbe ermittelt. Wir sehen das Fernrohr fest auf seinem Stande stehen und gleichmäßig mit großer Sicherheit der täglichen Umdrehung entsprechend, von einem Uhrwerk um den Himmel herumgeführt; wir sehen, die Vollkreise zum Messen der Deklinationen, die Mikrometer zur Bestimmung relativer Winkelabstände durch Anschluß an bereits ihren Örtern nach bestimmte Sterne sind von höchster Vollkommenheit; die Gradeinteilung auf dem Limbus ist so scharf und genau, daß man darüber erstaunt, wie menschliche Kunstfertigkeit alles dies vollbringen konnte. Stark irren würden wir jedoch, wenn wir glaubten, der Astronom brauche sein Instrument nur auf den zu beobachtenden Stern zu richten, scharf einzustellen, die Messung abzulesen und zu notieren.

Weder die Konstruktion noch die Aufstellung der besten Instrumente ist eine solche, die bei den heutigen Anforderungen, welche an brauchbare Messungen gestellt werden, ausreichte, um nur einzustellen und abzulesen, sondern jedes Instrument muß bezüglich seines Baues wie seiner Aufstellung vorher genau untersucht und rektifiziert werden. Einen Teil der kleinen Unvollkommenheiten, welche dem Beobachter behufs Korrektion der unmittelbaren

Ablesung alle genau bekannt sein müssen, kann er direkt am Instrumente mittelst gewisser Schrauben fortschaffen; der Rest aber muß in Rechnung gezogen und bei den Beobachtungen durch Rechnungen berücksichtigt werden. Erst die korrigierten Beobachtungen sind, nachdem sie abermals von gewissen andern, außerhalb des Instruments befindlichen Einflüssen befreit sind, zu weiteren Untersuchungen tauglich. Doch wieder zurück zu unserm eigentlichen Gegenstande.

Wie bewundernswürdig es auch sein mag, wenn der Astronom den himmlischen Heerscharen auf diese Weise Stillstand gebietet; diese Ruhe ist doch nur eine scheinbare; die Bewegung des Himmels ist nur aufgehoben durch die entgegengesetzte des Instruments. Für die sichere Ortsbestimmung der Sterne bedarf es eines wirklich ruhenden oder wenigstens eines wirklich von dieser allgemeinen Bewegung des Himmels unabhängigen Punktes, eines Punktes etwa, für den wir in ähnlicher Weise Beständigkeit in Anspruch nehmen können, wie wir es für den Himmelspol nach allgemeinen physikalischen Gesetzen müssen. Mag auch kein Stern diesen Punkt bezeichnen, auf den wir unsre Beobachtungen und Messungen am Himmel beziehen müssen, wenn uns Ortsveränderungen am Himmel nicht entgehen sollen, mag er auch ein bloßer Gedanke sein, der an jenem Gewölbe haftet: immerhin wird er als eine außer uns liegende, von jedem Zufall unabhängige, in ewigen und unabänderlichen Naturgesetzen begründete Erscheinung bezeichnet werden müssen. Was kann also näher liegen, als der Gedanke, daß wir nach einer Bewegung zu forschen haben, die, unberührt von jener täglichen der gesamten Sternwelt, nach festen, für uns erkennbaren und bis auf einen hohen Grad der Genauigkeit von uns erkannten Gesetzen am Himmel vor sich geht! Diese Bewegung aufzusuchen und dadurch einen sichern Anknüpfungspunkt für unsere Ortsbestimmungen am Himmel zu gewinnen, das soll unsere nächste Aufgabe sein. Für jetzt lassen wir dem Himmel seine scheinbare Ruhe; denn die Bewegung, in die wir ihn versetzen werden, wird ja der wichtigste Teil unserer Reise selbst sein. Wer den Himmel durchwandern will, darf nicht müßig schauen, sondern muß ihn mit den Hebeln seines Geistes aus den Angeln reißen.

Fünftes Kapitel

Die jährliche Bewegung des Himmels.

Und wo du wandelst, schmückt sich Weg und Ort.
Es zieht dich an, es reißt dich heiter fort,
Du zählst nicht mehr, berechnest keine Zeit,
Und jeder Schritt ist Unermeßlichkeit.

Vergeblich haben wir uns bemüht, an dem ewig bewegten Himmel feste Punkte aufzufinden, auf welche wir jede Veränderung in der Stellung der Gestirne beziehen, und an welchen wir sie messen könnten. Ein solcher Punkt war uns freilich durch den Pol, den einzigen, von der täglichen Drehung des Himmels unberührten Punkt, gegeben; aber er genügte nicht, das Netz das wir über das Himmelsgewölbe gezogen hatten, zu befestigen. Könnten wir noch an die Unbeweglichkeit der Fixsterne glauben, so wäre es freilich das einfachste gewesen, in irgend einem glänzenden Sterne jenen festen Punkt, den wir suchen, zu wählen. Aber gerade die Erwartung, Veränderungen auch in jener fernen Fixsternwelt zu finden und durch sie Aufschlüsse über ihre Ordnung und ihre Natur zu gewinnen, ist es, auf welche die Hoffnung sich gründet, unsre Reise über die Grenzen unsrer heimischen Planetenwelt auszudehnen. Die alten Ägypter glaubten noch an die Festigkeit des Fixsternhimmels, und ihnen war darum ganz folgerichtig ein solcher Fixstern, der Sirius, sowohl der Markstein am Himmel, wie der Wächter des Jahres. Sein Wiedererscheinen in den Strahlen der Morgensonne bezeichnete ihnen den Anfang des neuen Jahres. Aber sie mußten erfahren, daß bereits nach hundert Jahren der Sirius um fast 25 Tage früher aus den Sonnenstrahlen hervortrat. Freilich war das nicht gerade die Schuld des Sirius und seiner Bewegung. Uns aber würde, wenn wir in ähnlicher Weise den Sirius zum Anfangspunkt unsrer Stundenkreise wählten, bei der Vervollkommnung unsrer Beobachtungsmittel infolge noch ganz andrer Bewegungen, von denen die Alten gar keine Ahnung hatten, auch eine ganz ähnliche Erfahrung in betreff der Ortsbestimmung der Sterne drohen. Wir würden bald die heilloseste Verwirrung am Himmel gewahren, in der wir nicht mehr zu entscheiden vermöchten, ob eine Veränderung unsres Anfangspunktes oder eine Bewegung der Fixsterne sie veranlaßt hätte. So müssen wir uns denn nach einer andern Bezeichnung unsres festen Punktes umsehen, und es kann uns nichts näher liegen, als der Versuch, ihn durch eine zweite, von der Drehung des Himmels völlig unabhängige, aber ebenso genau bekannte und nach mathematischen und physikalischen Gesetzen zu berechnende Bewegung am Himmel festzustellen.

Zwei verschiedene Bewegungen müssen einander notwendig kreuzen, und wenn beide Bewegungen unabänderlich oder doch in ihren kleinsten Veränderungen gesetzlich sind, so muß auch ihr Kreuzungspunkt unabänderlicher oder doch gesetzlicher Bestimmung zugänglich sein.

Daß es eine solche Bewegung am Himmel gibt, und daß es vorzugsweise die Sonne ist, welcher sie zukommt, brauche ich wohl nicht erst zu sagen. Daß es aber gerade die Sonne ist, deren Bewegung wir die Bezeichnung unsres festen Punktes überlassen, dafür gibt es noch einen besondern Grund. Wir haben gesehen, daß der Zeitbestimmung ein wesentlicher Anteil an der Ortsbestimmung der Sterne zugewiesen ist, daß wir die Uhr dabei zu Hilfe nahmen, und wenn unsre Sternuhr nur ausreichte, die gegenseitige Stellung der Fixsterne zueinander festzustellen, so liegt es ja nahe, durch eine andre Zeitbestimmung, eine andre Uhr, diese Ortsbestimmung auf ein andres Gestirn zu beziehen. Diese andre Zeitbestimmung ist uns aber bereits in unserm bürgerlichen Leben gegeben, und es ist uns bekannt, daß der Lauf der Sonne, daß die Sonnenuhr es ist, welche diese Zeitbestimmung regelt. Folgen wir nun diesem Lauf der Sonne, um zu sehen, inwieweit er unsern Zwecken genügt.

Die Sonne geht auf und unter wie alle übrigen Sterne, einen Tag wie den andern. So scheint es auf den ersten Blick; aber man muß näher zusehen. Wenn man einen Stern tagelang hintereinander beobachtet, so sieht man ihn stets an demselben Punkte des Horizonts aufgehen und stets dieselbe Höhe am Himmel erreichen. Die Sonne dagegen geht jeden Tag an einem andern Punkte des Horizonts auf, erhebt sich jeden Tag zu einer andern Höhe am Himmel. Wenn man auf die Sterne achtet, welche nach dem Untergange der Sonne, wo diese verschwand, auftauchen, so wird man bald gewahr, daß diese Sterne nach und nach dem Horizonte näher erscheinen als anfangs, daß sie endlich verschwinden und andre an ihrer Stelle sichtbar werden. Durch die Sterne, welche mit der untergehenden Sonne verschwanden oder aus den Strahlen der aufgehenden hervortauchten, bezeichneten sogar einige Völker des Altertums die Zeiten des Jahres.

Nach solchen Beobachtungen ist es nicht mehr möglich, die Sonne als festgeheftet an das täglich sich drehende Himmelsgewölbe zu betrachten. Dieses beständige Fortschreiten der Sonne mitten durch die Sterne des Himmels ist der Beweis einer ihr eigentümlich zukommenden Bewegung. Um Kenntnis von der Art dieser Bewegung zu erlangen, müssen wir zu Winkelmessungen unsre Zuflucht nehmen. Wir wissen, daß es mit Hilfe eines Meridiankreises leicht ist, den Ort eines Gestirnes in bezug auf den Äquator wie auf den Stundenwinkel eines andern Sternes festzustellen. Wir dürfen nur mit einem solchen Instrumente die Sonne in dem Augenblick beobachten, in welchem sie im Meridian steht und können sofort an der Teilung des Instruments den Abstand des Parallelkreises der Sonne vom Äquator, d. h. die Deklination der Sonne ablesen. Wir dürfen ferner nur an unsrer Sternuhr die Zeit ermitteln, welche zwischen einem solchen Meridiandurchgange der Sonne und dem eines bekannten

Sternes, etwa des Sirius, verfließt, um auch den Abstand des Stundenkreises der Sonne von dem des Sirius, also das was wir vorhin als Rektaszension bezeichneten, zu erhalten. Vergleichen wir nun eine Reihe solcher Messungen untereinander, so finden wir ein ganz andres Resultat als bei den ähnlichen Messungen, die wir an Fixsternen vornahmen. Während dort Deklination und Rektaszension Tag für Tag unabänderlich dieselben blieben, sehen wir hier die Rektaszension täglich um etwa 1° wachsen, die Deklination zuerst nördlich vom Äquator bis zu einer Grenze von 23° 27' zunehmen, dann wieder allmählich abnehmen, südlich über den Äquator hinausgehen und endlich wieder die Grenze von 23° 27' erreichen, um von da ab wieder zu wachsen. Die Sonne befindet sich also an jedem Tage in einem andern Parallelkreise, und dieser Parallelkreis erreicht den Meridiankreis stets etwas später als der des vorhergehenden Tages. Die Zeit zwischen zwei aufeinanderfolgenden Meridiandurchgängen der Sonne oder der Sonnentag, wie man diese Zeit nennt, ist also etwas länger als die Zeit zwischen zwei Meridiandurchgängen eines Sternes, die wir als Sterntag bezeichnen. Wenn man genauer die einzelnen täglichen Rektaszensionen der Sonne betrachtet, so findet man zugleich, daß die Zunahme der Rektaszensionen in gleicher Zeit nicht immer dieselbe, daß der Überschuß des Sonnentages über den Sterntag vielmehr ein veränderlicher ist.

Dennoch hat man bei der großen Wichtigkeit der Sonne für alle Verhältnisse unsres Lebens von alters her den Sonnentag zur Maßeinheit der Zeitrechnung gewählt. Freilich mußte man zu diesem Zwecke die Ungleichheit dieser Sonnen= tage auszugleichen suchen und sich künstlich aus der gesamten Zahl der Sonnentage eines Jahres einen mittleren Sonnentag konstruieren. Dieser unsrer Zeitrechnung noch heute zugrunde liegende mittlere Sonnentag übertrifft den Sterntag genau um 3 Minuten 56$\frac{1}{2}$ Sekunden.

So bedeutungsvoll für uns aber auch diese Ergebnisse einer Vergleichung der Sonnenörter mit den Sternörtern sein mögen, so war für jetzt doch der Hauptzweck derselben die Auffindung des Weges der Sonne am Himmel selbst. Verfolgen wir von Tag zu Tag die Örter der Sonne bis zu der Zeit, wo sie genau wieder dieselbe Stellung am Himmel einnimmt, verbinden wir also die Durchschnitte ihrer Stundenkreise mit ihren täglichen Parallelkreisen, wodurch eben die Örter der Sonne bestimmt sind, so erhalten wir einen größten Kreis am Himmel mitten durch die Sternbilder hindurch, der zweimal den Äquator schneidet, einmal im Sternbilde der Fische, das zweite Mal im Sternbild der Jungfrau. Dieser größte Kreis am Himmel, der von der Sonne alljährlich durchlaufen wird, ist die Ekliptik, und die Neigung seiner Ebene gegen die Ebene des Äquators, die gegenwärtig 23° 27' beträgt, wird die Schiefe der Ekliptik genannt. Man könnte natürlich ebensogut diesen Winkel als Schiefe des Äquators bezeichnen, da in dieser Beziehung Äquator und Ekliptik keinen Vorzug vor ein= ander haben. Indessen ist die erstere Bezeichnung seit frühen Zeiten die allgemein angenommene. Die beiden Punkte, in welchen die Ekliptik den Äquator durch= schneidet, heißen die Nachtgleichenpunkte oder Äquinoktien, und zwar derjenige,

welchen die Sonne passiert, wenn sie von der Südseite des Himmels zur Nord=
seite übergeht, der Frühlingsnachtgleichenpunkt, der entgegengesetzte, welchen sie
beim Übergang von Nord zu Süd passiert, der Herbstnachtgleichenpunkt. Die=
jenigen beiden Punkte der Ekliptik, welche die äußersten Grenzen der Abweichungen
der Sonne bestimmen, werden Solstitien oder Sonnenwendepunkte genannt, und
zwar derjenige, welcher die größte nördliche Abweichung bezeichnet, das Sommer=
solstitium, der, in welchem die Sonne die größte südliche Abweichung erlangt,
das Wintersolstitium. Die beiden größten Kreise endlich, welche von den Himmels=
polen durch die Äquinoktien und durch die Solstitien gezogen werden, nennt man
die Koluren.

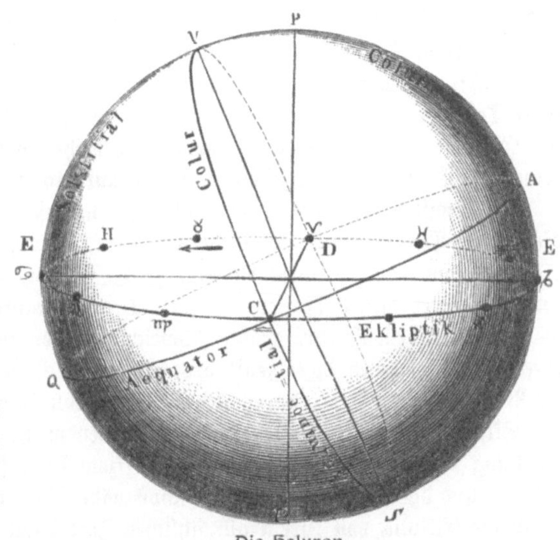

Die Koluren.

Da der Lauf der Sonne am Himmel, wie wir ihn jetzt ermittelt haben, den Äquator des Himmels schneidet, so genügt er wenigstens in einer Be= ziehung unsern Anforde= rungen, um für die Orts= bestimmung der Sterne zu dienen. Da diese Orts= bestimmung aber im Grunde nur auf eine Zeitbestimmung hinausläuft, da jener feste Punkt, den wir suchten, im wesentlichen uns nur einen festen Anfang unsrer Stern= tage bezeichnen sollte, so wird es gut sein, wenn wir uns zuvor um die Zeitrechnung der Sonne überhaupt etwas bekümmern.

Wir wissen, daß wir die Zeit, welche die Sonne gebraucht, um jene Bahn
zu durchlaufen, ein Jahr nennen. Es könnte gleichgültig erscheinen, ob wir die
Zeit bis zur Rückkehr zum Frühlingspunkt oder bis zur Rückkehr zu demselben
Sterne, von dem die Sonne ausging, zählen. Das ist aber keineswegs der Fall.
Die letztere Zeitdauer, die der Astronom als siderisches Jahr bezeichnet, ist aus
Ursachen, die ich im weitern Verlaufe meiner Darstellung erörtern werde, um
ungefähr 20 Minuten 23 Sekunden länger als die erstere, das sogenannte tro=
pische Jahr. Das unsrer Zeitrechnung zugrunde gelegte Jahr ist das tropische,
das in mittlerer Sonnenzeit ausgedrückt, genau 365 Tage 5 Stunden 48 Mi=
nuten 46 Sekunden oder in Sternzeit ausgedrückt 366,24 Sterntage oder Um=
drehungen des Himmels umfaßt. Wir wissen ferner, daß unsre bürgerlichen
Tage, wie die aller Völker, Sonnentage sind, daß aber nicht alle Völker ihre
Tage von Mitternacht zu Mitternacht zählen und in 12 Tag= und Nachtstunden
teilen. Die Astronomen dagegen zählen ihre 24 Stunden von Mittag zu Mittag

und haben mittlere Sonnentage wie wir. Wenn wir uns also in der astrono=
mischen Uhr zurecht finden wollen, dürfen wir nicht vergessen, daß der astronomische
Tag 12 Stunden später beginnt als der bürgerliche.

Ich mag den Leser nicht damit ermüden, daß ich ihn in alle Einzelheiten
der Zeitrechnung und der mathematischen Geographie einweihe; aber ich kann
doch des Zusammenhanges wegen nicht unterlassen, manches zu berühren. Wir
wissen, daß von dem Laufe der Sonne am Himmel unsre Jahreszeiten und die
Klimate der Erde abhängen, daß beim Eintritt der Sonne in die Nachtgleichen=
punkte, wo sie also im Äquator des Himmels steht, auf der ganzen Erde Tag
und Nacht gleich sind, daß der Eintritt der Sonne in die Solstitien dagegen,
in denen sie die größte nördliche oder südliche Abweichung erreicht, unsren längsten
oder kürzesten Tag, d. h. das längste oder kürzeste Verweilen der Sonne über
dem Horizont bezeichnen. Wir wissen ferner, daß auf dem Äquator der Erde
stets Tag und Nacht gleich sind, gerade wie wir die Tages= und Nachtbogen
der Gestirne dort stets als gleich erkannten, während an den Polen der Erde es
keine Tages= und Jahreszeiten, sondern nur einen Tag und eine Nacht gibt.

Wir wissen aus dem früher Mitgeteilten, daß wir unter den Wendekreisen
diejenigen Parallelkreise der Erde verstehen, deren geographische Breite oder
Abstand vom Äquator durch die Schiefe der Ekliptik = 23° 27' bezeichnet wird,
und daß unter diesen Kreisen es einen Tag im Jahre geben muß, an welchem
die Sonne, indem sie ihre größte Abweichung, eben jenen 23° 27' entsprechend,
erreicht, genau durch das Zenit des Himmels sich bewegen muß, während für
die Polarkreise der Erde, deren Abstand vom Pole durch jene Größe der Schiefe
der Ekliptik bezeichnet wird, ein Tag kommen muß, wo die Sonne ihrer Ab=
weichung wegen nicht mehr über den Horizont heraufsteigen kann. Wir wissen
endlich, und das liegt unserm Zweck schon näher, daß von dem Laufe der Sonne
durch die Ekliptik, von ihrem allmählichen Fortrücken durch die Gestirne, wobei
sie durch ihren Glanz ein Sternbild nach dem andern verlöscht, um andre Stern=
bilder aus dem nächtlichen Dunkel aufglimmen zu lassen, der Wechsel im land=
schaftlichen Charakter des Himmelsgewölbes bedingt ist, welchen sein Anblick im
Laufe des Jahres darbietet.

So gern ich nun auch eilen möchte, unsre Vorbereitungen zu einem end=
lichen Abschluß zu bringen, so kann ich mir eine kleine Abschweifung doch nicht
ersparen. Wir wissen, von welcher Wichtigkeit die Uhr schon für unser gewöhn=
liches Leben ist, und wir werden die Bedeutung begreifen, die sie für den Astro=
nomen haben muß, dessen Ortsbestimmungen am Himmel, wie wir gesehen
haben, ja zum großen Teil auf eine Zeitbestimmung hinauslaufen. Man kann
nun freilich einwerfen, und ich gebe es gern zu, daß wir auf einer Reise in so
endlose Weiten, in denen Jahrtausende sich in Augenblicke verkürzen und der
Flug des Lichtes selbst erlahmt, nicht Zeit noch Lust haben werden, uns um
die Uhr zu kümmern. Aber die Uhr soll uns auch durchaus nicht an die Zeit
erinnern, ihr Zeiger soll uns nur auf Erscheinungen im Sonnenlaufe hinweisen,
von dem wir uns nicht genau genug unterrichten können, wenn wir uns durch

ihn die feste Marke am Himmel bezeichnen laſſen wollen, an welcher alle Ver=
änderungen der Sternenwelt abgemeſſen werden können.

Eine richtig gehende Uhr kann nicht genau mit der Sonne gehen, und der
Mittag den ſie zeigt, wird nur in ſeltenen Fällen wirklich die Mitte des Tages
ſein und die Zeit zwiſchen Auf= und Untergang der Sonne in zwei gleiche Hälften
teilen. Die Urſache liegt in der Ungleichheit der Sonnentage. Ich habe ſchon
darauf aufmerkſam gemacht, daß die Sonne ſich nicht gleichförmig in ihrer Bahn
bewegt. Die größte Geſchwindigkeit zeigt ſie im Januar, die geringſte im Juli.
Der Gedanke liegt nahe, daß dieſe Unterſchiede in der Geſchwindigkeit auch mit
Unterſchieden in der Entfernung zuſammenhängen; denn wir wiſſen ja, daß ein
bewegter Gegenſtand, ohne wirklich ſeine Geſchwindigkeit zu ändern, doch in ver=
ſchiedener Entfernung geſehen, ſcheinbar verſchiedene Geſchwindigkeit zeigt. In
der Tat iſt etwas Ähnliches bei der Sonne der Fall. Wenn man nämlich mit
Hilfe eines guten Mikrometers von Tag zu Tag die Sonnenſcheibe mißt, ſo
wird man finden, daß ihr Durchmeſſer fortwährenden Veränderungen unterliegt,
daß er ſich namentlich im Winter größer zeigt als im Sommer. Wir werden
daraus leicht den Schluß ziehen, daß die Sonne ſich nicht in einem Kreiſe, ſondern
in einer elliptiſchen Bahn bewegt, und daß die Erde nicht in der Mitte, ſondern
im Brennpunkt derſelben ſtehen muß. Die beiden Endpunkte der großen Achſe
dieſer Ellipſe, in welcher die Sonne ihre größte und geringſte Entfernung von
der Erde erreicht, werden darum auch als Erdnähe und Erdferne oder als
Perigäum und Apogäum bezeichnet.

Übrigens iſt es die Verſchiedenheit der Entfernungen nicht allein, welche die
Verſchiedenheiten in der Geſchwindigkeit des Sonnenlaufs bedingt. Es beſteht
nicht bloß eine ſcheinbare, ſondern auch eine wirkliche Beſchleunigung und Ver=
zögerung derſelben. Wir wiſſen ja, daß wir uns den ſcheinbaren Lauf der Sonne
am Himmel in Wirklichkeit als die Wirkung einer Bewegung der Erde um die
Sonne vorzuſtellen haben, und daß jene elliptiſche Geſtalt der Sonnenbahn in
Wirklichkeit der Erde zukommt.

Aber dieſe Ungleichheiten in der Geſchwindigkeit des Sonnenlaufes bilden
nicht die einzige Urſache der verſchiedenen Länge der wahren Sonnentage. Eine
ganz ähnliche Wirkung wird noch durch die Schiefe der Ekliptik hervorgerufen.
Gleiche Tageslängen würde uns alſo nur eine Sonne gewähren können, welche
ſich einerſeits gleichförmig in einer kreisförmigen Bahn bewegte, deren Bahn=
ebene anderſeits aber auch mit dem Äquator zuſammenfiele. Da eine ſolche
Sonne nun nicht in Wirklichkeit exiſtiert, ſo hat ſie der Aſtronom ſich erdichtet,
freilich nicht durch die Kraft ſeiner Phantaſie, ſondern durch die Rechnung, und
dieſe erdichtete Sonne iſt es, welche unſre mittlere Zeit beſtimmt, und deren
feſtgeſtelltem Lauf unſre heutigen Uhren folgen.

Es kann für den Aſtronomen nämlich keine Schwierigkeit haben, den Lauf
dieſer beiden Sonnen miteinander zu vergleichen und dadurch ſeine Uhr zu regu=
lieren. Den Meridiandurchgang der wahren Sonne kann er unmittelbar beob=
achten, den der erdichteten lehrt ihn die Rechnung finden. Er wird durch dieſe

Vergleichung finden, daß wahre und mittlere Zeit nur viermal im Jahre genau zusammenfallen, und zwar am 15. April, 15. Juni, 31. August und 25. Dezember. In den Zwischenzeiten eilt die mittlere Zeit der wahren voran vom 25. Dezember bis 15. April und vom 15. Juni bis 31. August, bleibt aber hinter ihr zurück vom 15. April bis 15. Juni und vom 31. August bis 25. Dezember. Der größte Unterschied zwischen wahrer und mittlerer Zeit findet in dem ersten Abschnitt am 11. Februar statt und erreicht 14 Minuten 34 Sek., in dem zweiten Abschnitt erreicht dieser Unterschied nur 3 Minuten 54 Sek. am 14. Mai, in der dritten Periode 6 Minuten 15 Sek. am 26 Juli, in der vierten Periode endlich steigt dieser Unterschied auf 16 Minuten 20 Sek. am 2. November. Es läßt sich natürlich für jeden Tag im Jahre diese Abweichung der wahren von der mittleren Zeit bestimmen und man nennt sie die Zeitgleichung.

Wir sind nun dem Laufe der Sonne gefolgt, soweit es für unsre Zwecke ratsam schien, und wir können uns nun zum letzten Gegenstande unsrer vorbereitenden Betrachtung wenden, dem Gebrauche, den der Astronom von diesem Sonnenlauf für seine Ortsbestimmung der Gestirne macht. Dieser Sonnenlauf ist allerdings nicht frei von mancherlei Unregelmäßigkeiten und Veränderungen, die ich teils bereits hervorgehoben, teils vorübergehend angedeutet habe. Der Leser wird aber schon gemerkt haben, daß alle diese Veränderungen im Bereiche der astronomischen Beobachtung und, da auch ihr ursächlicher Zusammenhang der wissenschaftlichen Forschung nicht entzogen ist, auch im Bereiche der astronomischen Rechnung liegen. Sie bilden also kein besonderes Hindernis. Sehen wir nun weiter zu, welcher Art eigentlich der Dienst war, den die Linie des Sonnenlaufs am Himmel leisten sollte.

Wir hatten ein Netz über das Himmelsgewölbe ausgespannt, um mit seiner Hilfe die gegenseitige Lage der einzelnen Sterne zu bestimmen. War dies nur ein einziges Mal gelungen, so hindert uns weder die Bewegung des Himmels im Laufe des Tages noch seine Veränderung im Laufe des Jahres, jeden Stern zu beliebiger Zeit wiederzufinden. Denn derselbe Himmel kehrt alltäglich zur selben Stunde wieder, und nur in der Sichtbarkeit wechseln die Gegenden des Himmels von Tag zu Tag. Kennen wir die Stunde des Sterntages, so kennen wir auch die Lage des Himmels. Es kommt also darauf an, für eine erste Stunde die Sternörter festzusetzen, oder mit andern Worten, einen ersten Stundenkreis zu finden, auf den alle übrigen bezogen werden können. Wir nahmen indessen davon Abstand, den Stundenkreis irgend eines glänzenden Sternes zu diesem Zwecke zu wählen, weil wir die Befürchtung hegten, daß jede Veränderung, jede eigne Bewegung desselben, sich zugleich den übrigen Sternen mitteilen müßte, und wir also darauf zu verzichten hätten, eigne Bewegungen andrer Sterne in das Bereich unsrer Beobachtung zu ziehen. Wir hatten vielmehr die Absicht, einen Punkt außerhalb jener Sternenwelt zu suchen, der, wenn auch selbst vielleicht nicht ganz unveränderlich, doch seine Veränderungen immer nur gleichmäßig auf die Gesamtheit der Sterne übertragen könne. Sollte uns auch das nicht gelungen sein, so wird doch auf diese Weise die Wahl unsres festen Punktes vor dem üblen Schein der Willkür und Zufälligkeit bewahrt, und das ist in der Tat der Gesichtspunkt, durch den die Astronomen in ihrer Wahl bestimmt worden sind. Eine Einigung über die Wahl eines Sternes als Anfangspunkt der Stundenkreise wäre kaum vorauszusehen gewesen, und so mußte man von früh an darauf denken, irgend einen astronomisch ausgezeichneten Punkt des Äquators zu diesem Zwecke auszuwählen. Ein solcher Punkt hat sich uns nun durch den Durchschnitt jener scheinbaren Bahn der Sonne, der Ekliptik, mit dem Himmelsäquator ergeben. Der Kolur der Nachtgleichen soll unser erster Stundenkreis sein, der Frühlingsnachtgleichenpunkt aber soll uns jenen festen Punkt abgeben, auf welchen wir die Stundenkreise der Sterne beziehen wollen, nämlich den Anfangspunkt der Rektaszensionen. Es wird also jetzt vorzugsweise nur darauf ankommen, daß wir im stande sind, mit großer Genauigkeit sowohl die Lage dieses Punktes als den Augenblick zu bestimmen, in welchem der Mittelpunkt der Sonne ihn passiert.

Der Frühlingspunkt ist freilich ebenso wenig als der Pol des Himmels durch einen glänzenden Stern bezeichnet, und nur annähernd finden wir seine Richtung, wenn wir eine gerade Linie vom Polarstern durch den westlichen Hauptstern der Kassiopeja ziehen. Diese Linie führt uns auf eine sehr sternenarme Gegend des Himmels im Sternbilde der Fische. Genauer wird uns seine Lage durch den Lauf der Sonne bezeichnet. Um zunächst den Zeitpunkt zu erhalten, in welchem die Sonne durch den Frühlingspunkt geht, bedarf es nichts weiter, als daß man an zwei Mittagen vor und nach diesem Durchgang die Höhe der Sonne im Meridian mißt.

Nehmen wir den Fall an, man finde etwa durch eine solche Beobachtung am Meridiankreise, daß der Sonnenmittelpunkt am Mittag des 20. März noch eine gewisse Zahl von Minuten und Sekunden südlich vom Äquator stand, also noch eine kleine südliche Deklination hatte, und beobachtet man dann am Mittag des 21. März eine kleine nördliche Deklination der Sonne, so kann man daraus zugleich die Zahl der Minuten und Sekunden ableiten, um welche die Deklination von einem Mittag zum andern zugenommen hat.

Aus dem Verhältnis der Deklination des einen Mittags zu dieser gesamten Zunahme läßt sich aber sehr leicht die Zeit berechnen, welche die Sonne gebraucht hat, um jene kleine Strecke bis zum Äquator zurückzulegen. Hat man aber die Zeit für den Durchgang der Sonne durch den Frühlingspunkt gefunden, so läßt sich auch der Ort des letzteren leicht bestimmen. Man hat nur außer dem Meridiandurchgange der Sonne an jenem 20. März auch den irgend eines Fixsternes zu beobachten.

Fiele in dem letzterwähnten Falle die Kulmination der Sonne genau mit ihrem Durchgange durch den Frühlingspunkt zusammen, so entspräche die Zeit, welche zwischen der Kulmination der Sonne und der des Fixsterns verstrichen ist, genau der Rektaszension des letzteren. Ist dies aber nicht der Fall, so muß man diese Rektaszension noch um diejenige Zahl von Minuten und Sekunden verringern, um welche sich die Rektaszension der Sonne bis zu ihrem Durchgange durch den

Frühlingspunkt vergrößert hat. Diese Zunahme erfährt man aber sehr leicht, wenn man den Meridiandurchgang jenes Sternes auch am folgenden Tage noch beobachtet. Er wird dann um einige Zeit später eintreten, und das ist die Zeit, um welche die Rektaszension der Sonne von einem Mittag zum andern zugenommen hat. Es ist also leicht, daraus auch die Zunahme innerhalb der Zeit bis zur Erreichung des Frühlingspunktes zu berechnen. Die Rektaszension des Fixsternes gibt aber die Lage des Frühlingspunktes für das betreffende Jahr an, d. h. den Winkel, welchen der Kolur der Nachtgleichen mit dem Stundenkreise jenes Sternes bildet. Ist die Lage des Frühlingspunktes und sein Meridiandurchgang aber einmal bestimmt, und hat man eine genau gehende Sternuhr einmal so gestellt, daß ihre erste Stunde mit jenem Meridiandurchgange beginnt, so bedarf es nur noch eines Blickes auf die Uhr, um die Rektaszension eines kulminierenden Sternes zu messen.

Sie sehen freilich, daß wir bei der Ortsbestimmung des Frühlingspunktes uns der Hilfe eines Fixsternes nicht ganz haben entschlagen können, daß also die möglichen Veränderungen, welche ein solcher erleiden kann, an dieser haften bleiben. Dennoch dürfen wir bei der Kleinheit dieser Veränderungen für die Sicherheit unsrer Ortsbestimmungen am Himmel völlig unbesorgt sein, wofern jene Bestimmung des Frühlingspunktes nicht für eine allzulange Zeit Geltung behaupten soll. Wohl aber können Zweifel gegen die Festigkeit unsres Anfangs= punktes von andrer Seite drohen. Es fragt sich, ob die Lage der Sonnenbahn selbst am Himmel so unveränderlich ist, ob die Ekliptik den Äquator auch wirklich immer an demselben Punkte schneidet. Dieser Zweifel ist, wie wir sehen werden, in der Tat begründet genug.

In alter Zeit pflegte man den Lauf der Sonne am Himmel durch die Sternbilder zu bezeichnen, durch welche sie fortschreitet, und gab daher jener Region des Himmels den Namen des Tierkreises oder Zodiakus. Heute spricht man in dieser Beziehung nur von Zeichen des Tierkreises und diese sind in der Aufeinanderfolge, wie sie die Sonne durchwandert, folgende:

♈ Widder, ♉ Stier, ♊ Zwillinge, ♋ Krebs, ♌ Löwe, ♍ Jungfrau, ♎ Wage, ♏ Skorpion, ♐ Schütze, ♑ Steinbock, ♒ Wassermann, ♓ Fische.

Diese Zeichen fallen keineswegs mit den alten Sternbildern zusammen, die ich unter denselben Namen am Himmel zeigte. Der Frühlingspunkt liegt nicht mehr im Sternbilde des Widders, wie zurzeit Hipparchs vor 2000 Jahren, sondern im Sternbilde der Fische; der Herbstpunkt liegt nicht mehr im Stern= bilde der Wage, sondern in dem der Jungfrau.

Diese eigentümliche Erscheinung, zufolge welcher der Frühlingspunkt sich im Laufe von 2000 Jahren allmählich um ein ganzes Zeichen, also um 30 Grade von Osten nach Westen in der Ekliptik verschoben hat, nennt man, je nachdem man sie auf den Äquator oder auf die Ekliptik bezieht, das Vorrücken (die Präzession) oder das Zurückweichen der Nachtgleichen.

Sie ward schon von Hipparch entdeckt, als dieser zur Aufstellung eines Sternverzeichnisses die Örter von Fixsternen neu bestimmte und seine Resul=

tate mit den früheren Beobachtungen von Timocharis und Aristyllus verglich. Er fand dabei, daß die Längen der Fixsterne in der Zwischenzeit jährlich um 50 Sekunden zugenommen hatten, während die Breiten unverändert geblieben waren. Sehr richtig schloß Hipparch aus der gleichen Größe der Längenzunahme für alle Sterne, daß die Ursache derselben nicht in den einzelnen Gestirnen, sondern in der Lage des Frühlingspunktes zu suchen sei, der jährlich um den Betrag von 50 Sekunden von Ost nach West, also gegen die Ordnung der Zeichen des Tierkreises, zurückschreite. Da ferner die Breiten der Sterne unverändert bleiben, so ist einleuchtend, daß die Ekliptik ihre Lage nicht verändert; jene Zunahme der Längen der Fixsterne muß demnach durch das Rückwärtsgehen des Äquators auf der Ebene der Ekliptik entstehen.

Es ist klar, daß infolge der Präzession der Frühlingspunkt nach und nach durch alle Sternbilder des Tierkreises wandern muß, und während er beispielsweise vor 4000 Jahren in den Hyaden des Stieres lag, wird er nach 4000 Jahren im Steinbock sein usw.

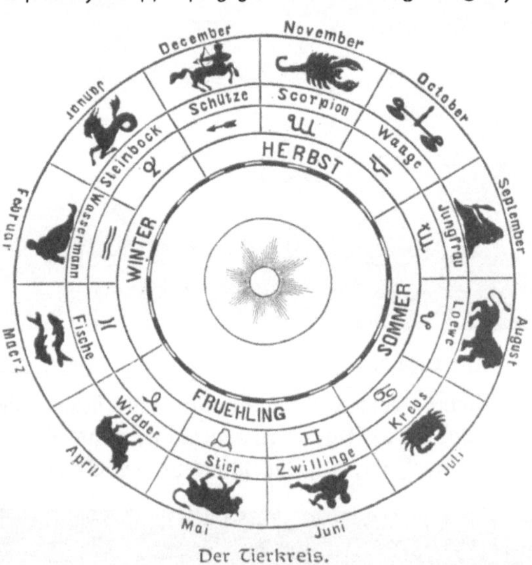

Der Tierkreis.

Die Bewegung des Äquators auf der Ekliptik, von der ich hier spreche, hat aber noch eine andre Bewegung zur Folge, nämlich eine Umdrehung der Pole des Himmelsäquators um die Pole der Ekliptik. Man kann sich hiervon leicht an einem Himmelsglobus überzeugen, wenn man an Stelle des Äquators einen beweglichen Reifen anbringt und diesen mit einem senkrecht darauf stehenden Viertelkreise versieht, dessen freier Endpunkt den Pol des Äquators bezeichnet. Diese langsame Umdrehung des Pols des Äquators um den Pol der Ekliptik am Himmel, welche man auch als das platonische Weltjahr bezeichnet, ist die Ursache, daß unser heutiger Polarstern diesen Namen nicht für alle Zeiten tragen wird. Im Jahre 2700 v. Chr. lag der nördliche Himmelspol bei α im Drachen, dann näherte er sich mehr und mehr α im kleinen Bären (dem heutigen Polarsterne) und wird i. J. 2120 seine größte Annäherung an diesen Stern erreicht haben. Von dieser Zeit an entfernt sich der Pol wieder von dem genannten Sterne und tritt in die Konstellation des Cepheus, so daß 4100 Jahre nach Chr. γ im Cepheus Polarstern ist. Hierauf wird der Stern α derselben Konstellation, und nach weiteren Jahrtausenden α im Schwan und Wega in der Leyer Anspruch auf den Namen Polarstern haben. Der südliche Himmelspol befindet sich gegenwärtig in einer

öden, sternenarmen Gegend des Himmels; aber auch er wird nach vielen Jahr=
tausenden einen hellen Polarstern erhalten, und zwar Kanopus, nach dem Sirius
der hellste Fixstern des Himmels. Die Dauer eines Umschwungs der Pole des
Äquators um diejenigen der Ekliptik beträgt nahezu 25 800 Jahre.

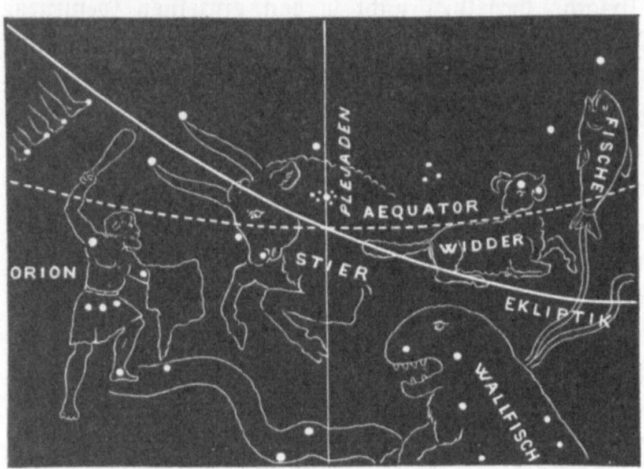

Die Lage des Frühlingspunktes im Jahre 2170 v. Chr.

Infolge der rück=
gängigen Bewegung
der Äquinoktien ge=
braucht die Sonne
nicht soviel Zeit, um
wieder zum Frühlings=
punkte zu gelangen,
als sie bedarf, um
einen bestimmten Fix=
stern zu erreichen, weil
der Frühlingspunkt ihr
ja eine kleine Strecke
Weges entgegen
kommt. Die Zeit,
welche verfließt, bis
die Sonne, vom Frühlingspunkte ausgehend, wiederum diesen Punkt erreicht,
wird das tropische Jahr genannt, und sie ist um so viel kürzer als das
siderische Jahr, d. h. die Rückkehr der Sonne zum selbigen Fixsterne, als die
Sonne an Zeit ge=
braucht, um den Bogen
von $50\frac{1}{4}$ Sekunden
zu durchlaufen, also um
20 Minuten 23 Sek.
Infolge verschiedener
Umstände, die wir
später näher berühren
werden, ist die Länge
des tropischen Jahres
kleinen Schwankungen
unterworfen; gegen=
wärtig nimmt sie um

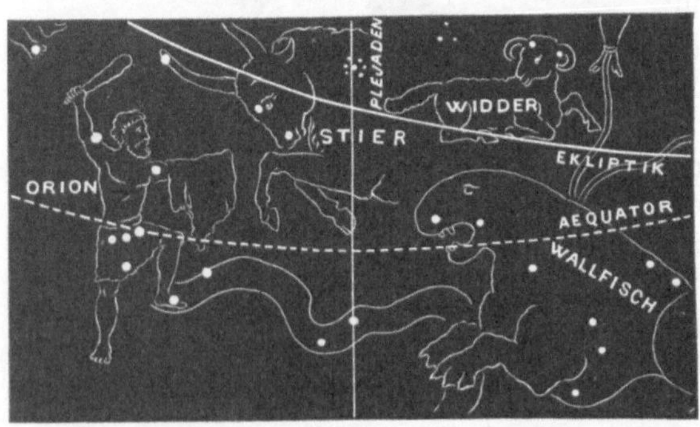

Heutige Lage des Frühlingspunktes.

$\frac{6}{1000}$ Sekunden jährlich ab. Die mittlere Dauer des tropischen Jahres be=
trägt 365 Tage 5 Stunden 48 Minuten 45 Sekunden. Die Entdeckung
Hipparchs trug vielleicht nicht wenig dazu bei, den alten Glauben an das kri=
stallene Himmelsgewölbe zu erschüttern. Aber auch unser Glaube an die
Festigkeit und Sicherheit unsrer Ortsbestimmungen am Himmel scheint damit
erschüttert, und die Kenntnis des ursächlichen Zusammenhanges, durch welche
würde uns auf unsrer Wanderung durch den Himmel ebenso gefährlich werden,
wie eine schlechte Karte dem Schiffer auf offener See, und das leiseste Schwanken

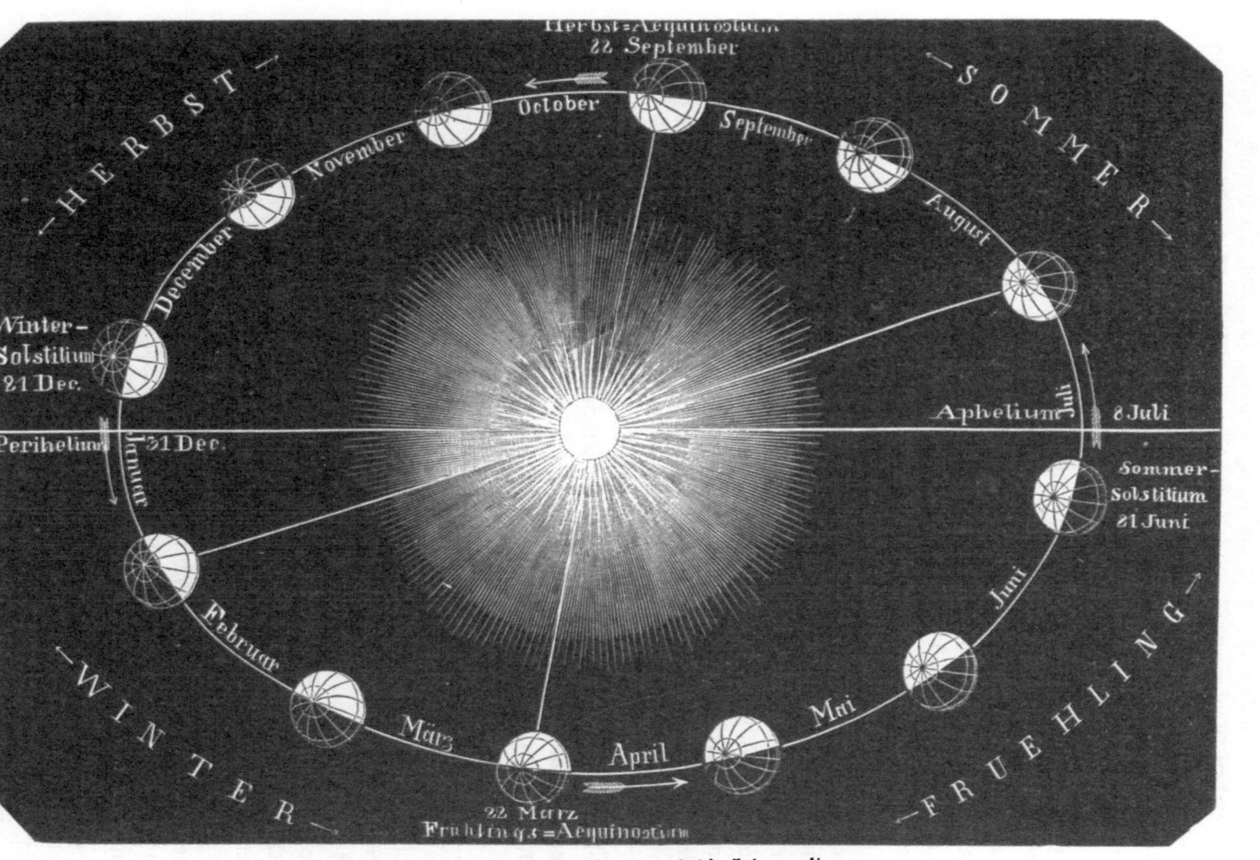

Die Bahn der Erde um die Sonne und die Jahreszeiten.

diese Erscheinung in den Bereich der Rechnung gebracht wird, kann allein im=
stande sein, uns die Ruhe am Himmel wieder zu geben. Denn Unsicherheit
jenes Ruhepunktes unsrer Beobachtungen würde für uns ein Irrlicht werden,
wie es den Wanderer in Sümpfe lockt. Wer die Geheimnisse der Weltenordnung
ergründen und den verschlungenen Pfaden der Sterne folgen will, der muß gewiß
sein, daß auch die geringste Veränderung in der Stellung der Welten seinen
Beobachtungen und Messungen nicht entgehen kann.

Um dem Leser den ursächlichen Zusammenhang jener bedeutsamen Er=
scheinung des Vorrückens der Nachtgleichen erklären zu können, muß ich ihn
zuvor bitten, den Schein mit der Wirklichkeit zu vertauschen, d. h. an die Stelle
des scheinbaren Laufes der Sonne am Himmel die wirkliche Bewegung der Erde
in ihrer elliptischen Bahn um die Sonne zu setzen. Wir werden dadurch keine
wesentliche Verwandlung in unsern Vorstellungen erfahren. Die Ungleichheiten
der Geschwindigkeit, die Unterschiede der Entfernungen, die Einwirkungen auf
die Jahreszeiten werden dieselben bleiben. Nur werden wir manche Namen
vertauschen, an die Stelle des Apogäums und Perigäums z. B. die des Apheliums
und Perihelium s, der Sonnenferne und Sonnennähe, zu setzen und die Schiefe
der Ekliptik als eine geneigte Stellung der Erdachse gegen die Ebene der Erd=
bahn aufzufassen haben. Daß die verschiedene Stellung der Sonne am Himmel
nur eine Wirkung der verschiedenen Stellung der Erde in ihrer Bahn, gleichsam
eine Verrückung ihres Standpunktes, den die Erde mit sich trägt, ist, das gehört
ja gegenwärtig zu den Alltagsüberzeugungen.

Die Veränderung, welche sich bei dem Vorrücken der Nachtgleichen zeigt,
geht offenbar nur den Äquator und die Ekliptik an, also Linien, welche erst von
der Erde auf den Himmel übertragen und durch die Bewegungen der Erde um
ihre Achse und auf ihrer Bahn um die Sonne hervorgerufen wurden.

Daher liegt es nahe, auch ihre Ursache nur in dieser Bewegung der Erde,
d. h. in den Wechselbeziehungen zwischen Sonne und Erde zu suchen. Die
einfachste und erste Kraft, welche hier tätig ist, wie überall, soweit die Materie
reicht, ist die, welche wir als Schwere zu bezeichnen pflegen, d. h. die gegen=
seitige Anziehung aller Körperteile je nach ihrer Entfernung. Diese Kraft nun
ist es, mit welcher die Sonne so mächtig auf unsere Erde wirkt, und mit welcher
sie natürlich die ihr zugewandten Teile der Erdoberfläche stärker anzieht als
den Mittelpunkt, diesen wieder viel stärker als die entfernteren Teile der ab=
gewandten Erdhälfte.

Wäre die Erde eine Kugel, so würde die Folge dieser Anziehung nichts
weiter als die bekannte Erscheinung der Ebbe und Flut sein. Aber die Erde
ist eine an den Polen abgeplattete Kugel, ein Sphäroid, und ihr Äquator be=
findet sich überdies wegen der geneigten Stellung der Achse zur Ekliptik, außer
in den Nachtgleichen, niemals in einer Ebene mit der Sonne. Die Wirkung
der Sonnenanziehung wird dadurch eine ganz andere. Denken wir uns (s. d.
Fig. S. 58) die Erde zur Zeit ihrer Wintersonnenwende, den Nordpol von
der Sonne abgewandt, den Äquator, ihre Anschwellung, gleichsam über ihre

Bahnebene erhoben. Die Sonne zieht offenbar diese Anschwellung stärker an als den Mittelpunkt und sucht ihn geradezu in die Bahnebene herabzuziehen. In der Tat müßte der Äquator allmählich mit der Ekliptik zusammenfallen, die Erdachse sich senkrecht auf die Bahn stellen, wenn die Umdrehung der Erde es nicht verhinderte. Diese Umdrehung behauptet aber die Richtung ihrer Achse unveränderlich, ähnlich einem tanzenden Kreisel auf einem Tische, den wir bald nach der einen, bald nach der andern Seite neigen. Die Umdrehung der Erde entzieht also den Äquator der Anziehungskraft der Sonne, und so beschränkt sich die ganze Wirkung der letzteren darauf, jeden Punkt des Äquators etwas früher zum Durchschneiden der Ekliptik zu bringen, als es ohne sie geschehen wäre. Da nun dasselbe auch zur Zeit der Sommersonnenwende und überhaupt zu jeder Zeit, wenn auch schwächer, nur nicht in den Nachtgleichen, wo die Ebene des Erdäquators durch die Sonne geht, geschieht, so ist jene langsame Bewegung des Durchschnittspunktes des Erdäquators mit der Ebene der Ekliptik in einer der Umdrehung entgegengesetzten Richtung, die wir eben als das Vorrücken der Nachtgleichen bezeichneten, die unausbleibliche Folge.

Ähnlich wie die Sonne, nur noch ungleich kräftiger, wirkt der Mond auf das Vorrücken der Nachtgleichen ein. Zwar beträgt seine Masse kaum $1/_{25\,000\,000}$ der Sonnenmasse, zwar vermag selbst seine 400 mal größere Nähe die Gesamtanziehung nur auf $1/_{120}$ von der Sonne zu erheben; aber was vorzugsweise das Vorrücken der Nachtgleichen bewirkte, das war ja nicht die Größe der Gesamtanziehung, sondern der Unterschied zwischen den Anziehungen auf die nächsten und fernsten Teile der Erde, auf Oberfläche und Mittelpunkt. Dieser Unterschied wächst bei dem geringen Abstande des Mondes von der Erde und dem dadurch verkleinerten Verhältnisse zwischen diesem Abstande und dem Durchmesser der Erde, das fast = 50 : 1 ist, auf $1/_{80}$ der ganzen Anziehung des Mondes; während er bei der Sonne, deren Abstand von der Erde zu ihrem Durchmesser sich fast wie 24000 : 1 verhält, ungefähr $1/_{12\,000}$ der ganzen Sonnenanziehung beträgt. Wenn also die gesamte Anziehung des Mondes auch nur $1/_{120}$ von derjenigen der Sonne ausmacht, so übertrifft doch die Wirkung des hier allein in Betracht kommenden Teiles derselben und damit der Einfluß der Mondanziehung auf das Vorrücken der Nachtgleichen, mehr als dreimal die Wirkung der Sonne.

Wie werden uns nun die Folgen dieser so natürlichen und doch so überraschenden Erscheinung klar machen können. Wegen der Achsendrehung der Erde ist weder die Neigung der Erdachse noch die des Äquators einer Veränderung unterworfen. Wir müssen uns vielmehr so vorstellen, als ob der Äquator parallel mit sich selbst auf der Ekliptik fortgeschoben werde, als ob die Erdachse gleich einem wandernden Kreisel sich um den Pol der Ekliptik herumdrehe. Nun ist aber der Himmelsäquator nur die erweiterte Ebene des Erdäquators und der Himmelspol nur die verlängerte Richtung der Erdachse. Alle jene Bewegungen und Veränderungen werden sich darum auch am Himmel spiegeln. Der Himmelsäquator wird die Lage seiner Ebene und seiner Durchschnittspunkte mit der Ekliptik verändern, und mit dem ersten Punkte des Äquators, dem Frühlingspunkt, werden sich auch alle Abstände der Stundenkreise der Sterne, alle geraden Aufsteigungen ändern. Die Sonne wird in ihrem jährlichen Laufe den Frühlingspunkt etwas eher erreichen, als sie zu demselben Fixstern zurück= gekehrt, und das tropische Jahr darum etwas kürzer werden als das siderische, welches die alten Ägypter ihrer Zeitrechnung zu Grunde legten. Auch der Pol des Himmels wird von Jahr zu Jahr ein andrer werden, und damit werden auch die Polabstände und Deklinationen der Sterne ab= und zunehmen. Freilich sind diese Veränderungen für unser gewöhnliches Maß außerordentlich klein. Die jährliche Bewegung des Frühlingspunktes beträgt ja nur etwa 50 Sek., und ein Zeitraum von 26 000 Jahren ist erforderlich, damit er den ganzen Lauf durch die Ekliptik vollendet. Die Zeit freilich macht auch das Kleine be= deutungsvoll. Allerdings ist der Gesamtanblick des Himmels ein unwandel=

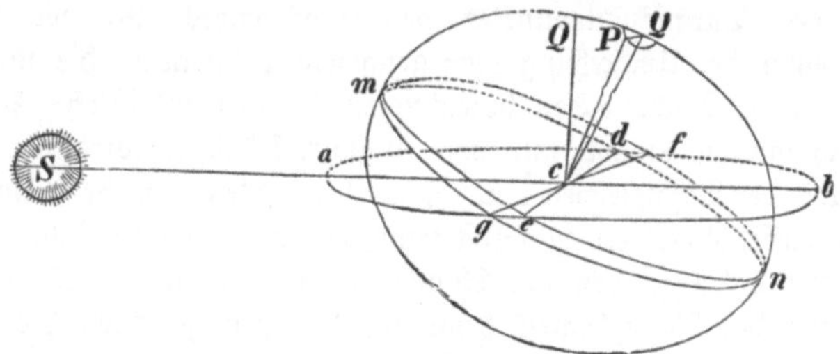

Wirkung der Sonnenanziehung auf die Erde.

barer; der Stier mit seinen Hyaden und Plejaden, glänzte uns in der Kindheit eben so freundlich, und die Capella über ihm strahlte den Griechen vor zwei Jahrtausenden eben so hell als heute. Aber vor 4500 Jahren noch bezeichnete jener helle Stern im Drachen den Pol des Himmels, und unser Polarstern, der heute nur $1^1/_2$ Grad, vor 100 Jahren noch um mehr als zwei Grade vom Pole entfernt war, wird in späteren Jahrtausenden der funkelnden Wega weichen. Zu andern Zeiten werden dann die Sternbilder auf= und untergehen, wie einst den Ägyptern der Sirius alljährlich später aus den Strahlen der Morgensonne auftauchte. Wenn also einst die heilige Ziege des Jupiter, die Capella, auf die dunkelwogende Flut und die wilden Winterstürme des Schwarzen Meeres niederschaute, wenn man einst den Hyaden den Namen der Regensterne verlieh, weil man ihr Erscheinen am dämmernden Abendhimmel als regenbringend annahm, so würde ein Naturvolk, wie das griechische, heute dieselben Deutungen auf ganz andere Gestirne, vielleicht auf Perseus und den Widder, übertragen müssen. Mit jener Änderung des Himmels, die wir als Vorrücken der Nacht= gleichen bezeichneten, haben also die Sterne selbst ihre Bedeutung für den Menschen gewechselt.

Vergegenwärtigen wir uns noch einmal das Wesen jener Erscheinung. Es bestand in einer allmählichen Verschiebung des Erdäquators in der Ebene der Ekliptik oder was dasselbe ist, in einer mit der Bewegung eines tanzenden

Kreiſels zu vergleichenden Drehung der Erdachſe. Der kleine Kreis, den der Himmelspol im Laufe der Jahrtauſende beſchreibt, die kleinen Veränderungen, welche die Abſtände der Sterne vom Pol und vom Frühlingspunkt erleiden, ſind nur die verkleinerten Abbilder dieſer irdiſchen Veränderungen. So einfach ſich alſo dieſe Erſcheinung uns jetzt darſtellt, ſo droht ſie doch bei grünblicherer Forſchung ſich abermals zu verwirren.

Wenn die Einwirkung der Sonne vor= zugsweiſe zur Zeit der Winter= und Sommer= ſonnenwende jene Bewegung des Äquators und der Erdachſe hervorbrachte, ſo war es ganz gleichgültig, welcher von beiden Polen der Sonne zugekehrt war, da die Ein= wirkung der Sonne lediglich dahin zielt, die gleiche Bewegung der Achſe in gleicher Richtung zu erzeugen. Zur Zeit der Nacht= gleichen dagegen, wo keiner der Pole der Sonne zugekehrt iſt, kann auch die An= ziehungskraft der Sonne kein Vorrücken der Nachtgleichen bewirken.

Kreiſelbewegung.

Die ganze Bewegung der vorrückenden Nachtgleichen muß ſich daher ſehr ungleich auf die Zeiten des Jahres verteilen, in den Sommer= und Winter= monaten viel ſchneller erfolgen, als in den dazwiſchen liegenden, und dieſe Unregelmäßigkeit in der Erſcheinung iſt es, die der Aſtronom das Wanken oder die Nutation der Erdachſe nennt.

Viel bedeutender wird dieſe Unregelmäßigkeit noch in demjenigen Teile der Erſcheinung, welcher von der Anziehungskraft des Mondes ausgeht. Von ganz beſonderem Einfluß iſt hier die veränderliche Neigung der Mondbahn gegen die Ebene des Erdäquators. Der Mond bewegt ſich nämlich nicht in der Ebene der Ekliptik, ſondern in einer gegen dieſelbe geneigten Bahn. Durch die ungleichförmige Anziehung der Sonne gegen Erde und Mond wird in betreff dieſer Bahn eine ähnliche Erſcheinung hervorgerufen, wie wir ſie in dem Vor= rücken der Nachtgleichen für den Erdäquator kennen lernten, d. h. der Durch= ſchnittspunkt der Mondbahn mit der Ekliptik bewegt ſich rückwärts in der letzteren ſo, daß er in 18²/₃ Jahren einen ganzen Umlauf vollendet.

Die Folge davon iſt, daß in der einen Hälfte dieſer Zeit die Mondbahn mehr, in der andern weniger gegen den Erdäquator geneigt iſt, einmal ſich der Lage c (ſ. d. beiſtehende Fig.), das andre Mal der Lage b nähert. Eine weitere Folge davon iſt, daß in der einen Zeit die Anziehungskraft des Mondes den Erdäquator in geringerem Grade zur Ekliptik hinabzuziehen vermag, als in der andern, daß das dadurch bewirkte Vorrücken der Nachtgleichen alſo bald lang= ſamer, bald raſcher erfolgt. So muß ſich alſo alle 18²/₃ Jahre in der Be= wegung des Erdäquators wie in ihren Folgen, den Veränderungen des Poles und der geraden Aufſteigungen und Polabſtände der Sterne, eine Reihe be=

deutender Unregelmäßigkeiten zeigen, und dieses unregelmäßige Hin= und Her=
wanken des Poles nennt man die lunare Nutation. Die Nutation, das Wanken
der Erdachse, hat sich zuerst gelegentlich der genauen Beobachtungen von Bradley
gezeigt; ihre Größe ist nicht bedeutend, denn die sogenannte Nutationskonstante
beträgt nach den neuesten Untersuchungen 9 Sekunden.

Es sind aber die Wirkungen jener Kraft, mit welcher Sonne und Mond
unsre Erde auf ihrer Bahn herüber= und hinüberziehen, nicht die einzigen
Störungen, denen der Astronom in der Ortsbestimmung der Gestirne begegnet;
jene kleine Reise selbst, die wir alljährlich mit unsrer Erde durch den Weltraum
machen, hinterläßt sichtliche Spuren am Himmel. Wir werden es bei irdischen

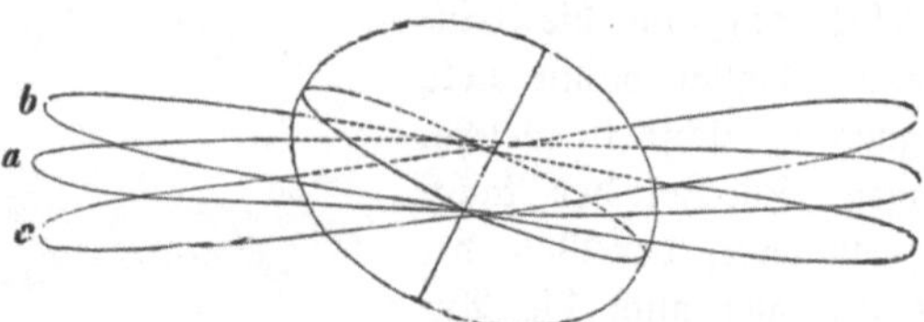

Wirkung der veränderlichen Neigung der Mondbahn auf die Erde.

Gegenständen begreiflich finden, daß ihre Beobachtung durch die Bewegung des
Beobachters beeinträchtigt wird. Aber wir werden Bedenken tragen, bei der
ungeheuren Entfernung der Fixsterne auch für diese solche Störungen für möglich
zu halten. Wir haben ganz Recht, das Verhältnis ist hier in der Tat ein ganz
andres bei aller Ähnlichkeit des äußeren Erfolges; es kommt hier eine Er=
scheinung ins Spiel, von welcher der Leser vielleicht noch keine Ahnung hat.

Wenn wir einmal unterwegs von einem heftigen Platzregen überfallen
wurden, so haben wir oft schon die Bemerkung gemacht, daß, wenn wir einen
Augenblick stehen blieben, die großen Regentropfen völlig senkrecht fielen, sobald
wir aber vorwärts eilten, dieselben uns entgegen zu kommen schienen. Am
deutlichsten bemerkt man dies, wenn man in einem Eisenbahnwaggon fährt.
Solange der Zug stille steht, fallen die Regentropfen senkrecht herab, setzt er sich
aber in Bewegung, so scheinen sie uns schräg entgegen zu kommen. Man wird
fragen, was diese triviale Bemerkung mit den Sternen zu tun habe. Mag sich
auch die Erde immerhin vorwärts bewegen, die Sterne fallen doch nicht.
Freilich fallen die Sterne nicht, aber das Licht, das sie uns sichtbar macht, fällt
oder bewegt sich wenigstens geradlinig mit einer gewissen Geschwindigkeit von
den Sternen zur Erde. Wird also durch das Zusammentreffen dieser beiden
Bewegungen, der Erde und des Lichtstrahls, für den Lichtstrahl eine ähnliche
Ablenkung bewirkt, wie für den Regentropfen, so muß, da wir gewohnt sind,
stets in der Richtung des Lichtstrahls auch seine Quelle zu suchen, in der Tat
eine scheinbare Ablenkung des Sternes von seinem wirklichen Orte am Himmel
die Folge davon sein. Betrachten wir die nebenstehende Figur: das Auge des
Beobachters in T befindet sich in Ruhe und es wird nun den Stern E in seiner

wahren Richtung TE erblicken. Sobald sich aber der Beobachter gegen TA be=
wegt, wird sich diese Bewegung mit derjenigen des Lichtstrahls kombinieren.
Um die hierdurch entstehende scheinbare Ablenkung desselben zu finden, braucht
man bloß nach den Regeln der elementaren Mechanik des Parallelogramm TABC
zu konstruieren, in welchem TC die Geschwindigkeit des Lichtstrahls in der Se=
kunde, BC die Geschwindigkeit der Erde in derselben Zeit ist. Die Diagonale BTe
gibt dann die Richtung des Lichtstrahls, und ETe ist der Winkel der scheinbaren
Ablenkung des Sternes von seinem Orte oder der sogenannte Aberrationswinkel.

Der englische Astronom Bradley machte vor 160 Jahren die Entdeckung
der Lichtabirrung an den Sternen, und ein unscheinbarer Zufall war es, der
durch eine Gedankenverknüpfung, wie sie bei scharfen Denkern häufig auftritt,
ihn auf die Erklärung des natürlichen Zusammen=
hanges dieser Erscheinung führte. Er ließ sich einst
auf der Themse in einem Boote rudern, welches
einen kleinen Mast mit einer Fahne an der Spitze
führte. Unterwegs ließ er einmal anhalten, um aus
der Stellung der Fahne die Richtung des Windes
zu erfahren. In dem Augenblick wo die Leute wieder
mit ihren Rudern zu ziehen anfingen, bemerkte er,
daß sich sofort die Stellung der Fahne änderte. Er
fragte die Bootsleute nach der Ursache dieser Er=
scheinung und erhielt zur Antwort, daß sie das
wohl schon hundertmal bemerkt hätten, daß aber
doch weiter nichts daransei. Bradley aber dachte nach
und fand daß doch etwas daran sei. Die Theorie
der Lichtabirrung, eines der wichtigsten Förderungs=

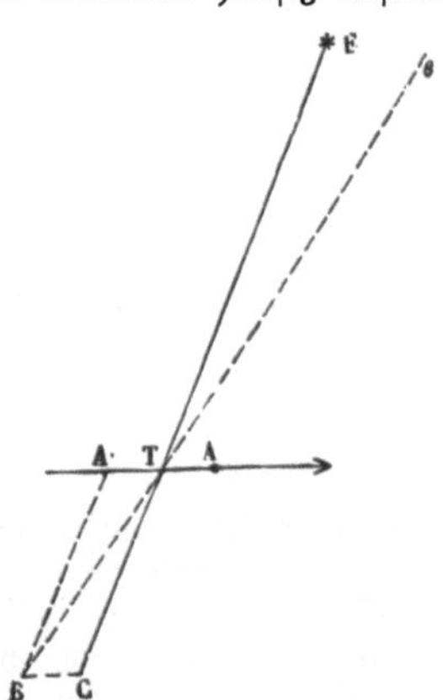

Ablenkung des Lichtes.

mittel der heutigen Astronomie, war die Frucht dieses Nachdenkens.

Während die Erde durch ihre Bahn wandelt, wird das Licht der Sterne
in der Tat gerade ebenso wie die Fahne auf Bradleys Boote abgelenkt. Die
nachstehende Figur zeigt für die vier Bogen TT'T''T''' der Erde in ihrer Bahn
die entsprechenden Abirrungen e e'e''e''' des Sternes E. In welcher Richtung
sich die Erde auch bewegen mag, immer wird der scheinbare Ort eines Sternes,
nach welchem wir schauen, nach der Richtung, in welcher die Erde sich bewegt,
verrückt. Der jährliche Lauf der Erde prägt gleichsam sein kleines Abbild im
scheinbaren Laufe jedes Sternes am Himmel aus in Gestalt eines kleinen Kreises
oder vielmehr einer kleinen, der Erdbahn gleichenden Ellipse. Dieser Kreis,
den jeder Stern am Himmel alljährlich beschreibt, ist freilich sehr klein; sein
Durchmesser beträgt kaum etwas über 40 Sekunden. Aber groß genug ist er
immer noch, um den feinen Beobachtungsmitteln des Astronomen nicht zu ent=
gehen, und diese Beobachtung hat die Lichtabirrung längst zur Tatsache erhoben.

Das Kleine am Himmel wächst durch seine Bedeutung zu gewaltig Großem
heran. In diesen kleinen Ortsveränderungen der Sterne haben wir den ver=
sprochenen unumstößlichen Beweis für die Bewegung der Erde; durch sie ist die

Hypothese der alten Astronomie zur absoluten Wahrheit erhoben. In diesen kleinen Veränderungen haben wir sogar ein Mittel, die Geschwindigkeit des Lichts zu messen, indem wir dieselbe mit der Geschwindigkeit der Erde vergleichen. Der Astronom kann mit der größten Sicherheit daraus schließen, daß die Geschwindigkeit des Lichts mindestens 10 000 mal so groß ist, als die Geschwindigkeit der Erde, daß sie 40 000 Meilen in der Sekunde beträgt.

Jetzt endlich, nachdem wir alle diese kleinen Veränderungen am Himmel, das Vorrücken der Nachtgleichen, das Schwanken der Erdachse und die Lichtabirrung in das Bereich der astronomischen Beobachtung und Berechnung gebracht haben, jetzt endlich haben wir eine feste Stellung gewonnen, oder viel= mehr, was dasselbe sagen will, eine genau Kenntnis der unbewußten Veränderungen unsrer eignen Stellung und damit die Mög= lichkeit erlangt, ihre störenden Einflüsse aus der Beobachtung wirklicher Bewegungen am Himmel zu entfernen. Jetzt endlich

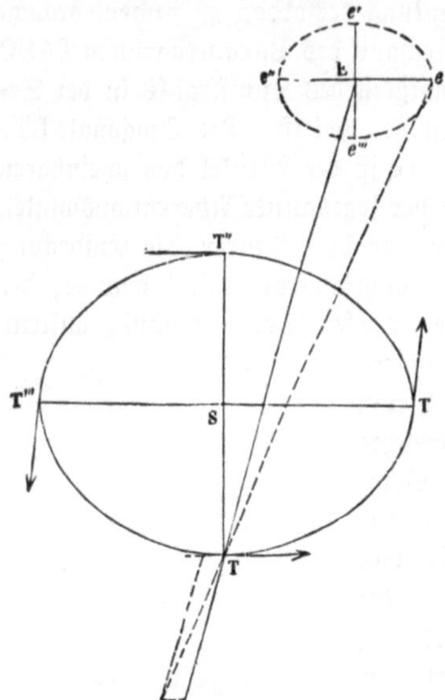

Jährliche Ellipse eines Sternes infolge der Aberration.

können wir mit ruhiger Zuversicht in den ewigen, unwandelbaren Himmel hinaus= schreiten, seine Reiche durchmessen, seine Ordnung erforschen, seine Bewegungen, seine Gesetze, seine Kräfte ergründen.

Zweites Buch

Die planetarische Welt

Erstes Kapitel.

Eine Mondnacht.

Der Mond geht wie die Sonne täglich auf und unter und rückt wie sie unter den Firsternen von Westen nach Osten fort, und zwar so rasch, daß man es schon nach dem Verlaufe weniger Stunden bemerken kann. Daher geht er täglich fast eine Stunde später auf und durchläuft in ungefähr vier Wochen den ganzen Tierkreis. Genau gemessen beträgt die Zeit, welche der Mond gebraucht, um zu demselben Firstern des Himmels zurückzukehren, 27 Tage 7 Stunden 45 Minuten $11^1/_2$ Sekunden, und diese Zeit nennt man den wahren oder siderischen Monat. Während dieses Umlaufes am Himmel zeigt sich uns aber der Mond zugleich in jenen verschiedenen Lichtgestalten, welche man seine Phasen nennt. Diese Lichtgestalten des Mondes hängen offenbar mit seiner Stellung zur Sonne und Erde zusammen. Wir können das am besten aus der Abbildung auf S. 66 sehen, welche uns eine schematische Darstellung der Bahn des Mondes um die Erde gibt. Die Erde ist dabei freilich der größeren Deutlichkeit halber im Verhältnisse zum Durchmesser der Mondbahn zu groß gezeichnet. Die Sonne beleuchtet stets die eine Hälfte der Mondkugel, gerade wie sie die eine Hälfte unsrer Erde bestrahlt.

Je nachdem nun diese beleuchtete Mondhälfte uns gegenüber zugewandt oder abgewandt wird, erblicken wir den Vollmond oder Neumond. Je nachdem wir aber den Mond mehr oder minder östlich oder westlich von der Sonne sehen, wird uns der Anblick einer Sichelgestalt des Mondes, des ersten oder letzten Viertels. Der Vollmond wird also nur eintreten, wenn der Mond der Sonne gegenüber steht, wenn er um Mitternacht durch den Meridian geht und sein Aufgang mit dem Untergange der Sonne zusammenfällt. Zur Zeit des Neumondes dagegen gehen Mond und Sonne zusammen auf und unter, und der Mond ist am Tage am Himmel, bei Nacht unter dem Horizonte, wie die Sonne. Zur Zeit des ersten Viertels steht der Mond bei Sonnenuntergang im Meridian, und sein Aufgang findet am Mittag, sein Untergang um Mitter= nacht statt, während zur Zeit des letzten Viertels das Gegenteil eintritt.

Die Zeit, in welcher sich dieser Lichtwechsel vollendet, also die Zeit von einem Neumonde zum andern, fällt nicht ganz mit der Zeit zusammen, in welcher der Mond zu demselben Fixstern zurückkehrt. Der sogenannte synodische Um= lauf des Mondes währt reichlich 53 Stunden länger als jener siderische, und zwar im Mittel 29 Tage 12 Stunden 44 Minuten 2,9 Sekunden. Die Ur= sache dieser Verzögerung ist ganz dieselbe, aus welcher der Minutenzeiger unsrer Taschenuhr den Stundenzeiger nicht in einer Stunde, sondern erst $5^5/_{11}$ Minuten später einholt. Die Erde steht nämlich ebensowenig still als der Minutenzeiger, und wenn der Mond an den ursprünglichen Punkt des Himmels zurückkehrt, ist die Erde bereits ein Stück fortgerückt, und der Mond muß dies Stück nachholen, um wieder in die ursprüngliche Stellung zur Sonne zu kommen. Die Figur auf Seite 67 macht dies klar. Der Mond steht in L als Neumond, die Erde

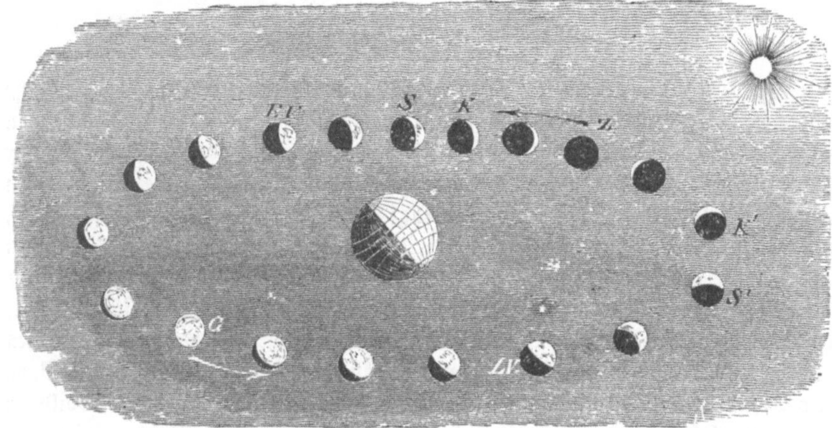

Der Mondschein und sein Wechsel.

in T, und ersterer beginnt seinen Lauf um letztere. Nachdem er seinen ganzen Kreis vollendet hat, ist die Erde nach T′ gerückt und der Mond steht in L′, so daß die Linien L′T′ und LT einander parallel sind. Der Mond hat aber jetzt noch nicht seine Stellung als Neumond, denn alsdann müßte die Linie T′L′ über L′ hinaus verlängert auf die Sonne treffen, welche im Mittelpunkte der Erdbahn steht. Man sieht unmittelbar aus der Figur, daß die Linie T′L′ nicht diesen Mittelpunkt treffen kann, sondern daneben vorbeigeht. Erst wenn der Mond in die Richtung T″L″ gelangt, steht er wieder mit Sonne und Erde in einer geraden Linie. Er muß also noch ein Stück über seinen ganzen Umlauf zurücklegen, ehe er wieder in dieselbe Lage gegen Sonne und Erde kommt, und um diesen weiten Bogen in seiner Bahn zu durchlaufen, gebraucht der Mond 2 Tage 5 Stunden, um welche demnach seine synodische Umlaufszeit länger ist, als seine wahre oder siderische. Versuchen wir es, ähnlich wie bei der Sonne, die Bahn des Mondes am Himmel dadurch zu verzeichnen, daß wir von Tag zu Tag seinem Laufe folgen und seine täglichen Örter miteinander verbinden, so werden wir allerdings finden, daß diese Bahn, wie bei der Sonne, einem größten Kreise entspricht. Wenn wir aber dieselbe Bestimmung bei mehreren aufeinander folgenden Umläufen des Mondes vornehmen, so werden wir uns bald überzeugen, daß eine so feste Bestimmung, wie sie durch die Ekliptik für die Sonnenbahn gegeben ist, für die Mondbahn unmöglich wird. Schon unsre gewöhnliche Beobachtung hat uns gezeigt, daß der Mond zu verschiedenen Jahreszeiten sehr verschiedene Höhestände am Himmel einnimmt, daß der Voll= mond im Sommer niedrig, im Winter hoch steht, daß er in den Winternächten ungefähr da sich zeigt, wo die Sonne in den Sommertagen steht. Wir werden sogar gefunden haben, daß der Mond bisweilen bedeutend höher, als wir es je bei der Sonne bemerkt haben, am Himmel aufrückt, daß er aber auch zu andern Zeiten viel niedriger über dem Horizonte bleibt, als die Sonne bei uns in den kürzesten Tagen. Beobachten wir nun genauer, so werden wir bemerken,

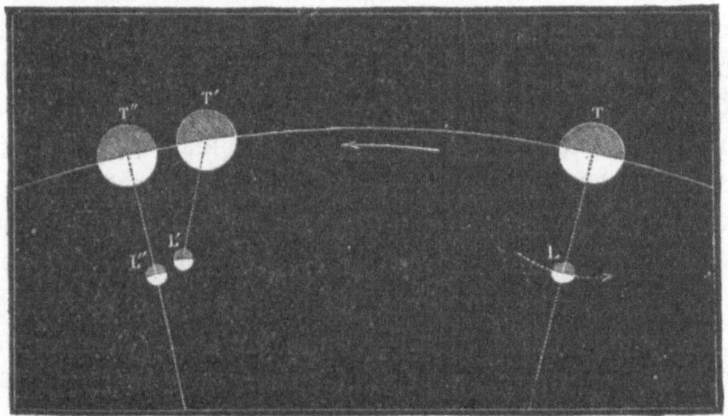

Unterschied der Dauer zwischen synodischer und siderischer Umdrehung.

daß, wenn der Mond einen Umlauf vollendet hat, er seinen neuen Umlauf nie= mals in derselben Bahn ausführt, sondern daß der größte Kreis dieser neuen Bahn eine ganz andre Lage am Himmel, namentlich eine ganz andre Neigung gegen den Äquator hat. Wir werden bemerken, daß sich diese Neigung unge= fähr zwischen den Grenzen von $18\frac{1}{2}^0$ und $28\frac{1}{2}^0$ bewegt. Beziehen wir diese verschiedenen Bahnen des Mondes auf die Ekliptik, so werden wir freilich keine solchen Abweichungen beobachten. Wir werden finden, daß die Neigung der Mondbahn gegen die Ekliptik im Laufe eines Jahres wesentlich unverändert bleibt und ungefähr $5^0 8' 40''$ beträgt. Es scheint also geradezu, als ob die Mondbahn sich fortwährend in unveränderter Neigung rückwärts um die Achse der Ekliptik drehe. Wollen wir dieser eigentümlichen Bewegung einen be= stimmteren Ausdruck verleihen, so werden wir mit Rücksicht auf die bereits er= kannte Bewegung der Erde um die Sonne sagen müssen, daß der Mond sich in einer Ebene bewegt, die durch den Mittelpunkt der Erde geht und gegen die Erdbahn unter jenem Winkel von $5^0 8' 40''$ geneigt ist. Über die besondere Form dieser Mondbahn werden wir sofort noch nähere Aufschlüsse erlangen,

5*

wenn wir Beobachtungen über die Größenunterschiede der Mondscheibe an=
stellen und daraus Schlüsse auf die verschiedenen Abstände des Mondes von
der Erde ziehen. Dem bloßen Auge wird zwar der Unterschied in der Größe
der Mondscheibe in den verschiedenen Stellungen des Mondes kaum bemerklich
sein. Bekanntlich aber können wir mit Hilfe des Mikrometers außerordentlich
genaue Messungen vornehmen, und die Messungen haben in der Tat gelehrt,
daß sich der scheinbare Durchmesser und also auch die wirkliche Entfernung des
Mondes von der Erde beständig ändert, daß er in seiner größten Erdnähe,
dem Perigäum, nur 48 950, in seiner größten Erdferne, dem Apogäum, aber
54 650 Meilen von dem Mittelpunkte der Erde absteht. Eine richtige Vor=
stellung von der Mondbahn erhalten wir also erst, wenn wir sie als elliptisch
auffassen und die Erde in einem Brennpunkt dieser Ellipse denken.

Wir dürfen uns nun freilich nicht verhehlen, daß eine solche Vorstellung
von der Mondbahn nur eine ganz allgemeine Gültigkeit hat, da der Mond eine
so außerordentliche Veränderlichkeit zeigt, so unabläſſig seine Geschwindigkeit,
wie die Lage und Gestalt seiner Bahn wechselt, daß die genaue Bestimmung
des Mondlaufes zu den schwierigsten und zeitraubendsten Geschäften des
Astronomen gehört. Der Mond selbst trägt allerdings nicht die Schuld daran.
Liefe er allein um die Sonne, wie unsre Erde, so würde er eine geschlossene
elliptische Bahn um sie beschreiben. Nun drängt sich aber die gewichtige Erde
in seine Gesellschaft, lenkt ihn durch ihre Anziehungskraft aus seiner Bahn und
zwingt ihn zu einer Bewegung um sie selbst. So kommt es denn zu einer ge=
meinsamen Bewegung beider Weltkörper um die Sonne, verbunden mit einer
beständigen Drehung um einen gemeinsamen Schwerpunkt, so daß ihr Lauf
einem walzerförmigen Tanze um die Sonne gleicht.

Ich sage: der Mond wird durch die Anziehungskraft der Erde gezwungen,
sie selbst zu umkreisen. Nun ist uns bekannt, daß der Mond bei diesem Um=
laufe um die Erde uns stets dieselbe Seite zuwendet, und obwohl gerade daraus
mit Notwendigkeit folgt, daß der Mond genau in derselben Zeit, in welcher er
seinen Umlauf um die Erde vollbringt, sich auch einmal um seine Achse drehen
muß, so hat doch mancher Schwierigkeiten sich die Sache richtig vorzustellen.
Die untenstehende Figur wird in dieser Beziehung jeden Zweifel lösen. Sie
enthält ein Stück $TT''T^{IV}$ der Erdbahn und das entsprechende Stück der Bahn
des Mondes. Nehmen wir an, die Erde befinde sich in T und auf der Mond=
scheibe bezeichne der Punkt A die Mitte. Dieser Punkt bleibt also auch stets
in der Mitte der Scheibe. Laſſen wir jetzt die Erde nach T' rücken, so hat der
Mond ein Viertel seines Umkreises vollendet, und A steht in der Mitte der Scheibe.
Man sieht unmittelbar, daß sich letztere entsprechend gedreht haben muß, sonst
könnte A nicht mehr auf der Mitte der Scheibe sichtbar sein, indem die Linie AT
eine ganz andre Richtung hat als AT'. Laſſen wir die Erde nach T'' rücken,
so hat der Mond die Hälfte seines Umlaufes um dieselbe vollendet. Gleichzeitig
hat aber auch der Punkt A eine halbe Umdrehung gemacht, denn er hat nun die
entgegengesetzte Lage im Vergleiche zur Stellung in T. Wenn die Erde in T'''

anlangt, so hat sich A mit der Mondscheibe abermals weiter gedreht und in T^{IV} endlich seine ganze Umdrehung vollendet. Die rotierende Bewegung des Mondes geht mit der größten Gleichmäßigkeit vor sich. Auf seinem Laufe durch die elliptische Bahn um die Erde wechselt aber der Mond infolge seiner verschiedenen Abstände von der Erde seine Geschwindigkeit beständig, und zwar nicht bloß scheinbar, sondern auch wirklich. Er bewegt sich langsamer in der Erdferne, rascher in der Erdnähe, und zwar dergestalt, daß seine Bewegung in der Erdferne für unsern Anblick nur etwa $4/5$ von derjenigen beträgt, die in der Erdnähe stattfindet. Eine Folge davon ist, daß wir wirklich von Zeit zu Zeit bald an dem einen, bald an dem andern Rande einen kleinen Teil der uns sonst abgewandten Mondseite erblicken. Diese Erscheinung, die man die Libration oder Schwankung des Mondes nennt, wird noch durch den Umstand vergrößert, daß einerseits die Drehung des Mondes um eine nicht genau senkrecht auf seiner

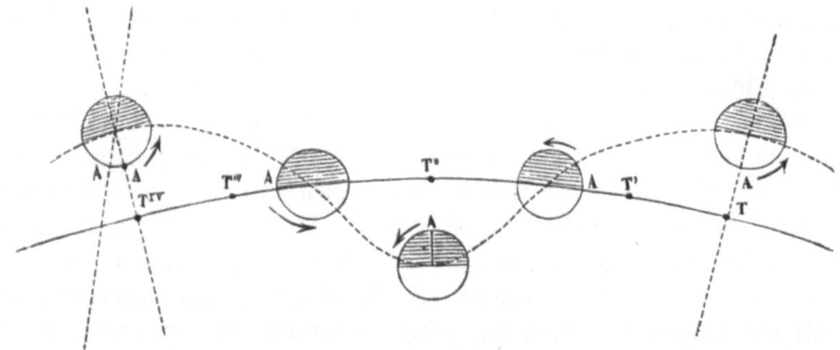

Darstellung der Mondbewegung während eines Monats.

Bahn stehende Achse erfolgt, und daß wir andrerseits den Mond nicht vom Erdmittelpunkte, sondern von der Oberfläche der Erde, also aus einem für die geringe Entfernung des Mondes wirklich etwas erhöhten Standpunkte betrachten, von dem sich unser Blick nach einer Richtung hin also erweitert. Das Stück der jenseitigen Mondscheibe, das uns auf diese Weise zu Gesicht kommt, beträgt jederseits freilich nur etwa $3/40$ der ganzen, so daß uns immer noch $17/20$ jener Seite für immer verborgen bleiben.

Wir wollen noch einen Augenblick bei den Unregelmäßigkeiten des Mondlaufes verweilen. Einzelne dieser Veränderungen gehen rasch und gleichsam vor aller Augen vor sich, während andre so langsam erfolgen, daß sie erst nach Jahrtausenden und nur durch die genauesten astronomischen Beobachtungen bemerkbar werden. Zu den auffallendsten und raschesten Veränderungen gehören, wie ich schon bemerkte, die von der elliptischen Gestalt der Bahn herrührenden. Sie gleichen, wenn sie auch bedeutender sind, im allgemeinen denen unsrer Erde, die wir in dem scheinbaren Sonnenlaufe sich abspiegeln sehen. Auch die Anziehungen der Sonne und Erde bewirken infolge der Lage ihrer Bahnen in verschiedenen Ebenen, wie der verschiedenen Stellung der Mondachse gegen die Sonne, ganz ähnliche Erscheinungen wie dort, zunächst eine kleine Veränderung in der Lage der Mondbahn gegen die Erdbahn, ein Schwanken ihrer Neigung zwischen 5° und 5° 18', dann aber, was weit einflußreicher und auch dem bloßen Auge bemerklich ist, eine Veränderlichkeit der Knoten, d. h. der Durchschnittspunkte beider Bahnen. Diese Knoten zeigen, ähnlich dem Frühlingspunkt, eine rückgängige Bewegung in der Mondbahn und wandern, allerdings schneller als der Frühlingspunkt, in 18 Jahren 218 Tagen 21 Stunden $22\,^3/_4$ Minuten um den ganzen Himmel herum. Ebenso wechseln auch die Punkte der Mondbahn, in denen die Erdnähe und Erdferne eintritt, indem sie sehr rasch in der Bahn vorwärts rücken und bereits in 8 Jahren 310 Tagen 13 Stunden 49 Minuten einen ganzen Umlauf durch die Bahn vollenden. Was zunächst die rückgängige Bewegung der Knoten der Mondbahn anbelangt, so können wir uns von der Art und Weise wie diese Wirkung zustande kommt, durch folgende Betrachtung eine Vorstellung machen. Die Sonne befindet sich stets in der Ebene der Ekliptik und ihre Anziehung wirkt von hier aus nach allen Richtungen. Sie sucht demnach den Mond, wenn dieser sich nicht in dieser Ebene befindet, in dieselbe herabzuziehen, und beschleunigt also den Augenblick, in welchem der Mond den Durchschnittspunkt seiner Bahn mit der Ebene der Ekliptik erreicht. Der Mond erreicht also früher seinen Knoten und gleichzeitig unter einem stumpferen Winkel, die Neigung seiner Bahn gegen die Ekliptik nimmt zu. Nachdem der Knoten passiert und der Mond auf die andre Seite der Ekliptik gekommen ist, wirkt die Anziehung der Sonne wieder dahin, ihn der Ekliptik zu nähern, die Neigung der Mondbahn nimmt daher wiederum ab. Die mittlere Neigung der Mondbahn ist also unverändert und schwankt nur zwischen den oben angegebenen Grenzen, aber die retrograde Bewegung der Mondknoten erhält sich ununterbrochen. Sie ist allerdings nicht regelmäßig, sondern ihre Geschwindigkeit verändert sich je nach der Lage der Knotenlinie zu den Mondphasen; im Mittel beträgt sie jährlich $19^1/_3°$.

Die fortschreitende Bewegung der Punkte der Mondbahn, in welcher die Erdnähe und die Erdferne eintritt, oder der beide verbindenden Linie, der Apsidenlinie, ist ebenfalls auf die Einwirkung der Sonne zurückzuführen. Ohne Zuhilfenehmen mathematischer Entwickelungen ist es freilich schwierig, diesen Effekt zu begreifen. Denken wir uns, die Apsidenlinie der Mondbahn habe eine solche Lage im Raume, daß ihre Verlängerung genau auf die Sonne treffen würde, und gleichzeitig nähere sich der Mond dem Punkte seiner Erdnähe, dem Perigäum. Die Sonne wirkt nun durch ihre Anziehung so auf ihn, daß seine Entfernung von der Erde zunimmt; der Mond erreicht daher den Punkt seiner größten Erdnähe früher, als dies ohne Einwirkung der Sonne stattfinden würde, oder die Apsidenlinie schreitet zurück. In der Erdferne des Mondes, dem Apogäum, strebt die Anziehung der Sonne ebenfalls dahin, die Entfernung des Mondes von der Erde zu vergrößern; der Mond erreicht daher den Punkt seiner Erdferne später als bei der ungestörten Bewegung um die Erde, oder die Apsidenlinie schreitet nun vorwärts. Die Einwirkung der Sonne ist aber in diesem letzteren Falle bedeutender wie im ersteren, das Voranschreiten überwiegt die retrograde Bewegung beim Perigäum. Wenn die Apsidenlinie der Mondbahn nicht die hier angenommene Lage hat, sondern etwa die darauf senkrechte, also lotrecht zur Verbindungslinie von Sonne und Erde steht, so bewirkt die Anziehung der Sonne, wenn sich der Mond im Perigäum befindet, ein Vorwärtsschreiten der Apsidenlinie, im Apogäum aber ein Rückwärtsgehen. In diesem Falle überwiegt die retrograde Bewegung und die Apsidenlinie schreitet zurück. Untersucht man an der Hand der Rechnung alle möglichen Fälle genau, so findet sich, daß im ganzen die Apsidenlinie eine fortschreitende Bewegung hat, doch ist dieselbe äußerst unregelmäßig und geht zeitweise in ein Rückwärtsschreiten über. Der mittlere jährliche Betrag des Vorangehens der Apsidenlinie des Mondes ist 40,7°.

Die zahlreichsten, wenngleich minder beträchtlichen Unregelmäßigkeiten des Mondlaufs hängen von der wechselnden Stellung des Mondes zur Erde und Sonne ab, also von denselben Verhältnissen, auf welchen die Erscheinung der wechselnden Lichtphasen des Mondes beruht. Eben deshalb aber werden sie von besonderer Bedeutung und können sich einer aufmerksamen Beobachtung kaum entziehen, um so mehr, da sie in Verbindung mit den Ungleichheiten des Erdlaufes in einem Mondwechsel auf einen halben Tag und darüber anwachsen können. Wäre der Mond uns Kalender, wie den Alten, so würden wir gefunden haben, daß die Vollmonde des Sommers stets geringere Zwischenzeiten haben als die des Winters. Mond und Erde stehen nämlich weder in gleichem Abstande von der Sonne noch in gleicher Richtung zu ihr. Die Anziehung der Sonne auf Erde und Mond muß darum sowohl ihrer Größe als Richtung nach

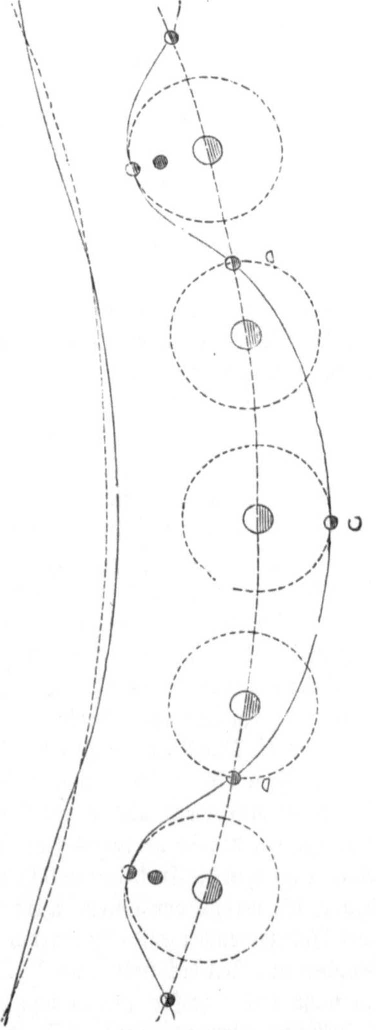

Die Bahn des Mondes in bezug auf die Sonne.

verschieden wirken, und diese Verschiedenheit ist es, die der Astronom als Störung bezeichnet. Wir dürfen bei diesem Worte aber keineswegs an irgend eine Willkür, eine Unordnung oder Gesetzwidrigkeit denken. Die Störungen folgen mit derselben Notwendigkeit aus dem allgemeinen Bewegungsgesetzen, lassen sich mit

derselben Schärfe berechnen wie die Hauptbewegung selbst, und nur die ver=
wickelten Verhältnisse erschweren diese Rechnung. Die Störungen des Mond=
laufes sind also eigentlich nur Störungen oder, wenn wir wollen, Unbequem=
lichkeiten für die astronomische Rechnung.

Wir wollen nun den Lauf von Mond und Erde um die Sonne, den wir uns
bildlich als einen gemeinsamen Tanz vorstellten, während eines Mondwechsels
verfolgen und dabei namentlich die Stellungen beider Weltkörper gegeneinander
und zur Sonne ins Auge fassen. Zur Zeit des Vollmondes finden wir zunächst
Mond und Erde sich in gleicher Richtung bewegend, während zur Zeit des Neu=
mondes beider Bewegungen entgegengesetzt gerichtet sind. Im Vollmonde aber
steht zugleich der Mond weiter von der Sonne ab als die Erde; seine Bewegung
um die Sonne erfolgt daher auch langsamer, er bleibt hinter der Erde zurück.
Dieser Verzögerung der Mondbewegung muß aber zugleich auch eine Vergrößerung
des Abstandes zwischen Mond und Erde entsprechen, da die nähere Erde stärker
von der Sonne angezogen wird als der entferntere Mond. Entgegengesetzte
Verhältnisse treten im Neumonde ein. Der Lauf des näheren Mondes um die
Sonne erfolgt rascher als der der Erde, er eilt ihr voraus, aber freilich in einer
der Bewegung des Mondes und der Erde entgegengesetzten Richtung. Die Ge=
samtbewegung des Mondes erscheint darum auch hier verzögert. Ebenso wird
auch durch die stärkere Anziehung des näheren Mondes die Entfernung zwischen
Mond und Erde vergrößert. In beiden Stellungen also, zur Zeit des Neu=
und Vollmondes, oder in den Syzygien, wie man diese Phasen gemeinsam nennt,
erfolgt aus entgegengesetzten Ursachen die gleiche Wirkung: Verzögerung des
Mondlaufes und Vergrößerung des Abstandes zwischen Mond und Erde. Zur
Zeit der Mondviertel oder in den Quadraturen tritt dagegen eine andre Wir=
kung ein. Beide Weltkörper stehen gleichweit von der Sonne; nur die Richtung
der Sonnenanziehung ist für beide verschieden. Der Zug der Sonne strebt sie
einander zu nähern, die Wirkung der Erde auf den Mond wird dadurch ver=
stärkt und die Mondbewegung daher beschleunigt. Die ganze Erscheinung, welche
sich gleichsam als ein Bestreben auffassen läßt, der Mondbahn eine elliptische
Gestalt zu geben, und die in der Tat mit den Folgen der elliptischen Bahnbe=
wegung, von der sie übrigens ziemlich unabhängig ist, große Übereinstimmung
zeigt, nennt man die Evektion, und sie ist die einzige Störung im Lauf der Himmels=
körper, die bereits von einem Astronomen des Altertums, von Ptolemäus, vor
zwei Jahrtausenden entdeckt wurde. Infolge der Evektion ist die Länge des
Mondes zur Zeit des Voll= und Neumondes, also in den sogenannten Syzygien,
um nahe 1°15′ größer, als sie nach der reinen elliptischen, von der Sonne nicht
beeinflußten Bewegung unsres Trabanten sein sollte. Umgekehrt ist sie in dem
ersten und letzten Viertel, also zur Zeit der Quadraturen, um 1°15′ kleiner.
Der Name Evektion für diese Störung rührt von Tycho Brahe her.

Eine ganz ähnliche Störung wird aber noch zu andern Zeiten des Mond=
wechsels durch die Anziehung der Sonne bewirkt. In jener Zwischenzeit nämlich,
wo die eine Mondphase in die andere übergeht und Sonne und Mond mit der

Erde schiefe Winkel bilden, ist sowohl die Richtung der Sonnenanziehung wie ihre Stärke in bezug auf Mond und Erde verschieden. Die Folge davon ist, daß der Zug der Sonne den Mond etwas seitwärts verrückt und dadurch gleichfalls seinen Lauf teils beschleunigt teils verzögert. Wenn der Mond von der Konjunktion gegen das erste Viertel rückt, so vermindert sich infolge der Sonnenanziehung seine Winkelbewegung, sie nimmt aber wieder vom ersten Viertel bis zum Vollmonde zu; von da bis zum letzten Viertel nimmt sie abermals ab und wächst hierauf wieder bis zum Neumonde. Der wahre Ort des Mondes muß demnach im ersten Quadranten seiner Bahn dem elliptischen voraus sein, ebenso im dritten, während er in den beiden übrigen Quadranten hinter demselben zurückbleibt. Diese Störung, die eine Ortsveränderung des Mondes von 37 Minuten zur Folge haben kann, bezeichnet man als Variation, sie ist von Tycho Brahe um das Jahr 1590 entdeckt worden. Beide Störungen aber werden natürlich im Laufe des Jahres ganz verschiedene Größen erlangen, je nachdem die Erde in ihrer Bahn der Sonne näher oder ferner steht, und die Wirkung der Sonnenanziehung also mehr oder minder stark auf Erde und Mond ist. Zur Zeit der Erdnähe, also im Winter, werden diese Störungen weit beträchtlicher sein als zur Zeit der Erdferne, im Sommer. Die dritte der großen Ungleichheiten der Mondbewegung führt den Namen jährliche Gleichung, doch beträgt ihr größter Wert nur 11'; sie ist also weit kleiner als die Variation. Ihre Ursache ist die nicht genau kreisförmige Bahn der Erde. Weil unser Planet sich in einer Ellipse bewegt, so muß die störende Einwirkung der Sonne sich fortwährend vermindern, während die Erde von der Sonnennähe zur Sonnenferne geht, und umgekehrt zunehmen, wenn unser Planet seine Sonnenferne erreicht hat und wieder dem Sonnennähepunkte zustrebt. Der störende Einfluß der Sonne auf die Mondbewegung äußert sich nun dadurch, daß, während die Erde dem Perihelium zueilt, die Mondbahn eine stufenweise Erweiterung erfährt, der Mond also sich mehr und mehr von der Erde entfernt; bewegt sich die Erde dagegen vom Perihelium zum Aphelium, so nimmt die störende Einwirkung der Sonne ab, und die Mondbahn verkleinert sich wieder. Diese Vergrößerung und Verringerung des mittleren Mondabstandes von der Erde, infolge der störenden Einwirkung der Sonne, würde sich durch direkte Messungen nur sehr schwer oder gar nicht mit Sicherheit nachweisen lassen, aber die Änderung der Bahndimensionen des Mondes zieht gleichzeitig eine Änderung der Umlaufszeit desselben nach sich, und diese ist es, die sich in den Beobachtungen mit Leichtigkeit nachweisen läßt. In der Tat beträgt die synodische Umlaufszeit des Mondes im Januar, wenn die Erde sich in ihrer Sonnennähe befindet, $29^3/_4$ Tage, ein halbes Jahr später indes, wenn die Erde das Aphelium erreicht hat, nur $29^1/_4$ Tage. Der Mond braucht daher in der ersten Epoche mehr Zeit um einen ganzen Umlauf zu vollbringen, als in der letzteren; seine mittlere Bewegung ist also in jener Periode langsamer wie in dieser, oder mit andern Worten, in der ersten Hälfte des Jahres wird die Länge des Mondes vermindert, in der zweiten um ebensoviel vermehrt.

Aus diesen Mitteilungen über die Unregelmäßigkeiten der Mondbewegung werden wir uns wenigstens überzeugt haben, daß die genaue Berechnung des Mondlaufes und davon abhängiger Ereignisse, wie Sonnen= und Mondfinsternisse, nicht zu den leichtesten Arbeiten gehört. Freilich haben schon die Astronomen des Altertums solche Finsternisse vorausbestimmt, und diese Vorhersagungen waren es vorzugsweise, durch welche sich die Astronomie Achtung beim Volke erwarb. Aber diese Vorausbestimmungen waren keineswegs von der Zuverlässigkeit, wie wir sie jetzt bei astronomischen Verkündigungen gewohnt sind.

Die Finsternisse am Himmel beruhen darauf, daß ein Weltkörper durch einen andern beschattet wird. Mond und Erde sind beide an sich dunkle, nur von der Sonne beleuchtete Körper und werfen beide Schatten hinter sich, lang genug, um den andern Weltkörper zu erreichen. Die Länge des Erdschattens beträgt zwischen 182 000 und 189 000 Meilen, der des Mondschattens zwischen 49 000 und 51 000 Meilen. Wir sehen daraus, daß der Erdschatten mehr als dreimal über den Abstand des Mondes hinausreicht, während der Mondschatten freilich nur gegen die Zeit der Erdnähe die Erde erreichen kann. So oft der Erdschatten den Mond bedeckt, ereignet sich eine Mondfinsternis, so oft der Mondschatten über die Erde hinzieht, eine Sonnenfinsternis; denn die Beschattung ist für den beschatteten Körper ja nur eine Entziehung des Sonnenlichtes.

Die Verfinsterung kann eine partiale oder eine totale sein, je nachdem nur ein Teil des Schattens oder der ganze den verfinsterten Weltkörper trifft. Sie kann bei einer Sonnenfinsternis aber auch eine ringförmige Gestalt annehmen, wenn der Mond seiner Erdferne nahe steht, sein Schatten die Erde also nicht mehr wirklich berührt, sondern nur darüber hinschwebt, und die Mondscheibe daher zugleich, wenn sie vor die Sonne tritt, einen kleineren scheinbaren Durch= messer zeigt als die Sonnenscheibe. Die nachstehenden Abbildungen können als Schema für eine allgemeine theoretische Darstellung der Sonnen= und Mond= finsternisse dienen.

Da Mond und Erde einander offenbar nur dann beschatten können, wenn sie in einer geraden Linie mit der Sonne stehen, so könnte es scheinen, als ob ihre Verfinsterungen zur Zeit jedes Neumondes und Vollmondes sich ereignen müßten. Das würde in der Tat der Fall sein, wenn die Mondbahn keine oder doch nur eine geringe Neigung gegen die Erdbahn hätte. Wir haben aber ge= sehen, daß diese Neigung der Mondbahn nicht ganz unbeträchtlich ist, und so kommt es, daß die meisten Vollmonde über oder unter dem Erdschatten, die meisten Neumonde nördlich oder südlich von der Sonne vorbeiziehen. Nur wenn der Mond zur Zeit dieser Phasen zugleich in die Ebene der Erdbahn oder in ihre Nähe tritt, wenn er also sich zugleich in seinem Knoten oder diesem nahe befindet, stellt sich eine solche Finsternis ein. Wäre nun die Lage dieses Knotens fest, so würde sich immer noch eine gewisse Regelmäßigkeit in dem Erscheinen der Finsternisse zeigen; sie würden alljährlich zu denselben Jahres= zeiten, wenn auch nicht genau an denselben Tagen eintreten. Bei der im Vor= hergehenden besprochenen Bewegung der Mondknoten aber wird zur Voraus=

bestimmung der Finsternisse eine genaue Berechnung dieser Knotenbewegung erfordert. Wenn die Alten ohne den Besitz unserer heutigen Sonnen= und Mondtafeln dennoch solche Vorausbestimmungen und, wie wir aus der Geschichte wissen, mit Glück unternahmen, so verdankten sie dies ihren fleißigen und

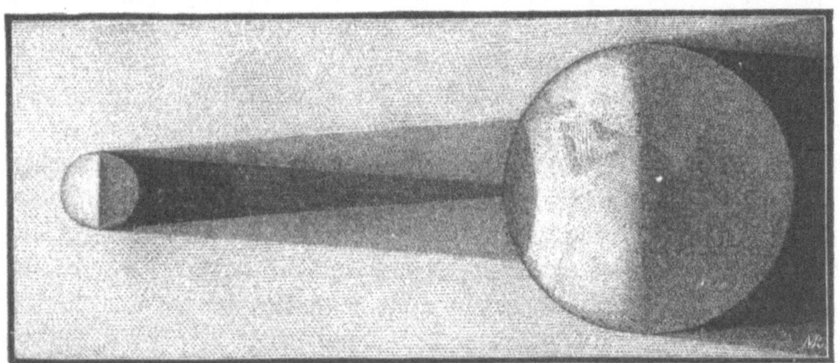

Entstehung einer totalen Sonnenfinsternis für einen bestimmten Erdort.

jahrhundertelangen Beobachtungen. Schon den alten Babyloniern, die auf= merksame Himmelsbeobachter waren, entging es nicht, daß nach 18 Jahren und 10 bis 11 Tagen die Finsternisse nahe in derselben Reihenfolge wieder ein= treten. Sie nannten diese Periode Saros, aber da sie nur annäherungsweise gilt, so kam es vor, daß eine danach bestimmte Finsternis ausblieb, oder eine nicht vorhergesehene plötzlich eintrat. Die Ursache jener achtzehnjährigen Finsternis= periode ist in folgendem Umstande zu suchen. Die durchschnittliche Zwischenzeit von einem Neumonde zum andern, der sogenannte synodische Monat, beträgt 29 Tage $12^3/_4$ Stunden, so daß ein Sonnenjahr 12 synodische Monate und

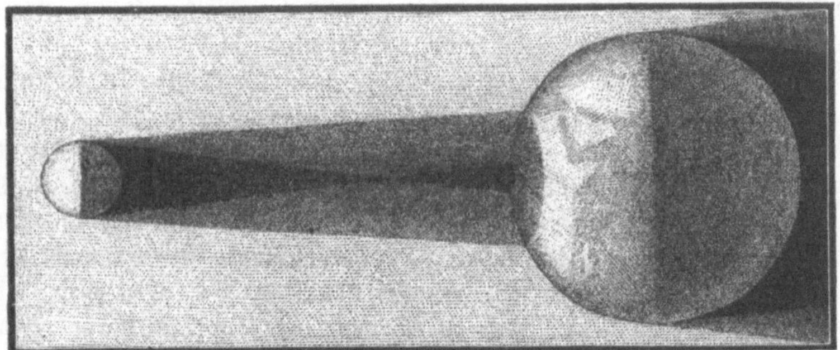

Entstehung einer ringförmigen Sonnenfinsternis für einen bestimmten Erdort.

11 Tage umfaßt. Es würde also, wenn sich die Lage der Mondbahn nicht änderte, beispielsweise eine Sonnenfinsternis in dem nächsten Jahre um 11 Tage früher wiederkehren. Nun drehen sich aber die Knoten der Mondbahn der Sonne entgegen, so daß diese kein volles Jahr gebraucht, um wieder beim

selbigen Knoten der Mondbahn anzugelangen, sondern bloß $346^3/_5$ Tage. Soll also nach Ablauf eines Vielfachen des synodischen Monats eine Finsternis wiederkehren, so muß dieses Vielfache auch gleichzeitig ein Vielfaches von $346^3/_5$ Tagen sein. Nun sind 223 synodische Monate = $6585^1/_5$ Tage, und 19 Mal $362^3/_5$ Tage = $6585^1/_2$ Tage. Da ferner $6585^1/_2$ Tage genau 18 Jahre 11 Tage sind, so wiederholen sich also im allgemeinen die Finsternisse nach Ablauf dieser Zeit in derselben Reihenfolge.

Gegenwärtig bestimmt man mittels der astronomischen Tafeln genau die Augenblicke der Vollmonde und Neumonde und untersucht dann, ob im erstern Falle der Abstand des Mondes von der Ekliptik größer oder kleiner ist, als der Halbmesser des Schattenkegels, oder im andern Falle für die Neumonde, ob jener Abstand des Mondes von der Ekliptik kleiner oder größer ist als der Halbmesser der Sonnenscheibe. So erfährt man, bei welchen Vollmonden und Neumonden Mond- und Sonnenfinsternisse eintreten, bei welchen nicht. Der Abstand des Mondes von der Ebene der Ekliptik hängt von seiner Entfernung von einem der Knoten ab, da er in den Knoten sich ja genau in der Ebene der Ekliptik selbst befindet und in der Mitte zwischen beiden Knoten am weitesten von derselben entfernt ist. Man kann daher aus dem Knotenabstande des Mondes zur Zeit des Voll- oder Neumondes schließen, ob eine Finsternis eintreten wird oder nicht. Es ergibt sich in dieser Beziehung Folgendes:

Es muß eine Sonnenfinsternis eintreten, wenn sich zur Zeit des Neumondes der Mond um weniger als $15^0\,24'$ in seiner Bahn von einem seiner Knotenpunkte befindet. Ist dieser Abstand größer als $18^0\,22'$, so kann keine Finsternis mehr stattfinden.

Eine Mondfinsternis muß eintreten, wenn der Mond sich zur Zeit des Vollmondes bis zu $7^0\,47'$ von einem seiner Knotenpunkte befindet; sie kann noch eintreten, wenn der Knotenpunkt $13^0\,21'$ entfernt liegt. Die Mondfinsternis muß total sein, wenn der Vollmond bis zu $3^0\,30'$ von einem der Knoten entfernt ist, sie kann noch total sein, wenn der Abstand bis $7^0\,19'$ beträgt.

Im allgemeinen ereignen sich innerhalb 18 bis 19 Jahren 70 Finsternisse und zwar 29 am Monde und 41 an der Sonne, niemals mehr als 7 Finsternisse in einem Jahr, aber auch nie weniger als 2. Wir sehen, daß die Zahl der Sonnenfinsternisse die der Mondfinsternisse fast um die Hälfte übertrifft. Der Grund dieser größern Häufigkeit der Sonnenfinsternisse liegt darin, daß der Schattenkegel, in welchen der Mond ganz oder teilweise eintreten muß, wenn eine Mondfinsternis erfolgen soll, schmaler ist als der Raum, in welchem der Mond sich zu befinden hat, wenn er für uns eine Sonnenfinsternis erzeugt. Wir dürfen uns aber nicht durch die Erfahrung täuschen lassen, daß an unserm bestimmten Heimatsort die Sonnenfinsternisse seltener erscheinen. Mondfinsternisse ereignen sich nämlich stets gleichzeitig auf der ganzen Erdhälfte, für welche der Vollmond eben am Himmel steht, da der Mond selbst in einen Schatten tritt. Sonnenfinsternisse dagegen treffen immer nur einen sehr kleinen, höchstens den sechsten Teil der Erdhälfte, über welche gerade die Schattenspitze des Mondes

hinstreicht. Für uns selbst bleiben daher die meisten Sonnenfinsternisse un=
sichtbar, während wir jede Mondfinsternis erblicken müssen, wenn sie nicht
gerade die entgegengesetzte Erdhälfte trifft. Daher kommt es, daß oft für einen
Ort Jahrhunderte vorübergehen, ehe ihm einmal eine totale Sonnenfinsternis
erscheint.

Die Sonnen= und Mondfinsternisse spielen in der Chronologie eine höchst
bedeutende Rolle. Die Alten, welche zum Teil höchst abergläubische Vorstellungen
mit diesen Erscheinungen verknüpften, haben uns nämlich über manche Finster=
nisse, die nahe mit bedeutenden politischen Ereignissen zusammentrafen, Nach=
richten überliefert, welche durch Rückwärtsrechnung ermöglichen, die genauen
Jahreszahlen und selbst das Tagesdatum solcher Ereignisse festzustellen. Auf
diese Weise hat man z. B. gefunden, daß die berühmte, angeblich von Thales
vorhergesagte Sonnenfinsternis, die im sechsten Jahre des Krieges zwischen
Alyattes von Lydien und Kyaxares von Medien stattfand, am 28. Mai 584
v. Chr. eingetreten ist.

Den größten Eindruck auf den Menschen machen unter allen Himmels=
erscheinungen totale Sonnenfinsternisse.

Wollen wir ein vollkommenes Bild von den Erscheinungen einer Sonnen=
finsternis erhalten, so versetzen wir uns im Geiste auf einen freiliegenden Hügel.
Richten wir dann den Blick kurz vor dem Eintritt derselben nach Westen, so
werden wir bereits auf eine nächtlich beschattete Landschaft schauen.

Mit Riesenschritten sehen wir den schwarzen Mondschatten heranrücken,
helle Sterne am Himmel leuchten auf, und die Gegenstände um uns herum,
selbst einzelne Stellen des Himmels nehmen eine anfangs graugelbe, aber immer
mehr ins Rote und sogar Purpurne übergehende Färbung an, die offenbar von
dem Übergewicht der vielfach reflektierten und zerstreuten Strahlen der noch
erleuchteten Atmosphäre herrührt. In dem Augenblick, wo der Schatten des
Mondes unsern Standpunkt erreicht hat, sehen wir um die verdeckte Sonne einen
glänzenden silberweißen Ring sich bilden, bisweilen auch am Sonnenrande selbst
einzelne rote, wolken= oder flammenähnliche Hervorragungen aufleuchten. Über
diese roten Hervorragungen, die man Protuberanzen genannt hat, wie über
den glänzenden Ring der verfinsterten Sonne, oder die sogenannte Korona,
werde ich noch Gelegenheit haben, manches mitzuteilen, da sie uns wichtige Auf=
schlüsse über mehrere physische Verhältnisse des Sonnenkörpers geliefert haben.

Sonne und Mond, sagte ich schon, sind nicht die einzigen nahen Welten,
zahllose Weltenscharen von mannigfaltiger, zum Teil seltsamer Naturbeschaffenheit
bewegen sich zwischen dem Fixsternhimmel und uns. Von ihrem Dasein und
ihrer Nähe werden wir uns wieder teils durch die Abweichungen ihrer Bewegungen
von der scheinbaren täglichen Umdrehung des Himmelsgewölbes, teils durch
den Wechsel ihrer Lichtstrahlen, wie durch ihre Verfinsterungen und Bedeckungen
überzeugen.

Blicken wir dort auf jenen schönen Stern am abendlichen Himmel, der
uns längst unter dem Namen des Abend= und Morgensternes oder der Venus

bekannt sein wird. Wenn wir auch nichts wüßten von den nahen Beziehungen dieses Sternes zu unsrer Erde, so müßte schon sein milder, ruhiger Schein, der an das Licht des Mondes erinnert, gegenüber dem unruhigen Funkeln der Fixsterne, unsre Aufmerksamkeit erregt haben. Dieses ruhige Licht haben wir auch noch an einigen andern Sternen des Himmels beobachtet, und die eigentümliche, sich stets gleich bleibende Färbung desselben wird uns noch mehr überzeugt haben, daß wir es hier mit ganz andern Welten als den in unerreichbarer Ferne funkelnden Fixsternen zu tun haben. Sehen wir hier den fast grünlichen Schein der Venus, dort oben den sonderbar rotglänzenden Mars, dort den silberhellen Jupiter, dort den düstern, bleichrötlichen Saturn. Betrachten wir nun vollends diese Sterne durch ein Fernrohr. Während die Fixsterne trotz aller vergrößernden Kraft des Fernrohrs uns immer nur als unmeßbar feine Lichtpunkte erscheinen, ja sogar, da das Fernrohr sie der blendenden Strahlen entkleidet, in stärker vergrößernden Fernrohren noch verkleinert zu werden scheinen, erblicken wir hier wirkliche Scheiben, die sich gleich irdischen Gegenständen mit der Zunahme der Vergrößerung auch wirklich vergrößert zeigen.

Folgen wir nun auch dem Laufe eines solchen Sternes am Himmel! Wir werden finden, wenn wir von Tag zu Tag den Ort dieses Sternes genau verzeichnen, daß er sich mit sehr ungleichen Geschwindigkeiten bewegt, daß er zu gewissen Zeiten still zu stehen scheint, daß er in bezug auf die Sterne sich bald von Westen nach Osten, bald von Osten nach Westen, oder bald rechtläufig, bald rückläufig, wie man sagt, bewegt. Verzeichnen wir, wie ich es schon beim scheinbaren Laufe der Sonne oder des Mondes riet, die täglichen Örter eines solchen Sternes auf eine Himmelskarte, so werden wir finden, daß die Linie, welche diese Örter verbindet, und welche die Bahn des Sternes am Himmel darstellt, keineswegs eine stetige krumme Linie, etwa ein größter Kreis wie bei Sonne und Mond, sondern eine Linie von verwickelter Form ist, die durchaus in keinem sichtlichen Zusammenhange mit den Stellungen der Fixsterne steht, auf welche wir etwa die Bewegung des Sternes beziehen möchten. Es wird uns scheinen, als ob wir es hier mit einer völlig regellosen Wanderung durch die Sterne zu tun hätten, und wenn wir mehrere dieser Sterne vergleichen, so werden wir sogar finden, daß einige innerhalb eines Jahres mehr als einen ganzen Umlauf um die Himmelskugel machen, während andre nur mehr oder weniger beschränkte Bogen durchlaufen. Dieser Umstand, diese regellose Form der Bahn ist es namentlich, welche die Alten zu der Benennung von Planeten, d. h. Wandelsternen oder Irrsternen, veranlaßte. Die Alten kannten von diesen Sternen fünf, welche in unbekannter Vorzeit die Namen: Merkur, Venus, Mars, Jupiter und Saturn erhalten hatten.

Wenn wir uns die Mühe nehmen, einen der beiden Planeten Venus oder den Merkur längere Zeit zu beobachten, so werden wir finden, daß diese Planeten sich nie sehr weit von der Sonne entfernen, daß sie gewisse Grenzen innehalten und, sobald sie diese erreicht haben, sofort anfangen, zur Sonne zurückzukehren. Bei den andern Planeten werden wir nichts von solchen Grenzen der Entfernung sehen. Wir werden dieselben bisweilen sogar in solchen Abständen von der Sonne finden, daß sie gerade den der Sonne entgegengesetzten Punkt des Himmels einnehmen. Ich kann jetzt schon sagen, daß man nach diesen Eigenheiten die Planeten wirklich in zwei Gruppen scheidet, daß man die ersteren untere, die letzteren obere Planeten nennt; die eigentliche Bewandtnis, die es damit hat, wird uns aber erst später ganz klar werden.

Für jetzt wollen wir nur den Lauf eines Planeten, und zwar eines untern Planeten, nämlich der Venus, ins Auge fassen. Gesetzt, wir hätten eines Abends kurz nach Sonnenuntergang die Venus am Horizonte aufgesucht, und wir hätten sie gar nicht weit von jenem Punkte gefunden, wo die Sonne soeben verschwunden war. Sie ist uns dann nicht lange sichtbar gewesen; denn die allgemeine Bewegung des Himmels hat auch sie bald mit ihren Nachbargestirnen zum Horizonte hinabgeführt. An den folgenden Tagen würden wir die Venus zur selben Stunde zwar noch in derselben Gegend des Himmels sehen, aber sie würde sich mehr und mehr von jenem Punkte des Sonnenunterganges zu entfernen und immer später zum eignen Untergange kommen. Nach Verlauf einiger Zeit würde es uns aber dünken, als ob keine solche Zunahme in der Entfernung des Planeten von der Sonne mehr stattfinde, als ob er vielmehr am Sternhimmel völlig still stehe. Noch später würden wir uns sogar nicht mehr darüber täuschen können, daß er eine entgegengesetzte Bewegung angenommen hat, daß er sich dem Sonnenuntergangspunkte wieder merklich nähert, also in bezug auf die Bewegung der Sterne geradezu rückwärts schreitet oder wie der Astronom sagt, rückläufiggeworden ist.

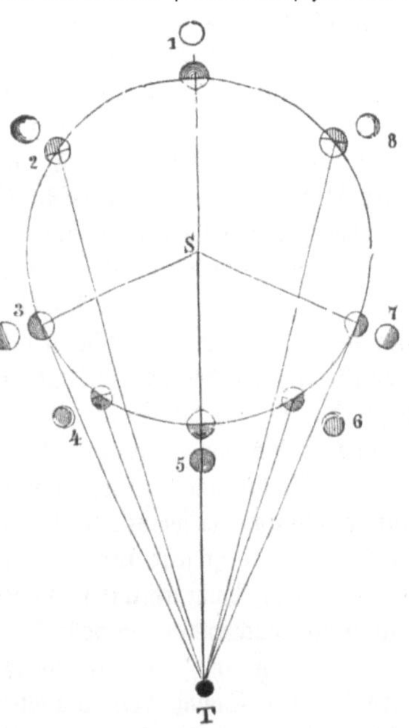

Bewegung eines unteren Planeten um die Sonne, von der Erde aus gesehen.

Endlich würde sogar ein Zeitpunkt eintreten, wo die Venus in eine solche Nähe zur Sonne gekommen ist, daß wir sie trotz ihres so strahlenden Glanzes nicht mehr erblicken können, und wenn wir auch warten wollten, bis das Licht der Dämmerung, das sie uns vielleicht zu entziehen scheint, verblichen ist; sie ist längst in die Strahlen der untergehenden Sonne gehüllt unter den Horizont getaucht. Aber nicht lange würde es dauern, und wir würden sie wieder beobachten können, jedoch nicht mehr im Osten, sondern im Westen der Sonne, und wir würden darum früh am Morgen vor Sonnenaufgang uns erheben müssen, um sie am dämmernden Horizonte auftauchen zu sehen. Auch jetzt würden wir dieselbe von Tag zu Tag weiter von dem Sonnenaufgangspunkte sich entfernen, immer früher kommen, immer höher am Himmel aufsteigen sehen, bis sie uns abermals still zu stehen und endlich ihre rückläufige Bewegung unter den Sternen, ihre abermalige Annäherung zur Sonne anzutreten schiene. Wieder würde sie uns dann in den Strahlen der aufgehenden Sonne mehrere Tage entschwinden, um von neuem an dem abendlichen Himmel im Dämmerlicht der untergehenden Sonne zu erscheinen.

Der ganze Lauf der Planeten würde uns hiernach also wie ein stetes Hin- und Herschwanken zu beiden Seiten der Sonnenbahn vorkommen. Für den Planeten Merkur gestaltet sich dieses Schwanken genauer in folgender Weise. Wenn er der Sonne scheinbar am nächsten steht und seine vollbeleuchtete Scheibe, die gleichzeitig am kleinsten erscheint, der Erde zuwendet, so bewegt er sich gegen Ost bis zu einer Entfernung von nahezu 23° von der Sonne mit ziemlicher Geschwindigkeit. Dann nimmt letztere rasch ab, und die Entfernung von der Sonne vermindert sich nach und nach bis auf 18°, obgleich der Planet Merkur selbst unter den Sternen noch immer langsam nach Osten schreitet. Sobald jener Abstand von 18° erreicht ist, hört aber die scheinbare Bewegung des Planeten eine Zeitlang ganz auf, er wird stationär, um schließlich eine rückläufige Bewegung anzunehmen, durch welche er sich, bei zunehmender Größe seiner Scheibe, der Sonne immer schneller nähert und endlich in ihren Strahlen verschwindet. Die Scheibe erscheint während dieser Zeit nicht voll beleuchtet, sondern sichelförmig wie der Mond, und die leuchtende Sichel wird immer schmäler, je näher der Planet der Sonne kommt. Nachdem er einige Zeit in den Sonnenstrahlen verschwunden war, erscheint unser Planet als schmale Sichel westlich von der Sonne und entfernt sich mit abnehmender Geschwindigkeit bis zu 18° von ihr, worauf er wieder stationär wird. Hierauf wird seine Bewegung wieder direkt, aber sie ist sehr langsam, während die Entfernung von der Sonne bis auf 23° steigt, dann nimmt sie wieder ab und der Planet nähert sich dem Tagesgestirn mit wachsender Schnelligkeit, wobei der beleuchtete Teil der Scheibe mehr und mehr zunimmt, die Scheibe selbst aber immer kleiner wird, bis zuletzt die Strahlen der Sonne den Planeten verdecken. Nach einiger Zeit beginnt der geschilderte Vorgang aufs neue, und derselbe ist überhaupt in eine Periode von 116 Tagen Dauer eingeschlossen, von denen $17^1/_2$ Tage auf die Zeit der rückläufigen Bewegung kommen.

Wir sehen, daß die Bewegung des Merkur ähnlich verläuft wie diejenige der Venus. Dabei ist jedoch zu bemerken, daß sich Venus bis zu 28° von der Sonne entfernt, ehe sie stationär wird, und daß ihre größte Ausweichung $46^1/_2$° erreicht. Die ganze Dauer dieser Bewegungen umfaßt 582 Tage, wovon 41 auf die Zeit des retrogaden Laufes kommen.

Fassen wir nun diese Erscheinung im ganzen ins Auge und versuchen wir daraus einen Schluß auf die wirkliche Bewegung des Planeten zu ziehen, so werden wir notwendig zu der Vermutung kommen, daß sich der Planet in einer Bahn um die Sonne bewegt, welche von dieser gleichsam bei ihrer scheinbaren Bewegung um die Erde mit sich fortgeführt wird. Ich will zur Verdeutlichung die Vorstellung, welche wir dadurch vom Laufe eines solchen Planeten erhalten werden, bildlich darstellen. Denken wir uns die Sonne in S (Fig. S. 79), sich selbst und die Erde in T, den Planeten aber zunächst in jener Stellung (1) jenseit der Sonne, die man als seine obere Konjunktion mit der Sonne bezeichnet. Er wird uns dann offenbar seine ganze erleuchtete Scheibe zuwenden. Indem er sich aber weiter ostwärts entfernt, nimmt die Größe der Erleuchtung ab, und wenn er seinen größten Abstand (in 3) erreicht hat, zeigt sich nur noch die Hälfte der Scheibe erleuchtet. Jetzt beginnt die rückläufige Bewegung des Planeten, seine Scheibe schwindet zur Sichel, und er tritt endlich (in 5) in seine untere Konjunktion. In dieser Stellung des Planeten kann sich eine Erscheinung ereignen, die sich ganz mit jenen Verfinsterungen der Sonnenscheibe durch den Mond, von denen oben die Rede war, vergleichen läßt. Auch die Bedingung

für den Eintritt der Erscheinung ist dieselbe wie dort, der Planet muß sich in der Ebene der Ekliptik befinden. Allerdings fehlt ihr jene Großartigkeit; denn der Planet zeigt sich nur als ein kleiner schwarzer Fleck auf der Sonnenscheibe, der aber doch nicht mit den dieser Scheibe eigentümlichen Flecken verwechselt werden kann, schon um seiner genauen Kreisform willen, noch mehr wegen der gleichförmigen Bewegung, mit welcher er vor der Sonnenscheibe vorübergeht. Daß diese Planetendurchgänge nicht vor der Erfindung der Fernrohre beobachtet werden konnten, versteht sich von selbst; daß sie übrigens ziemlich seltene Erscheinungen sind, da im Mittel allerdings 10 — 12 Merkurdurchgänge,

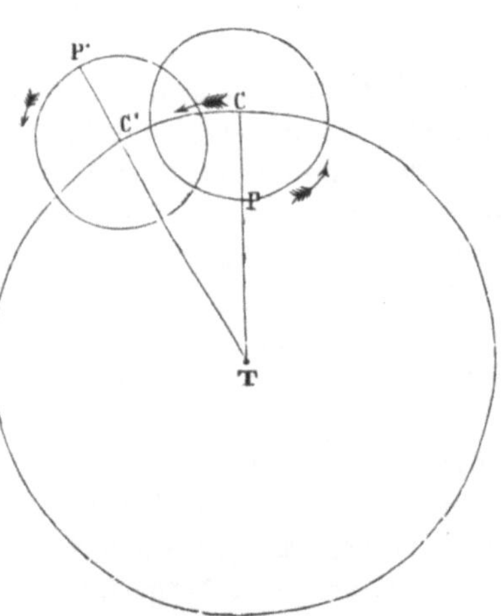

Die Epicykeln.

aber nie mehr als 2 Venusdurchgänge sich in einem Jahrhundert ereignen, und von welcher Wichtigkeit ihre Beobachtung endlich für die astronomische Forschung geworden ist, darüber werden wir später zu einer klaren Einsicht kommen, wenn uns die Bahnen und die Gesetze der Planetenbewegung genauer bekannt geworden sind. Daß sie eben so scharf und sicher vorausberechnet werden können, wird uns schon jetzt nicht mehr unbegreiflich scheinen.

Wir haben bisher nur einen der unteren Planeten im Auge gehabt. Anders gestalten sich die Erscheinungen bei den oberen Planeten. Auch sie werden uns allerdings zu gewissen Zeiten, wo die Sonne sich verbirgt, also zur Zeit ihrer oberen Konjunktion, unsichtbar werden. Auch sie werden uns einen steten Wechsel von rechtläufiger und rückläufiger Bewegung, werden uns auch Stillstände zeigen; aber sie werden sich zugleich so weit nach Osten und Westen von der Sonne entfernen, daß sie zu gewissen Zeiten dieser gerade gegenüber oder, wie der Astronom sagt, in Opposition mit der Sonne stehen. Zugleich werden sie uns, mit Ausnahme eines einzigen, keinen merklichen Lichtwechsel zeigen und niemals vor der Sonnenscheibe vorübergehen. Wir können also aus diesen Tatsachen wohl schließen, daß die Sonne bei der Bewegung der oberen Planeten eine ebenso wichtige Rolle wie bei jener der unteren spielt, aber wir werden zugleich zu der Annahme gezwungen, daß sie sich in Bahnen um die Sonne bewegen müssen, deren Halbmesser beträchtlich größer sind als die Entfernung der Erde von der Sonne, also in Bahnen, die unsre Erdbahn umschließen. Ohne diese Annahme wären wir ja gar nicht einmal imstande, zu erklären, daß diese Planeten, mit Ausnahme der Zeiten ihrer Konjunktion, uns zu allen Zeiten am Himmel sichtbar sind.

Welches Kopfzerbrechen diese scheinbaren Bewegungen der Planeten, wie sie von der Erde aus beobachtet werden, durch ihre Unregelmäßigkeiten, besonders durch die Stillstände und Rückläufe, den Alten verursacht haben, kann man sich vorstellen.

Nach ihrer Überzeugung, daß die gleichförmige Bewegung die regelmäßigste und allein naturgemäße und der Kreis die vollkommenste und vornehmste aller krummen Linien sei, glaubten die Alten, daß auch alle planetarischen Bewegungen gleichförmig in Kreisen erfolgen müßten. Um die Unregelmäßigkeiten, die Still= stände und den Wechsel recht= und rückläufiger Bewegungen zu erklären, ließen sie den Planeten nicht unmittelbar einen Kreis um die Erde beschreiben, sondern nahmen für seine Bahn einen zweiten kleineren Kreis auf dem Umfange des ersten an, der von dem Planeten durchlaufen würde, während sein Mittelpunkt zugleich sich gleichförmig auf dem Umfange des ersten Kreises fortbewege. Dieser erste Kreis, in dessen Mittelpunkt die Erde sich befinden sollte, hieß Circulus deferens, der zweite, in dessen Umfange der Planet angenommen wurde, hieß der Epicykel. Wir werden leicht begreifen, daß auf diese Weise der Lauf eines Planeten, von der Erde gesehen, sich aus zwei Bewegungen zusammensetzt, daß seine fortschreitende Bewegung, die durch die Bewegung des Mittelpunktes des Epicykels dargestellt wird, durch die Bewegung des Planeten selbst im Umkreise des Epicykels bald verstärkt, bald verringert oder sogar aufgehoben werden muß. Daß diese Hypothese in der Tat hinreicht, um die meisten Ungleichheiten in der Planetenbewegung zu erklären, daß sie sogar bei einer genügenden Vervielfältigung der Epicykeln imstande ist, alle Ungleichheiten in der Winkelbewegung der Planeten darzustellen, ist nicht zu leugnen. Wie sinnreich sie aber auch ist, so vermag sie doch vor dem Richterstuhl der Mechanik nicht zu bestehen, da es unbegreiflich bleiben muß, wie ein Körper sich um einen ideellen Punkt und nun gar dieser ideelle Punkt um einen Körper bewegen soll. Völlig erschüttert wird die Hypo= these aber dadurch, daß sie nicht imstande ist, auch die Änderungen in der Ent= fernung der Planeten, die auffallenden Unterschiede in der scheinbaren Größe ihrer Scheiben zu verschiedenen Zeiten ihres Laufes zu erklären. Von diesen Änderungen hatte das Altertum freilich keine rechte Vorstellung. Erst späteren Tagen ist es vorbehalten worden, sie durch Messungen genau festzustellen.

Wir nähern uns dem Schlusse unsrer Betrachtung, der einfachen Lösung

jener ſcheinbaren Verwirrung, die uns im Laufe der Planeten am Himmel ent=
gegentrat. Wir wiſſen bereits, daß das einfachſte Mittel, die ſcheinbare Ver=
wickelung einer Bewegung zu entwirren, darin beſteht, daß wir einen andern
Ort für unſre Beobachtung wählen und zuſehen, ob nicht dadurch Ordnung an
die Stelle des Regelloſen und Willkürlichen tritt. Wo anders aber ſollten wir
unſern Beobachtungsort für die Planetenbewegung wählen, als im Mittelpunkt
der Sonne, deren nahe Beziehungen zu ihr uns bereits ſo vielfach entgegen=
traten? Das heißt keineswegs ſo Un=
mögliches fordern, als es ſcheint. Man
kann ſehr leicht ein Bild von den Be=
wegungen eines Planeten am Himmel ent=
werfen, wie ſie einem im Mittelpunkt
der Sonne befindlichen Beobachter ſich
darſtellen müſſen. Derſelbe Fixſtern, welcher
den Ort eines Planeten zur Zeit ſeiner
Oppoſition für den irdiſchen Beobachter
bezeichnet, muß ihn auch für den Be=
obachter auf der Sonne bezeichnen, da
zu dieſer Zeit ja eine gerade Linie die
Sonne, Erde und Planeten miteinander
verbindet. Dasſelbe wird in jeder Kon=
junktion ſtattfinden. Beobachtet man alſo
von Oppoſition zu Oppoſition und von
Konjunktion zu Konjunktion dieſe Plane=
tenörter und verbindet man dieſelben
endlich miteinander, ſo erhält man den
ganzen Umlauf des Planeten, wie er ſich
für den Mittelpunkt der Sonne darſtellt.

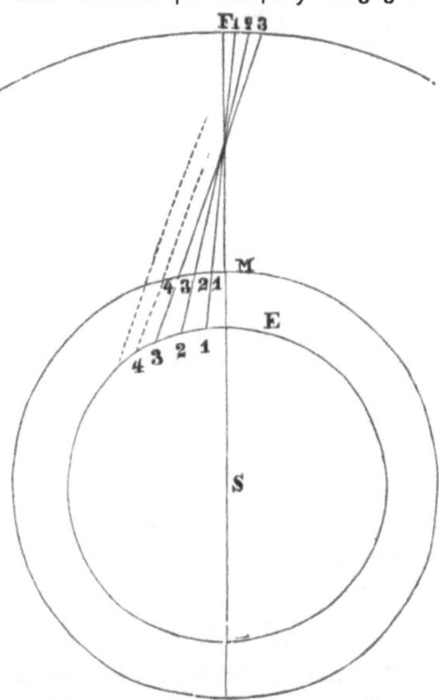

Die Urſache der Rückläufe und Stillſtände
der Planeten.

Man wird finden, daß dieſe
Bahn die Form eines Kreiſes hat, und daß die Bewegung des Planeten in
ihr unberührt von allen jenen Unregelmäßigkeiten der Stillſtände und Rück=
läufe iſt; nur ganz gleichförmig wird ſie nicht ſein. In der Zwiſchenzeit zwiſchen
zwei Zuſammenkünften des Planeten mit der Sonne wird es nun offenbar
einen Zeitpunkt geben, wo Erde und Planet einen rechten Winkel mit der Sonne
bilden. In dieſer Zeit wird man aber ſehr leicht aus dem Winkel, welchen der
Ort der Sonne mit dem Ort des Planeten am Himmel für den irdiſchen Be=
obachter einſchließt, mittels eines einfachen geometriſchen Verfahrens das Ver=
hältnis zwiſchen den Entfernungen der Erde von der Sonne und des Planeten
von der Sonne berechnen können. Wir ſehen alſo, daß man imſtande iſt, von
der ganzen Bahn eines Planeten um die Sonne in allen ihren Einzelheiten
eine genaue Zeichnung zu entwerfen, und das Endreſultat würde ſein, daß dieſe
Bahn auch nicht ein Kreis, ſondern eine der Erdbahn ähnliche Ellipſe iſt.

Wir werden mit dieſer letzten Entſcheidung freilich nicht zufrieden ſein.
Wir werden verlangen, daß, wenn denn durchaus jene ſonderbaren Unregel=

mäßigkeiten, die Stillstände und Rückläufe der Planeten, in Wirklichkeit nicht stattfinden, daß, wenn sie durchaus nichts als die Wirkung eines Scheines, einer Täuschung, veranlaßt durch die Beweglichkeit des eignen Standpunktes, sein sollen, doch auch eine Erklärung dafür gegeben werde, wie und durch welche besonderen Verhältnisse diese Täuschung erzeugt werde. Auch das soll in aller Kürze geschehen. Bei dem Versuche, die Bahnen der verschiedenen Planeten vom Mittelpunkte der Sonne aus zu bestimmen, haben wir gefunden, daß diese Bahnen in sehr verschiedenen Abständen von der Sonne liegen, daß sie von den Planeten in verschiedenen Zeiträumen und also auch mit verschiedener Ge= schwindigkeit durchlaufen werden. Im allgemeinen würden wir erkennen, daß die Geschwindigkeit eines Planeten um so größer ist, je näher er der Sonne steht. Denken wir uns nun einfach einen solchen Planeten M (Fig. S. 86), also etwa den Mars, zur Zeit seiner Opposition mit der Sonne seinen Lauf von West nach Ost antretend und in gleichen Zeiträumen nacheinander die Stellungen 1, 2, 3 einnehmend, so wird die Erde E vermöge ihrer größeren Geschwindigkeit in den gleichen Zeiträumen in die weiter auseinander stehenden Orte 1, 2, 3 eingerückt sein. Wollen wir uns also Gesichtslinien von den Orten der Erde zu den wirklichen Orten des Planeten ziehen, so werden diese offenbar Sterne am Himmel treffen, die rechts von dem Stern F stehen, welcher den Ort des Planeten zur Zeit seiner Opposition bezeichnete, und der Planet wird sich scheinbar nach rechts, also nach Westen, bewegen. Erst wenn die stärkere Krümmung der Erdbahn sich geltend macht und die Bewegung der Erde eine immer schrägere Richtung gegen die Gesichtslinie annimmt, wird diese Täuschung aufhören. Es wird dann ein Zeitpunkt eintreten, wo die Gesichtslinien ein= ander parallel werden, also mehrere Tage lang denselben Stern treffen, und der Planet wird dann, obwohl er beständig vorgerückt ist, unbeweglich still zu stehen scheinen.

So haben denn die Erscheinungen der Stillstände und Rückläufe in der Planetenbewegung ihre einfache Lösung in der Tatsache gefunden, daß die Erde ein Planet wie jeder andre ist; sie haben, richtig erkannt und gedeutet, einen der sichersten Beweise für das tägliche Fortrücken unsres Erdkörpers geliefert. Was wir aber für unsre Wanderung gewonnen haben, ist mehr. Wir haben uns durch die Betrachtung der scheinbaren Planetenläufe eine weite, reiche Welt in nächster Nähe eröffnet. Denn was diesseit des ewigen Fixsternhimmels wandelt, ist nah, ist ein Glied der nächsten Heimat, die wir zu betreten haben. Was in seinen Bewegungen noch so deutliche Spuren unsrer eignen Ortsver= änderung trägt, was zum Teil selbst gleich den Schatten unsrer Erde verdunkelnd vor der Sonnenscheibe vorüberzieht, das kann nicht in unerreichbarer Ferne schweben.

Zweites Kapitel

Der Mond.

Anschaun, wenn es dir gelingt,
Daß es erst ins Innre bringt,
Dann nach außen wiederkehrt,
Bist am herrlichsten belehrt.

Dunkle Nacht umfängt uns. In wunderbarer Reinheit breitet sich der Sternenhimmel über uns aus; kein Wölkchen trübt ihn; wie Diamanten funkeln auf tief schwarzem Samt die Sterne. Gerade im Zenit leuchtet in unbeweglicher Ruhe eine mächtige, die Mondscheibe dreizehnmal an Größe übertreffende Scheibe, deren eine Hälfte einen düstern aschgrauen Schimmer, die andre einen silbernen Glanz aussendet, der sich gegen die Mitte hin zum blendenden Weiß steigert. Von dem Glanze dieser Scheibe erleuchtet, breitet sich unter uns eine schattenlose Landschaft aus. Deutlich erkennen wir die zerrissenen Wände eines riesigen Gebirgswalles, der uns rings umschließt; deutlich erblicken wir auf dem Grunde der kraterförmigen Vertiefung, aus welcher sich der Bergkegel, auf dem wir uns befinden, erhebt, jeden Hügel und jede Spalte.

Die Nacht neigt sich ihrem Ende zu. Das verkündet uns der Glanz der am Morgenhimmel auftauchenden Venus. Kein andres gewohntes Anzeichen freilich läßt uns den nahen Anbruch des Tages erwarten, kein Erbleichen der Sterne, kein vom Morgenlicht rosig umsäumtes Wölkchen über den nahen Bergen. Da erscheinen plötzlich im Westen kleine blendend helle Lichtfunken, die sich schnell vergrößern und zu schmalen, wellenförmigen Lichtsäumen zusammenschießen. Wir erkennen sie bald als die höchsten Gipfel des westlichen Gebirgswalles, die von den ersten Strahlen des uns noch verborgenen Sonnenrandes getroffen werden. Unter uns ist nun eine tiefschwarze Nacht hereingebrochen, und vergeblich bemühen wir uns, noch den Fuß jener Gebirgswand zu erkennen, deren oberer, grell beleuchteter Rand gleichsam am schwarzen, sternbesäeten Himmel zu schweben scheint. Endlich taucht über den Bergen im Osten, wo wir längst einen seltsamen weißen, pyramidal aufsteigenden Schein gewahren konnten, ein schmaler weißer Lichtsaum auf, dem bald in blendender, strahlenloser Pracht die Sonnenscheibe selbst folgt.

Die Physiognomie der Landschaft hat sich jetzt völlig verändert. Es ist heller Tag auf unserm Berggipfel geworden, und sein langer spitzer Schatten zeichnet sich schroff an der erleuchteten Terrasse des westlichen Gebirgswalles ab. Über uns glänzen noch immer am schwarzen Himmelszelte die Sterne, und im Zenit schwebt noch immer, wie festgeheftet, die Riesenscheibe, deren leuchtender Teil jetzt aber die Gestalt einer Sichel angenommen hat. Unter uns in der Tiefe herrscht undurchdringliche Nacht. Selbst der nahe Gebirgs=wall im Osten hat sich unsern Blicken wieder gänzlich entzogen. Dieser Kon=trast zwischen der blendenden Lichtfülle oben und der schwarzen Finsternis unten erfüllt uns mit unheimlicher Bangigkeit. Es dünkt uns fast, als schwebe dieser hell erleuchtete Berggipfel, auf dem wir stehen, frei im dunklen Raume. Aber allmählich entwickeln sich auch die Einzelheiten der Landschaft mehr. Namentlich gegen Westen zeigen sich die ganzen Terrassen des Gebirges deut=lich erhellt, und wir erblicken an ihrem Fuße zahlreiche kleine Krater und glänzende Hügel. Nur soweit die meilenlange finstere Kegelgestalt des Schattens reicht, welchen unser Berg nach Westen wirft, und in den tiefen schmalen Tal=schluchten und Spalten herrscht schwarze Finsternis.

Ein seltsamer Morgen! Wie durch Zauberschlag brach er plötzlich herein. Keinen tierischen Laut erweckte der neue Tag, keinen Windeshauch, kein Säuseln der Blätter. Kein Vogel stieg zu dem schwarzen Himmel auf; keine Blume am öden Boden öffnet ihr sinniges Auge dem Morgenlicht. Alles stumm und farblos! Vergebens sehnt sich das Auge nach einem Schmucke der Landschaft, nach blauen Seeflächen oder grünen Wäldern und Wiesen, nach rauschenden Wasserstürzen oder schneebedeckten Berghäuptern, selbst nach Wolken und Wolken=schatten.

Diese Landschaft, welche wir jetzt im Geiste betrachteten, ist eine Mond=gegend. Schauen wir uns jetzt noch einmal um, und wir werden alles er=klärlich finden. Das plötzliche Hereinbrechen des Tages, das Glänzen der Sterne am Tageshimmel, die Schwärze und Schärfe der Schatten, der Mangel an Tönen und Farben, wenigstens für unsre Organe — das alles ist nur die Folge davon, daß es auf dem Monde an einer nach irdischen Begriffen irgend=wie wahrnehmbaren Atmosphäre fehlt. Der weiße pyramidale Schein, welchen wir dem eigentlichen Sonnenaufgang vorangehen sahen, ist das uns in der trüben Atmosphäre unsrer irdischen Heimat so selten zu sehen vergönnte Zodia=kallicht. Die leuchtende Riesenscheibe am Zenit ist die Erde, und der blendende Glanz in ihrer Mitte ging von dem ewigen Schnee und Eise ihres Poles aus. Freilich mußte sie uns festgeheftet erscheinen, weil der Mond ja keine von der Erde unabhängige Rotation besitzt, sich nur um seine Achse dreht, indem er die Erde umkreist und darum auch dieser stets dieselbe Seite zuwendet. Sehen wir, wie die Sterne des Tierkreises langsam an dieser Scheibe vorüberziehen! Hätte ich den Leser gestern hierher geführt — aber bedenken wir, daß ich von einem Gestern auf dem Monde spreche, und daß dieses Gestern auf Erden be=reits volle drei Wochen hinter uns liegt — hätte ich den Leser also gestern am hellen Mittage auf den Mond geführt, so hätte er ein seltsames Schauspiel erleben können, eine totale, stundenlange Sonnenfinsternis, die stets nur am Mittag in einer solchen Mondlandschaft sich ereignen kann. Er hätte dann

die Sonne am hellen Tage erlöschen und schwarze Nacht den mit zahllosen
Sternen besäeten Mittagshimmel verhüllen sehen. Er hätte dann gesehen, wie
nach und nach die Berge im Westen in den finstern Schattenmantel der Erde
versanken, bis er die ganze Mondfläche deckte, und nun die mächtige schwarze

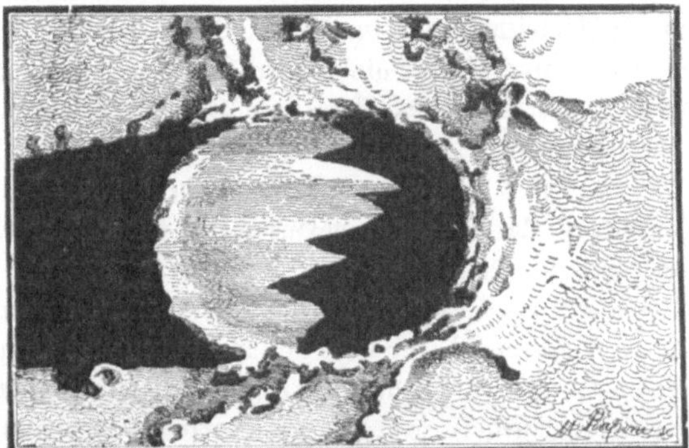

Ein Ringgebirge des Mondes nach Aufgang der Sonne.

Erdscheibe sich von dem breiten glänzenden Lichtkranz ihrer Atmosphäre um=
geben zeigte, dessen feurige Glut ringsum die Berge mit rotem Schimmer be=
leuchtete, ähnlich dem Widerschein eines Nordlichts in irdischer Winterlandschaft!

Im Anschauen der Mondlandschaft, die sich vor uns ausbreitet, werden
wir ohne Zweifel gestehen, daß die irdischen Begriffe, die wir sonst mit Land=
schaften zu verknüpfen gewohnt sind, hier nicht mehr ganz passen.

Die Mondlandschaft kennt nur Formen und Lichtkontraste. Hier schweift
das Auge über ein wildes, lichtstrahlendes Bergland, und ermüdet von dem

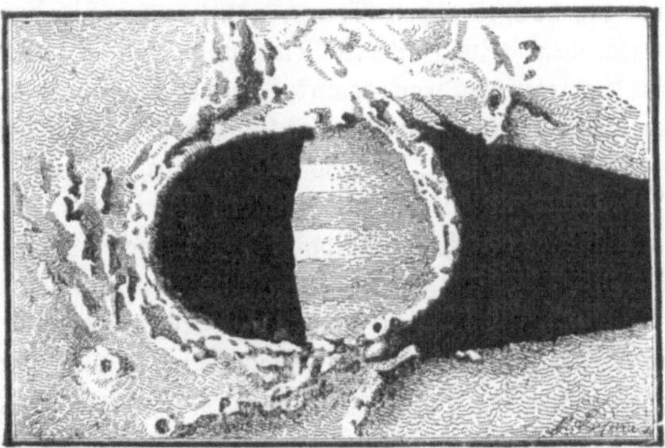

Ein Ringgebirge des Mondes vor Untergang der Sonne.

Anblick der zahllosen, wild aneinander gedrängten kolossalen Krater, eintönig
in ihren Formen, ohne Wechsel des Lichtes und der Farben, wandert der Blick
hinüber zu den dunklen, zackig begrenzten Flächen, die von weiß schimmernden
Streifen durchbrochen, von einem blendenden Kranze mächtiger, in schmale

nächtige Schatten auslaufender Gebirgsketten umgeben, durch den geheimnis=
vollen Zauber ihrer Entwickelung aus der Nacht zum Tageslicht den einzigen
reizvollen Anblick auf dieser fremdartigen Welt gewähren. Was für den land=
schaftlichen Charakter der Erde die Verteilung von Land und Meer oder von
Ebene und Bergland ist, das ist, abgesehen von den farbigen Lebensgewändern,
für den Mond die Verteilung der dunklen Flächen, die man sonst für Meere
hielt, und die darum noch heute als Meere bezeichnet werden, und des sie
ringsum scharf begrenzenden hellen Berg= und Hügellandes. Schon wenn wir
mit unbewaffnetem Auge zur Zeit des Vollmondes zu dieser Scheibe aufschauten,
war es diese Verteilung, welche den Eindruck bedingte. Die dunkelgrauen
großen Flachländer des Mondes sind vorzugsweise über seine nördliche Hälfte
verbreitet. Unebenheiten treten zwar auch in ihnen hervor, aber doch nur ver=
einzelt und selten und niemals in kolossalen Dimensionen; namentlich erscheinen
sie als gewundene, oft kaum 20, nie über 300 m hohe graue Bergadern, beulen=
förmige Auftreibungen, muldenförmige Vertiefungen, kleine Krater, isoliert auf=
steigende glänzende Bergkegel, grabenförmig vertiefte sogenannte Rillen und
kleine Hügelgruppen. Auch eigentümliche Lichtstreifen, die von den Wällen
mächtiger Ringgebirge ausgehen, durchziehen diese Ebenen, ohne aber durch
irgend eine Spur einer Bodenerhöhung die Ursache ihres Lichtglanzes anzu=
deuten. Man hat in diesen Meeren, gegen welche die Mondgebirge bisweilen
ziemlich schroff abstürzen, die Reste einer uralten Oberfläche des Mondes zu
erblicken geglaubt, welche später durch innere Gewalten zertrümmert und zum
großen Teile von heraufbrechenden helleren Massen überdeckt wurden.

Aber wir müssen noch weiter in der Zerlegung unsrer Mondlandschaft vor=
gehen. Die Verteilung der Unebenheiten ist es nicht allein, welche ihren Charakter
bestimmt, auch die Beleuchtung hat einen Teil daran. Ganz anders erscheint sie
im vollen Lichte der hochstehenden Sonne, ganz anders in den Strahlen der
auf= oder untergehenden. Zur Zeit des Vollmondes sind es jene großen dunklen
Flächen, welche den Haupteindruck bewirken, daneben die von einzelnen Ring=
gebirgen auslaufenden breiten und schmalen Lichtstreifen. Das eigentliche Detail
aber, die Tausende von Hügeln, Bergen und Kratern, die zur Zeit der Mond=
phasen den Beobachter mit Erstaunen erfüllen, sind in dem Anblick des Voll=
mondes des mittäglich erleuchteten Mondes, meist verschwunden. Viele von
ihnen sind nur mit Hilfe von mächtigen Ferngläsern in matten Umrissen zu
sehen, andre erscheinen als helle Lichtflecken oder Lichtknoten, und letztere zeigen
sich auch häufig an Stellen, wo man bei schräger Beleuchtung, wenn alle Höhen
sich durch Schatten verraten, nichts wahrnimmt. Will der Astronom eine Karte
des Mondes zeichnen, so darf er nicht die Zeit des Vollmondes wählen, sondern
muß für jede einzelne Mondgegend den Zeitpunkt abwarten, wo die Sonne nur
eine geringe Höhe über dem Horizonte hat und die höchste Schärfe der Profile
hervortritt. Eine solche Zeit der deutlichsten Sichtbarkeit tritt für jede Mond=
landschaft zweimal innerhalb eines Monats, d. h. eines Tages auf dem Monde
ein, einmal am Mondmorgen, bei zunehmendem, das andre Mal am Mondabend,

Die Erde, vom Monde aus gesehen.

bei abnehmendem Monde, für flache Hügelländer mit dem Sonnenauf= und Untergang selbst, für Hochgebirgsland und Kraterlandschaften bei einer Sonnen= höhe von 3—11 Grad. Nahe an der Lichtgrenze des zu= oder abnehmenden Mondes müssen die Mondlandschaften betrachtet werden, wenn sie gezeichnet werden sollen; denn diese Lichtgrenze bezeichnet die Orte, von denen man auf dem Monde selbst den Auf= oder Untergang der Sonne erblickt. Die langen schwarzen Schatten, welche die Gebirge dann werfen und die sich haarscharf von

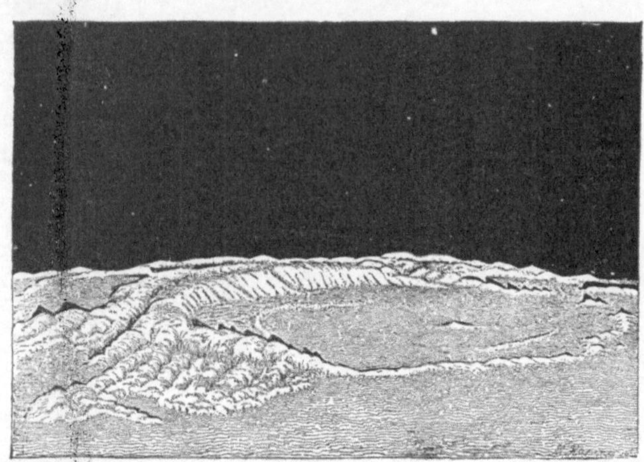

Ein Ringgebirge in der Nähe des Mondrandes von der Erde aus gesehen.

den beleuchteten Flächen abheben, sind es, welche das Profil der Landschaft in überraschender Deutlichkeit erkennen lassen. Die schmalen Goldsäume erleuchteter Wälle rings um die schwarze Nacht der Kratertiefen und Wallebenen, die Sternen gleich mitten aus der Finsternis aufblitzenden Gipfel der Zentralberge, gehören zu den prachtvollsten Szenen des Mondes, welche dem irdischen Beobachter zu schauen vergönnt sind. Mit dem Steigen der Sonne schwindet allmählich diese Pracht; die Schatten an den Bergen und in den Kratern verkürzen sich und zeigen dem Auge neue Gegenstände, die sie bisher verdeckten.

In der Schärfe dieser Schatten ist ein Mittel geboten, uns eine Kunde über das Profil der Mondoberfläche, über die Höhen und Formen ihrer Berge zu verschaffen. Was diese Messung der Höhen von Mondbergen anbelangt, so haben schon die ersten Astronomen, denen es vergönnt war, unsern Trabanten mit Hilfe von Fernrohren zu beobachten, an derartige Messungen gedacht, ja sogar solche ausgeführt. Galilei und Hevelius fanden an der ausgezackten Licht= seite der hellen Mondsichel isolierte glänzende Punkte und erkannten bereits, daß diese nichts andres sein können, als die Spitzen hoher Berge, deren tiefere Teile in Nacht liegen, während die Gipfel von den ersten Sonnenstrahlen erleuchtet werden. Diese Bemerkung führte von selbst auf eine Methode zur Höhenbe= stimmung solcher Berge. Mißt man nämlich mittels des uns bekannten Mikro=

meters den geraden Abstand einer solchen Bergspitze von der Lichtgrenze und
kennt man gleichzeitig, wie es wirklich der Fall ist, den Durchmesser des Mondes,
so kennt man in dem rechtwinkeligen Dreiecke, welches durch die Spitze des zu
messenden Berges, den nächsten Punkt der Lichtgrenze und den Mittelpunkt des
Mondes gebildet wird, zwei Seiten, nämlich den Halbmesser des Mondes und
die Entfernung von der Lichtgrenze, und kann jetzt die dritte Seite, welche gleich
ist dem Halbmesser des Mondes nebst der senkrechten Höhe des Berges, leicht
durch Rechnung oder Konstruktion finden. Subtrahiert man hiervon den Halb=
messer des Mondes, so erhält man die gesuchte Höhe des Berges. Diese Methode
ist die einfachste von allen, auch wurde sie noch von W. Herschel einige Male
benutzt; allein sie gibt weniger genaue Resultate als die Messungen mittels der
Schattenlängen.

Die Höhenmessung von Mondbergen mittels der Schatten erfordert nichts
weiter, als daß die Länge des Schattens und der Abstand des Berges von der
Lichtgrenze gemessen werden; alles übrige muß die Rechnung mit Hilfe der
astronomischen Tafeln tun. Allerdings bleibt diese Höhenbestimmung immer nur
eine relative, weil sie nur den Höhenunterschied zwischen dem Berggipfel und
dem Endpunkte des Schattens umfaßt. Sie ist auch ungenau, wenn der Schatten
nicht gerade auf eine weite Ebene fällt, und setzt zugleich voraus, daß der Berg=
gipfel nicht sehr flach oder kuppelförmig abgerundet ist. Sie ist endlich völlig
unsicher, wenn der Schatten in die Tiefe eines Kraterkessels fällt. Dennoch ist
durch wiederholte Messungen bereits eine außerordentlich sichere Kunde über die
meisten Höhenverhältnisse des Mondes erlangt worden. Bei einzelnen Bergen,
wie bei dem 5024 m hohen Calippus und dem 4761 m hohen Huyghens, be=
trägt die Unsicherheit kaum noch $^1/_{120}$ bis $^1/_{150}$ der ganzen Höhe. Übrigens ist
nicht zu vergessen, daß diese und alle andern Höhenbestimmungen auf dem Monde
nur die Erhebung über die nächste Umgebung, gewissermaßen über den Fuß der
Berge geben können. Denn da es auf dem Monde, wie ich gleich bemerken will,
keine allgemeine Niveaulinie gibt, wie sie uns auf der Erdoberfläche der Spiegel
des Ozeans darbietet, so können sich alle Erhebungen nur auf die nächste Um=
gebung beziehen und sind somit relativ.

Die größte Höhe, welche man bis jetzt auf dem Monde gemessen hat, be=
trägt 8835 m und ist von Schmidt bei einem Hochgipfel auf dem Nordostwalle
des Ringgebirges „Curtius“ gefunden worden. Ein andrer Berg in der Nähe
des Südpols vom Monde ward von demselben Astronomen zu 8633 m gemessen.
Die höchsten Bergerhebungen, die Mädler gefunden, gehören den Gebirgen
„Dörfel“ und „Leibniz“ an; sie erreichen 7410 m Höhe. Mit diesen enormen
Erhebungen korrespondieren die großen Tiefen mancher Kraterbecken; beim Ring=
gebirge „Kopernikus“ beträgt dieselbe 3120, beim „Theophilus“ 3315 m; auch
der Krater des „Aristarch“ reicht 1484 m unter das Niveau der anstoßenden
Ebene. Man sieht hiernach, daß die größten Höhenunterschiede auf dem Monde
bis zu 12025 m, vielleicht sogar weit mehr betragen mögen und immerhin zu
$^1/_{150}$ des Mondhalbmessers angenommen werden können.

Es bedarf keines besondern astronomischen Scharffinnes, um uns eine Eigentümlichkeit in den Oberflächenformen des Mondes entdecken zu laffen, die ihn auf das auffälligfte von unfrer irdifchen Welt unterfcheidet. Das ift die vorherrfchende Kreisform. Während diefe auf der Erde im allgemeinen nur felten, etwa in einigen Infelgruppen der Südfee und bei einzelnen Vulkanen, deutlich ausgeprägt auftritt, fehen wir fie auf dem Monde taufendfach wieder= holt, von den größten Gebirgsformen bis zu den kleinften, kaum teleskopifcher Sehkraft noch zugänglichen Gebilden. Wir fehen hier (S. 98) ein Gefamtbild des Vollmondes, wie es fich in einem fchwach vergrößernden Fernrohr darftellt. Die helleren Partien find vorzugsweife die gebirgigen, die dunklen die ebeneren. Der große Aftronom Kepler glaubte, letztere feien die Analoga unfrer Ozeane, und hielt fie für wirkliche Mondmeere. Heute wiffen wir, wie ich fchon er= wähnte, daß diefe Meinung falfch ift, aber der Name blieb, und man nennt eine folche dunkle Fläche ein Mare. Betrachten wir nun diefe einzelnen Mare genauer, fo werden wir finden, daß fie eine deutliche Tendenz zu kreisförmiger Bildung zeigen. Gegen den Rand der Mondfcheibe hin werden fie uns in= deffen elliptifch erfcheinen, weil der in Wirklichkeit kugelförmige Mond fich in Projektion darftellt und wir fchief gegen diefe Mondgegenden fehen. Ein Kreis, den wir fchräg von der Seite her betrachten, erfcheint ja auch ftets elliptifch. Am deutlichften zeigt fich die Kreisform bei den Ringgebirgen und Kratern des Mondes. Die große Zahl diefer kreisförmigen Vertiefungen und ihre auffallende Regelmäßigkeit fetzte fchon Kepler in Erftaunen. Er kam auf den gewiß fonder= baren Gedanken, diefe kraterförmigen Höhlen feien von den Mondbewohnern abfichtlich gegraben worden, um an ihrem heißen Mittage im Schatten ihrer Wände einen Schutz zu finden vor der 15 volle Erdentage ununterbrochen dauernden Einwirkung der Sonne. Hätte freilich Kepler damals fchon eine Ahnung gehabt von den wahren Durchmeffern diefer Mondkrater, hätte er ge= wußt, daß mancher, nicht einmal von den größten, groß genug ift, um dem Chimborazo, dem Montblanc und dem Pik von Teneriffa zufammen in feiner Höhlung Platz zu gewähren, fo würde er wahrfcheinlich feine Vorftellung von folchen felenitifchen Cyklopenbauten aufgegeben haben.

Was follen wir nun aber zu diefer wunderbaren und fo häufigen und verbreiteten Kreisform der Oberflächengebilde des Mondes fagen? Ift fie keine abfichtliche, d. h. künftliche, fo kann fie doch auch keine bloß zufällige fein. Wir werden daher ihren Urfprung in den Kataftrophen fuchen müffen, welche einft die jetzige Geftalt der Mondfläche bildeten, und welche, in der Urzeit am ge= waltigften, zuerft große Mare und Wallflächen, wie das Mare Crifium und Mare Serenitatis, die Wallebene Käftner und das Mare Humboldtianum fchufen, dann aber, zwar in verkleinertem Maßftabe, aber an Zahl wachfend, jene Hunderte von Ringgebirgen und jene Taufende von Kratern hervorriefen, die manche Gegend des Mondes wie mit Blafen und Perlenfchnüren bedeckt erfcheinen laffen. Da zeigt fich uns die Anlage zur Urgefchichte des Mondes!

Die Maren zeigen alfo fehr häufig eine mehr oder weniger kreisförmige ober doch rundliche Gestalt, außerdem findet man, daß sie oft von Gebirgen umrandet werden, die sie gleich ungeheuren Bollwerken oder Küsten umgeben; endlich liegen die Maren fast immer tiefer als ihre Umgebung, kurz sie machen auf die Mondbeobachter den Eindruck, als seien sie die Betten voreinstiger Mondmeere.

Zu den ältesten Bildungen des Mondes gehören jedenfalls nächst den großen kreisförmigen Maren die sogenannten Wallebenen, wie Plato, Ptolemäus, Grimaldi u. a. Sie messen gewöhnlich zwischen 14 und 30 Meilen im Durchmesser. Ihr oft bis 4000 m ansteigendes Wallgebirge ist stark zerklüftet oder zertrümmert, gewöhnlich terrassenlos und oft so von jüngern Kratern und Schluchten durchbrochen und verwüstet, so daß es nur bei günstiger Beleuchtung als zusammenhängendes Ganzes erscheint. Die innere Wallfläche selbst zeigt sich wenig vertieft, oft sogar beulenförmig aufgetrieben und gleichfalls mit Kratern und kleinen Hügeln bedeckt oder von Rillen durchfurcht. Jüngern Ursprungs dürften schon jene kolossalen Ring= gebirge sein, welche zwar gleichfalls noch in ihren Wällen wie in ihren inneren Flächen gewaltige Zertrüm= merungen und Störungen durch spätere Krater zeigen, die aber zugleich durch die bedeutende Einsenkung der inneren Flächen sich der eigentlichen Kraterform nähern.

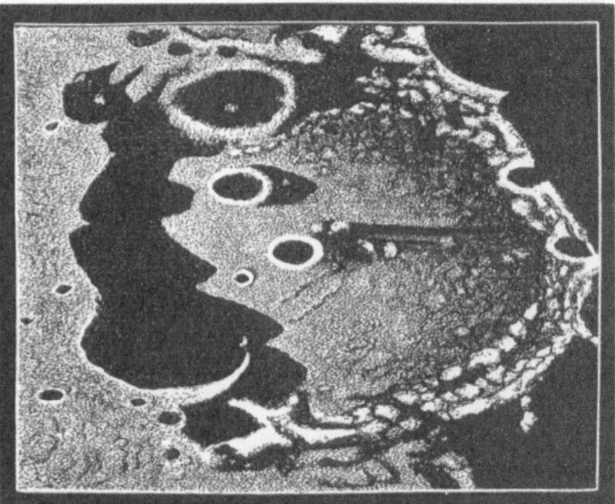

Das Ringgebirge Clavius kurz nach Sonnenaufgang.

Sie haben oft viele Meilen im Durchmesser, wie das schöne Ringgebirge Clavius, und die Gipfel ihres Walles steigen oft zu 5000 m über der inneren Tiefe auf. Ein entschieden jüngeres Alter kommt aber den eigentlichen großen Kratern des Mondes zu. Dafür spricht einerseits die bedeutende Ver= tiefung ihres Innern, anderseits die regelmäßigere Kreisform ihrer mauerartigen Umwallung, die stets in mehrfachen Terrassen gegen die innere Tiefe abfällt, aus der wieder stets ein meist mehrgipfeliges Zentralgebirge aufsteigt. Der Durchmesser dieser kraterartigen Ringgebirge beträgt noch zwischen 5 und 10 Meilen und der Höhenunterschied zwischen dem Walle und der Tiefe oft 4 bis 5000 m. Störungen durch spätere Krater sind bei ihnen nur in verhältnis= mäßig geringem Grade zu erkennen.

Im allgemeinen bilden die kreisförmigen Formationen des Mondes ver= tiefte Becken, die von einem Walle umgeben sind, der nicht selten bis zu 1500, ja bis 2500 m über das umgebende Land aufsteigt. Diese Wälle zeigen sich bisweilen zerklüftet und unterbrochen, gewöhnlich aber an dem obersten Rande äußerst scharf und von einzelnen hohen Gipfeln oder kleinen Buckeln und Zacken gekrönt. Nach außen meist sehr allmählich und mit geringer Neigung in die Ebene verlaufend, stürzen diese Wälle dagegen nach innen meist schroff in die Tiefe. Doch wird diese Schroffheit häufig durch Terrassen gemildert, die, durch enge Talschluchten voneinander getrennt, oben äußerst schmal und steil beginnen, allmählich nach der Tiefe zu breiter, unregelmäßiger, zerklüfteter werden und endlich in kleine Hügelgruppen übergehen, die den Boden der Kratertiefe bedecken, und aus der sich wieder ein Zentralberg erhebt, der jedoch nie die

Innere Ansicht eines Ringgebirges auf dem Monde, nach Nasmyth.

Höhe des äußeren Wallrandes erreicht. Nicht immer ist der Kraterboden ein wirklich vertieftes Becken, oft erscheint er wie aufgetrieben in Gestalt einer Beule, welche den Zentralberg trägt oder mit kleinen Kratern und Hügeln oder noch niedrigeren Bergadern bedeckt ist. In einigen Fällen liegt der innere Boden oder Kessel eines Ringgebirges sogar bedeutend höher als die äußere Umgebung.

Im Vollmonde erblickt man von vielen Ringgebirgen helle Strahlen nach allen Seiten auslaufend. Man kann diese hellen Lichtstreifen schon mit einem gewöhnlichen Taschenfernrohr von der Erde aus erblicken. Sie entsprechen durchaus weder Vertiefungen noch Erhöhungen, denn sie verschwinden an der Lichtgrenze ohne die geringste Spur eines Schattens und machen sich, wo sie auch auftreten, in Gebirgen, Kratertiefen oder grauen Ebenen, in der Tat nur

Die Mondlandſchaft Clavius-Longomontanus-Tycho. Photographiert auf der Yerkesſternwarte.

bemerkbar durch den Kontrast gegen die Bodenfarbe. Oft verzweigen sie sich oder setzen streckenweise aus; bisweilen erscheinen sie in solcher Fülle und solchem Glanze, selbst im hellen Gebirgslande, daß sie zur Zeit des Vollmondes die großen Kraterformen völlig unkenntlich machen. Sie bedecken dann fast ein Viertel der Mondscheibe, und man gewinnt den Eindruck, als wenn eine helle Masse aus dem Innern jenes Ringgebirges ausgebrochen und nach allen Richtungen weithin abgeflossen sei. Die Breite der hellen Strahlen ist außerordentlich verschieden, sie wechselt zwischen 1½ und 30 km. Ihre Ausbreitung ist weder durch Gebirge noch durch Täler begrenzt, vielmehr ziehen sie ohne Rücksicht auf die Bodengestaltung über weite Flächen des Mondes fort und ändern meist ihr Aussehen und ihre Richtung nicht wesentlich, wenn sie ein Hochgebirge durchsetzen oder durch eine ebene Fläche laufen. Bisweilen vereinigen sich mehrere feinere Strahlen und bilden eine Art Lichtknoten, einen hellen Fleck, der aber keinen Schatten wirft.

Die wissenschaftliche Deutung der hellen Streifen des Mondes ist mit außerordentlichen Schwierigkeiten verknüpft, oder vielmehr wir wissen noch gar nichts darüber.

Die jüngsten in der Reihe der ringförmigen Gebilde des Mondes sind jene kleinen Krater, deren Zahl man auf mehr als 50 000 schätzt. Sie haben überall durchbrochen, was die älteren Katastrophen ungestört ließen; sie bedecken die Wälle und Zentralberge älterer Ringgebirge wie ihre Terrassen und Kratergründe. In den Ebenen liegen sie oft so nahe bei einander und namentlich bisweilen perlschnurartig in langen Reihen geordnet, als wären sie auf einer gemeinsamen Spalte ausgebrochen.

So zeigen sich zwischen dem Kopernikus und Eratosthenes auf einer Strecke von kaum 15 Meilen ungefähr 300 kleine Krater, oft kaum 50 bis 150 m hoch, die mit ihren ineinander geflossenen Krateröffnungen fast eine schmale Talschlucht bilden. Westlich von dieser Gegend liegt ein altes Ringgebirge mit sehr niedrigem Walle, das den Namen Stadius erhalten hat. Das Innere desselben zeigt eine Menge kleiner Krater, deren mehrere schon von Mädler gesehen wurden. Wenn die Sonne über dieser Fläche aufgeht, kann man bisweilen erkennen, daß diese Krater alle auf kleinen, steilen Kegelbergen sitzen, die schmale, spitze Schatten hinter sich werfen. Dann gewinnt diese Gegend das Ansehen eines Waldes von Stacheln. Am nächsten Tage indessen, wenn die Sonne höher gestiegen und die Schatten kürzer geworden sind, ist von diesen Stacheln keine Spur mehr zu sehen.

Als eng mit den Kraterbildungen des Mondes verknüpft muß ich noch jene wunderbaren Erscheinungen bezeichnen, die man Rillen genannt hat. Es sind lange, schmale Furchen, grabenartige Vertiefungen, die an ihren Rändern zu beiden Seiten meist wallartig erhöht, bei einer Breite von 200—4000 m und einer Tiefe von 100—400 m oft 4—20 Meilen weit sich erstrecken. Man ist schon auf den ersten Blick versucht, sie für Risse zu halten, die sich etwa durch schnelle Erkaltung des zeitweise stark erhitzten Bodens gebildet haben könnten.

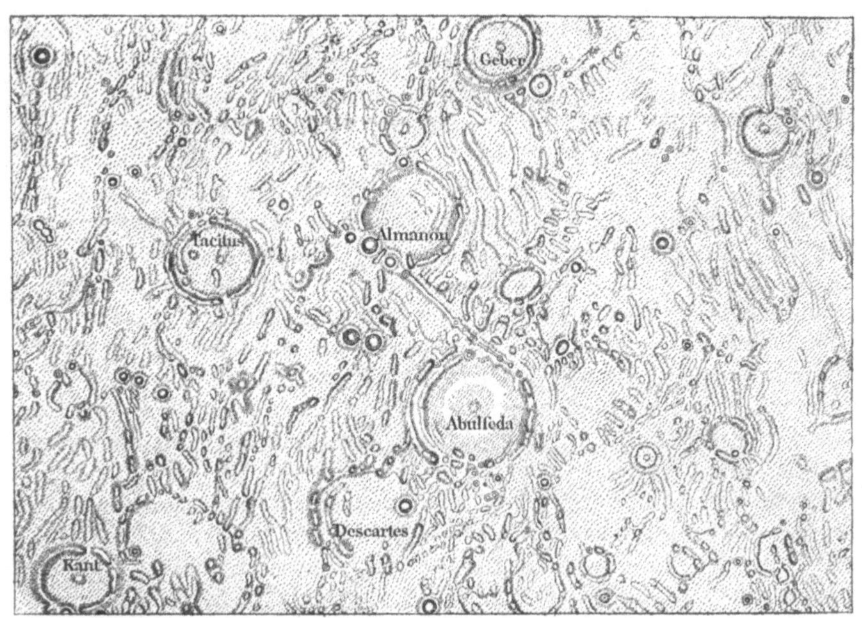

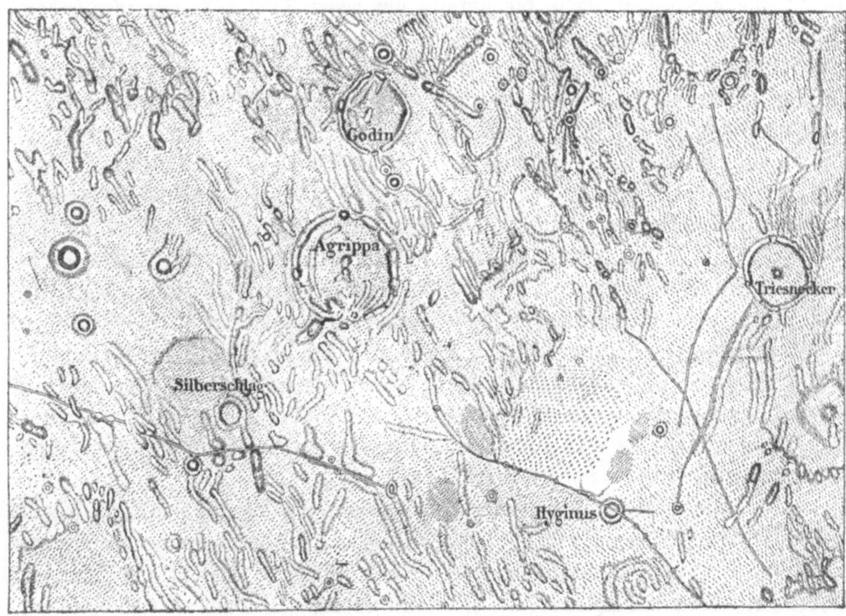

Rillen des Abulfeda (oben), des Hyginus (unten).

Mädler und selbst auch Schmidt halten sie dagegen für verwandt mit den kleinen Kratern. Mädler schloß aus seiner Beobachtung, daß einzelne Rillen nicht allein die Wälle mancher kleiner Krater durchbrochen haben, sondern daß sie selbst oft geradezu als das Resultat zahlreicher, nebeneinander liegender, in einer gemeinsamen Richtung durchbrochener Krater erscheinen. Wir sehen S. 97 zwei Mondlandschaften, welche durch eigentümliche Rillen ausgezeichnet sind. Diese Karten sind Kopieen der betreffenden Teile in der großen Mondkarte von Mädler. Die erste enthält die Umgebung der Ringgebirge Tacitus, Almanon und Abulfeda. Zwischen diesen beiden letzteren zieht sich nun eine merkwürdige Rille dahin. Sie beginnt an einem gegen 3000 m hohen Bergkopfe im östlichen Teile des Walles von Abulfeda. Zuerst erblickt man zwei Krater, eng verbunden, hierauf fünf andre, durch kurze Stücke der Rille zusammenhängend, deren letzter sehr hell ist und einen hohen Wall besitzt. Nun zieht die Rille 6 Stunden weit ziemlich gleichmäßig fort, worauf ein achter und gleich darauf ein neunter und größter Krater folgt.

Auf der zweiten Karte sieht man eine merkwürdige, von vielen Rillen durchzogene Landschaft des Mondes. Die Rille, welche durch den Krater Hyginus zieht, ist unter allen zuerst entdeckt worden: am 5. Dezember 1788 von Schröter. Schon mit einem zweifüßigen achromatischen Fernrohr ist sie bei günstiger Beleuchtung sichtbar. An ihrem nordöstlichen Ende erscheint sie als ein ziemlich flaches, etwa 2300 m breites Tal, bald aber wird sie beträchtlich enger und schroffer. Sie trifft zunächst auf vier Krater oder vielmehr lokale Erweiterungen, deren zweite gegen 2000 m, die übrigen nur gegen 500 m Durchmesser haben. Den fünften und größten, der den Namen Hyginus erhalten hat, durchsetzt sie mit selbständig erhöhten Rändern, nachdem sie seinen Wall gesprengt hat, und gelangt darauf zu fünf andern Kratern (lokalen Erweiterungen), in deren Nähe auch die bis dahin ganz freie Ebene durch einen an den Rand der Rille tretenden Hügel unterbrochen wird. Am Südende dieses Teiles zeigen sich einige dunkle und ein großer grünlich schimmernder Fleck. Sie endet ziemlich, wie sie begann, und ein flacher, in der Richtung der Rille fortschreitender Hügel setzt ihr die Grenze. Ihre Breite beträgt zwischen 1200 und 1600 m. Mit starken Ferngläsern erkennt man übrigens, daß die Rille neben jenem flachen Hügel fortzieht und sich noch in mehrere Arme spaltet, von denen einer bis in die Vorhöhen des Ringgebirges Agrippa dringt. Wenn man die Rille unter günstigen Beleuchtungsverhältnissen beobachtet, so sieht man die wilde Zerklüftung der fast senkrecht abstürzenden Felswände der Ufer dieser Rille, ja man kann geringe Farbenunterschiede des Gesteins wahrnehmen, wo die Sonnenstrahlen hell genug von den Felsen zurückgeworfen werden.

Die Rille links von Triesnecker ist in kleinen Ferngläsern schwierig zu sehen.

In ihrer Mitte nahe am Fuße des Triesnecker bildet sie eine knieförmige Ecke, und dies ist ihre deutlichste Stelle. Der nördliche Teil ist ein einfacher, schwach gekrümmter Zug, der südliche wellenförmig gekrümmt und ebenso lang als der nördliche. In beide Teile münden andre Rillen ein, ja in größern

Instrumenten erkennt man hier ein äußerst kompliziertes System von großen und kleinen, geraden und geschlängelten Rillen.

Eine merkwürdig geschlängelte Rille findet sich beim Ringgebirge Herodot in der Nähe des Aristarch. Im Vollmonde ist sie als helle Linie unschwer zu erkennen, und auch sobald die Lichtgrenze bei zunehmendem Monde über sie hinweggestrichen ist, genügt schon ein kleines Fernrohr, um die Rille zu sehen. Die geschlängelte Gestalt dieser Rille (Abbildung S. 99) erinnert auf den ersten Blick an unsre Flüsse, auch wird sie gegen das eine Ende ihres Laufes hin breiter, schroffer und tiefer. Dort erblickt man 15 km von ihrem Endpunkte eine kraterförmige Erweiterung der Rille, und letztere hat hier eine Breite von 3000 bis 4000 m. Kurz vor der Mündung in das Becken des Herodot verengert sie sich wieder sehr, und es wird schwierig, sie zu verfolgen.

Was den Rillen eine ganz besondere, wenn auch etwas abenteuerliche Bedeutung verleiht, ist, daß man sie eine Zeitlang unter dem Einfluß einer stark erhitzten Phantasie für Bauwerke der Mondbewohner, etwa für Kanäle, Straßen usw. gehalten hat. Wir sehen, wie sehr man sich zu hüten hat, sein eignes menschliches Bedürfnis auf Wesen zu übertragen, von deren Dasein, geschweige von deren Lebensbedingungen und Lebensweise, man auch nicht die geringste Kenntnis

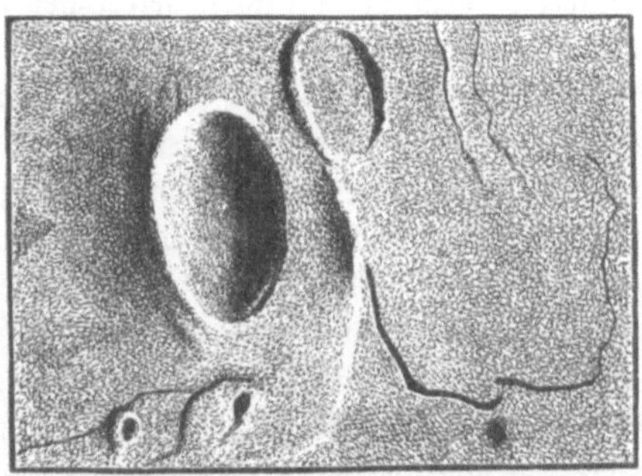

Das Ringgebirge Aristarch, rechts daneben die geschlängelte Rille des Herodot.

hat, wenn man nicht dahin kommen soll, vernünftigen Wesen, wofür man doch die Mondbewohner ausgibt, Torheiten zuzumuten, die selbst auf Erden verlacht werden würden. Was sollen die Mondbewohner mit Kanälen oder Straßen von so kolossalen Dimensionen, die zumal oft schnurgerade über Berg und Tal laufen und wohl gar plötzlich mitten in einer Kratertiefe abbrechen!

Die Rillen scheinen ausschließlich der spätesten Ausbildungsepoche der Mondfläche anzugehören. Nur unter den ihnen verwandten Bildungen mag es einige geben, die einer frühern Epoche ihre Entstehung verdanken, so wahrscheinlich das große Quertal im Hochlande der Alpen und einige Durchbrüche in Gebirgen, die durch ihr geradliniges Abschneiden und ihre schroffen Wände an die Rillen erinnern. Im allgemeinen aber war gewiß der Ausbildungsprozeß sowohl der größeren Ringgebirge als auch der Berge und Krater von mittleren Durchmessern schon beendet, als die Rillen durch rein lokale Ausbruchskräfte entstanden.

Neben den bis jetzt beschriebenen Formationen gibt es auch eine Art von Massen und Kettengebirgen auf dem Monde; aber nicht genug, daß sie nur selten größere Räume umfassen, so darf man sich auch durch die Namen, die man ihnen beigelegt hat, keineswegs verleiten lassen, sie mit den Alpen, Kar

7*

pathen, Pyrenäen, dem Kaukasus oder gar mit den Kordilleren und dem Himalaia der Erde zu vergleichen. Es fehlt ihnen vieles, was wir als wesentlich für den Charakter eines Alpengebirges zu betrachten gewohnt sind und was bei uns die Großartigkeit wie Anmut der Alpennatur bedingt. Es fehlen ihnen die lang= gestreckten Grate und Kämme, welche in unsern Alpen die hohen Berggipfel tragen; es fehlen ihnen die Längstäler, die bei uns gegenwärtig den Lauf der großen Ströme bedingen, und die sich teils gleichzeitig mit der Entstehung des Gebirges bildeten, teils im Laufe der Zeit durch die Gewässer so tief und steil eingeschnitten wurden. Zwar gibt es Gebirge auf dem Monde, die, wie der Apennin, 90000 qkm bedecken und sich zu einer Höhe von 5400 m, ja, wie das südliche Randgebirge Leibniz, bis 8000 m Höhe erheben; aber selbst diese gewaltigen Gebirge erscheinen nur als eine regellose Gruppierung größerer und kleinerer, durch Talschluchten getrennter und vereinzelter Bergmassen, hier und da von mittelgroßen Ringgebirgen und Kratern durchbrochen. Wir können freilich auch Gebirgswände auf dem Monde finden, die sich viele Meilen weit hinziehen, ja wir werden sogar ihren Fuß bisweilen von niedrigen Hügelterrassen umlagert sehen, die uns an jene mächtigen Trümmerhalden erinnern werden, welche unsre irdischen Alpenzüge zu begleiten pflegen und die von den auf= gerichteten und zerbrochenen Schichten herrühren, die von den Gebirgsmassen zurückgedrängt wurden und an ihren Fuß niederrollten. Aber nirgends zeigen diese Bergzüge den Charakter einer dachförmig nach beiden Seiten abfallenden Mauer, wie die Grate unsrer Alpenzüge sind. Vereinzelung ist der ausgesprochene Charakter auch in den Massengebirgen des Mondes. Es liegt darin eine gewisse Ursprünglichkeit; es ist, als ob wir auf dem Monde häufig noch die Urformen der Gebirge sähen, die auf der Erde bereits durch eine vieltausendjährige Ge= schichte entstellt und verhüllt wurden.

Der Charakter der Isoliertheit erhält auf dem Monde noch einen besondern Ausdruck durch die einzelnen hellglänzenden Berge, die sich zahlreich, oft in kleine Gruppen vereinigt, aus seinen Ebenen erheben. Sie steigen ohne merkliche Ver= bindung mit andern Erhebungen hell aus dem dunklen Grau der Ebenen auf, und nur wenige erreichen eine Höhe von 1600—1900 m. Aber diese Höhe genügt bei der geringen Breite ihres Fußes, ihren Schatten eine außerordentlich lange und spitze Form zu verleihen, und man hat darum sehr viele von ihnen mit dem Namen von Piks bezeichnet. Aus diesen Schatten und diesen Namen darf man aber dennoch nicht auf ihre sehr imposanten Gestalten schließen. Keiner von ihnen erinnert in seinem wirklichen Profil an unsre steilen Alpen= gipfel. Dagegen bieten diese isolierten Bergmassive dem Beobachter am Fernrohre einen überaus reizenden Anblick dar, wenn sie bei steigender Sonne allmählich aus der Mondnacht auftauchen und das blendende Licht ihrer Gipfel von bläu= lichem Glanze umstrahlt aus dem tiefen Dunkel hervorblitzt. Besonders hübsch zeigt sich dies bei dem Berge Piko, der sich mehr als 1000 m hoch über seine ziemlich flache Umgebung erhebt, sowie bei dem westlich davon liegenden Berge Kirch A, den Hevelius Mons Christi nannte.

Von eigentümlichem Interesse erscheinen auf dem Monde gewisse niedrige Bergadern, die oft 100—500 km lang bei einer Höhe von 150—200, selten von mehr als 300 m in vielfachen Krümmungen und Verzweigungen die grauen Ebenen durchziehen und bisweilen ganz erfüllen, bald in Kratern endend, bald sich unmerklich in der Ebene verlierend. Oft erscheinen sie nur als schwache Faltungen am Rande beulenförmiger Auftreibungen, bisweilen als strahlenförmige Aus= läufer eines Kraters. Dann treten sie wieder als langgestreckte, stufenförmige Absätze oder als gerade steile Mauern mitten in den Maren auf, und ihr Rücken ist mit kleinen, wenige Meter hohen Erhebungen besetzt. Daß sie oder ihre Schatten uns überhaupt bei ihrer geringen Erhebung noch sichtbar werden, liegt nur an der Länge ihrer Erstreckung und ihrer Breite, da ein Fernrohr uns Gegenstände von so geringen Höhen durchaus nicht wahrnehmen läßt, in dem Falle, daß ihre Breite nicht zu gleicher Zeit eine sehr bedeutende ist.

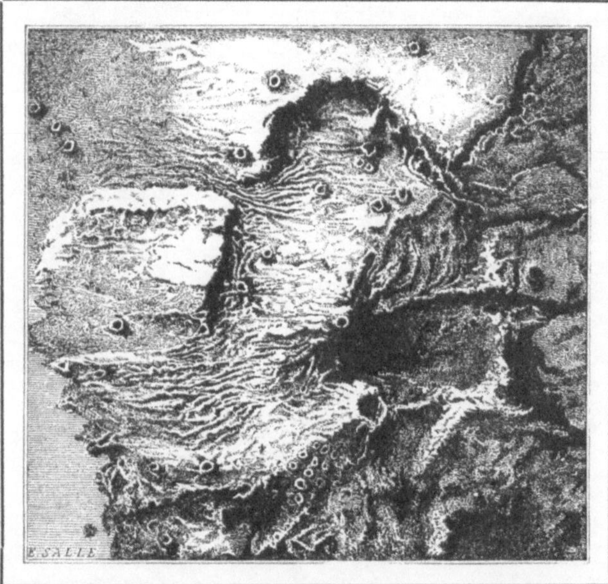

Der Pik von Teneriffa und seine Umgebung, nach Piazzi Smyth.

Wollen wir uns aus dem, was ich jetzt von den Oberflächenformen des Mondes gezeigt und erzählt habe, ein Gesamtbild zusammensetzen, so wird es etwa der Vorstellung entsprechen, die wir uns von der Oberfläche unsrer Erde in ihrem ältesten Urzustande machen müssen. Denn gegenwärtig gibt es nur sehr wenig irdische Regionen — und zwar ausschließlich nur vulkanische — welche mit einer Mondlandschaft Ähnlichkeit haben. Eine solche ist z. B. die Umgebung des Pik von Teneriffa, von der ich dem Leser eine Ansicht aus der Vogelperspektive, nach Piazzi Smyth, hier vorführen will. Wenn wir aber nur in den jüngsten Gebilden unsrer Erde, den vulkanischen, eine Anknüpfung

für die Gebirgsformen des Mondes finden konnten, so dürfen wir nicht ver=
gessen, daß der Zeitraum, den wir in der vulkanischen Geschichte der Erde
zurückgehen können, nichts ist im Vergleich zu dem Zeitraum, der sich beim
Monde zurückverfolgen läßt, weil der Ozean hier fehlt mit all den tausend
Veränderungen des bewegten, rinnenden Wassers.

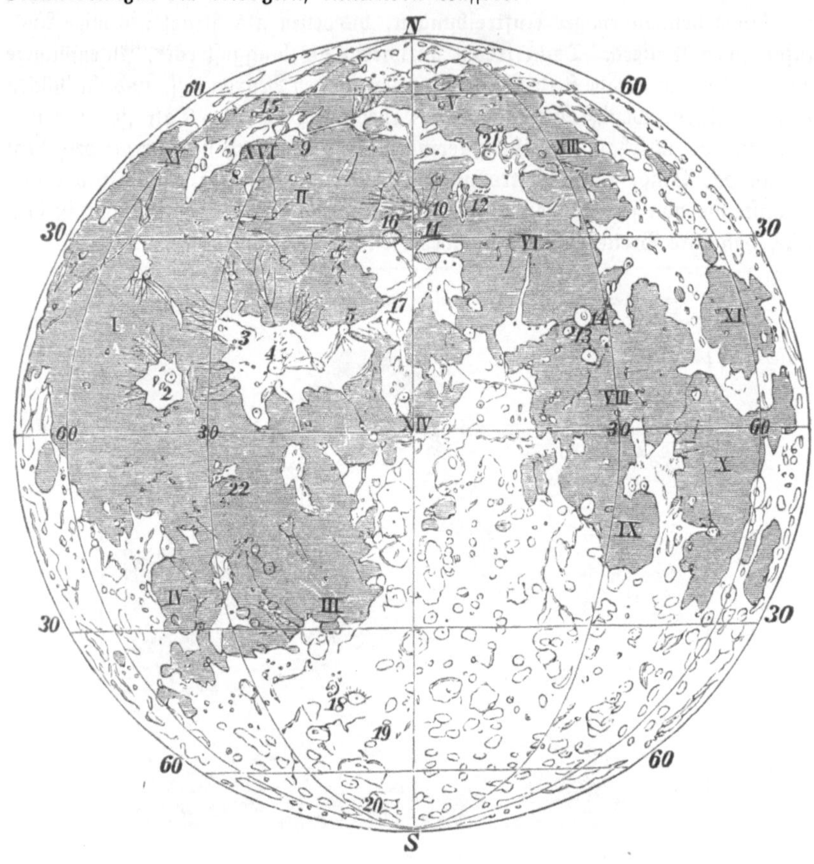

Karte des Mondes.

(Die römischen Ziffern bedeuten die Mare, die deutschen Ziffern die Ringgebirge und Krater.)

II Mare imbrium, III M. nubium, IV M. humorum, VI M. serenitatis, VIII M. tranquillitatis,
IX M. crisium, X M. foecunditatis, XI M. nectaris.

2. Ringgebirge Kepler, 3. Mayer, 4. Kopernikus, 5. Eratosthenes, 9. Condamine, 10. Aristillus,
11. Autolicus, 12. Cassini, 13. Plinius, 15. Pythagoras, 16. Archimedes, 17. Huyghens, 18. Tycho,
19. Maginus, 20. Newton, 21. Aristoteles, 22. Euklides.

Es dürfte hier der Ort sein, eine kurze Übersicht der Versuche zur Aus=
führung von Karten der Mondoberfläche zu geben. Schon Galilei faßte den
Plan zu einer Mondkarte, aber das was er zustande brachte, war nur eine
sehr rohe Abbildung. Weit vorzüglicher war die Mondkarte die Hevel zeichnete
und die im Jahre 1647 erschien. Noch genauer war die Mondarbeit von

Dominikus Cassini, indem bei derselben die Lage einiger Flecken durch wirkliche Messungen bestimmt wurden. Alle diese Arbeiten wurden indes weit in den Schatten gestellt durch die Mondkarte, welche Tobias Mayer in Göttingen entwarf und welche ausschließlich auf genauen mikrometrischen Messungen beruhte. Sie erschien im Jahre 1775 und blieb länger als ein halbes Jahrhundert die einzige Generalkarte des Mondes, welche wirkliche Brauchbarkeit besaß. Die Beobachtungen der Mondoberfläche, welche W. Herschel und H. Schröter mittels ihrer großen Teleskope angestellt, haben für eine genauere Darstellung der Oberflächenverhältnisse unsres Trabanten wenig Bedeutendes ergeben. Es war vielmehr dem Oberinspektor des mathematischen Salons in Dresden, W. G. Lohrmann, vorbehalten, die erste größere und auf wissenschaftlichen Prinzipien beruhende Mondkarte nach eignen Beobachtungen zu entwerfen. Im Jahre 1824 gab Lohrmann die erste Abteilung seines Werkes „Topographie der sichtbaren Oberfläche des Mondes" mit vier Sektionen heraus. Der treffliche Beobachter starb 1840, ohne die geplante Herausgabe sämtlicher Sektionen zu erleben. Doch war es ihm vergönnt, seine Arbeiten in einer kleinen Mondkarte, die nach jeder Richtung hin als ein Musterwerk bezeichnet werden muß, zu publizieren. Diese kleine Mondkarte enthält alles, was Lohrmann überhaupt auf dem Monde gemessen und verzeichnet hat, und seine große, später von J. Schmidt herausgegebene Karte stellt nur eine Erweiterung jener Karte dar, ohne mehr Details zu enthalten. Wenige Jahre nach Lohrmann und unabhängig von diesem unternahmen J. H. Mädler und W. Beer in Berlin die Herstellung einer großen Mondkarte von 1 m Durchmesser und eine genaue Beschreibung der Mondoberfläche. Diese Arbeit war im August 1836 vollendet und ist in jeder Beziehung mustergültig zu nennen, wie besonders aus der Vergleichung der Karte mit den photographischen Aufnahmen des Mondes hervorgeht.

Im Jahre 1839 begann Julius Schmidt seine Beobachtungen der Mondoberfläche. Die ersten Jahre galten der Vorbereitung und Übung, dann begannen die Detailaufnahmen, welche im ganzen etwa 2000 Originalzeichnungen zu einer Karte von za. 2 m Durchmesser lieferten. Diese Karte besteht aus 25 Tafeln mit kurzem Texte. Auf der Karte selbst erscheinen nur Ziffern und Buchstaben, außerdem keinerlei Schrift, so daß man die Nomenklatur bloß im Texte findet. Um von der Reichhaltigkeit dieser Karte einen Begriff zu erhalten, genügt die Bemerkung, daß das Detail etwa sechs- bis siebenmal zahlreicher als bei Lohrmann und Mädler ist und daß, während diese etwa 5000 Ring- und Kraterformen verzeichnen, die Schmidtsche Karte deren 35000 enthält. Die Zahl der Adern, Hügel und Berge ist unbekannt. Wer selbst den Mond jahrelang beobachtet hat und mit den Schwierigkeiten, welche die genaue Kartierung seiner Oberfläche darbietet, vertraut ist, kann nur seine höchste Bewunderung dem Riesenwerke zollen, welches J. Schmidt über die Mondoberfläche geliefert hat. Eine neue Aera für die Mondaufnahme trat mit der Vervollkommnung der Photographie ein. Schon Warren de la Rue hatte vor vielen Jahrzehnten vortreffliche Mondphotographien erhalten (vgl. die Reproduktion einer solchen S. 104), allein sie waren im Durchmesser zu klein, um feineres Detail zu zeigen. Später gelang es, an dem großen Lick=Refraktor größere Darstellungen zu erhalten, und diese wurden wiederum von solchen, welche die Pariser Sternwarte lieferte, übertroffen. Letztere hat dann das große Unternehmen eines vollständigen photo= graphischen Spezialatlasses der Mondoberfläche begonnen und beinahe völlig durchgeführt. Eine kleinere, aber vortreffliche photographische Mondkarte hat

Der Mond im ersten Viertel, nach einer Photographie von Warren de la Rue.

Prof. William Pickering zustande gebracht. Diese Karten bieten jetzt eine aus= gezeichnete Unterlage, um das kleinste an großen Fernrohren sichtbare Detail der Mondoberfläche darin einzuzeichnen.

Wir werden fragen: „Kommen auf dem Monde auch gegenwärtig noch Veränderungen seiner Oberfläche vor?" Um eine Veränderung als solche konstatieren zu können, muß man offenbar den gegenwärtigen Zustand mit demjenigen einer frühern Zeit vergleichen können. Bezüglich einer Mondgegend

kann man also nur dann Veränderungen erkennen, wenn man weiß, wie die=
selbe Gegend früher ausgesehen hat. Alles kommt also darauf an, daß man
aus möglichst früher Zeit genaue Karten des Mondes besitzt. Leider sind wir
gegenwärtig in dieser Beziehung sehr übel daran. Die Anfertigung einer zu=
verlässigen Mondkarte ist, wie wir aus
dem Vorstehenden wissen, eine außer=
ordentlich mühevolle und langwierige Ar=
beit und überhaupt erst in neuester Zeit
ausgeführt worden. Trotzdem ist es ge=
lungen, in einigen Fällen nachzuweisen,
daß die Mondoberfläche noch heute ge=
wissen Veränderungen unterliegt.

    Im Oktober 1866 gelang es
Schmidt in Athen zu konstatieren, daß
der Mondkrater Linné im Mare serenitatis seine frühere Gestalt wesentlich ver=
ändert hat.

    Zur Zeit der Arbeiten Lohr=

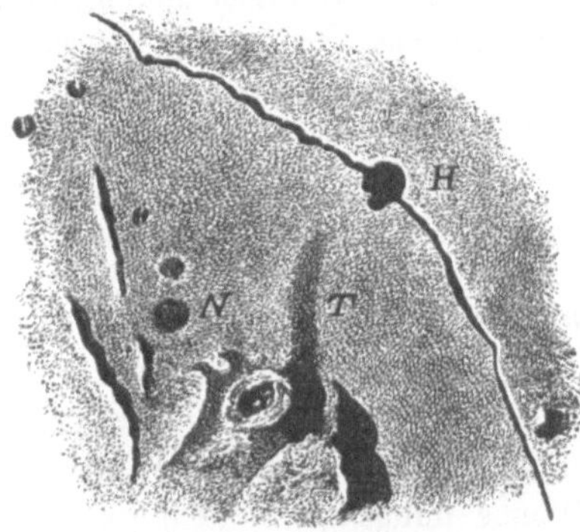

Die Umgebung von Hyginus N. am
24. Mai 1882.

manns und Mädlers (1822 bis 1832) war Linné ein über 10 000 m breiter
und tiefer Krater, als solcher deutlich sichtbar, wenn er in der Nähe der Licht=
grenze lag und die Wände des Walles ihre schwarzen Schatten ins Innere
warfen. Seit dem 16. Oktober 1866
konnte aber Schmidt diese Krater=
gestalt zur Zeit schräger Beleuch=
tung nicht mehr wahrnehmen.

    Es war, als wenn der Krater
durch Eruptionsprodukte ausge=
füllt worden sei und diese über
den Rand ausgeflossen wären und
den äußern Abhang mit allmäh=
licher Neigung ausgefüllt hätten.
Dann hört natürlich aller Schatten=
wurf nach innen und außen auf,
und der Berg erscheint als heller
Lichtfleck, wie man deren viele in
den verschiedensten Regionen des
Mondes findet. Im Jahre 1867
zeigte sich Linné in der Nähe der
Lichtgrenze als heller, Schatten

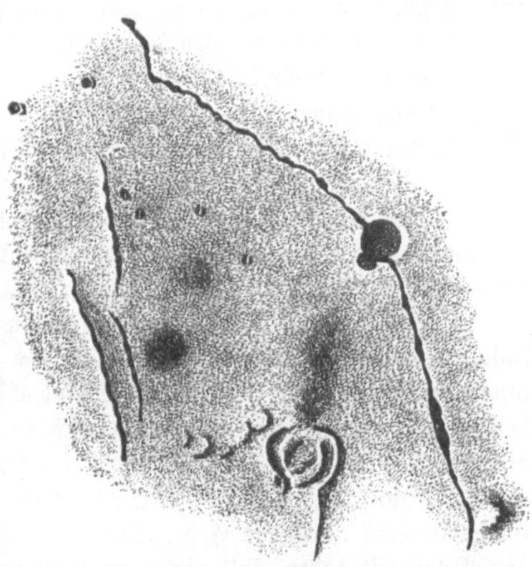

Die Umgebung von Hyginus N. am 25. Mai 1882.

werfender Hügel von etwa 1000 m Durchmesser und 150 bis 200 m Höhe.
ein Krater von etwa 600 m Durchmesser war unter günstigen Umständen sicht=
bar. Seitdem scheinen die Veränderungen am Linné einen vorläufigen Abschluß
damit gefunden zu haben, daß der Berg wieder einen etwa 600 m im Durch=

meſſer haltenden Krater zeigt. Die beim Krater Linné ſtattgehabte Veränderung
iſt nicht die einzige, welche man hat konſtatieren können. Nordweſtlich von dem
Krater Hyginus in einer welligen, ſonſt flachen Ebene, welche nur einige kleine
Krater mit ziemlich ſteilen Wällen enthält, zeigt ſich gegenwärtig ein walllofer,
kreisrunder, tiefer Kraterſchlund, den keiner der früheren Mondbeobachter, weder
Schröter, noch Gruithuiſen, Lohrmann, Mädler, Schmidt oder Neiſon, vor dem
Jahre 1877 jemals geſehen haben. Auch mir war der Krater unbekannt, obgleich
ich dieſe Mondgegend häufig beobachtet hatte; erſt am 19. Mai 1877 ſtellte er
ſich als ſchattenerfüllter, kreisrunder Schlund dar, der an Augenfälligkeit alle
benachbarten kleinen Krater weit übertraf. Das neue Objekt hat die Bezeichnung
Hyginus N erhalten. Gegen Süden hin erſtreckt ſich von demſelben eine ſeichte
Vertiefung, die einen zweiten aber ſehr kleinen Krater trägt. Dieſer letztere iſt
ſeit 1881 entſchieden viel deutlicher geworden, oder vielmehr es zeigt ſich an
ſeinem Orte ein runder, dunkler Fleck, der 1877 in dieſer Größe noch nicht
vorhanden war. Es hat offenbar hier eine großartige Neubildung auf dem
Monde ſtattgefunden, doch ſind weder Dampf= noch Lichterſcheinungen dabei
wahrgenommen worden. Man ſieht dieſe Gegend des Mondes am beſten bei
zunehmendem Monde kurz vor dem erſten Viertel, und ſie bleibt gut ſichtbar,
bis die Lichtgrenze über das Ringgebirge Triesnecker fortgeſchritten iſt. Öſtlich
von N erſtreckt ſich ein großes Tal, das von einem ſchneckenförmig gewundenen
Berge ſüdwärts ausläuft, in der Richtung zu dem Krater Hyginus hin abflacht
und verſchwindet. Auch dieſes Tal findet ſich bei keinem früheren Mond=
beobachter, und dieſelben Gründe, welche für eine Neubildung von N ſprechen,
finden ſich auch dafür, daß jenes Tal in der jüngſten Zeit eine bedeutende
Umgeſtaltung erlitten hat. Seite 109 findet ſich eine Zeichnung der betreffenden
Gegend, wie ſich dieſelbe am 24. Mai 1882 abends darſtellte. H iſt der Krater
Hyginus, der von der gleichnamigen Rille durchzogen wird, N der neue Krater
und ſein ſüdlicher Nebenkrater, T das erwähnte Tal. Die Figur iſt ſo orientiert,
wie die Landſchaft im aſtronomiſchen (umkehrenden) Fernrohr erſcheint, nämlich
oben Süd, unten Nord, rechts Oſt und links Weſt.

So mehren ſich alſo mit der genaueren Kenntnis der Mondoberfläche die
Fälle, in denen ſich auch noch heute vor ſich gehende Veränderungen derſelben
offenbaren; der Mond iſt keineswegs eine abſolut tote Einöde, wenngleich ſeine
heutige Entwickelungsphaſe im Vergleich zu den Zuſtänden auf unſerer Erde
als ein Zuſtand der Starre mit Recht bezeichnet werden darf.

Iſt nun, werden wir fragen, der Mond unbewohnt, und ſoll er es in alle
Ewigkeit ſein? Soll die Erde allein unter den Millionen Welten den Vorzug
der Belebtheit haben, ſoll rings im unermeßlichen Ozeane tote Einöde ſein?
Entſcheiden läßt ſich darüber nichts. Wenn ſich aber das Leben des Mondes
zur Schöpfung verkörperter Gedanken, tieriſcher, menſchenähnlicher Weſen er=
heben oder erhoben haben ſollte, ſo lehrt die Wiſſenſchaft uns wenigſtens ge=
wiſſe Bedingungen für ihre Naturbeſchaffenheit erraten. Denn die Geſetze, denen
das Leben unſrer Erde gehorcht, müſſen nicht minder für andre Welten gelten,

mag auch diese Wesenseinheit nicht die Mannigfaltigkeit in den Formen aus=
schließen. Schon in unsrer irdischen Tierwelt sehen wir ja diese Einheit sich in
der mannigfachsten Gestaltung entfalten. Wie verschieden sind nicht die Atmungs=
und Bewegungsorgane! Da sehen wir Lungen, Kiemen und Tracheen, Arme,
Füße, Flügel und Flossen, je nach der Natur des Elements, in welchem die
Tiere atmen und sich bewegen. So mag es denn gestattet sein, nach den ewigen
Naturgesetzen aus den bereits erkannten Naturbedingungen hypothetische Schlüsse
auf die Lebensformen der Bewohner jener Welten zu ziehen, vorausgesetzt, daß
solche überhaupt existieren. Auf dieses Recht gestützt will ich es nun versuchen,
für den Leser aus Klima, Boden und Landschaft ein annäherndes Bild von den
Lebensverhältnissen der Mondwelt zusammenzusetzen.

Ich muß zuerst darauf aufmerk=
sam machen, daß auf der Oberfläche
des Mondes die Schwere weit geringer
ist als auf der Erde. Wir würden
dort ohne sonderliche Anstrengung über
Berge und durch tiefe Täler wandern
können; alle unsre Bewegungen würden
uns das Gefühl einer ungemeinen
Leichtigkeit geben. Da nämlich die
Masse des Mondes nur etwa $\frac{1}{80}$,
sein Durchmesser nur $\frac{4}{15}$ im Verhält=
nis zu unsrer Erde beträgt, die Schwere
aber nach einem bekannten Naturgesetz
im geraden Verhältnis der Massen und
im umgekehrten der Quadrate der Halb=
messer abnimmt, so ist die Schwere auf
dem Monde ungefähr sechsmal geringer
als auf der Erde. Mit derselben Kraft=
anstrengung also, mit der wir hier
8—9 Kilogramm heben, würden wir

dort einen Zentner in Bewegung setzen können; mit derselben Kraft, mit der wir hier
einen Stein 16 m hoch werfen, könnten wir ihn dort 96 m hoch schleudern. Uneben=
heiten des Bodens würden also einem in unsrer Weise organisierten Mondbewohner
dort kaum Schwierigkeiten bereiten. Schnell vermöchte er über Hügel hinzu=
gleiten, die uns auf Erden riesige Wegebauten abnötigen würden. Wir sehen,
wie wenig man an dieses Verhältnis der Schwere gedacht hat, als man sich
abmühte, den Mond in einer Weise zu bevölkern und zu bebauen, daß er von
unsrer Erde kaum noch zu unterscheiden war.

Wir wollen uns nun aber auch nach den beiden wichtigsten irdischen Lebens=
elementen, Luft und Wasser, umschauen. Damit ist es dort oben schlecht bestellt.
Die Wissenschaft muß durch alle Resultate ihrer bisherigen Forschung jeden
Glauben an ein Dasein von Luft und Wasser, wie wir es von der Erde her

kennen, für den Mond verbieten. Jede Luftart gibt sich dadurch zu erkennen, daß sie den hindurchgehenden Lichtstrahl ablenkt und schwächt. Die Atmosphäre des Mondes zeigt nicht das Geringste von beidem. Die Landschaften des Randes erscheinen mit derselben Deutlichkeit wie die der Mitte, und ein Stern zeigt bei seinem Eintritte in den Mondrand so wenig wie bei seinem Austritte eine Schwächung, Verzögerung oder Ablenkung seines Lichts. Auch der Wasserdampf müßte sich durch Strahlenbrechung verraten, wenn er in jener Atmosphäre aufgelöst, oder wenn die Mondfläche mit Wasser bedeckt wäre, das seine Eigenschaft, zu verdunsten, dort doch auch nicht verleugnen könnte. Man hat alles aufgeboten, dem Monde seine Atmosphäre zu retten. Man hat darauf hingewiesen, daß eine sehr dünne Luftschicht, selbst von tausend Meter Höhe, in ihren Wirkungen kaum für unsre Fernrohre bemerklich werden könne. Man hat, namentlich seit Hansen in Gotha nachgewiesen, daß der Schwerpunkt des Mondes nicht mit seinem Mittelpunkt zusammenfalle, daß die uns zugewandte Mondhälfte vielmehr bedeutend schwerer sei als die uns abgewandte, auf der letzteren der Mondatmosphäre eine Zuflucht angewiesen. Man hat gesagt, die uns zugewandte Mondscheibe sei gleichsam nur als ein bedeutend hohes Gebirgsplateau zu betrachten, das über die eigentliche Atmosphäre hinausrage, während die andre Hälfte alle Niederungen, alles Wasser, alle Luft und darum alles organische Leben umfasse. Wollen wir nun kraft der unantastbaren Rechte unsrer Phantasie Luft und Wasser des Mondes auf jenes abgewandte Jenseits verweisen, wollen wir dort von paradiesischen Gefilden, rieselnden Bächen und milden Zephyren träumen, so kann ich nichts dawider haben, außer daß der geringe Teil dieser Fläche, der uns infolge der Libration sichtbar wird, und der etwa $\frac{1}{7}$ dieser Fläche beträgt, nichts von einem solchen jenseitigen Luftreich verraten hat. Wollen wir das aber nicht, so bleibt uns nur übrig, mit den meisten Astronomen eine Mondatmosphäre von so ätherischer Feinheit anzunehmen, daß in der Entfernung von 50000 Meilen ihre Spuren nicht zu entdecken sind. Die sorgfältigen Beobachtungen Bessels ergaben als äußerste Grenze der Möglichkeit eine Mondluft von fast 300 mal geringerer Dichtigkeit als unsre atmosphärische Luft. Ich will versuchen, den Weg klar zu machen, auf welchem Bessel zu diesem interessanten Resultate gelangt ist.

Wie ich schon oben bemerkte, lenkt jedes Gas den schief hindurchgehenden Lichtstrahl von seiner geraden Linie ab. Bei unsrer Atmosphäre findet dies ebenfalls statt. Infolge der durch sie verursachten Lichtbrechung oder Refraktion erscheint uns die Sonne schon über dem Horizonte, wenn sie in der Tat um ein Geringes unter demselben ist. Die Lufthülle beschleunigt also den Sonnenaufgang und verzögert den Sonnenuntergang, mit andern Worten: sie verlängert um einige Minuten den Tag und verkürzt um ebensoviel die Nacht. Wenden wir uns jetzt zum Monde. Wie wir wissen, bewegt sich derselbe am Himmel unter den Sternen fort, und es kommt dabei von Zeit zu Zeit vor, daß er den einen oder andern Stern für unser Auge verdeckt. Nehmen wir nun an, der Mittelpunkt der Mondscheibe gehe genau über einen Stern weg. Es findet dann eine sogenannte zentrale Bedeckung dieses Sternes statt, und wir werden ohne Schwierigkeit begreifen, daß der Stern für den Anblick von der Erde aus so viele Zeitsekunden lang unsichtbar bleiben muß, als der Mond bedarf, um einen Bogen am Himmel zu durchlaufen, der an Größe seinem eignen Durchmesser gleich ist. Wäre er aber von einer Atmosphäre umgeben, so könnte dies nicht mehr stattfinden, vielmehr würde diese auf den Stern ähnlich wirken wie unsre Lufthülle. Der Stern würde infolge der Refraktion noch sichtbar sein, wenn er wirklich schon vom vorangehenden Mondrande bedeckt worden, und er würde bereits wieder hinter dem Mondrande aufzutauchen scheinen, wenn er in Wirklichkeit noch davon bedeckt wäre. Die Dauer der Bedeckung muß hiernach durch die Mondatmosphäre abgekürzt werden. Bessel hat nun scharfe Beobachtungen der Dauer von Sternbedeckungen durch den Mond angestellt und gefunden, daß sie genau so stattfinden, als wenn keine Lichtbrechung am Mondrande existiert, also auch keine Lufthülle den Mond umgibt. Selbst wenn man alle Umstände in dem der Annahme einer Mondluft günstigsten Sinne in Rechnung bringt, so findet man für deren Dichte doch nur den außerordentlich geringen Wert, den ich vorhin angab. Wir sehen, wie wenig an eine Ähnlichkeit der Naturverhältnisse von Mond und Erde zu denken ist. Ganz andre Leiber müssen jene Mondbewohner tragen, andres Blut muß in ihren Adern fließen, mit andern Lungen müssen sie atmen. Wir wenigstens vermöchten in solcher Welt nicht zu leben!

Könnten wir uns aber schon mit der Luft des Mondes nicht befreunden, so werden wir es noch weniger mit seinem Kalender. Tage und Jahre gibt es dort eigentlich nicht; Tag und Jahr fallen zusammen und währen so lange als unsre Monate, 29 Tage 12 Stunden 44 Minuten. Auch ein Unterschied von Jahreszeiten ist kaum merkbar. Die Tage sind durch den ganzen Verlauf unsres Erdenjahres fast von gleicher Dauer, alle Tage gleich hell, alle Nächte gleich dunkel. Der Mangel einer strahlenbrechenden Atmosphäre raubt die Wohltat der Dämmerung, und nur die Langsamkeit des Sonnen=Auf= und =Untergangs mildert etwas den Übergang vom glänzendsten Tage zur dunkelsten Nacht. Mit Augen gleich den unsrigen würden die Mondbewohner diese scharfen Kontraste von Licht und Schatten nicht ertragen, indem sie jene sanften Übergangsfarben zwischen Schwarz und Weiß, die unsre Welt mit ihrem bunten Spiel verschönen, nicht kennen. Ein schwarzer Himmel, sonnenbeglänzte Höhen, dämmerungsgraue Täler, das wären die Lichtelemente ihrer Landschaft.

Während tiefes Dunkel die Nächte der jenseitigen Mondhälfte bezeichnet, und nur Sterne an der schwarzen Hülle funkeln, die fast 15 Tage lang sich über jener Fläche wölbt, gibt es auf der uns zugewandten Seite keine durchaus finstere Nacht; die Erde erleuchtet sie beständig und mit einem 14mal helleren Lichte, als uns der Mond leuchtet. Wir können dieses Erdlicht in dem schwachen, aschgrauen Dämmerschein des unbeleuchteten Teiles des Mondes vor und nach dem Neumonde erkennen, wie es von der Erde empfangen, vom Monde abermals zur Erde zurückgeworfen wird. Der ganze Himmel bewegt sich den Mond=

bewohnern langsam in $29^1/_2$ Tagen um seine Achse, und nur einmal gehen an
dem langen Tage Sonne und Sterne auf und unter. Nur die Erde steht für
denselben Ort des Mondes fast unverrückt fest an ihrer Stelle. Alle 24 Stunden
50 Minuten wendet sie dem Mondbewohner alle ihre Seiten zu, und mit irdischen
Sehorganen würde er auf der die Mondscheibe 14 mal an Fläche übertreffenden
Erdscheibe nacheinander Meere, Kontinente und Inseln vorüberziehen sehen.
Er würde ihre Helligkeit wechseln sehen mit Land und Meer, mit Jahreszeiten
und Kulturveränderungen, mit Wolken= und Nebelbildungen auf der Erde. So
könnte der Mondbewohner zugleich Uhr und Kalender an der Erde haben.

Auf der uns abgewandten Seite des Mondes erfährt der Bewohner von
unsrer Erde nichts, es müßten ihm denn Reisende von ihr berichten. Dafür
ist diese Seite mit ihren dunklen, fast 15 tägigen Nächten die Sternwarte des
Mondes, die schönste unsres Planetensystems überhaupt. Kein Erdschein, keine
Dämmerung hindert dort die feinsten Beobachtungen; langsam nur verändern
die Sterne ihre Örter, und Wolken und Nebel verhüllen sie nicht.

Aber was helfen uns alle diese Vorzüge? werden wir sagen; es wird uns
unheimlich auf dieser fremden Welt. Die Sonne vermag diese dünne Luft
kaum zu erwärmen, und wenn uns in den Ebenen des Äquators eine 14 tägige
Sonnenhitze ausgedörrt hat, versetzt uns eine 14 tägige Nacht wieder in er=
starrende Kälte. Unsre Augen werden geblendet von diesem dämmerungslosen,
wolkenlosen, farblosen Tage. Wir brauchen Adleraugen, brauchen eine andre
Empfindlichkeit unsrer Nerven für Farben= und Lichttöne. Unser Körper ermüdet,
er ist nicht kräftig, nicht ausdauernd genug gebaut für eine solche Tagearbeit!

Wohlan! So unerträglich, so unheimlich wird diese Fremde, und doch
waren wir nahe daran, uns von unserer Phantasie verleiten zu lassen, daraus
eine Heimat für menschenähnliche Wesen zu schaffen! Verändern wir eine der
Naturbedingungen auf unserer Erde, und unsere Existenz wird uns ebenso ge=
fährdet erscheinen. Denken wir nur, welchen Einfluß allein die Beschaffenheit
der Atmosphäre auf die Körpergestaltung ausübt! Unser Leben ist von der
Sauerstoffmenge abhängig, die wir mit jedem Atemzuge aufnehmen. Auf hohen
Bergen müssen wir schneller atmen, weil die Luft dünner ist. In der dünnen
Mondluft würde eine Atmung uns also nur dann noch möglich erscheinen, wenn
auch das Blut eine langsamere Verbrennung erforderte. Aber damit hängt
noch weit mehr zusammen. In so dünner Luft wird auch das Wachstum der
Pflanzen geringer sein, da ihnen die Nahrungsmittel ja ebenso verdünnt zugeführt
werden. Der Ertrag einer Mondvegetation kann also in gleicher Zeit nur etwa
der dreihundertste Teil von dem der irdischen sein. Da aber die Tierwelt wieder
von der Pflanzenwelt abhängt, so muß auch wegen der geringen Nahrungs=
menge ihre Masse in demselben Verhältnis zu der unserer Tierwelt stehen.
Geben wir also dem Mondbewohner dieselbe Dichtigkeit der Knochen und Mus=
keln, wie wir sie besitzen, so werden wir ihn so verkleinern müssen, daß er
kaum noch die Größe einer Linie, also etwa einer kleinen Ameise behält. Geben
wir ihm wiederum unsere Größe, so wird für seinen Körper kaum noch eine

Dichtigkeit bleiben, welche die unserer Luft etwas überträfe. Aber noch mehr!
Die langen Tage und Nächte des Mondes und die damit verbundenen außer=
ordentlichen Temperaturwechsel werden uns zu der Annahme nötigen, daß die
meisten Pflanzen dort in einem Mondtage oder Mondsommer ihr Wachstum
vollenden. Damit aber möchte wieder ein schneller Verlauf der Lebensprozesse
überhaupt bedingt sein. Wenn aber der Kreislauf des Lebens dort zwölfmal
schneller als auf der Erde erfolgt, so möchte wohl gar das Leben der Individuen
zu kurz werden für eine der irdischen gleiche Entfaltung geistiger Kultur. Mit
jeder veränderten Naturbedingung entfernt sich die Gestaltung der fremden
Lebenswelt mehr und mehr von dem Urbilde, das wir von der Erde mitgebracht
hatten.

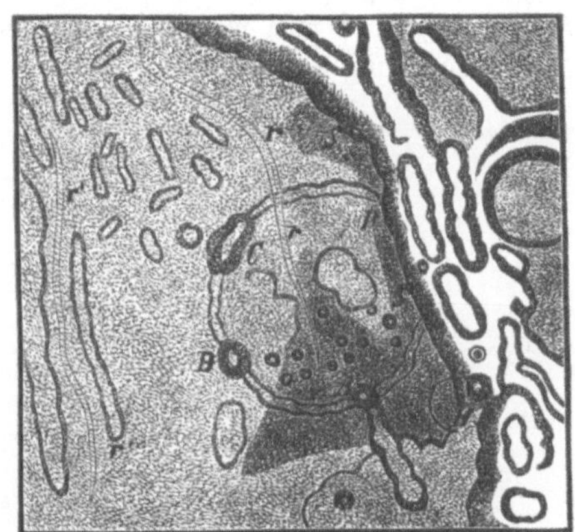

Ringwall und dunkler Fleck im Innern der Wallebene Alphonsus.

Zum Schlusse noch einige Worte über den Einfluß des Mondes auf unsere
Erde. Abgesehen von der Ebbe und Flut unserer Meere, welche, wie wir wissen,
durch die Mondanziehung im Vereine mit der Attraktion der Sonne hervorgerufen
werden, haben geraume Zeit hindurch Zweifel über die etwaige Mondeinwirkung
auf unsern Planeten geherrscht. Während die einen hier ganz beträchtliche
Einflüsse sehen wollten, leugneten andere jede Spur davon. Neuere Forschungen
haben gezeigt, daß hier, wie in vielen andern Fällen die Wahrheit in der Mitte
lag. Gewiß existiert eine Einwirkung des Mondes, und zwar zunächst auf den
Luftdruck, wie er vom Barometer angezeigt wird. Besonders die Untersuchungen
von Sabine und Bergsma haben ergeben, daß in der Atmosphäre eine Art
von Ebbe und Flut stattfindet, welche durch den Mond hervorgerufen wird.
Nach Beobachtungen zu Batavia steigt im Mittel das Barometer eine Stunde
nach dem Mondburchgange durch den Meridian um $7/_{100}$ mm über seinen
durchschnittlichen Stand, sinkt 6 Stunden später $4/_{100}$ mm unter denselben, erhebt
sich nach weiteren 6 Stunden abermals um $5/_{100}$ mm über das Mittel und sinkt
wiederum 6 Stunden später $6/_{100}$ mm unter dasselbe. Wir haben hier eine
deutliche Ebbe und Flut der Atmosphäre, doch allerdings von so geringer

Intensität, daß langjährige feine Beobachtungen dazu gehören, um sie überhaupt wahrzunehmen. Dagegen hat sich der lange behauptete Einfluß der Mond= phasen auf das Wetter nicht bestätigt. Die Mondviertel sind ebenfalls ganz unschuldig an dem Regen oder Schnee, der vielleicht zur Zeit des Eintrittes fällt. Anderseits hat schon im Jahre 1839 Kreil auf einen Zusammenhang zwischen den magnetischen Schwankungen und dem Mondlaufe hingewiesen und 1864 Lamont in München gezeigt, daß im Laufe eines Mondtages zwei Maxima und zwei Minima der Bewegung der Magnetnadel nach sehr nahe gleichen Zwischenzeiten stattfinden. In welcher Weise diese Einwirkung des Mondes zustande kommt, läßt sich gegenwärtig mit Sicherheit nicht sagen. Jeden= falls dürfen wir annehmen, daß zwischen zwei so eng miteinander verbundenen Weltkörpern wie Erde und Mond, noch manche Wechselbeziehung stattfindet, von der wir zur Zeit keine Ahnung haben.

Drittes Kapitel.

Die Sonne.

Von mir kommt Leben und Gewalt,
Gedeihen, Wohltun, Macht;
Und würd' ich finster, ruhig, kalt,
Stürzt' alles in die Nacht.

Zwanzig Millionen Meilen haben wir auf den Wellen des Lichtmeeres durchflogen, vierhundertmal haben wir die Strecke, die den Mond von unserer Erde trennte durchmessen, und vor uns schwebt nun der strahlende Riesenball der Sonne. Aber wer hat es gewagt, einen irdischen Maßstab zu legen an diese ungeheure Wegstrecke, durch die uns wohl der Lichtstrahl in $8^1/_4$ Minuten tragen konnte, die aber zu durcheilen schon der Schall 14 Jahre brauchen würde? So fragen wir verwundert, und in der Tat ist es noch nicht gar zu lange her, daß man eine genaue Kenntnis von dieser Entfernung hat. Pythagoras hielt noch den Abstand der Sonne und der Erde für nicht größer als etwa 16—18000 Meilen, und selbst die größten Astronomen des Altertums, Aristarch von Samos, Hipparch und Ptolemäus, wagten, trotz der scharfsinnigen Messungs= methode des erstern, die Sonne nicht auf mehr als 1146 Halbmesser der Erde zu entfernen. Kepler glaubte diese Schätzung des Sonnenabstandes verdreifachen zu müssen, aber ohne doch einen eigentlichen Grund für seine Annahme zu haben. Im Jahre 1769 wurde das erste sichere Resultat gewonnen. Dies Resultat, das wir einem der wichtigsten und seltensten Ereignisse des Himmels und den vereinten Anstrengungen aller Nationen Europas verdanken, setzte die mittlere Entfernung der Sonne auf 23 984 Erdhalbmesser oder 20 682 329 geogr. Meilen fest. Freilich konnte dieser Wert nur als eine Annäherung zur Wahrheit bezeichnet werden; aber erst vor kurzem ist er erheblich genauer bestimmt worden. Man wird diese Langsamkeit der Ausbildung unserer Kenntnis von der Sonnenentfernung unbegreiflich finden und nach der Ursache fragen. Ich werde versuchen, darauf eine Antwort zu geben.

Den Abstand eines Himmelskörpers von der Erde zu bestimmen, erfordert offenbar kein wesentlich anderes Verfahren, als dessen sich der Feldmesser be= dient, um den Abstand eines Ortes auf der Erde von einem andern zu ermitteln. Ich will dem Leser dieses Verfahren der Feldmesser an einem einfachen Bei= spiele klar machen. In Figur auf S. 114 ist A ein Punkt jenseit des Flusses, dessen Entfernung von B gemessen werden soll, der aber von hier aus direkt nicht erreicht werden kann. Um unter diesen Verhältnissen den Abstand von

B zu beſtimmen, mißt der Feldmeſſer zunächſt eine ſogenannte Standlinie oder
Baſis BC mittels der Meßkette genau aus. Nachdem dies geſchehen, ſtellt er
in B ſeinen Theodoliten auf und beſtimmt mit Hilfe desſelben den Winkel ABC;
darauf begibt er ſich nach C, ſtellt hier ſein Inſtrument auf und mißt den
Winkel ACB. Aus der Geometrie iſt nun bekannt, daß in dem Dreieck ABC,
der Winkel bei A an Größe gleich iſt 180° minus der Summe der Winkel B und
C, und nun iſt es leicht, durch Konſtruktion oder durch Rechnung die Länge
der Linie AB zu beſtimmen. Auch der Himmelskörper wird, wenn er ſich irgend
in meßbarer Entfernung befindet, von zwei verſchiedenen, hinreichend weit aus=
einander gelegenen Beobachtungspunkten, natürlich im gleichen Augenblicke, an

Meſſen der Entfernung eines unzugänglichen Punktes.

verſchiedenen Orten, d. h. unter verſchiedenen Winkeln mit dem Horizont oder
dem Zenit geſehen werden. Kennt man alſo den Abſtand der Beobachtungs=
örter und den Unterſchied der beiden Winkel, unter welchen der Himmelskörper
beobachtet wurde, ſo kann man daraus den Abſtand berechnen. Der Unter=
ſchied dieſer Winkel entſpricht zugleich dem Winkel, welchen die von den Be=
obachtungsorten auf den Himmelskörper gerichteten Geſichtslinien einſchließen,
und iſt offenbar der Geſichtswinkel ſelbſt, unter welchem der Abſtand der Be=
obachtungsorte von dem Punkte, deſſen Entfernung man ſucht, geſehen werden
würde. Ich kann nun in aller Kürze ſagen, daß es eben dieſer Winkel iſt,
den der Aſtronom als Parallaxe bezeichnet, vorausgeſetzt, daß der Abſtand der
beiden Beobachtungsorte der Halbmeſſer der Erde ſelbſt iſt; eine Vorausſetzung,

die allerdings nur zutrifft, wenn der eine Beobachtungsort der Mittelpunkt der Erde selbst und der andere so gewählt ist, daß der Himmelskörper, dessen Abstand gemessen werden soll, in dem Horizonte desselben erscheint.

Daß jede wirkliche Beobachtung auf diese ideellen Bedingungen durch Rechnung zurückgeführt werden kann, dies dem Leser nachzuweisen, würde mich in diesem Augenblicke zu weit führen. Halten wir nur daran fest, daß wir unter der Parallaxe den Gesichtswinkel verstehen, unter welchem der Erdhalbmesser von dem Punkte aus gesehen würde, dessen Abstand gesucht werden soll.

Die ganze Schwierigkeit einer solchen Messung liegt also nur in der Größe des zu messenden Abstandes, da durch diese der Einfluß bedingt ist, welchen die möglichen Beobachtungsfehler auf die Sicherheit des Resultats haben. Je entfernter das Gestirn, desto kleiner wird die Parallaxe, und mit desto größerer Genauigkeit muß sie bestimmt werden, wenn die Fehler nicht einen zu bedeutenden Bruchteil des Resultats umfassen sollen. Die Bestimmung der Mondparallaxe bietet darum die geringsten Schwierigkeiten, und über den Abstand des Mondes ist man niemals in allzugroßer Ungewißheit gewesen.

Das Verfahren der Astronomen zur Bestimmung der Mondparallaxe wird aus nebenstehender Figur (S. 116) deutlich. Hier bezeichnet T den Mittelpunkt der Erde und L das Zentrum des Mondes. A und B sind zwei möglichst weit voneinander entlegene Punkte der Erdoberfläche, Z und Z′ ihre respektiven Scheitelpunkte. Der Beobachter in A mißt den Winkel ZAL oder die Zenitdistanz des Mondes an seinem Beobachtungsorte, und ebenso mißt der Beobachter in B den Winkel Z′BL oder die Zenitdistanz des Mondes in B.

Diese Messungen müssen gleichzeitig oder doch wenigstens annähernd gleichzeitig angestellt werden, so daß sie durch Rechnung auf den gleichen Zeitmoment reduziert werden können. Ist ferner die geographische Breite jedes der beiden Beobachtungsorte genau bekannt und nehmen wir der Einfachheit halber an, daß A und B auf demselben Meridian liegen, so kennt man sofort auch den Winkel ATB, und diese Angaben genügen in Verbindung mit der bekannten Größe des Erdhalbmessers, um die Entfernung des Mondes zu berechnen oder durch Konstruktion zu bestimmen. Die gleichzeitigen Beobachtungen, welche im Jahre 1756 Lalande in Berlin und Lacaille an Kap der guten Hoffnung anstellten, haben die Mondparallaxe zuerst mit einem hohen Grade von Genauigkeit kennen gelehrt; durch neuere und noch genauere Beobachtungen ist ihr mittlerer Wert zu 57′ bestimmt worden. Dies entspricht einem Abstande des Mondes, der etwa sechzigmal den Halbmesser der Erde übertrifft. Nehmen wir jetzt einmal an, die gefundene Parallaxe sei um eine Sekunde fehlerhaft. Ein solcher Fehler würde offenbar der 3420. Teil des ganzen Resultats ausmachen, also nur etwa 15 geogr. Meilen entsprechen. Ganz anders gestaltet sich dies in betreff der Sonnenparallaxe. Ich kann schon im voraus sagen, daß dieselbe 8″,8 beträgt; ein Fehler von einer Sekunde würde also hier fast den neunten Teil des Resultats umfassen und damit die Bedeutung von mehr als 2 Millionen Meilen erlangen.

Wir werden uns jetzt nicht mehr wundern, daß die Alten eine so irrtümliche Vorstellung von der Entfernung der Sonne hatten. Wie hätten sie mit ihren mangelhaften Beobachtungsmitteln versuchen sollen, einen Winkel von wenigen Sekunden, wie ihn die Sonnenparallaxe darbietet, zu messen! Sie haben es in der Tat nicht versucht; aber um so größere Anerkennung verdient der Scharf= sinn eines Aristarch von Samos, der gleichwohl ein Mittel aufzufinden wußte, um sich wenigstens eine annähernde Kenntnis von jener Entfernung zu ver= schaffen. Wenn nämlich der Erdhalbmesser für die damaligen Beobachtungs= mittel zu klein war, als daß der Winkel, unter dem er sich einem Beobachter auf der Sonne hätte darbieten müssen, gemessen werden konnte, so werden wir leicht begreifen, daß der Abstand des Mondes von der Erde, unter einem 60 mal größeren Winkel erscheinend, weit eher eine Messung ermöglichen mußte. Die Sekunden der eigentlichen Sonnenparallaxe verwandelten sich ja für diese ver= größerte Grundlinie in Bogenminuten. Aber Aristarch mußte auch eine Ge=

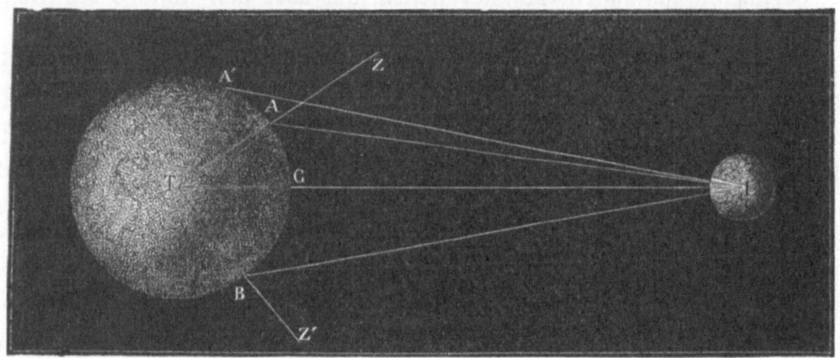

Messen der Entfernung des Mondes von der Erde.

legenheit zu finden, um diesen Winkel zu messen. Er schloß, daß in dem Augen= blicke, wo der Mond genau in sein erstes Viertel eintritt, d. h. wo die Sonne genau die Hälfte der uns zugewandten Mondscheibe erleuchtet, Sonne, Mond und Erde untereinander ein rechtwinkeliges Dreieck bilden, dessen rechter Winkel im Monde seinen Scheitelpunkt hat. Es galt also nur, den Winkel zu messen, welchen Sonne und Mond in diesem Augenblicke für den Beobachter auf der Erde bildeten, um daraus den Winkel an der Sonne selbst abzuleiten, unter welchem der Abstand des Mondes von der Erde erscheinen mußte. Daß Aristarch für diesen Winkel die Größe von 3° fand, und daß sich ihm daraus eine Sonnen= parallaxe von 3', also ein Sonnenabstand von nur 20 Mondbahnhalbmessern ergab, lag lediglich an der Unvollkommenheit seiner Beobachtungsmittel. Wie weit er aber damit von der Wahrheit entfernt blieb, können wir daraus ent= nehmen, daß jene Schätzung des Sonnenabstandes nur zehnmal den wirklichen Halbmesser des Sonnenkörpers selbst übertraf, wie er uns jetzt bekannt ist.

Die außerordentliche Kleinheit der Sonnenparallaxe gestattete auch später, ja bis auf den heutigen Tag nicht die unmittelbare Messung dieses Winkels.

Auch die Astronomen der Neuzeit mußten Umwege einschlagen, um zu seiner Kenntnis zu gelangen. Die Verhältnisse unsres Planetensystems waren inzwischen durch die Keplerschen Gesetze mit einer Genauigkeit festgestellt worden, die nichts zu wünschen übrig ließ, ohne daß man auch nur das Geringste von seinen wirklichen Dimensionen erkundet hatte. Es bedurfte nur der Kenntnis des Abstandes eines einzigen Planeten von der Sonne, um das Maß für alle übrigen räumlichen Beziehungen des Systems zu gewinnen, gleichwie für den, Geometer die Kenntnis einer einzigen Seite eines Dreieckes, dessen Winkel er bestimmt hat, zur Kenntnis aller andern genügt. Richer, Römer, Cassini, Flamsteed, Bradley und andre Astronomen bemühten sich daher, die Parallaxe des Mars zu finden. Sie benutzten dazu den Augenblick, wo der Mars in Opposition mit der Erde stand, indem sie dabei von der ganz richtigen Überlegung ausgingen, daß, wenn die Entfernung des Planeten von der Erde nicht gerade außerordentlich groß sei, seine Bewegung mit der eines benachbarten Fixsternes nicht vollkommen übereinstimmen könne, daß sich also einige Stunden

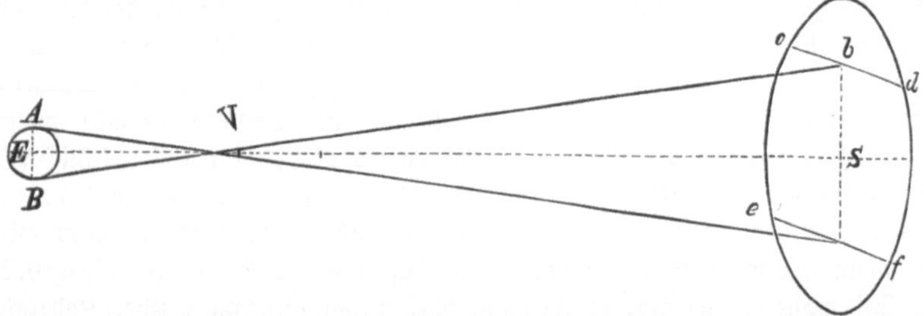

Ermittelung des Abstandes der Sonne von der Erde mit Hilfe der Venusdurchgänge.

vor und nach seinem Meridiandurchgange andre Werte für den Unterschied zwischen der Rektaszension des Planeten und des Fixsternes ergeben müssen, als für den Augenblick des Meridiandurchganges selbst. Aus der Größe dieser Veränderung schloß man durch Rechnung auf die Parallaxe des Planeten. So erfuhr man den Abstand des Planeten von der Erde, und nach dem bekannten Keplerschen Gesetz, daß sich die Kubikzahlen der Entfernungen zweier Planeten von der Sonne verhalten wie die Quadratzahlen ihrer Umlaufszeiten, war es leicht, auch die Entfernung der Erde von der Sonne zu berechnen. Daß auf diese Weise allerdings eine wesentliche Berichtigung in der Kenntnis des Sonnenabstandes und damit aller Raumgrößen des Planetensystems herbeigeführt wurde, habe ich bereits erwähnt. Aber die so erhaltenen Angaben für die Sonnenparallaxe schwankten doch noch immer zwischen 9—12 Sekunden, und die Unsicherheit, welche dem Sonnenabstande selbst anhaftete, erstreckte sich noch auf Millionen von Meilen. Auch die ähnlichen Beobachtungen, welche Lacaille im Jahre 1751 für die Venus in ihrer unteren Konjunktion anstellte, führten zu keiner größeren Annäherung.

Da trat ein Ereignis ein, unscheinbar für den Laien, aber von entscheidender Bedeutung für die Kenntnis unsres Planetensystems: der Durchgang der Venus vor der Sonnenscheibe, im Jahre 1761, das sich im Jahre 1769 wiederholte. Schon seit fast einem Jahrhundert waren die Erwartungen aller Astronomen auf diesen Vorgang gerichtet; denn der große Halley war es, der bereits im Jahre 1677 den richtigen Gedanken aussprach, daß in dieser Erscheinung das sicherste Mittel zur Bestimmung der Sonnenparallaxe gegeben sei. Halleys Gedanke verdient in der Tat die höchste Bewunderung, denn er ersetzte die direkte Messung der Sonnenparallaxe durch die Beobachtung einer Erscheinung, die einerseits durchaus abhängig von jener, anderseits durch die Größe ihrer Ausdehnung eine weit leichtere Messung gestattet. Statt einen Winkel von wenigen Sekunden forderte er, eine Zeitdauer zu messen, die selbst eine Viertel= stunde übersteigt. Man kann diese von Halley empfohlene Methode geradezu mit dem mikroskopischen Verfahren vergleichen, das man zur Messung sehr kleiner Linien anwendet. Man vergrößert hierbei die Linie mit Hilfe eines Mikroskops und stellt dann einen Vergleich an.

Ich habe schon gesagt, daß das Verhältnis zwischen den Abständen der Venus und der Erde von der Sonne auch ohne die Kenntnis der Abstände selbst aus allgemeinen kosmischen Gesetzen längst bekannt ist. In dem Augen= blicke nun, wo die Venus vor der Sonne vorübergeht und alle drei Weltkörper in einer geraden Linie stehen, muß die Venus eine Stelle einnehmen, welche die gerade Linie von der Erde zur Sonne nach dem bekannten Verhältnis teilt. Wir wollen dies Verhältnis für den Augenblick des Ereignisses zu 0,73 an= nehmen, bedeutend wird es nie von dieser Zahl abweichen können. Dann wird also, wenn wir mit V den Ort der Venus bezeichnen, $SV = 0{,}73$, $EV = 0{,}27$ sein. Wir wollen weiter möglichster Einfachheit wegen annehmen, zwei Beobachter befänden sich an den äußersten Endpunkten eines senkrecht auf der Bahnebene stehenden Durchmessers der Erde AB. Diese beiden Beobachter werden nun offenbar die Venus nicht an demselben Punkte der Sonnenscheibe sich darstellen sehen; der eine wird sie in a, der andere in b erblicken. Die Linie ab, d. h. der Abstand der scheinbaren Örter der Venus, steht nun zu der Linie AB in dem= selben Verhältnis wie der Abstand der Venus von der Sonne VS zu dem Ab= stand der Venus von der Erde VE, also in dem Verhältnis von 73 zu 27 oder 2,7 zu 1. Der Winkel also, unter welchem die Linie ab von der Erde aus gesehen wird, ist der 2,7 mal vergrößerte Winkel, unter welchem AB von der Sonne aus gesehen wird, d. h. die 2,7 mal vergrößerte doppelte Parallaxe der Sonne. Wir sehen, daß die von mir angedeutete mikroskopische Ver= größerung der Sonnenparallaxe damit in der Tat erreicht ist, und daß es nur noch darauf ankommt, den Winkel, unter welchem ab von der Erde aus erscheint, zu messen.

Beide Beobachter werden die Venus eine Sehne der Sonnenscheibe durch= laufen sehen, aber jeder eine andre, der Beobachter in A die Sehne ef, der Beobachter in B die Sehne cd. Kann man also die Lage dieser beiden Sehnen auf der Sonnenscheibe genau bestimmen, so kann man daraus auch auf ihren Abstand voneinander, also auf die Größe der Linie ab schließen. Nun ist aber die Geschwindigkeit der Venusbewegung in Beziehung auf die Sonne bekannt und also auch für den Augenblick der Beobachtung aus astronomischen Tafeln zu ersehen; man kann ferner an jedem Beobachtungsorte die Zeitdauer messen, welche die Venus braucht, um die Sonnenscheibe zu durchlaufen; man kann also auch unmittelbar daraus die Größe der Sehne ableiten, welche sie für jeden der Beobachter auf der Sonnenscheibe durchlaufen hat. Vergleicht man nun die so erhaltenen Werte der beiden Sehnen mit dem scheinbaren Durch= messer der Sonnenscheibe im Augenblicke der Beobachtung, so wird man durch ein einfaches geometrisches Verfahren die Lage jeder Sehne in bezug auf den Mittelpunkt der Sonnenscheibe, also auch ihren Abstand voneinander be= stimmen können.

Wir begreifen daraus, daß nicht jeder Venusdurchgang gleich sichere Resul= tate für die Messung der Sonnenparallaxe geben kann. Bedenken wir, daß die ganze Parallaxe nur 8″,8 beträgt, daß der scheinbare Erddurchmesser, von der Sonne gesehen, nur unter einem Winkel von 17″,8 erscheint, daß also der Abstand der erwähnten Sehnen auf der Sonnenscheibe auch kaum $^3/_4$ Minuten, d. h. etwa den 40. Teil des scheinbaren Sonnendurchmessers erreicht. Der Grad der Genauigkeit der Messung wird also sehr durch die Lage der beiden Sehnen bestimmt. Liegen sie dem Mittelpunkte der Sonnenscheibe sehr nahe, so wird ihr Längenunterschied nur sehr gering sein. Der kleinste der immerhin unvermeid= lichen Beobachtungsfehler, welcher die Länge einer solchen Sehne nur um ein Geringes verändert, wird dann auch eine bedeutende Änderung für den Abstand beider Sehnen zur Folge haben. Ereignet sich aber der Venusdurchgang in einer ansehnlichen Entfernung vom Mittelpunkte der Sonnenscheibe, so wird ein kleiner Irrtum in der Länge einer jener Sehnen ohne wesentlichen Einfluß auf ihren Abstand bleiben und das Endresultat also, bei den gleichen Beobachtungsfehlern wie vorher, eine bedeutend größere Genauigkeit erhalten. Ich brauche nicht erst zu sagen, daß die Ereignisse der Jahre 1761 und namentlich 1769 zu den günstigsten dieser Art gehörten, da der Unterschied zwischen der in Lappland beobachteten Dauer des Venusdurchganges und der auf Otahaiti beobachteten im letzten Jahre 23 Minuten 23 Sekunden betrug.

Schon bei dieser oberflächlichen Kenntnis des Halleyschen Vorschlages wird man es begreiflich finden, daß alle Astronomen des 18. Jahrhunderts danach trachteten, durch den Erfolg seine Anwendbarkeit zu prüfen. Schon das erste Ereignis dieser Art, das auf dem Kap der guten Hoffnung, in Lappland und zu Tobolsk in Sibirien beobachtet wurde, bewährte aufs glänzendste die gehegten Erwartungen. Als daher die Wiederkehr desselben im Jahre 1769 bevorstand, vereinigten sich alle Nationen Europas, um zu seiner Beobachtung Astronomen an die entlegensten Teile der Erde auszusenden. Das war aber nötig, wenn man eine Ausgleichung der unvermeidlichen Beobachtungsfehler hoffen wollte. Frankreich sandte den Abbé Chappe nach Kalifornien, in Eng= lands Auftrage gingen Cook und Green nach Otahaiti, Dymond und Wales an die Küsten der Hudsonsbai, Call nach Madras in Indien. Rußland schickte

zahlreiche Astronomen nach verschiedenen Punkten Lapplands; der Wiener Ast=
ronom Pater Hell ging im Auftrage Dänemarks nach Wardöhuus, der schwedische
Astronom Planmann nach Cajaneborg in Finnland. Von dem Aufsehen, welches
die Beobachtung des Venusdurchgangs damals in der ganzen Welt machte,
haben wir heute, wo wir an großartige Expeditionen nach allen Teilen der
Erde gewöhnt sind, kaum eine Vorstellung mehr. Das Endresultat aller Be=
obachtungen war nach Enckes späterer Berechnung eine Sonnenparallaxe von
8″,5711 oder ein mittlerer Sonnenabstand von 20 682 329 geogr. Meilen.

Daß aber auch dieses Resultat nur als ein Näherungswert betrachtet
werden durfte, habe ich schon gesagt. Zu einer weitern Berichtigung desselben
waren neue Beobachtungen nötig. Wir wissen aber, wie selten das Ereignis
ist, das solche Beobachtungen gestattet; wir wissen, daß es höchstens zweimal in
einem Jahrhundert eintritt, und daß die letzten Venusdurchgänge in den Jahren
1874 und 1882 eintraten. Beide Ereignisse sind durch astronomische und
photographische Expeditionen fast aller Kulturvölker beobachtet worden, und be=
sonders haben bei dem Vorübergange von 1882 die deutschen Expeditionen
wichtige Erfolge erzielt. Vier verschiedene Expeditionen waren auf Kosten der
deutschen Regierung ausgesandt worden, und zwar nach Hartfort (Connecticut,
Nordamerika), nach Aiken (Südkarolina), nach Bahia Blanca (Argentina) und
nach Punto Arenas an der Magelhaensstraße. Alle sind in zufriedenstellender
Weise vom Wetter begünstigt gewesen. Um die größtmögliche Genauigkeit zu
erlangen, wurden sämtliche Expeditionen mit gleichartigen Instrumenten aus=
gerüstet und die Messungen in ganz gleicher Weise ausgeführt, nachdem die
Beobachter selbst sich schon vorher monatelang auf den Sternwarten zu Berlin,
Potsdam und Straßburg eingeübt hatten.

Als Ergebnis aller Beobachtungen fand sich eine Sonnenparallaxe von
8·80″ und dieses Resultat ist bis auf etwa 0·01″ genau. Hieraus folgt als
mittlere Entfernung der Sonne von der Erde eine Distanz von 20 230 000
geogr. Meilen oder 149 500 000 Kilometer.

Die nächsten Venusdurchgänge werden stattfinden am 7. Juni 2004 und
am 5. Juni 2012, darauf wieder am 10. Dezember 2117 und am 8. Dezember
2125. Sie sind also ziemlich seltene astronomische Ereignisse.

Die Ursache dieser Seltenheit liegt, wie wir schon von den durch den
Mond bewirkten Finsternissen her wissen, in der Neigung der Bahnebene der
Venus gegen die Bahnebene der Erde. Bewegte sich die Venus in der Ebene
der Ekliptik, so müßte sie in jeder unteren Konjunktion vor der Sonne er=
scheinen. Aber die Bahn der Venus ist um 3° 24′ gegen die Ebene der Ekliptik
geneigt, und so wird die Venus meistenteils zur Zeit ihrer Konjunktion ober=
oder unterhalb der Sonne stehen. Nur wenn sie sich in der Nähe eines der
Knoten ihrer Bahn, also in der Nähe der Ekliptik befindet, kann sie vor der
Sonnenscheibe sichtbar werden. Vergleichen wir nun diese Umläufe der Venus
und der Erde, so ergibt sich, daß 8 Umläufe der Erde nahezu 13 Umläufen
der Venus und ebenso wieder 235 Umläufe der Erde 382 Umläufen der

Venus gleich sind. Ist also einmal die Venus in der Nähe eines ihrer Knoten vor der Sonnenscheibe erschienen, so kann dieser Durchgang nach 8 Jahren wiederkehren, dann aber erst nach Verlauf von 235 Jahren sich wieder ereignen. Dasselbe gilt natürlich auch für den zweiten Knoten der Venusbahn, und wir sehen daraus, daß ein Venusdurchgang sich nur viermal im Verlaufe von 243 Jahren, also höchstens zweimal in einem Jahrhundert ereignen kann.

Man wird sich nun um so mehr wundern, daß man nicht die ungleich häufigeren Merkurdurchgänge zur Bestimmung der Sonnenparallaxe benutzt hat. Aber wir müssen uns an einen früher gebrauchten Vergleich erinnern. Der Merkur würde nicht das leisten, was ich als eine Art von mikroskopischer Vergrößerung der Sonnenparallaxe bezeichnete. Denn Merkur steht nahezu in der Mitte zwischen Sonne und Erde, jener etwas näher, und der Abstand der Sehnen, welche der Merkur für zwei um den ganzen Erddurchmesser getrennte Beobachter auf der Sonnenscheibe zu durchlaufen scheint, muß darum noch kleiner sein als die Sonnenparallaxe selbst.

Daß auch die Größen der Weltkörper durch die Parallaxen uns erschlossen werden, versteht sich von selbst. Wir kennen ja durch die Parallaxe den scheinbaren Durchmesser der Erdscheibe, wie sie von der Sonne aus erblickt werden würde; er beträgt 17″,8. Wir kennen aber auch durch genaue Mikrometermessungen den mittleren Durchmesser, den die Sonnenscheibe unserm Anblick bietet, er mißt 32′.

Wir ersehen daraus, daß der wirkliche Durchmesser des Sonnenkörpers den unsrer Erde in runder Zahl 109 mal übertrifft, also 1 391 000 Kilometer mißt; und daraus folgt, daß an Rauminhalt der Sonnenkörper in rundem Betrage etwa 1 300 000 mal unsern Erdball übertrifft.

So haben wir, getragen von dem wissenschaftlichen Gedanken, den ungeheueren Raum zur Sonne zurückgelegt. Vor uns schwebt der Riesenball, vor dem unsre Erde zu einem Punkte schwindet, gegen den selbst die Riesenplaneten, denen wir auf späteren Wegen begegnen werden, wie Spielbälle erscheinen. In 400 mal weiterer Ferne als der Mond schwebt er, und wenn auch seine ungeheuere Größe trotz dieser Ferne seine Scheibe uns kaum größer als die Mondscheibe erscheinen läßt, so können wir ermessen, daß auch der Scharfblick des Astronomen in solcher Ferne nicht allzuviel auszurichten vermag. Eine 400 malige Vergrößerung würde selbst bei der vollkommensten Schärfe der Bilder ihn eine Sonnenlandschaft doch nur so erblicken lassen, wie das bloße Auge den Mond erschaut. Und wenn wir nun erfahren, daß die Astronomen sogar selten imstande sind, stärkere Vergrößerungen als 150—200 malige zur Beobachtung der Sonne anzuwenden, so werden wir uns zunächst nicht viel von den Aufschlüssen der Wissenschaft über die Natur der Sonnenoberfläche versprechen.

Schon ehe die Erfindung der Fernrohre den Weg des Lichtes vom Auge zur Sonne abkürzen gelehrt hatte, waren die Astronomen auf Mittel bedacht gewesen, die Sonne zu betrachten, ohne vollständig geblendet zu werden. Einige ließen das Sonnenbild von einer Wasserfläche oder von irgend einem andern in geringem Grade reflektierenden Spiegel zurückstrahlen; andre wandten eine Art von Camera obscura an, durch deren kleine Öffnung sie das Sonnenbild auf einem weißen Papier auffingen. Im 16. Jahrhundert begann man die Sonne durch eine Verbindung von verschieden gefärbten Gläsern zu betrachten, aber erst zu Anfang des 17. Jahrhunderts kamen diese gefärbten Gläser auch in Verbindung mit Fernrohren in Gebrauch. Es ist wahrhaft zu verwundern, daß ein Astronom wie Galilei sich dieses einfachen Verfahrens nicht bediente und so in ein unheilbares Augenleiden fiel. Vermutlich hätte ihn das Verfahren vor der völligen Blindheit bewahrt, die ihn in seinen letzten Lebensjahren ereilte. Heutzutage bedienen sich die Freunde der astronomischen Beobachtung bei Betrachtung der Sonne fast allgemein eines sogenannten Blendglases, d. h. eines mit roter oder violetter Farbe gesättigten und darum nur wenig durch= sichtigen Planglases, das vor dem Okular des Fernrohres festgeschraubt wird.

Die Sonnenscheibe erscheint hierbei hell, aber strahlenlos und gefärbt, ohne das Auge zu verletzen. Daß die Wahl der Färbung, welche man diesen Blend= gläsern gibt, von großer Wichtigkeit ist, versteht sich von selbst. Wendet man rote Gläser an, so lassen diese, selbst wenn sie das Sonnenlicht in hinreichendem Grade schwächen, um es ohne Beschwerde ertragen zu können, doch eine große Menge Wärmestrahlen hindurch, die gleichfalls dem Auge des Beobachters ge= fährlich werden können. Wendet man grüne Gläser an, so halten diese zwar die Wärme zum größten Teile ab, aber sie müssen eine übermäßige Dicke be= sitzen, um nicht das Licht in einer gefahrdrohenden Intensität durchzulassen. Auch die Stellung, welche man dem Blendglase anweist, ist nicht gleichgültig. Wenn es, wie gewöhnlich, vor dem Okular des Fernrohres angebracht ist, so leidet zwar die Reinheit des im Brennpunkt erzeugten Bildes nicht im geringsten, aber die Lichtstrahlen, welche aus dem Okular austreten und durch das gefärbte Glas gehen, sind in solchem Grade konzentriert, daß ihre intensive Wärmewirkung oft eine plötzliche Ausdehnung, selbst ein Springen der Gläser verursacht, mindestens ihre Politur verdirbt. Man könnte nun zwar das Blendglas zwischen Okular und Objektiv anbringen; aber dann würden wieder die Fehler und Streifen der gefärbten Gläser, durch das Okular vergrößert, die Schärfe der Bilder beeinträchtigen. Wir sehen also, Schwierigkeiten, ja selbst Gefahren bleiben immer mit den Sonnenbeobachtungen verknüpft. Bekommen nun gar die Blendgläser während des Beobachtens Sprünge, so gelangt augenblicklich ein unerträglich heller Sonnenblitz in das Auge, das man schnell abwenden muß. In der neueren Zeit hat man endlich Mittel und Wege gefunden, die Beobachtung der Sonne weniger gefahrvoll und anstrengend zu machen. Es gelang dies durch Anwendung besonderer helioskopischer Okulare, welche auf der Reflexion und Polarisation des Lichtes beruhen. Mittels derselben kann man nach Belieben jeden gewünschten Grad der Helligkeit des Sonnenbildes sehr schnell erlangen, und diese sogenannten polarisierenden Sonnenokulare werden bei den großen Refraktoren heutzutage ausschließlich angewandt.

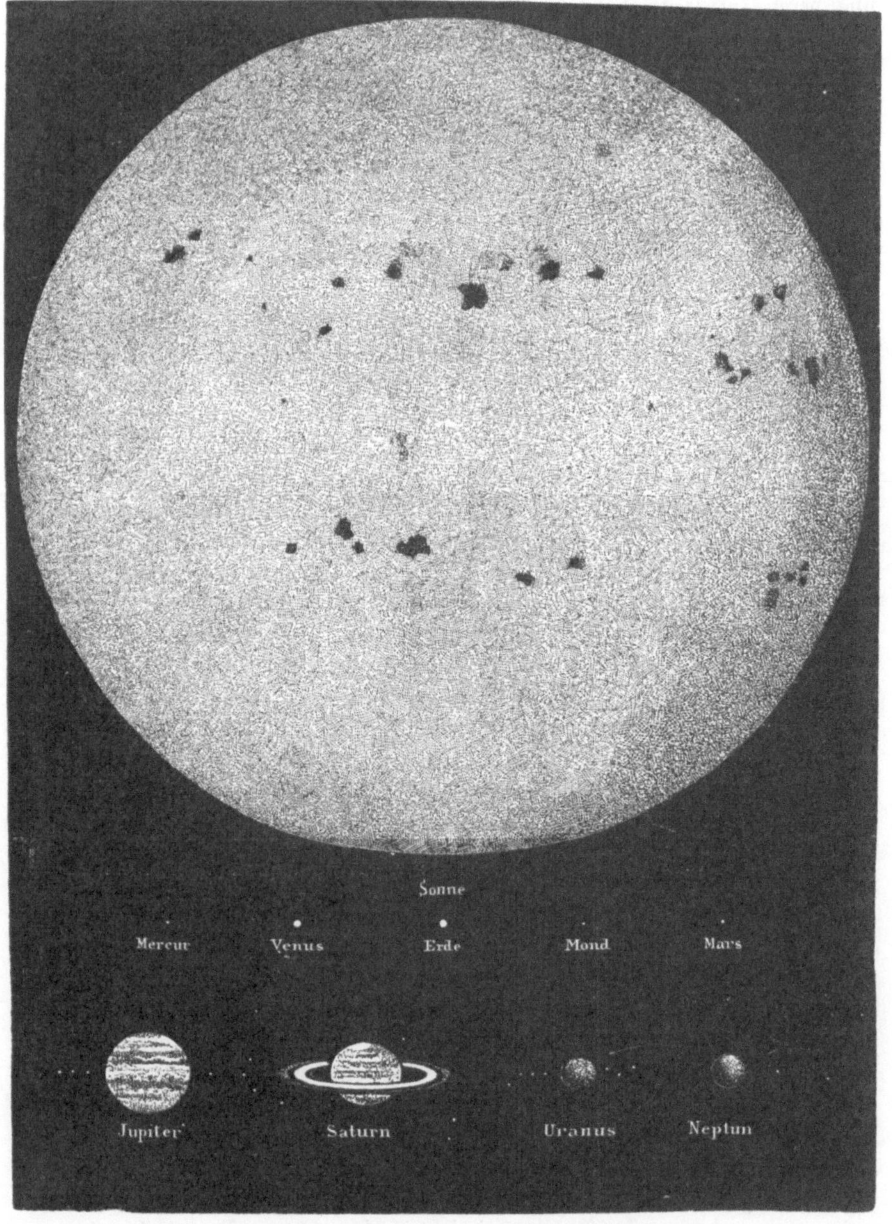

Sonne und Planeten in ihrem wahren Größenverhältniſſe zu einander.

In rein optischer Beziehung dürfen wir unsre Erwartung inbetreff der wissenschaftlichen Kunde von der Natur der Sonnenoberfläche aber nicht zu hoch spannen. Wir haben hier nicht, wie auf dem Monde, eine dunkle Fläche vor uns, deren Einzelheiten durch die Beleuchtung hervorgehoben und zu einer Landschaft gestaltet werden könnten. Wir haben es umgekehrt mit einer lichtspendenden Fläche zu tun, auf der wir uns gewissermaßen nur von Verdunkelungen Aufschlüsse versprechen können. Denn auf der Sonne ist das Licht für unser Auge eine verdeckende Hülle, durch deren Lücken die Geheimnisse hervorlugen. Nähern wir uns nun diesem Lichtball, so weit wir es überhaupt wagen dürfen, so erblicken wir eine Fläche von keineswegs ganz gleichförmigem Glanze. Die ganze Sonnenoberfläche erscheint mit zahllosen kleinen Unebenheiten besetzt, gleichsam marmoriert oder geädert, wie die Schale einer Orange. Mitten in diesem glänzenden Lichtgeäder aber werden uns einige dunkle, braungraue oder schwarze Flecken von unregelmäßiger Gestalt und größerer oder geringerer Ausdehnung auffallen. Wenn wir mehrere Tage hintereinander unsre Beobachtungen wiederholen, so werden wir diese Flecken, die uns zuerst am östlichen Rande erschienen, allmählich nach dem Mittelpunkte der Scheibe vorrücken, an diesem vorüberziehen und endlich am westlichen Rande verschwinden sehen. Ja nach einiger Zeit werden sich dieselben Flecken vielleicht am östlichen Rande abermals zeigen, um wiederum ihren Lauf über die Sonnenscheibe zu vollenden. Man könnte dabei im ersten Augenblicke wohl an dunkle Körper denken, die sich um die Sonne bewegen. Dagegen spricht freilich schon, daß solche Flecken oft plötzlich mitten auf der Sonnenscheibe entstehen oder verschwinden, oder ihre Größe und Form mannigfach verändern. Dagegen spricht ferner, daß, wenn solche Flecken mehrmals wiederkehren, die Zeit ihrer Sichtbarkeit der Dauer ihrer Abwesenheit genau gleich ist, was doch nie bei einem einigermaßen entfernt um die Sonne kreisenden Körper der Fall sein könnte. Haben wir vollends einmal Gelegenheit gehabt, zurzeit einer Sonnenfinsternis oder eines Merkurdurchganges die Nachtseiten solcher vorüberziehenden Himmelskörper unmittelbar mit Sonnenflecken zu vergleichen, so werden wir unmöglich noch diese dann hell lichtbraun erscheinenden Flecke mit wirklichen dunklen Körpern verwechseln können.

Man wird zugeben, daß hier in der Tat gar nichts andres übrig bleibt, als die Annahme, daß die Sonnenflecken auf der Sonnenoberfläche selbst haften, und daß die erwähnten Veränderungen ihrer Erscheinung nur durch eine rotierende Bewegung des Sonnenkörpers um sich selbst bewirkt werden können. Schon jene gleiche Dauer der Zeiten, während welcher ein Sonnenfleck abwechselnd sichtbar und unsichtbar ist, läßt keine andre Erklärung zu. Aber aus dieser Annahme werden uns neue wichtige Schlußfolgerungen hervorgehen. Eine der ersten ist die Kugelgestalt der Sonne. Lassen wir diese einmal ohne weiteres gelten. Jeder Sonnenfleck wird dann, wenn er infolge der Sonnenrotation von der abgewandten Sonnenhälfte auf die uns zugewandte Seite übergeht, anfangs einen gegen unsre Gesichtslinie sehr schief gerichteten Bogen beschreiben, und da wir diesen Bogen in der Verkürzung sehen, so muß der Sonnenflecken uns fast unbeweglich erscheinen. Wenn dann die Drehung weiter fortschreitet,

so muß auch die Geschwindigkeit, mit welcher sich der Sonnenfleck zu bewegen scheint, zunehmen, bis die Mittellinie überschritten ist, und nun wieder ebenso eine Verlangsamung der scheinbaren Bewegung erfolgt. Auch die Gestalt des Sonnenfleckens muß mit der Lage wechseln, die er auf der Sonnenscheibe einnimmt. Nur nahe beim Mittelpunkte dieser Scheibe kann er seine wahre Gestalt zeigen; je näher den Sonnenrändern, um so mehr muß er sich der schiefen Richtung wegen, in der er sich uns darstellt, verschmälern.

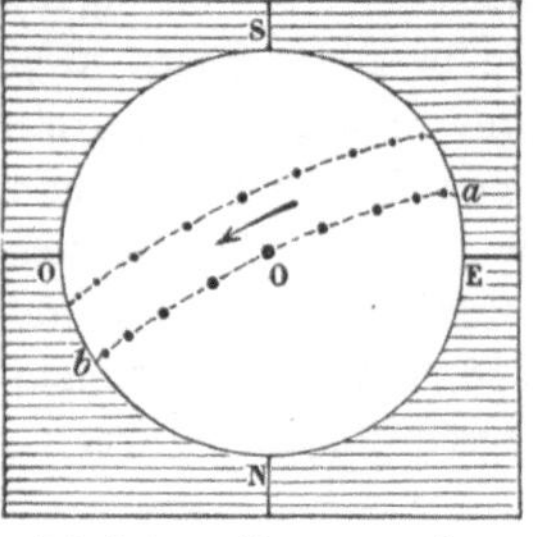

Scheinbare Bewegung der Sonnenflecken.

Aber nicht die Tatsache der Sonnenrotation allein folgt aus dieser Erklärung der Sonnenflecken, auch die Messung ihrer Geschwindigkeit und der Lage des Sonnenäquators, wie der Neigung der Achse gegen die Ebene unsrer Erdbahn ist dadurch bedingt. Wenn man nämlich solche Sonnenflecken auf ihrem Laufe über die Sonnenscheibe eine hinreichend lange Zeit hindurch verfolgt — und es gibt deren, die monatelang in ihrer Sichtbarkeit verharren — so findet man, daß sie ziemlich regelmäßig nach Ablauf von $27\frac{1}{2}$ Tagen dieselbe Lage wieder einnehmen, in der sie anfangs gesehen wurden. Dieser Zeitraum entspricht nun allerdings noch nicht der Dauer einer Sonnenrotation selbst. Wir müssen nämlich bedenken, daß sich auch die Erde in dieser Zeit bereits ein beträchtliches Stück auf ihrer Bahn fortbewegt hat, daß wir also den Mittelpunkt der Sonne nicht mehr in derselben Richtung wie früher sehen. Der Punkt, welcher jetzt den Mittelpunkt der Sonnenscheibe bildet, wird vielmehr um denselben Kreisbogen von dem früheren entfernt sein, welchen die Erde in ihrer Bahn durchlaufen hat. Wir sehen dies deutlich aus nebenstehender Figur.

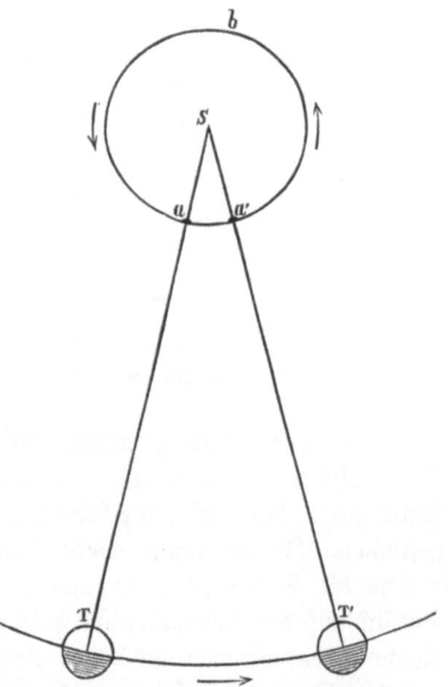

Bestimmung der wahren Rotationsdauer der Sonne durch Beobachtung der scheinbaren Bewegung eines Sonnenflecks.

Nehmen wir an, es sei a ein Sonnenfleck, den der Beobachter von der Erde T aus auf der Mitte der Sonnenscheibe erblickt. Wenn dieser Fleck eine ganze Umdrehung der Sonne vollendet hat, so wird er natürlich wieder in a sein; da aber mittlerweile die Erde von T nach T' gerückt ist, so erscheint er von dieser aus gesehen nicht mehr auf der Mitte der Sonnenscheibe, sondern er muß bis dahin noch den Bogen a a′ durchlaufen. Die wahre Umdrehungszeit ist also kleiner als die scheinbare, und zwar nahe um etwa $1/_{18}$. Die Sonne hat also in $27^{1}/_{2}$ Tagen nicht allein eine ganze Rotation vollendet, sondern diese sogar noch um ihren dreizehnten Teil überschritten, und die Zeit, welche sie für diesen Überschuß aufgewandt hat, wird ungefähr zwei Tage messen. Die wirkliche Dauer einer Sonnenrotation ist daher auf etwa $25^{1}/_{2}$ Tage festzusetzen. Natürlich ist auch das nur eine annähernde Zahl, da sie aus zahlreichen Beobachtungen von Sonnenflecken hervorgegangen ist, die keineswegs eine volle Übereinstimmung zeigen.

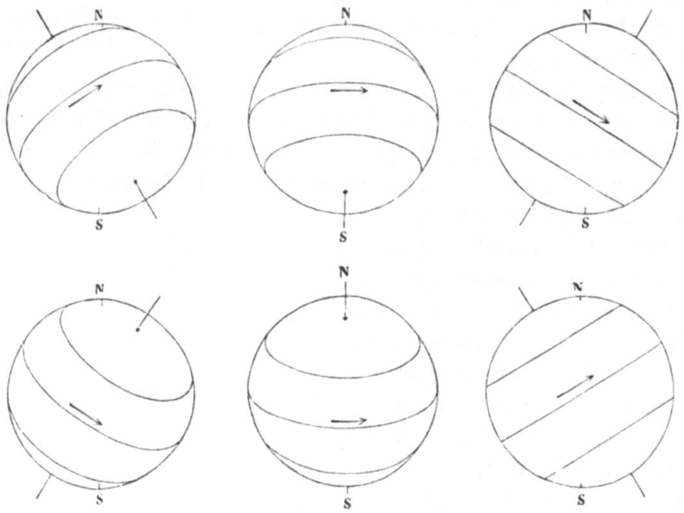

Bahnen der Sonnenflecken auf der Sonnenscheibe.

Aus der Richtung, welche die Sonnenflecken auf ihrem Wege über die Sonnenscheibe nehmen, läßt sich natürlich auch die Lage des Sonnenäquators bestimmen. Man hat seine Neigung gegen die Erdbahn ungefähr zu $7^{1}/_{4}$ Grad gefunden. In der Figur Seite 126 sind die Wege durch Linien angedeutet, welche die Sonnenflecke in den verschiedenen Zeiten des Jahres für unsern Anblick auf der Sonnenscheibe beschreiben. Wir ersehen unmittelbar aus den Zeichnungen, wie man aus diesen Bewegungen auf die Lage des Sonnenäquators und der Sonnenpole schließen kann.

Es bleibt uns jetzt noch eine höchst wichtige Aufgabe zu erfüllen. Wenn die Sonnenflecken wirklich der Sonnenoberfläche selbst angehören, so muß ihre Beobachtung auch zu Aufschlüssen über die Naturbeschaffenheit der Sonne führen. Mit der Frage, wie weit diese Beobachtung vorgeschritten ist, und welche Vorstellung wir uns von dem eigentlichen Wesen dieser Flecken machen sollen, sind wir gleich vor einem der schwierigsten Probleme der beobachtenden Astronomie.

Im allgemeinen kann man die Sonnenflecken charakterisieren als unregelmäßige, scheinbar dunkle, aber keineswegs schwarze Massen, die sehr häufig in Gruppen auftreten und in vielen Fällen von helleren Säumen umgeben sind, welche Penum = bren oder Höfe genannt werden. Die Kernflecken sind von tiefschwarzer Farbe

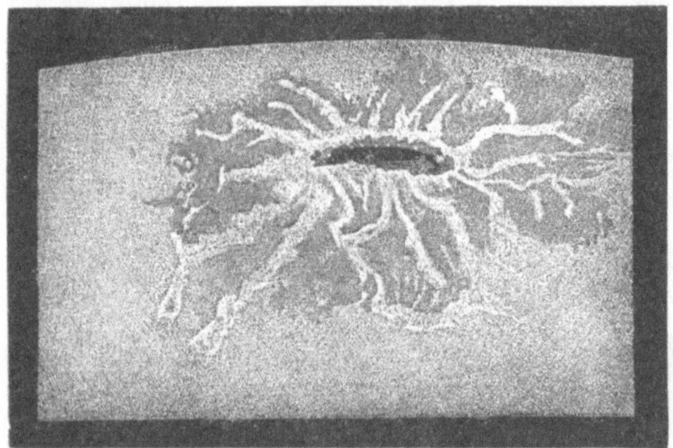

Fleck mit Fackeln am Sonnenrande, beobachtet am 14. März 1866 v. Secchi.

und doch nicht so dunkel wie ein Körper, der vor der Sonne vorübergehend uns seine Nachtseite zukehrt. Die Höfe zeigen bei schwacher Vergrößerung ein gleich = förmiges Licht, und gegen den Kern hin scheinen sie meist etwas heller zu leuchten. Nur in seltenen Fällen erscheint ein Kern ohne Hof, oder ein Hof ohne dunklen

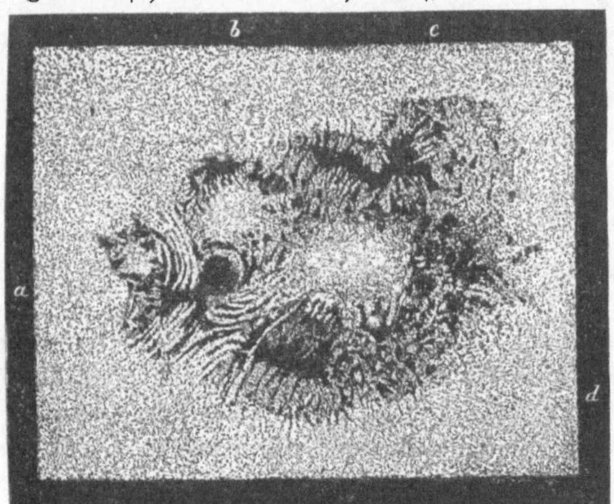

Sonnenfleck, beobachtet am 30. Juli 1865 von Secchi.

Kern. Wenn wir einige Tage hintereinander einen solchen Fleck beobachten wollten, so würden wir bald finden, daß er Veränderungen in seinen Umrissen zeigt, die nicht aus der bloßen Sonnenrotation und dadurch veränderten Be = ziehungen zu unsrer Gesichtslinie zu erklären sind. Wir würden ihn meist zu = gleich sich verkleinern und wohl gar verschwinden sehen, ehe er noch den Rand

der Sonnenscheibe erreicht hat, während zu gleicher Zeit andre auftauchen an
Stellen der Sonnenfläche, die vorher völlig rein von jedem Fleck erschienen.
Alle diese Veränderungen gehen zum Teil mit großer Langsamkeit, bisweilen
aber auch mit einer überraschenden Schnelligkeit vor sich und erstrecken sich oft
über Räume von ungeheuren Dimensionen, die mehrmals die ganze Oberfläche
unsrer Erde übertreffen. Dazu kommen noch jene auffallend hellglänzenden
Sonnenfackeln, die meist in der Nähe der Sonnenflecken erscheinen und gleich
aufgetürmten Lichtmassen aus der hellen Sonnenscheibe hervorblitzen. — Die
Entstehung neuer Sonnenflecken ist in bezug auf die dazu nötige Dauer sehr
ungleich. Bisweilen geht ihr das Auftreten von Fackeln vorauf; überhaupt

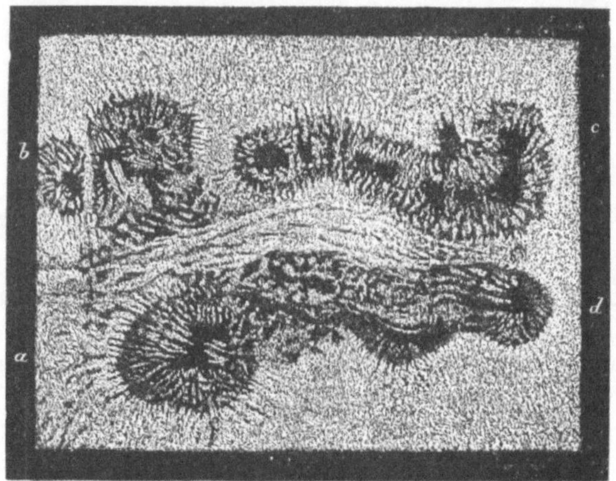

Sonnenfleck, beobachtet am 31. Juli 1865 von Secchi.

scheint in dem Lichtmeere oder der Photosphäre der Sonne eine gewisse Erregung
stattzufinden. Secchi war Ende Juli 1865 Zeuge der Entstehung eines Sonnen=
fleckes, dessen mittlerer Durchmesser 4½ mal dem Erdburchmesser gleichkam.
Schon die Zeichnung, welche dieser Astronom von dem Flecke gibt und die uns
S. 130 vorliegt, zeigt uns die gewaltige Aufregung, welche damals in der
Sonnenphotosphäre herrschte. „In der Mitte des Fleckes", sagt Secchi, „sahen
wir eine Anhäufung leuchtender Materie, welche sich in wirbelnder Bewegung
zu befinden schien und von zahlreichen Rissen umgeben war. Inmitten dieses
Chaos ließen sich vier Hauptzentra der Bewegung unterscheiden. Links bei a
zeigte sich eine weite klaffende Öffnung, um welche feurige Zungen in verschiedenen
Richtungen herumwirbelten; mitten in dieser unterschied man deutlich halbhelle
Schleier, welche um eine noch schwärzere Höhlung herumgelagert waren. In
dem oberen Teile bei b fand sich ein zweites Zentrum, kleiner als das erste,
welches an seinem oberen Rande scharf begrenzt war, in dem unteren Teile aber,
ähnlich wie der vorige, sehr viele kleine Feuerzungen zeigte. Rechts in c klaffte
ungefähr in der Form eines S eine breite Spalte, die mit feurigen Zungen und

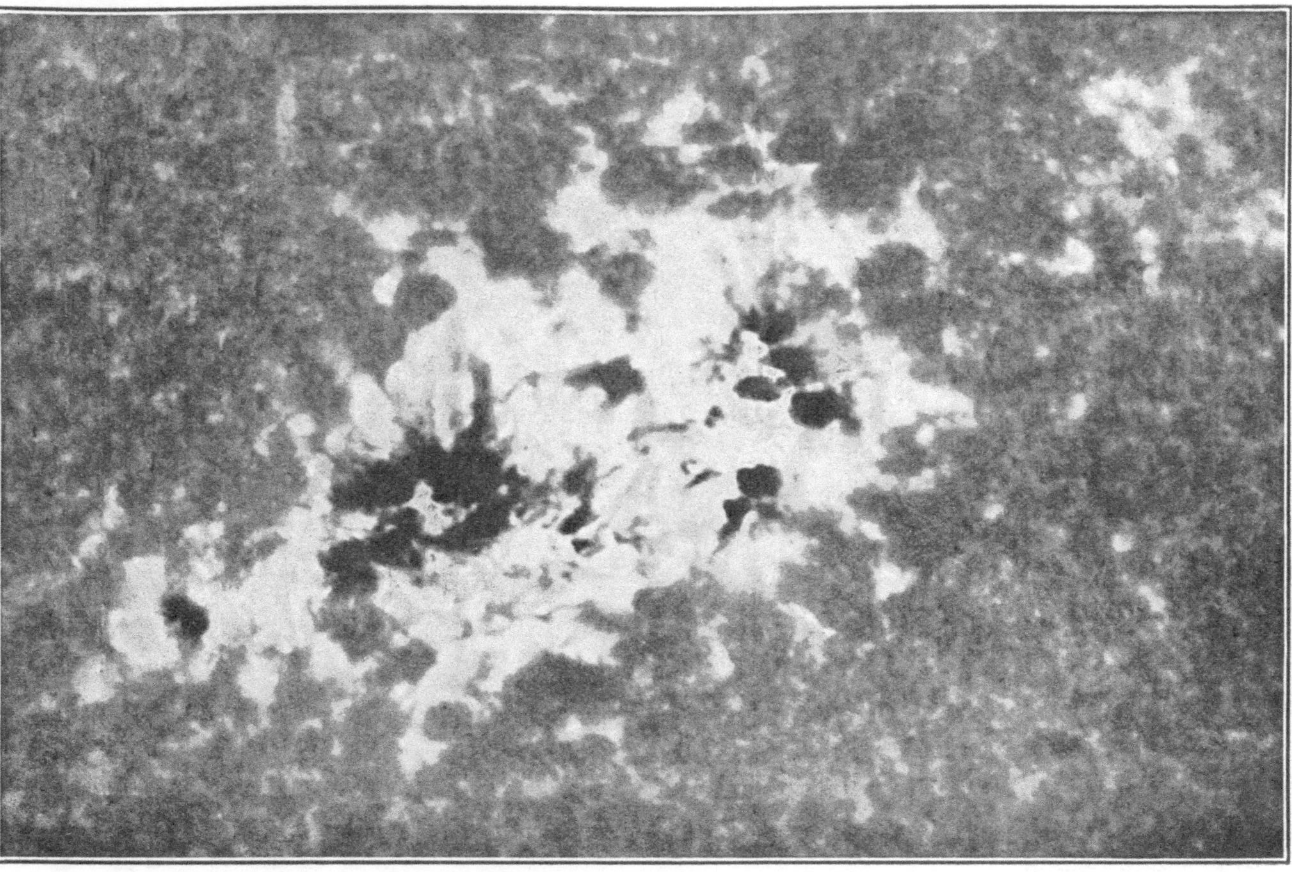

Der große Sonnenfleck vom Oktober 1903 photographiert am 10. Oktober auf der Yerkessternwarte.

mit losgerissenen Streifen leuchtender Materie durchzogen vor. Endlich war
unten in der Höhe von d eine andre langgezogene und gekrümmte Spalte vor=
handen, welche dem Auge ein Wirrwarr darbot, das jeder Beschreibung spottete.
Zwischen diesen vier Höhlen fand sich eine Anhäufung von Fackeln und leuch=
tender Materie, welche den Anblick einer im Kochen begriffenen Masse darbot.
Alles befand sich in diesem Fleck in einer äußerst stürmischen und schnellen Be=
wegung. Die Zeichnung wurde so schnell als möglich angefertigt, aber sie war
noch nicht fertig, als der erste Teil schon eine ganz andre Gestalt angenommen
hatte." Wie schnell diese Änderungen von statten gingen, davon gibt uns die

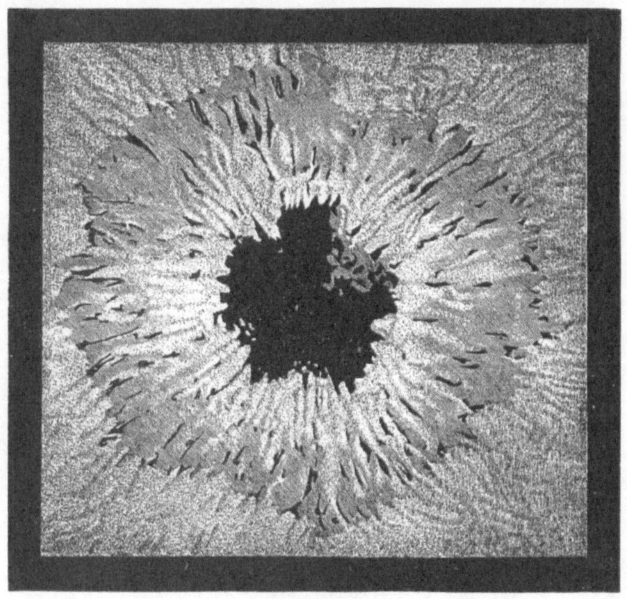

Sonnenfleck, beobachtet und gezeichnet von Secchi am 16. Juli 1866.

Figur S. 131 eine Vorstellung, welche denselben Fleck nach Verlauf eines Tages
darstellt. Wir dürfen dabei nicht vergessen, daß die größte Länge des Fleckes
fast fünfmal den Durchmesser der Erde übertrifft! — In manchen Fällen zeigt
sich die Penumbra übersäet mit kleinen dunklen Punkten oder Flecken, die mehr
oder weniger eine gegen den Mittelpunkt gerichtete Lage besitzen, gleichsam als
wenn von allen Seiten heftige Strömungen dorthin stattfänden. Ein solcher
Fleck ist am 16. Juli 1866 von Secchi gezeichnet worden.

Der Veränderlichkeit in bezug auf die individuelle Erscheinung entspricht
die Veränderlichkeit der Flecken in bezug auf ihre Zahl und Größe. Tag für
Tag ändert sich die Fleckenmenge der Sonnenscheibe, aber wenn man jahrelang
die Sonne aufmerksam untersucht, so findet sich, daß doch im Auftreten der
Sonnenflecken ein gewisses Gesetz obwaltet. Es ist das Verdienst eines Freundes

der astronomischen Wissenschaft, H. Schwabe in Dessau, durch Jahre hindurch unermüdlich fortgesetzte Beobachtung der Sonnenflecke zuerst erkannt zu haben, daß diese in bezug auf Zahl und Ausbildung eine über eine Reihe von Jahren ausgedehnte Periode ihres Auftretens zeigen. Später hat R. Wolf in Zürich durch Zusammenstellung alles überhaupt vorhandenen Materials gezeigt, daß diese Periode der Sonnenflecken eine Dauer von $11\frac{1}{9}$ Jahre besitzt. Die Dauer dieser Fleckenperiode ist jedoch nie stets gleich, sondern wechselt zwischen 9 und 14 Jahren, sie deutet auf eine größere Generalperiode, die etwa sechs kürzere Perioden von durchschnittlich je 11 Jahren umfaßt.

Bei der Frage nach der Natur der Sonnenflecken hat man schon früh einer Beobachtung große Wichtigkeit beigelegt, welche zuerst von Wilson genauer diskutiert worden ist. Diese Wahrnehmung besteht darin, daß die Penumbra großer Flecke sich sehr häufig, aber, wie man heute weiß, keineswegs immer, an der dem Sonnenmittelpunkte zugewandten Seite verschmälert, sobald der Fleck selbst sich dem Sonnenrande nähert. Infolge dieser Beobachtung sah sich William Herschel im Jahre 1779 veranlaßt, eine Umhüllung der Sonne von ganz eigentümlicher Art anzunehmen. Zunächst dachte er sich den festen dunklen Sonnenkörper nach allen Seiten hin umgeben von einer gasförmigen, durch= sichtigen Atmosphäre, ähnlich unsrer irdischen. Aber innerhalb dieser allge= meinen Atmosphäre nahm er zwei davon wesentlich verschiedene Schichten an, die er als von lockerem Zusammenhange, wolkenähnlich, beschreibt, die eine, äußere, außerordentlich leuchtend, die eigentliche Lichthülle oder Photosphäre der Sonne, die andre darunter dunkel oder doch nur durch Reflex schwach erleuchtet.

Wir können uns bereits im voraus denken, wie sich die Erscheinung der Sonnenflecken aus dieser Annahme erklärt. Lassen wir durch irgend welches stürmische Ereignis in den beiden wolkigen Schichten einen Riß, eine Öffnung entstehen, ähnlich etwa den Aufklärungen in unserer irdischen Wolkenhülle, so wird das Auge des Beobachters durch diese Öffnungen hindurch sowohl ein Stück der dunklen Sonnenfläche, als rings um dieses einen Teil der schwach erleuchteten unteren Wolkenschicht erblicken. Da haben wir Kern und Hof des Sonnenfleckes! Nun werden wir uns auch mit Leichtigkeit erklären können, warum bei der Annäherung an den Sonnenrand der nach der Mitte der Scheibe gerichtete Teil des Hofes früher verschwindet als der entgegengesetzte. Wegen der schiefen Richtung, in welcher wir in diese Öffnung blicken, tritt allmählich im Osten der Rand der äußeren Hülle verdeckend über den Rand der inneren hervor, während im Westen uns diese Ränder noch frei entgegentreten.

Man kann sich denken, wie vielfach die Astronomen sich in Mutmaßungen über die Natur jener Vorgänge in der Sonnenatmosphäre erschöpften, welche das Zerreißen jenes doppelten Wolkenschleiers oft auf so ungeheure Strecken zur Folge haben. Herschel selbst hat eine Lösung dieses Problems versucht, aber sie beruht weder auf Tatsachen, noch erschöpft sie die Erscheinungen. Von dem Sonnenkörper selbst, sagt er, steigen zuweilen gewaltige Gasmassen auf, ähnlich den Dämpfen, welche wir unseren Vulkanen entsteigen sehen. Wenn diese Gasmassen nun in die Sonnenatmosphäre sich erheben, so brechen sie sich durch jene Wolkenschichten gewaltsam Bahn, und die dadurch erzeugten Öffnungen werden natürlich um so breiter, je mehr das Gas sich infolge des verminderten Druckes in der Höhe ausdehnt und verbreitet. Daraus erklärt sich, daß die Öffnungen in der oberen eigentümlichen Lichthülle gewöhnlich breiter sind als in der unteren dunklen und uns daher beträchtliche Teile des letzteren als Höfe sichtbar werden lassen. Man muß zugeben, daß diese Erklärung Herschels sehr sinnreich ist, und die berühmtesten Astronomen haben sie jahrelang angenommen. Leider klebt ihr nur der eine Fehler an, daß sie physikalisch ganz unzulässig ist. In der Tat müßte es eine seltsame Wolkenschicht sein, welche die ungeheure Glutmasse, die von der Sonnenumhüllung ausstrahlt, so vollständig absorbierte, daß auch kein Strahl auf den inneren, kalten Sonnenkern fiele, trotzdem die Flecke Gelegenheit genug bieten, um auch der dunklen Sonnenoberfläche Hitze zuzuführen. Nun steht aber durch zuverlässige Messungen fest, daß die Sonne jährlich so viel Wärme ausstrahlt, als der Verbrennungswärme von 90 Kugeln gleichkommt, wenn deren jede der Erdkugel an Größe gleich wäre und aus bester Steinkohle bestände.

Daher muß man zugeben, daß es physikalisch unzulässig ist, eine Wolkenschicht anzunehmen, welche, unmittelbar unter jenem Glutsitze der Sonne befindlich, seit Myriaden von Jahren die Sonnenstrahlen dieser Hülle abhalten soll, auf den Sonnenkörper selbst zu fallen. Nehmen wir aber diese schützende Wolkendecke nicht an, so fällt die Herschelsche Theorie in sich selbst zusammen und der eigentliche Sonnenkörper kann nicht dunkel und auch nicht fest sein.

Es ist das große Verdienst von Kirchhoff in Heidelberg, durch die von ihm im Vereine mit Bunsen begründete Spektralanalyse an Stelle der bis dahin allgemein gültigen Herschelschen Sonnentheorie eine neue, richtigere Lehre aufgestellt zu haben. Aus der Theorie der Spektralanalyse folgerte der Heidelberger Physiker, daß der eigentliche Sonnenkörper sich im höchsten Stadium der Glut befindet und dabei von einer weniger heißen Hülle umgeben ist, die indes noch immer eine Temperatur von solcher Höhe besitzt, daß zahlreiche auf der Erde vorkommende Körper sich in ihr als glühende Gase befinden. Von solchen Körpern nenne ich hier Wasserstoff, Natrium, Eisen, Calcium, Chrom, Kobalt, Nickel, Kupfer, Titan, Zink. Nach Kirchhoff sind die Sonnenflecken Wolkenmassen, die in der gasförmigen Sonnenatmosphäre schwimmen. Professor Spörer, einer der fleißigsten Sonnenbeobachter, hielt die glänzensten Fackelflächen für die heißeren Stellen der Sonnenoberfläche und folgerte hieraus, daß über ihnen aufsteigende Luftströmungen stattfinden müssen und daß infolgedessen von allen Seiten Luft nach diesen heißeren Stellen hinströmt. Die aufsteigende Strömung muß nun in einer gewissen Höhe Abkühlungsprodukte erzeugen, während die seitlichen Zuströmungen eine größere Verdichtung derselben bewirken und sie uns als Wolke sichtbar machen. Anderseits veranlaßt die Temperaturverminderung oberhalb einer solchen Wolke ein Niedersinken der höheren Luftschichten und dadurch wiederum Vergrößerung der Wolkenbildung.

Protuberanzen am südwestlichen Sonnenrande bei der totalen Sonnenfinsternis vom 28. Mai 1900, photographiert von der Expedition des Smithsonian-Instituts.

Eine ähnliche Theorie der Sonnenflecke hat Zöllner aufgestellt, doch denkt er mehr an konsistentere Stoffe, an Schlackenmassen, die auf der eigentlichen Sonnenoberfläche schwimmen.

Wir verdanken diese richtigeren Anschauungen über die physikalischen Zustände des Sonnenballes, wie ich bereits hervorhob, lediglich der Spektralanalyse. Dieselbe hat aber auch noch in andrer Beziehung unser Wissen von der Sonne wertvoll erweitert.

Schon vor Jahrhunderten hat man die Beobachtung gemacht, daß bei totalen Sonnenfinsternissen, sobald der Mond die ganze Sonnenscheibe bedeckt, ein leuchtender und strahlender Ring um die Sonne sichtbar wird, dem man den bezeichnenden Namen Korona gegeben hat. Diese Korona bildet sicherlich den äußersten Teil der Sonnenumhüllung; aber es ist noch ungewiß, wie sie sonst beschaffen ist. Wasserstoff und eine unbekannte Substanz, welche eine grünblaue Spektrallinie liefert, spielen in ihr eine wichtige Rolle, auch hat sich gefunden, daß die Ursache, welche die periodische Veränderung und die Häufigkeit der Sonnenflecke bedingt, auch das Aussehen der Korona verändert. Nach Professor Schuster müßte man sich die Korona vorstellen als einen ungeheuren Regen von Meteoren, die aus allen Richtungen auf die Sonne zustürzen und dabei in Glut geraten. Häufig sind in der Korona mehr oder minder lange Lichtstreifen gesehen worden, die meist in schrägen Lagen zur Sonnenoberfläche standen. Schaeberle hält sie für Schweife von Kometen, die sich in unmittelbarer Nähe der Sonne befinden. Wirklich hat man wiederholt bei der photographischen Aufnahme totaler Sonnenfinsternisse auch Kometen nahe bei der Sonne auf den Platten entdeckt, von denen sonst nichts wahrgenommen worden ist.

Am Grunde der Korona erblickte man bei der totalen Sonnenfinsternis am 8. Juli 1842 rote zungen= oder flammenartige Hervorragungen. Dieselbe Wahrnehmung machte man auch bei späteren totalen Sonnenfinsternissen, aber weil diese Erscheinungen mit Ende der Totalität unsichtbar werden und die Dauer der totalen Bedeckung höchstens nur wenige Minuten erreicht, so war es unmöglich, über die Natur jener roten Hervorragungen, denen man den Namen Protuberanzen gegeben hat, klar zu werden.

Als aber die Spektralanalyse helfend eintrat, hat sie bei Gelegenheit der totalen Sonnenfinsternis vom 18. August 1868, entschieden, daß die Protu= beranzen ungeheure glühende Gasströme sind, in welchen Wasserstoff die Haupt= rolle spielt. Aber noch mehr. Mit Hilfe der Spektralanalyse ist es möglich geworden, die Protuberanzen zu jeder Zeit, wenn die Sonne überhaupt sichtbar ist, zu beobachten, zu zeichnen, ja selbst zu photographieren! Man erreicht diese Sichtbarkeit der Protuberanzen in ihrer ganzen Gestalt dadurch, daß man den Spalt des Spektroskops, nachdem man ihn auf den Sonnenrand eingestellt hat, erweitert. Die Protuberanzen treten dann sofort hervor.

Die spektroskopische Beobachtung der Sonne zeigte ferner, daß dieselbe an ihrer Oberfläche rings von einer Hülle glühenden Wasserstoffs umgeben ist, der man den Namen Chromosphäre gegeben hat. Ihre Dicke oder Höhe beträgt

Protuberanzen der Sonne
beobachtet bei Gelegenheit der totalen Sonnenfinsternis am 17. Mai 1882
in Ägypten.

1000 bis 1500 Meilen. Aus dieser Hülle oder aus den darunter befindlichen Schichten der Sonne werden die Protuberanzen mit ungeheurer Geschwindigkeit bis zu Höhen von 20000 Meilen in die glühende Sonnenatmosphäre emporgetrieben. Überhaupt hat uns das Spektroskop Kunde gegeben von ununterbrochenen großartigen Revolutionen auf der glühenden Sonnenoberfläche; Stürme glühenden Wasserstoffes durchbrausen die Atmosphäre der Sonne mit einer Geschwindigkeit, gegen welche die Schnelligkeit unsrer irdischen Orkane völlig verschwindet. In ungeheuren Garben schießen Protuberanzen auf, glühende Metalldämpfe des Eisens, Natriums, Magnesiums, Bariums mit emporreißend, und dann senken sie sich wieder in gewaltigen, viele tausend Meilen überspannenden Bogen herab, kurz, auf der Sonne herrscht ein wahres Wüten der rohen Materie, ein feuriger Übermut der rohen Gewalt. Seite 136 u. 137 sehen wir verschiedene Abbildungen einzelner Teile der Chromosphäre und gewisser Protuberanzen. Dieselben wurden von Pater Secchi in Rom beobachtet und gezeichnet. Fig. 1 und 2 zeigt den gewöhnlichen, ruhigen Zustand der Sonnenchromosphäre, die oben entweder wie ein Nebelmeer begrenzt ist oder kleine züngelnde Flammen zeigt, bisweilen auch wie in Fig. 3 Borsten oder endlich (Fig. 4) Wellen, die bereits an Protuberanzen erinnern. Solche Protuberanzen endlich sind mit ihrer verschiednen Gestalt in den Figuren 5 bis 8 und der folgenden Figurentafel 1 bis 8 möglichst getreu nachgebildet. Um den richtigen Maßstab für die Großartigkeit der oben dargestellten Gebilde zu haben, dürfen wir nicht vergessen, daß daneben die Erde nur die Größe einer Erbse haben würde. Das Spektrum der Chromosphäre besteht aus einer Anzahl heller Linien, unter denen diejenigen des glühenden Wasserstoffes stets sichtbar sind. Zu gewissen Zeiten zeigt sich die Chromosphäre außerordentlich aufgeregt, dann sind zahlreiche, sonst nicht vorhandene Linien in ihr hellglänzend sichtbar, unter denen besonders diejenigen des Magnesiums und Natriums hervortreten. Gegen die eigentliche Sonnenoberfläche hin wird das Spektrum der Chromosphäre allmählich kontinuierlich, bis man zuletzt auf die glühende Photosphäre trifft, in welcher alle Stoffe vorhanden sind, die sich in den dunklen Linien des normalen Sonnenspektrums überhaupt verraten.

Der wilde Kampf der glühenden Materie auf der Sonne ist notwendig, und wäre er nicht, so würde bald alles Leben auf der Erde untergehen müssen. Denn die Wissenschaft hat nachgewiesen, daß alle Kraft, welche hier auf der Erde in Wirksamkeit tritt, von der Sonne ausging und mit deren Strahlen auf unsern Planeten herabkam. Betrachten wir die Kräfte, die unsrer Erde innewohnen, die gefüllten Schätze der Kohlenfelder, die Winde und Flüsse, unsre Flotten, Armeen und Geschütze: sie sind alle durch einen kleinen Teil der lebendigen Kraft der Sonne erzeugt, der kaum $\frac{1}{2300000000}$ der ganzen Kraftausstrahlung derselben ausmacht. Würde diese Kraft der Sonne versiegen, würde die Sonne erkalten, so würde alle irdische Kraft bald verbraucht und in den Weltraum ausgestrahlt sein, öde, starr und tot würde die Erdoberfläche daliegen und keine Bewegung sich auf ihr mehr kundgeben können. So vieles liegt da=

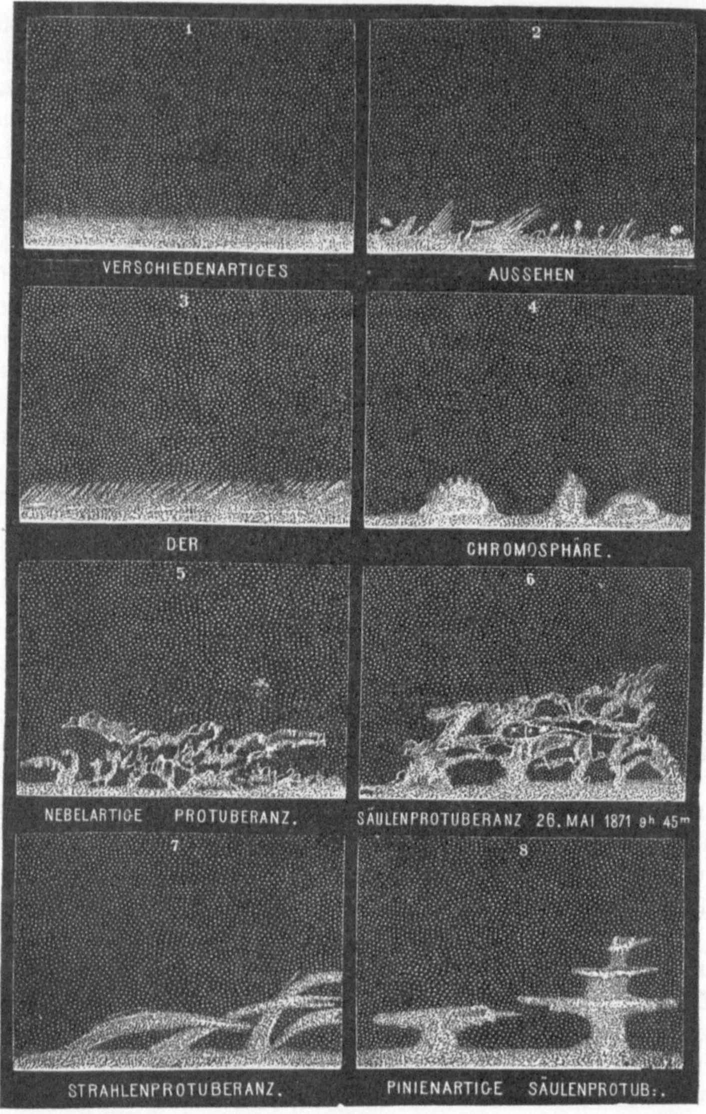

Verschiedene Formen von Sonnenprotuberanzen nach Zeichnungen von Secchi.

ran, daß die Sonne eine ungeheuere glühende Masse und kein dunkler Körper ist! Fragen wir nun, wie lange noch die Sonne leuchten und wärmen wird, so kann man darauf nur die Antwort geben: sie wird so wenig ewig leuchten, wie sie ewig geleuchtet hat. Es war voreinst eine Zeit, in der die Sonne ihre ersten Strahlen aussandte, und es muß dereinst die Zeit kommen, in welcher sie ihren letzten Strahl aussenden wird; wann letzteres eintritt, wissen wir nicht.

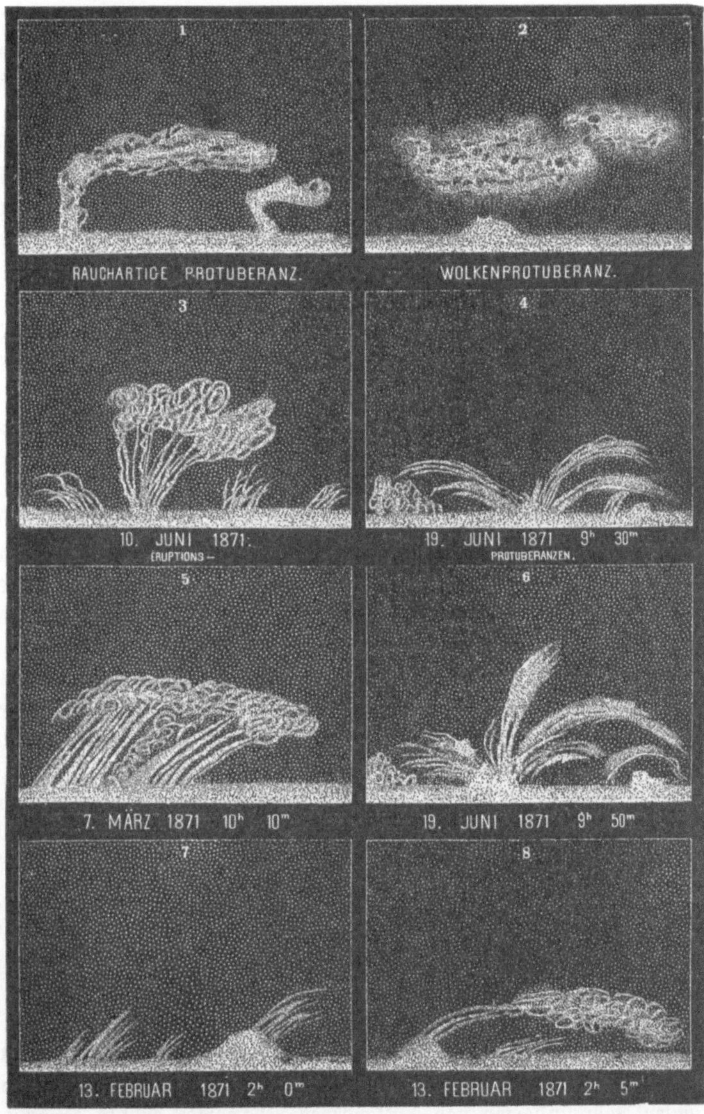

Verschiedene Formen von Sonnenprotuberanzen nach Zeichnungen von Secchi.

In der Nachbarschaft der Sonne treffen wir auf eine sehr merkwürdige, aber lange nicht genug beachtete Erscheinung. Mancher hat vielleicht einmal an einem heiteren März= oder Septemberabende, zur Zeit der Nachtgleichen, einen schwachen weißlichen Schein beachtet, der sich dann am westlichen Himmel zeigt. In einer Breite von 20 bis 30 Graden steigt er am Horizonte auf, genau oder nahezu der Richtung der Ekliptik folgend und gegen das Zenit hin

in einer schmalen Spitze verschwindend. Das ist das Zodiakal= oder Tier=
kreislicht, so genannt, weil die ersten Beobachter es von den Grenzen des
Tierkreises eingeschlossen glaubten. In der trüben Atmosphäre unsrer nörd=
lichen Zone ist freilich kaum zu Anfang des Frühlings oder des Herbstes eine
Spur dieser Erscheinung kurz vor der Morgendämmerung und nach der Abend=
dämmerung zu entdecken, und meist verliert sich auch dieser Schein noch im
Lichte des anbrechenden oder scheidenden Tages; aber mit einem wunderbar
klaren und milden Glanze erleuchtet sie die Nächte der Tropen. In der heitern
Atmosphäre der über 4000 m hohen Kordillerengipfel, auf den unabsehbaren

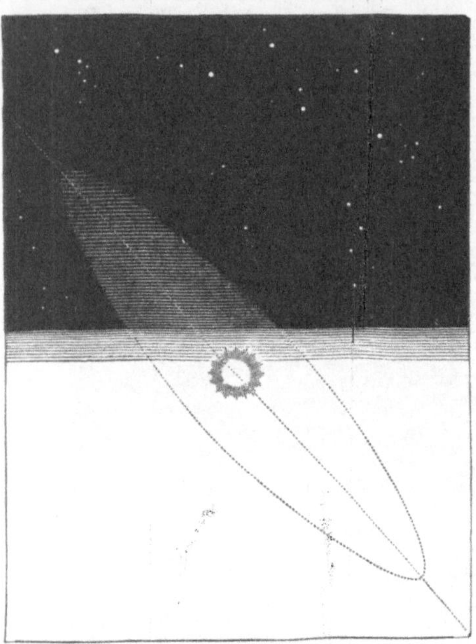

Grasfluren der Llanos von
Venezuela und den Prärien
Mexikos, an dem Meeresufer
unter dem ewig heiteren Himmel
von Cumana, in der wundervoll
durchsichtigen Atmosphäre der
Südsee an den Westküsten von
Peru und Mexiko, dort erscheint,
wie Alexander v. Humboldt be=
richtet, das Zodiakallicht in großer
Pracht. Vorzüglich um die Zeit
der Nachtgleichen, wenn die
Sonnenscheibe sich in das Meer
gesenkt und völlige Finsternis
die kurze Tropendämmerung
verdrängt hat, taucht an dem
sternbesäeten Himmelsgrunde
sein prachtvoller und doch lieb=
licher Glanz auf, vom Horizont
bis zur halben Höhe des Him=
melsgewölbes hinanreichend.
Humboldt hat in einem altaz=
tekischen Manuskripte die Be=

Lage und Neigung des Zodiakallichtes gegen den
Horizont.

merkung gefunden, daß das Zodiakallicht im Jahre 1509 vierzig Nächte hin=
durch auf der Hochebene von Mexiko am östlichen Himmel wahrgenommen
wurde. Wir haben es also bei der ganzen Erscheinung keineswegs mit einem
in den letzten Jahrhunderten neu entstandenen Phänomen zu tun, sondern das
Schweigen der Alten über diese merkwürdige Lichtpyramide ist bloß darauf
zurückzuführen, daß sie die Erscheinung übersahen.

Die Ehre, das, was wir heute Zodiakallicht nennen, entdeckt zu haben,
gebührt dem großen Beobachter Tycho Brahe; allein er verfolgte die Erscheinung
nicht weiter, und das Gleiche gilt von Childrey, der um 1660 mehrere Jahre
lang den Lichtschimmer im Frühlinge bemerkte und die Ergründung desselben
den Astronomen empfahl. Die eigentliche wissenschaftliche Beobachtung des

Ansicht des Zodiakallichtes in Europa. Nach Heis. (Zu S. 137.)

Zodiakallichtes beginnt mit dem Jahre 1683, als dasselbe die Aufmerksamkeit von Dominicus Cassini erregte.

Es ist sehr erklärlich, daß die ersten Beobachter durch das Auffallende in Zeit und Ort dieser Erscheinung auf den Gedanken kamen, sie mit der Sonne in Zusammenhang zu bringen. Man erklärte daher die Erscheinung geradezu für die sichtbar werdende Sonnenatmosphäre selbst, die an den Polen stark abgeplattet, in der Ebene des Äquators bis über die Venusbahn ausgedehnt sei und durch den Widerschein der Sonnenstrahlen, gerade wie unsre Atmosphäre die Dämmerung, so den linsenförmigen Schein des Zodiakallichtes erzeuge. Ist aber eine solche Sonnenatmosphäre annehmbar? Dieser Ansicht stellt sich eine unüberwindliche Schwierigkeit von seiten der Mechanik des Himmels entgegen.

Die Atmosphären aller Himmelskörper müssen teil an deren Umdrehungsbewegung nehmen. Die Schwungkraft aber, welche für die Grenzen des Tierkreislichtes hervorgehen müßte, würde durch die anziehende Kraft der Sonne nicht mehr im Gleichgewicht gehalten werden können und die Materie des Tierkreislichtes oder jener Sonnenatmosphäre würde sich darum sehr schnell in den Raum zerstreuen, ja es läßt sich mathematisch nachweisen, daß dies bereits in einem Abstande von der Sonne, welcher $^9/_{20}$ der Merkurs-Entfernung gleichkommt, erfolgen müßte. Man mußte also zu andern Erklärungen seine Zuflucht nehmen. Die verbreitetste Ansicht ist diejenige, nach welcher das Zodiakallicht einen dunstartigen, abgeplatteten, frei im Weltraume zwischen der Venus- und Marsbahn kreisenden Ring bilde. Jenseits jener Grenze, wo die Anziehung der Sonne der Schwungkraft das Gleichgewicht hält, mußte nach dieser Ansicht die Sonnenatmosphäre entweichen und, soweit sie sich nicht zu festen Planeten ballte, als dunstförmiger Ring den Umlauf fortsetzen. In neuerer Zeit haben zwei aufmerksame Beobachter der Erscheinung, G. Jones in Nordamerika und Professor E. Heis in Münster, unabhängig voneinander Ansichten über die Stellung des Zodiakallichtes im Planetensysteme ausgesprochen, welche der Erscheinung eine engere Beziehung zur Erde anweisen. Nach diesen Ansichten wäre das Zodiakallicht ein nebelartiger Ring, der nicht die Sonne, sondern vielmehr unsre Erde umgibt. Es wäre ein überraschendes Ergebnis, wenn weitere Forschungen diese Hypothese zur Gewißheit erhöben und damit zeigten, daß der Erdball seit alters von einem ungeheuren Ringe umgeben ist, ohne daß die Menschheit auch nur eine Ahnung davon besaß!

Viertes Kapitel

Die sonnennahen Planeten.

Erst Empfindung, dann Gedanken,
Erst ins Weite, dann zu Schranken,
Aus dem Wilden hold und mild
Zeigt sich dir das wahre Bild.

Acht Millionen Meilen legen wir von der Sonne zurück und vor uns schwebt eine kleine sonnenbeleuchtete Welt. Eine kleine Welt, sage ich, denn sie ist klein im Verhältnis zu unserer Erde; ihr Durchmesser kommt kaum $^2/_5$ des Erddurchmessers gleich, und ihre Rauminhalt wird demnach 16—17 mal von dem unserer Erde übertroffen.

Wenige haben in ihrem Leben diesen Weltkörper von der Erde aus erblickt. Sein Name „Merkur" ist vielleicht das einzige, was manche von ihm wissen, und etwa noch, daß er von den Alten auch als Morgen= und Abendstern be= zeichnet wurde. Die Ursache seiner seltenen Sichtbarkeit liegt in seiner großen Nähe bei der Sonne. In seiner weitesten Abweichung entfernt er sich auf 16—17°, nie über 20° von der Sonne und erscheint darum stets tief am Horizont in den Strahlen der auf= oder unter= gehenden Sonne. In unsern Gegenden, wo der Horizont fast niemals dunstfrei erscheint, dürfte es selbst wenig Astronomen geben, die den Merkur mehr als einige= mal mit unbewaffnetem Auge ge=

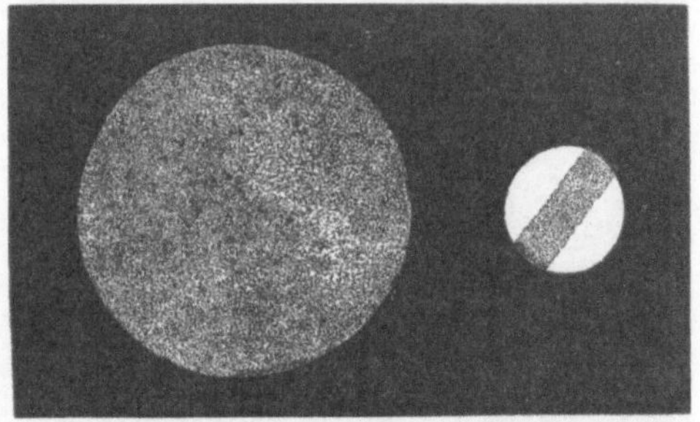

Erde und Merkur in ihrem wahren Größenverhältnis.

sehen. Unter dem wolkenreinen Himmel des Südens zeigt er sich dagegen trotz des umgebenden Dämmerlichtes in so strahlendem Glanze, daß die Alten ihm den Namen des „Funkelnden" gaben. Für uns ist freilich durch die Entdeckung des Fernrohrs ein Mittel gegeben, diesen schwer zugänglichen Planeten in den Bereich der Beobachtung zu ziehen, indem man ihn einfach am Tage aufsucht, zu welcher Zeit er, wenn man seinen Ort am Himmelsgewölbe kennt, selbst mit einem kleinen Instrumente leicht gesehen werden kann.

Einen Planeten nannte ich den Merkur, und das ist er in der Tat. Seine Bewegung am Himmel, seine wechselnden Lichtphasen, seine Vorüberbergänge vor der Sonnenscheibe, legen dafür ein hinreichendes Zeugnis ab.

Phasen des Merkur, abends nach Sonnenuntergang.

Die Figuren zeigen uns den Merkur, wie er von der Erde aus abends und morgens sich im Fernrohre darstellt. Die erste Figurreihe (Fig. oben) zeigt uns den Merkur, wie er nach Sonnenuntergang sichtbar ist, zuerst als kleine helle, fast ganz runde Scheibe, ähnlich dem Monde ein paar Tage vor dem Vollmonde. Nach und nach wird diese Scheibe von Osten her schmäler, bis sie zu der Zeit, in welcher sich Merkur scheinbar am weitesten von der Sonne entfernt hat, sich als Halbkreis darstellt. Von jetzt ab wird die Gestalt des Planeten mehr und mehr sichelförmig, und er nähert sich wieder der Sonne, bis er schließlich als ganz schmaler Lichtfaden in den Strahlen der Sonne verschwindet. Kurze Zeit darauf findet man ihn morgens an der andern Seite der Sonne wieder, und seine Lichtgestalten folgen sich nun in genau umgekehrter Ordnung wie eben beschrieben. Das

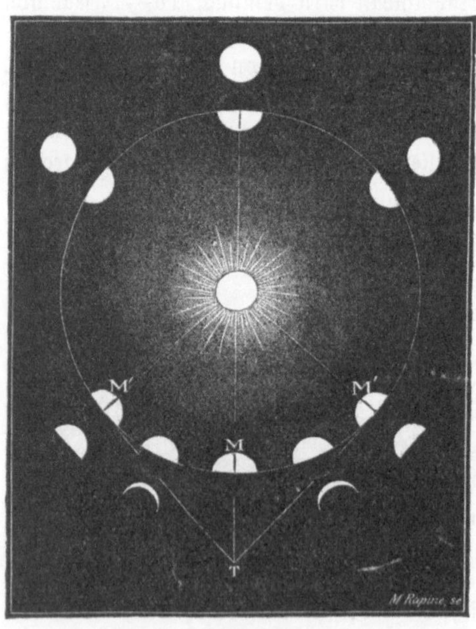

Erklärung der Merkurphasen.

Spiegelbild der obigen Figur würde die Phasen des Merkur als Morgenstern zeigen. Die Gesamtfolge dieser Lichtgestalten beweist, daß Merkur ein kugel=

förmiger, an und für sich dunkler Körper ist, der sich um die Sonne bewegt und von dieser erleuchtet wird.

Man begreift ohne Schwierigkeit, daß ein Beobachter, der von der Erde aus den Planeten in seinen verschiedenen Stellungen verfolgt, je nach diesen einen ungleich großen Teil der erleuchteten Seite wahrnehmen wird. In umstehender Figur (S. 142) bezeichnet die strahlende Scheibe in der Mitte die Sonne, der Kreis sei die Bahn des Merkur und in T der Ort der Erde. Wenn sich Merkur in M befindet, also zwischen Sonne und Erde, so wendet er letzterer seine dunkle Seite zu und ist deshalb für uns nicht als leuchtender Körper sichtbar. In dieser Stellung sagt man, der Planet befinde sich in unterer Konjunktion mit der Sonne. Lassen wir nun den Planeten über M' seine Bahn durchlaufen, so sehen wir sofort, daß die Gesichtslinie TM' von der Erde aus ein immer breiteres Stück der erleuchteten Hemisphäre abschneidet, bis endlich in der

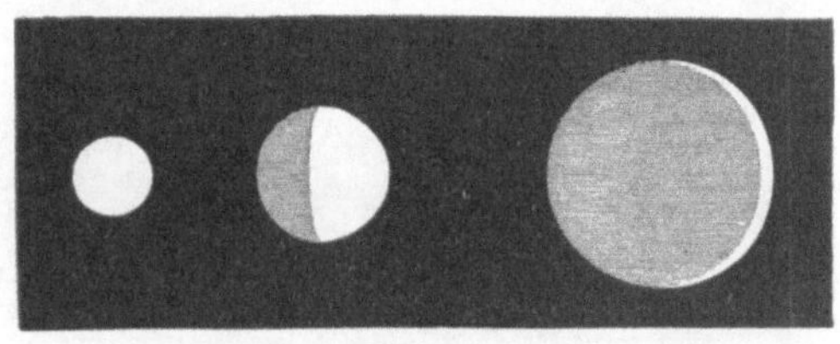

Scheinbare Größen der Merkurscheibe in größter, mittlerer und kleinster Entfernung von der Erde.

Stellung Erde, Sonne, Merkur letzterer seine volle Scheibe der Erde zuwendet. Man sagt dann, Merkur steht in oberer Konjunktion mit der Sonne. Es ist klar, daß jetzt seine Scheibe für den Anblick von der Erde aus weit kleiner erscheinen muß, als nahe bei der unteren Konjunktion, weil er nun um den ganzen Durchmesser der Merkurbahn, oder um beiläufig $15\frac{1}{2}$ Millionen Meilen weiter von der Erde entfernt steht, als im letzteren Falle. Zu gewissen Zeiten steht Merkur bei seiner unteren Konjunktion in gerader Linie zwischen Erde und Sonne, so daß er sich dann auf der Sonnenscheibe projiziert und, weil er seine Nachtseite der Erde zukehrt, als schwarzer Punkt auf dem leuchtenden Sonnengrunde erscheint. Man sagt dann, es finde ein Durchgang des Merkur statt oder ein Vorübergang vor der Sonne. Ein solcher Durchgang ist übrigens niemals dem bloßen Auge sichtbar, sondern kann nur am Fernrohre beobachtet werden, das man natürlich zum Schutze vor der Sonne mit einem Blendglase versehen muß. Der letzte Merkurdurchgang fand statt am 10. November 1894. Man hat zur Zeit des Durchganges in der schwarzen Scheibe des Merkur bisweilen einen hellen Schimmer bemerkt, doch scheint das nach den neuesten Beobachtungen lediglich Täuschung zu sein. In obenstehender Figur ist das Verhältnis der scheinbaren Größe der Merkurscheibe bei größter, mittlerer und kleinster Entfernung von der Erde dargestellt. Seine größte Entfernung von der Erde beträgt 219, seine kleinste 80 Millionen Kilometer. Die Bahn, welche Merkur um die Sonne beschreibt, ist kein genauer Kreis, sondern merklich elliptisch. Nimmt man, wie dies in der Astronomie immer geschieht, die mittlere Entfernung der Erde von der Sonne zur Einheit, so beträgt die mittlere Entfernung des Merkur von der Sonne oder die halbe große Achse seiner Bahn 0,387 und die Exzentrizität derselben in Teilen dieser halben großen Achse 0,2056, oder beiläufig $^1/_5$. Von der Sonne entfernt er sich bis zu 69,8 und nähert sich ihr bis auf 46,0 Millionen Kilometer. Die Zeit, welche Merkur gebraucht, seine Bahn einmal zu durchlaufen, mit anderen Worten also seine siderische Umlaufszeit, beträgt 87 Tage 23 Stunden 15 Min. 34 Sek.

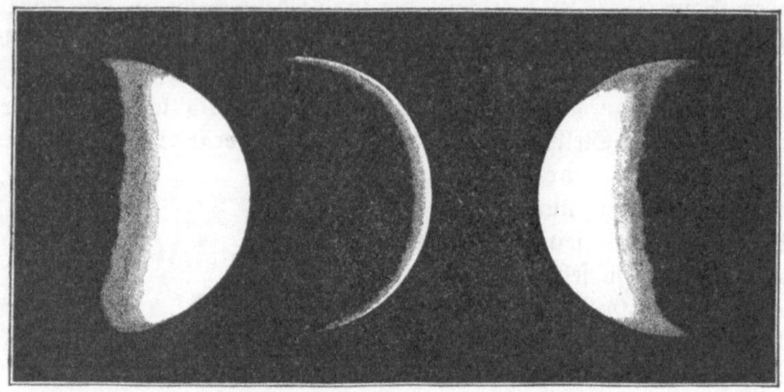

Sichelgestalten des Merkur. Nach Schröter.

Betrachten wir jetzt den Merkur als Planeten-Individuum genauer. Nach Bessels Messungen ist sein scheinbarer Durchmesser in mittlerer Entfernung von der Erde gleich 6,7 Bogensekunden, woraus ein wahrer Durchmesser von etwa 4850 Kilometer folgt. Die Oberfläche dieses Planeten beträgt hiernach $^1/_7$ der Erdoberfläche oder ungefähr nur so viel, als unsre Erdteile Afrika und Amerika zusammengenommen. Die Masse Merkurs ist schwer zu bestimmen, man nimmt gegenwärtig an, daß sie ungefähr $\frac{1}{6000000}$ der Sonnenmasse beträgt. Der Planet hätte hiernach ungefähr die gleiche durchschnittliche Dichte wie unsre Erde.

Wegen seines starken Glanzes und seiner großen Nähe bei der Sonne, endlich auch wegen der geringen Größe des Planeten sind genaue Beobachtungen der Oberfläche des Merkur schwierig.

Harding und Schröter glaubten 1801 einen dunklen Streifen auf der Merkurscheibe wahrzunehmen; spätere Beobachter konnten aber in dieser Beziehung nichts Näheres konstatieren und im allgemeinen blieb der Planet wenig beobachtet. Im Jahre 1881 begann jedoch Schiaparelli in Mailand den Merkur ausdauernd zu verfolgen und nahm bestimmte Flecke auf dessen Scheibe wahr, die ihn zu dem völlig unerwarteten Resultate führten, daß der Merkur sich in der nämlichen Zeit einmal um seine Achse dreht, die er gebraucht, um einen vollen Umlauf um die Sonne auszuführen. Gleichwie der Mond unserer Erde stets die nämliche Seite zuwendet, so kehrt auch Merkur der Sonne immer die gleiche Seite zu. Es gibt also für den Merkur eine Hemisphäre, welche ewige Nacht hat und eine andere, die ununterbrochen von den glühenden Strahlen der Sonne getroffen wird. Nur eine Zone, welche diese beiden Hemisphären trennt, sieht die

Sonne auf= und untergehen. Dieses Rotationsverhältnis des Merkur zeigt, daß auf jenem Planeten eine ganz andere Naturökonomie vorhanden sein muß als auf der Erde; für uns Menschen wäre Merkur kein geeigneter Aufent= haltsort.

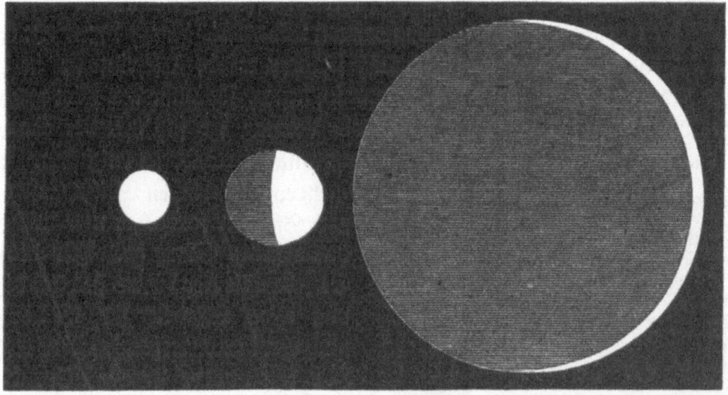

Scheinbare Größe der Venus in größter, mittlerer und kleinster Entfernung von der Erde.

Aber begeben wir uns weiter in den Weltraum hinaus. Vor uns schwebt die Venus, als Abend= und Morgenstern wegen der Schönheit ihres Lichtes gefeiert seit alten Zeiten, jetzt als ein mächtiger Ball fast von der Größe unsrer Erde erscheinend. Keine der planetarischen Welten gelangt in eine solche Nähe zu unsrer Erde als diese, die zu gewissen Zeiten sich bis auf 41 Millionen Kilo= meter ihr nähert, freilich zu andern auch wieder auf 258 Millionen Kilometer von ihr entfernt.

Die halbe große Achse ihrer Bahn oder ihre mittlere Entfernung von der Sonne beträgt 0,7233 der mittleren Entfernung der Erde von der Sonne, und diese Bahn kommt unter allen Planetenbahnen der Kreisform am nächsten, da ihre Exzentrizität nur 0,0068 beträgt. Von der Sonne kann sich also Venus bis auf 108,9 Millionen Kilometer entfernen und ihr andernfalls bis auf 107,4 Millionen Kilometer nähern. Die wahre Umlaufsdauer der Venus um die Sonne beträgt 224 Tage 16 Stunden 48 Minuten 8 Sekunden.

Wie weit der Unterschied der scheinbaren Größe dieses Planeten geht, zeigt vorstehende Figur (S. 145); überhaupt ist Venus unter allen Planeten derjenige, welcher die größten Unterschiede in seinem scheinbaren Durchmesser darbietet. Die Phasen der Venus sind wegen ihrer größeren Nähe bei der Erde weit auffälliger als diejenigen des Merkur; sie wurden im Jahre 1610 von Galilei mit Hilfe des neu erfundenen Fernrohrs zum erstenmal gesehen und sofort als einer der wichtigsten und eklatantesten Beweise des Kopernikanischen Planeten= systems erkannt. Da der Planet Venus selbst in seiner größten Erdnähe nur wenig über eine Bogenminute groß erscheint, so sind seine Phasen mit bloßem Auge nicht sichtbar. Dennoch wollen einige Beobachter die Sichelgestalt der

Venus deutlich mit unbewaffnetem Auge gesehen haben, was sich wohl so er=
klärt, daß sie den Planeten in verlängerter Gestalt, statt von runder Form er=
blickten.

Indes gerade der Lichtglanz, den wir bei der Beobachtung der Venus für
so günstig zu halten geneigt sind, macht ihre Erforschung schwieriger und erfolg=
loser als die manches dunkleren und ferneren Planeten. Lange bevor ein andrer
Stern an unserm lichten Abendhimmel sichtbar wird, erscheint sie in ihrem
Glanze, und nur selten sind die Zeiten, in denen sie nicht am Morgen= oder
Abendhimmel leuchtet. Bis auf 48 Grade vermag sie sich von der Sonne zu
entfernen und so dem Bereiche jedes Dämmerungsstrahles zu entziehen. Selbst

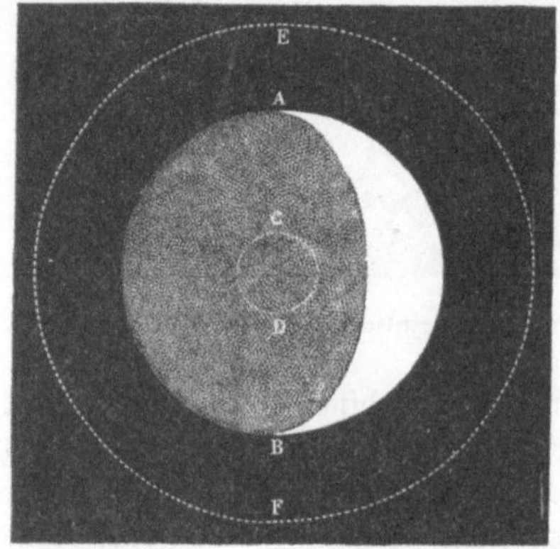

Phase der Venus bei ihrer größten Helligkeit.

in ihren schwächsten Lichtphasen, als
zarte Sichel, sendet sie uns noch einen
blendenden Glanz zu. Für die beste
Sichtbarkeit der Venus hat sich die Zeit
von etwa 35—38 Tagen vor oder
nach ihrer unteren Konjunktion ergeben.
Ihr scheinbarer Durchmesser, der in
der unteren Konjunktion auf 66 Se=
kunden anwachsen kann, beträgt dann
etwa 40 Sekunden, und die Breite des
erleuchteten Teiles mißt sogar nur
10 Sekunden. In dieser Stellung ist
also zwar nur der vierte Teil der Venus=
scheibe erleuchtet, aber infolge der
großen Erdnähe zeigt diese schmale
Sichel ein so intensives Licht, daß sie in Abwesenheit der Sonne selbst
Schatten wirft. Diese günstigen Bedingungen der Sichtbarkeit, die natür=
lich nur für das unbewaffnete Auge gelten, müssen ungefähr aller 29 Monate
wiederkehren. Die größte Sichtbarkeit der Venus tritt sogar nur nach je acht
Jahren ein, da dies die Periode ist, nach welcher die Konjunktionen der Venus
nahezu an denselben Stellen des Himmels wiederkehren. Zu diesem Zeitpunkte
kann sogar die Venus am hellen Mittage sichtbar werden, und diese wunderbare
Erscheinung hat zu allen Zeiten die Aufmerksamkeit der Völker erregt, zu Zeiten
sogar, wo man glauben sollte, daß durch die großartigsten Ereignisse der Menschen=
geschichte der Sinn für die Erscheinungen am Himmel abgestumpft gewesen wäre.
So erzählt Arago, daß General Bonaparte, als er sich einst nach dem Palais
Luxembourg begab, wo das Direktorium ihm ein Fest geben wollte, in lebhaftes
Erstaunen darüber geriet, daß die versammelte Volksmenge auf der Straße
mehr Aufmerksamkeit einer Stelle des Himmels über dem Palaste, als seiner
Person und seinem glänzenden Generalstabe zuwandte. Auf seine Nachfrage
erfuhr er, daß man dort, obgleich es doch Mittag war, einen hellen Stern er=
blicke, den man für den Stern des Besiegers von Italien hielt — eine An=
spielung, setzt Arago hinzu, die dem gefeierten Feldherrn selbst nicht gleichgültig

ſchien. Dieſer Stern war die Venus. Zu den merkwürdigſten Erſcheinungen der Venus in ihrem größten Lichte gehört jene, von welcher Riccioli erzählt und wonach am 21. Februar 1587 der Planet in Italien als Abendſtern ſo hell erſchien, daß alle von ihm beſtrahlten Gegenſtände deutliche Schatten warfen.

Das glänzende Licht der Venus im Mai 1609 galt nachträglich bei dem unwiſſenden Volke und den ebenſo unwiſſenden Machthabern Frankreichs als Vorbedeutung des Todes Heinrichs IV. Am 5. Februar 1630 erſchien die Venus ſo hell, daß ſie in Tübingen um Mittag geſehen wurde. Als am 1. November 1700 der Planet Venus zu Madrid am hellen Tage wahrgenommen wurde, glaubten viele dieſe Erſcheinung mit dem an dieſem Tage erfolgenden Tode des Königs Karl II. in Verbindung bringen zu müſſen.

Die Sichtbarkeit der Venus bei hellem Tage am 21. Juli 1761 iſt des halb bemerkenswert, weil ſie gleichzeitig von dem unwiſſenden Pöbel Londons und (nach Bruces Bericht) von den Völkern Abeſſiniens als Wunder angeſtaunt wurde.

Ausſehen der Venusſichel im Frühjahr 1881.
28. März 6¹/₂ Uhr, 31. März 6³/₄ Uhr, 5. April 6¹/₄ Uhr.

An Größe ſteht Venus der Erde nur ſehr wenig nach, indem ihr Durchmeſſer 12 040 Kilometer beträgt. Dieſer Planet iſt zudem vollkommen kugelförmig und endlich iſt die durchſchnittliche Dichte ſeiner Materie kaum von derjenigen der Erde verſchieden, wahrſcheinlich ein wenig geringer. Die Maſſe der Venus in Teilen der Sonnenmaſſe ausgedrückt iſt $\frac{1}{408000}$.

Die Venus beſitzt wahrſcheinlich eine ſehr dichte Atmoſphäre. Wir wiſſen, daß man aus der genau bekannten Stellung der Venus zur Sonne und Erde zu jeder Zeit imſtande iſt, auf das genaueſte ihre Lichtgeſtalt zu berechnen. Nichtsdeſtoweniger aber erblickt man die Venusſcheibe in einem ſehr matten Schimmer beträchtlich über die durch Rechnung beſtimmte Grenze hinaus; ſo ſah Mädler 1849, als Venus ſich nahe bei ihrer untern Konjunktion befand, daß die erleuchtete Sichel ſich weit über den Halbkreis ausdehnte, und Lymann ſah im Dezember 1866 bei ſehr ſchmaler Sichel den Umkreis der ganzen Venus scheibe in mattem Lichte. Endlich hat man bei dem Durchgang von 1874 und 1882 den Umfang der Venusscheibe schon wahrnehmen können, als der Planet selbst eben anfing in die Sonnenscheibe einzutreten, der größere Teil derselben also noch außerhalb der Sonne stand. Auch ist es einigen Astronomen aufgefallen, daß der äußere, der Sonne zugekehrte Teil der Venus stets in einem weit helleren Lichte erscheint, als der gegenüberliegende Rand, welcher die Grenzlinien zwischen Tag und Nacht, die Örter der aufgehenden und untergehenden Sonne für die Venus bezeichnet. Man hat daher mit vollem Rechte diesen Lichtschimmer mit unsrer Dämmerung verglichen und angenommen, daß die Sonnenstrahlen, wenn sie den Rand des Venuskörpers streifen, in einer Atmosphäre gebrochen werden und so Punkte beleuchten, über welche sie sonst hinweggegangen wären. Herschel glaubte schon auf bedeutende Wolkenbildungen in dieser Atmosphäre schließen zu müssen und auch Vogel und Lohse kommen zu dem Resultate, daß Venus von einer Atmosphäre umgeben ist, in der eine sehr dicke und dichte Schicht von Kondensationsprodukten schwebt. Das Spektrum der Venus ist vollkommen mit dem der Sonne übereinstimmend, was vielleicht daher rührt, daß die Sonnenstrahlen nur bis zu einer gewissen Tiefe in die Atmosphäre dieses Planeten eindringen und größtenteils an der Wolkenschicht reflektiert werden.

Aber es gibt noch andre Beobachtungen, die, völlig unerklärt, auf ganz eigentümliche Verhältnisse des Planeten hindeuten. Sie betreffen einen seltsamen aschfarbenen Schimmer, in welchem sich die dunkle Seite der Venus bisweilen selbst am hellen Tage zeigt, in Stellungen dieses Planeten, wo er doch nur zu einem Teile vom Sonnenlicht erhellt sein kann. Zu zweifeln ist an dem Tatsächlichen dieser Beobachtung nicht, denn sie ist seit 1739 mehr als 20 mal von glaubwürdigen Astronomen gemacht worden. In den Tagebüchern der ältern Berliner Sternwarte findet sich vom 7. Juni 1720 die Stelle des damaligen Direktors Kirch: „Heute fand ich Venus in einer Gegend, wo der Himmel nicht sehr klar war. Der Planet war schmal, sein Durchmesser 65″ und es schien mir sehr, als ob ich seinen dunklen Teil sähe, wiewohl mir dies sehr unglaublich vorkommt.“

Am 20. Oktober 1759 mittags 12 Uhr 45 Minuten sah Andreas Mayer zu Greifswald an einem sechsfüßigen Birdschen Passageninstrumente dieselbe Erscheinung; neben der intensiv leuchtenden Sichel war der ganze übrige Teil der Planetenscheibe deutlich sichtbar. Im Frühlinge und Sommer 1796 sah Graf von Hahn mehrere Male die ganze dunkle Scheibe der Venus oder einen Teil derselben.

Am 24. Januar 1806 beobachtete Harding zu Göttingen die Venus mit einem zehnfüßigen Herschelschen Spiegelteleskope. Er sah die ganze Kugel des Planeten und zwar den von der Sonne erleuchteten Teil in mattem, aschgraulichem Lichte, das sich von dem dunklen Himmelsgrunde deutlich abhob.

Im Jahre 1806 den 14. Februar, abends 7 Uhr, erblickte Schröter in Lilienthal die Venus in einer Höhe von 10°, die Luft war in Gärung. Dessenungeachtet

erschien sie aber mit 150 maliger Vergrößerung unter voller Öffnung des vor=
züglichen 15 füßigen Reflektors in ihrer sichelförmigen Gestalt ungemein deutlich,
scharf und schön begrenzt, beide Hörner liefen fein regulär und spitzig ab.

„Ohne daß ich aber", sagt Schröter, „weiter an etwas dachte, fiel mir,
nach so sehr vielen, in meinem aphroditographischen Fragmenten angeführten
und zum Teil mit dem 27 füßigen Reflektor unter 20 zölliger Öffnung geschehenen
Beobachtungen der sichelförmigen Gestalten und atmosphärischen Dämmerung
der Venus zum erstenmale die ganze, nicht von der Sonne erleuchtete übrige
Kugel in ihrer nächtlichen Gestalt, in äußerst mattem, dunklem Lichte ins Gesicht.
Täuschung war es indessen nicht, weil ich sie gegen das starke Licht der erleuch=
teten Tagesseite gerade ebenso merklich kleiner als deren Umkreis erblickte, wie
solches mit unbewaffnetem Auge bei dem sichelförmig erleuchteten Monde der
Fall ist, und weil ich diese leichterklärbare optische Täuschung nicht wegbringen
konnte, ich mochte es mir vorstellen wie ich wollte."

Das sind ältere Beobachtungen der merkwürdigen Erscheinung; ähnliche
Wahrnehmungen sind aber auch in neuerer Zeit wiederholt gemacht worden.

Wir haben in ähnlichem Lichte die dunkle Seite unsres Mondes in den
ersten Tagen nach dem Neumonde schimmern sehen; aber hier war es der Wider=
schein des Erdenlichtes, welcher diesen Schein erklärte. Die meisten Astronomen,
darunter Olbers und William Herschel, haben in einer eigentümlichen Phos=
phoreszenz des Venuskörpers eine Erklärung der Erscheinung gesucht; andre
haben angenommen, daß die ganze Atmosphäre des Planeten bisweilen der
Schauplatz von Lichtentwickelungen sei, die sich am besten mit denen vergleichen
lassen, welche die Nordlichter auf der Erde erzeugen; aber diese Erklärungen
sind doch eigentlich nichts andres als Umschreibungen der Erscheinung, wodurch
für das Verständnis nichts gewonnen wird.

Im 17. und 18. Jahrhundert haben verschiedene Beobachter zu Zeiten in
der Nähe der Venus einen kleinen Stern wahrgenommen und diesen als Tra=
banten oder Mond derselben angesehen. Seltsamerweise konnten aber die
neueren Astronomen mit ihren besseren Ferngläsern keine Spur eines Venus=
mondes auffinden. Die merkwürdigsten Vermutungen wurden deshalb über den
angeblichen Venusmond ausgesprochen, bis 1887 P. Stroobant überzeugend
nachwies, daß jene Sterne, welche die Beobachter im 17. und 18. Jahrhundert
nahe bei der Venus sahen, nichts andres gewesen sind als bestimmte Fixsterne,
in deren Nähe der Planet zufällig stand.

Bestimmte Flecken, die deutlich ins Auge fallen, zeigt die Scheibe der Venus
nicht. Was die früheren Beobachter in dieser Beziehung wahrzunehmen glaubten,
ist sicher Täuschung gewesen. Schiaparelli hat im Laufe langer und aufmerk=
samer Beobachtungen nur selten bestimmte (hell und dunkel) Flecke auf der Scheibe
der Venus erkennen können und kommt zu dem Resultate, daß dieser Planet
sich ebenso wie Merkur in der gleichen Zeit um seine Achse dreht, also er zu
einem Umlauf um die Sonne gebraucht.

Einen letzten Gruß noch, ehe wir scheiden, der strahlenden Venus! Ein

Denkzeichen einer der schönsten und glänzendsten Taten der Wissenschaft steht sie da. Sie war es ja, die in ihren Durchgängen durch die Sonnenscheibe das Mittel bot, den Abstand der Sonne von der Erde zu bestimmen und damit einen Maßstab zu gewinnen, mit dem jetzt der Astronom das ganze Weltgebäude durchmißt! Nun aber weiter hinaus in den dunklen Raum! Bald ist die weite Einöde durchflogen, und es taucht bereits der wohlbekannte Erdball aus der Nacht herauf. Vom Sonnenglanz umflossen schwebt er jetzt vor uns, und deutlich unterscheiden wir bereits Länder und Meere. Wohl lockt uns die Sehnsucht nach den heimatlichen Fluren, aber vorwärts mahnt der Gedanke, in die ferne Fremde geht unser Flug. Hinter uns entschwindet die Erde. Schon ist sie in Nacht versunken und schimmert nur noch als ein Stern unter Sternen. Da taucht vor uns ein fremder, in wunderbar rotem Lichte glänzender Weltkörper auf. Hier wollen wir Halt machen.

Mehr als 30 Millionen Meilen sind wir jetzt von der Sonne entfernt, und kaum noch halb so groß erscheint ihre Scheibe, als wir sie von der Erde her zu sehen gewohnt sind. Der rote Weltkörper vor uns ist der Mars. Er bewegt sich in einer elliptischen Bahn um die Sonne, welche die Erdbahn umfaßt und ist der erste oder nächste der oberen Planeten, deren Sonnenumläufe die Bahn unsrer Erde umschließen.

Ich sagte zuvor einmal, daß es kein romantisches Gebiet sei, durch das der Weg uns anfangs führen werde. Aber einen historischen Schauplatz haben wir betreten, bedeckt mit den Trophäen, den Denksteinen unsterblicher Taten des menschlichen Geistes. Je weiter wir vorschreiten, desto zahlreicher werden diese Denksteine uns entgegentreten, desto lebendiger werden sie sprechen von den Siegen, die hier errungen. Auch dieser Mars ist ein solcher Denkstein. An seinen Namen knüpft sich eine Entdeckung, die zu den herrlichsten aller Zeiten zählt. An ihm fand der unsterbliche Kepler jene Gesetze, durch welche der Wissenschaft gleichsam erst der Himmel erschlossen ward, da sie seine Ereignisse begreifen und durch Maß und Zahl beherrschen lehrten.

In einem Zeitraum von 1 Jahr 321 Tagen 17 Stunden 30 Minuten 41 Sekunden durchläuft Mars seine Bahn um die Sonne, in Abständen, die wegen der außerordentlich exzentrischen Gestalt seiner Bahn zwischen 249 und 206 · 5 Millionen Kilometer wechseln. Dem irdischen Beobachter erscheint er als ein auffallend roter Stern, in der günstigsten Stellung von erster Größe, aber in seinen weiteren Abständen bis zur dritten Größe herabsinkend. Die rote Farbe erwähnen schon die ältesten Nachrichten. Die alten Griechen und die Hebräer nannten Mars den Feurigen, im Sanskrit wird er Rotkörper oder brennende Kohle genannt und in der Planetenverehrung der Sipasier unter dem Namen Bahram mit einer roten Krone dargestellt. Hinsichtlich des Erscheinens seiner Gestalt zeigt auch dieser Planet Phasen, die aber niemals zu einer wirklichen Sichelgestalt anwachsen, ja niemals auch nur jene Gestalt überschreiten, welche der Mond uns drei Tage nach dem Vollmond darbietet. Der Durchmesser seiner Scheibe mißt zwischen 3,3 und 23 Sekunden, in einem mittleren Abstande, dem der Sonne von der Erde gleich, 9,35 Sekunden. Sein wirklicher Durchmesser berechnet sich daraus auf nahezu 6780 Kilometer. Er ist also einer der kleinsten unter den älteren Planeten, an Körperinhalt kaum ein Siebentel der Erde fassend. Eine sichere Bestimmung seiner Masse war lange Zeit hindurch unmöglich; man schätzte sie auf etwa $^2/_{15}$ der Erdmasse. Die Entdeckung zweier Monde, welche den Mars umkreisen, hat es jedoch er= möglicht, die Masse dieses Planeten mit einem hohen Grade von Genauigkeit zu bestimmen, sie beträgt $\frac{1}{3093500}$ der Sonnenmasse oder etwa $^1/_9$ der Erdmasse.

Wenn sich Mars in seiner Erdnähe befindet, so erreicht seine Scheibe einen scheinbaren Durchmesser von $23^1/_2{''}$ und man kann dann auf ihr schon mit kleinen Ferngläsern mehrere helle und dunklere Flecke unterscheiden. Wendet man starke Ferngläser an und vor allen Dingen, versteht man astronomisch zu beobachten und die wahrgenommenen Erscheinungen zu verfolgen, so kann man nach und nach eine reiche Mannigfaltigkeit auf der Marsscheibe sehen, nämlich Flecke, die man als Eisfelder, Festländer und Meere gedeutet hat.

Kein Planet hat seine Naturverhältnisse dem Auge des Beobachters so offen dargelegt als der Mars; doch darf man nicht glauben, daß man bloß zum Fernrohre — und wäre es auch das größte, welches existiert — zu treten brauche, um gleich alle Kontinente und Meere des Mars wie auf einer Zeichnung ausgebreitet zu sehen. So einfach und leicht ist das astronomische Sehen und Beobachten durchaus nicht, vielmehr sind auch hier Geduld und Ausdauer er= forderlich, selbst um dasjenige wiederzusehen, was bereits andre gesehen haben!

Zunächst fällt bei Betrachtung des Mars in die Augen, daß an einer Stelle des Randes seiner Scheibe, bisweilen auch an zwei einander gegenüber liegenden Punkten, helle, weiße Flecken sichtbar sind. W. Herschel, der dieselben genauer in den Jahren 1781 und 1783 beobachtete, fand, daß sie abwechselnd größer und kleiner werden. Der nördliche Fleck ist am größten, wenn die Nordhemi= sphäre des Mars Winter hat, am kleinsten zur Sommerszeit derselben; der südliche Fleck ist am größten während der Winterszeit der südlichen Marshalb= kugel und am kleinsten zur Sommerszeit derselben. Herschel schloß hieraus, daß diese weißen Flecken Eis= oder Schneemassen seien und die Lage der Pole des Mars bezeichneten. Diese Deutung hat sich in allen folgenden Beobachtungen und Untersuchungen bewährt, so daß sie jetzt allgemein angenommen wird. Die späteren genaueren Untersuchungen von Schiaparelli und Lowell haben ergeben, daß die südliche Eiszone des Mars in der zweiten Hälfte ihres Sommers fast gänzlich zusammenschmilzt und erst wieder beträchtlich größer wird, wenn sie in ihren Winter rückt. Die nördliche Schneezone zeigt sich dagegen erst um die Mitte ihres Winters ansehnlich groß und bleibt dann ziemlich unverändert. Dies deutet nach Lowell darauf, daß im Herbste des Mars an dessen Nordpol die Wassermenge erheblich geringer ist als in den südlichen Polargegenden. Diese Deutung findet ihre Bestätigung in der Tatsache, daß auf der nördlichen Marshemisphäre ausgedehnte gelblich rötliche Regionen die Polarzone umgeben, d. h. Regionen, die man als Festländer ansehen darf, während ausgedehnte dunkle Flecken, die wahrscheinlich Meere sind, vorzugsweise auf der südlichen Marshälfte angetroffen werden. Von diesen dunklen Flecken sind einige schon mit mäßig großen Ferngläsern zu sehen. Da sie sich regelmäßig über die Marsscheibe fortbewegen, so haben sie schon vor 250 Jahren dazu gedient, nachzuweisen, daß Mars sich um seine Achse dreht. Die genaueren Beobachtungen der neueren Zeit ergeben für diese Achsendrehung, also für die Dauer von Tag und Nacht auf dem Mars, den Zeitraum von 24 Stunden 37 Minuten. Der erste, welcher die Flecke der Marsscheibe genauer beobachtete und eine Karte der Marsoberfläche entwarf, war Mädler, dessen bezügliche Beobachtungen in die Jahre 1830 bis 37 fallen. Nach ihm haben nicht wenige Astronomen dem Planeten Mars ihre Aufmerksamkeit zugewendet, allein wirkliche Fortschritte unsrer Kenntnis der Zustände auf diesem Weltkörper beginnen erst mit dem Jahre 1877, als Schiaparelli in Mailand seine seitdem viele Jahre hindurch fortgesetzten Beobachtungen und Untersuchungen des Mars anfing. In jenen Jahren kam Mars der Erde sehr nahe, und Schiaparelli benutzte diese günstige Gelegenheit, um mit Hilfe eines vorzüglichen Fernrohrs, begünstigt von dem klaren Himmel der Lombardei, eine auf sorgfältigen Messungen beruhende Karte des Mars zu entwerfen, welche diejenige von Mädler weit übertrifft. Er hat auch den einzelnen Flecken der Marsoberfläche Namen gegeben, die meist der alten Geographie und Mythologie entlehnt sind. Die dunklen Flecken werden von ihm als wasserbedeckte Regionen betrachtet, die hellen als Festländer oder Inseln. Der größte Teil des Ländergebietes auf dem Mars ist nach Schiaparelli in einer Zone längs des Äquators zusammengefaßt, doch befinden sich auf der südlichen Halbkugel andere Ländergebiete, welche in zwei ziemlich parallele Zonen zerfallen.

Zwischen der Äquatorialzone und den gemäßigten südlichen Breitengraden liegt eine Reihe von inneren Meeren, unterbrochen durch lange Halbinseln, die sich meist von NW nach SO erstrecken. Große zusammenhängende Kontinente kommen auf dem Mars nicht vor, denn die ganze trockene Oberfläche dieses Planeten ist von vielen Meeresarmen oder Kanälen durchschnitten und wird dadurch in große Inseln zerlegt. Diese Kanäle können mit der Straße von Malakka oder dem Roten Meere verglichen werden, sind also sehr große Meeresteile, und man darf bei ihnen nicht etwa an unsere künstlichen Kanäle denken. Als Mars 1879 der Erde wiederum nahe kam, hat Schiaparelli seine Untersuchungen desselben erfolgreich fortgesetzt und eine Karte des Mars entworfen, die hier getreu reproduziert ist.

Die früher gesehenen Flecken wurden von Schiaparelli diesesmal wiedergefunden, außerdem aber zeigten sich noch neue Kanäle und Abzweigungen von früher gesehenen. Bei der nächsten Erdnähe des Mars im Winter 1881—82 erblickte Schiaparelli alle früher gesehenen dunklen Flecken und Streifen auf dem Mars mit großer Deutlichkeit, aber seit Mitte Januar sah er zu seiner Überraschung, daß mehrere Kanäle aus feinen Doppellinien bestanden, und diese Verdoppelung der Marskanäle trat bei der Marsopposition von 1888 noch in vermehrtem Maße auf, während sie 1886 fast völlig fehlte. Seitdem haben

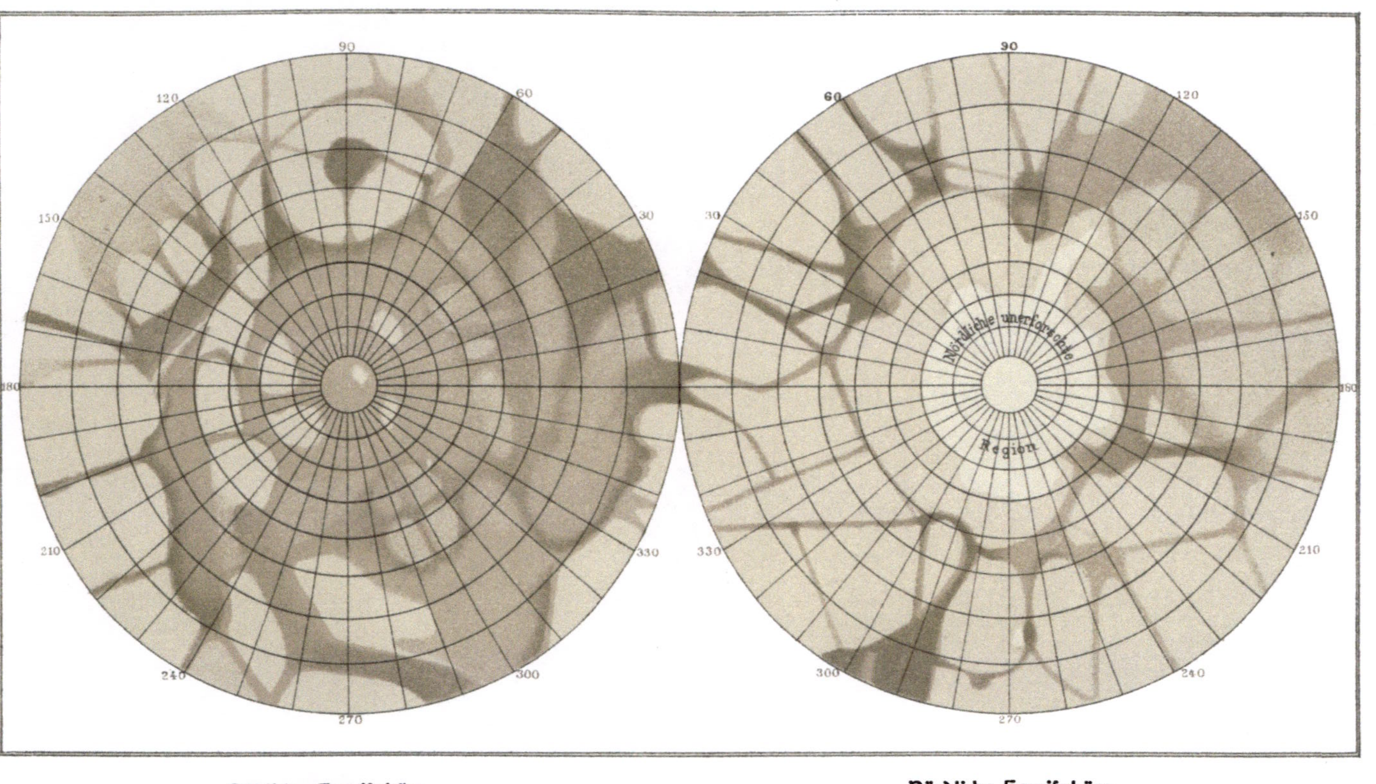

Die Hemisphären des Mars 1879.
Nach J. V. Schiaparelli.

auch andere Beobachter die Doppelkanäle des Mars gesehen, ja die Anzahl der letzteren ist außerordentlich groß geworden. Es läßt sich denken, daß auch zahlreiche Hypothesen und Erklärungen dieser merkwürdigen Erscheinung aufgestellt wurden, und wenn man vernimmt, daß die meisten Kanäle, einfache wie doppelte, eine Art geometrischer Anordnung zeigen, indem sie in schnurgeraden Linien die Festländer des Mars durchziehen und vielfach einander in bestimmten Punkten schneiden, welche kleinen runden Flecken gleichen, also wohl kleine Seen sind, so wird man nicht erstaunt sein, daß allen Ernstes ein künstlicher Ursprung dieses ungeheuren Kanalnetzes angenommen wurde. Hiernach haben die Marsbewohner, um das kostbare Wasser dem Innern ihrer trockenen Festländer zuzuführen, die Kanäle gegraben, und auch die zeitweise Verdoppelung läßt sich von diesem Gesichtspunkte aus recht wohl begründen. Nur eine Schwierigkeit haftet dieser Hypothese an, es ist die ungeheure Größe der Kanäle. Das Menschengeschlecht würde nicht imstande sein, solche künstliche Veranstaltungen auszuführen, und wir müßten demnach den Marsbewohnern technische Fertigkeiten zuschreiben, welche weitaus diejenigen der Menschen übertreffen. Indessen hat man darauf aufmerksam gemacht, daß die Marskanäle durchaus nicht in der Breite, wie wir sie sehen, als tiefe Gräben betrachtet zu werden brauchen, indem der eigentliche Kanal d. h. die wasserführende Vertiefung in jedem Falle sehr schmal und uns ganz unsichtbar sein kann. Was wir als dunkle Linien sehen, wäre vielmehr ein breiter Vegetationsstreifen rechts und links neben dem wasserführenden Kanale. Was endlich die Verdoppelung der Kanäle anbelangt, so ist diese in einzelnen Fällen vielleicht vorhanden, aber bei den meisten, besonders den sehr feinen Kanälen, beruht sie auf optischer Täuschung. Was die sogenannten Meere des Mars anbelangt, so sind sie höchstwahrscheinlich keine tieferen ozeanischen Becken wie unsere Weltmeere, sondern flache, sumpfige, mit Vegetation bedeckte Gebiete, in denen der freie Wasserspiegel nur auf beschränkten Flächen anzutreffen ist.

Da jedenfalls auf dem Mars Wasser vorhanden ist, so besitzt er auch eine Atmosphäre, aber diese ist selten von großen Wolkenmassen erfüllt. Nur von Zeit zu Zeit hat man über verschiedenen Gebieten des Mars helle, kleine Flecken gesehen, die sich rasch änderten und welche man als Wolken anspricht. So sehen wir, daß der Planet Mars zwar manche Ähnlichkeit mit unsrer Erde besitzt, daß er aber in wichtigen Punkten auch sehr von ihr abweicht. Jedenfalls ist anzunehmen, daß die dort vorhandene Menge freien Wassers im Vergleich zu den Wasserschätzen, welche unsere Erde besitzt, nur sehr gering ist. —

Nach einem etwaigen Trabanten des Mars hat man schon früh gesucht, aber selbst Herschel konnte mit seinen großen Teleskopen keine Spur eines Marsmondes entdecken. Es galt daher zuletzt für erwiesen, daß Mars nicht von einem Monde begleitet sei, ja einzelne Schriftsteller suchten sogar nachzuweisen, weshalb Mars keinen Mond haben könnte. Bei der sehr günstigen Opposition des Jahres 1877 zeigte sich das Irrige dieser Anschauungen. Damals war in Washington bereits der 26zöllige Refraktor von Clark aufgestellt und A. Hall benutzte ihn, um nochmals gründlich nach etwaigen Marsmonden zu suchen. Seine Hoffnungen waren dabei von vornherein so gering, daß er fast seinen Vorsatz wieder aufgegeben hätte. Am 10. August begann er die nächste Nachbarschaft um den Mars zu durchmustern, und in der folgenden Nacht gegen $2^1/_2$ Uhr morgens notierte er u. a. auch ein feines Sternchen 71" nordöstlich von dem Planeten. Die nächste Nacht war trübe, und erst am 15. konnte die Arbeit wieder aufgenommen werden; allein ein Gewittersturm, der abends ausbrach, hatte die Atmosphäre in schlechten Zustand versetzt, und Mars sah so verwaschen aus, daß eine genaue Prüfung aussichtslos war. Am 16. August wurde das Objekt wiedergefunden, und zwar auf der nachfolgenden Seite des Planeten, auch zeigten die Beobachtungen dieser Nacht, daß es sich mit dem Planeten bewege. Am folgenden Abende, als Prof. Hall auf diesen (äußeren) Satelliten wartete, sah er den inneren. Die am 17. und 18. August angestellten Beobachtungen nahmen jeden Zweifel über den Charakter beider Objekte und ihre Entdeckung wurde am letzten Tage vom Admiral Rodgers veröffentlicht.

Die Entfernung des äußeren Mondes vom Zentrum des Mars beträgt 3,458 Halbmesser des Mars oder 23300 Kilometer, diejenige des innern 1,385 Marsdurchmesser oder 9300 Kilometer, ja dieser letztere Mond kann einem Punkte der Marsoberfläche bis auf 6000 Kilometer nahe kommen: das ist eine Entfernung geringer als diejenige von England nach der Südspitze Afrikas. Der äußere Marsmond läuft um seinen Planeten in 30 Stunden 18 Minuten in der Richtung von West nach Ost. Da sich nun Mars selbst in 24,6 Stunden in gleicher Richtung um seine Achse dreht, so kommt der genannte Mond für einen Beobachter auf dem Mars scheinbar nicht so rasch vorwärts als seiner wahren Geschwindigkeit entspricht, er braucht vielmehr 132 Stunden um wieder in dieselbe Himmelsrichtung zu gelangen. Für den innern Mond tritt sogar, vom Mars gesehen, die Eigentümlichkeit ein, daß seine Bewegung derjenigen des äußeren entgegengesetzt ist. Seine Umlaufszeit beträgt nämlich nur $7^2/_3$ Stunden, er bewegt sich also stündlich um einen Bogen von nahezu 47 Grad ostwärts, während Mars sich nur stündlich um $14^3/_5$ Grad dreht. Daher kann die wahre Bewegung des innersten Marsmondes nicht durch die Umdrehung des Mars selbst verdeckt werden. Die etwaigen Bewohner des Mars sehen also ihren nächsten Mond abweichend von allen übrigen Himmelskörpern im Westen auf= und im Osten untergehen.

Gleich nach Entdeckung der Marsmonde tauchten viele Vorschläge zu Namen für dieselben auf. Hall wählte die von Madan in Eton vorgeschlagene Benennung Deimos für den äußern, Phobos für den innern Mond. Diese Namen Furcht und Schrecken, sind der griechischen Mythologie entlehnt, wo sie die Söhne des Ares bezeichnen, die sein Gespann anschirren, während er selbst sich zum Kampfe rüstet.

Wenn man glauben wollte, daß die beiden Marsmonde die Nächte dieses Planeten in irgend erheblicher Weise erhellten, so würde dies sehr irrig sein. Deimos befindet sich, wie sich durch Rechnung feststellen läßt, für einen Ort der

Marsoberfläche 72 Stunden lang unter dem Horizonte und nur 60 Stunden über demselben; Phobos $6^1/_2$ Stunde unter und $4^1/_2$ Stunde über dem Horizont. Endlich zeigen die Monde einem Beobachter auf dem Mars nie Volllicht, weil sie alsdann im Schatten des Hauptplaneten stehen und folglich verfinstert sind. Mars sieht also nur die Phasen seiner Monde; und den Polargegenden desselben sind diese überhaupt unsichtbar. Die wirklichen Durchmesser beider Monde sind zudem sehr gering, von der Erde aus erscheinen sie nur als Punkte, aber man hat aus ihrer geringen Helligkeit geschlossen, daß der äußere Mond höchstens 2, der innere $1^1/_2$ deutsche Meilen im Durchmesser hat.

Wir sehen, welche wundervolle und reiche Mannigfaltigkeit der Planet Mars unserm Forschen darbietet, aber dennoch hat diese Welt etwas uns gewissermaßen heimatlich Erscheinendes im Vergleich zu den Bildungen, auf welche wir weiterhin treffen werden.

Ein weiter, dunkler Raum, lange für eine öde Wüste gehalten und auch jetzt nur durch die Wissenschaft mit einer Schar seltsam kleiner Weltkörper bevölkert, trennt uns noch von einem Reiche wunderbarer, gewaltiger Gestalten, für welche der irdische Maßstab nicht mehr ausreicht. Diese weite, 74 Millionen Meilen umfassende Kluft, welche die erdeverwandten, sonnennahen Planeten von den fernen Riesenwelten unsres Systems scheidet, ist das Ziel unsres nächsten Ausfluges.

Fünftes Kapitel

Die Planetoiden.

So im Kleinen ewig wie im Großen
Wirkt Natur, wirkt Menschengeist, und beide
Sind ein Abglanz jenes Urlichts droben,
Das unsichtbar alle Welt erleuchtet.

Die Geschichte des Weltraumes zwischen dem eben verlassenen Mars und dem noch 74 Millionen Meilen fern von uns schwebenden Jupiter ist eine der anziehendsten Episoden in der Geschichte der Wissenschaft, und nirgends tritt so deutlich die Bereitwilligkeit hervor, mit welcher der Zufall seine Hand bietet, sobald die Hilfsmittel der Beobachtung und die theoretische Kenntnis der Gesetze gemeinsam in ein gewisses Stadium ihrer Entwickelung getreten sind.

Allen wichtigen Wendepunkten in der Geschichte der Wissenschaft pflegt ein allgemeines, ahnungsvolles Drängen auf ein nahes, wenn gleich oft kaum erreichbar scheinendes Ziel voranzugehen. Jenes dunkle philosophische Vorgefühl der Alten von dem Dasein zahlreicher ungesehener Planeten im Himmelsraume war seit Kepler zu einer bewußten, auf kosmische, freilich noch nicht wissenschaftlich zu begründende Verhältnisse gestützten Vermutung geworden. Seit man die Abstände der Planeten voneinander genauer kennen gelernt hatte, mußte auch die große Lücke zwischen Mars und Jupiter immer auffälliger erscheinen. Ein mystisches Zahlenspiel war es zwar zunächst, worin jene Ahnung ihren Ausdruck fand. Die Sphärenharmonie der Alten war noch nicht ganz verklungen, und der bezaubernde Sang der Sirenen, denen Plato einst ihren Sitz auf den Planetensphären angewiesen hatte, hallte selbst noch in den Ohren eines Kepler wider. Es waren Analogien der Tonverhältnisse mit den Abständen der Planeten, auf welche der berühmte Entdecker der Gesetze der Himmelsbewegungen die kühne Vermutung der Existenz eines noch ungesehenen Planeten in der großen planetenlosen Kluft zwischen Mars und Jupiter gründete. Die wissenschaftliche Weltanschauung entkleidete sich im Laufe der Jahrhunderte ihres poetischen Schmuckes, und um die Mitte des 18. Jahrhunderts begegnet uns nur noch ein nüchternes Zahlenspiel. Der Wittenberger Astronom Titius machte um diese Zeit den Versuch, die Abstände der Planeten auf eine Zahlenreihe zurückzuführen. Wenn man den Abstand des äußersten Planeten Saturn von der Sonne in 100 Teile einteilt, sagte er, so kommen vier solche Teile auf den Abstand des Merkur, $4 + 3 = 7$ derselben auf den Abstand der

Venus, $4 + 6 = 10$ auf den der Erde, $4 + 12 = 16$ auf den des Mars. Dann aber tritt eine Lücke in dieser Reihe ein, die durch Verdoppelung der Unterschiede fortschreitet. Erst Jupiter und Saturn entsprechen wieder weiteren Gliedern derselben. Jene Lücke, welcher die Zahl 28 für den Abstand von der Sonne entsprechen sollte, glaubte nun Titius mit den unbekannten Trabanten des Mars oder des Jupiter ausgefüllt. Auch andre Astronomen begannen sich mit solchen Reihen zu beschäftigen, und vor allen Bode, nach dem sogar diese Reihe den Namen des Bodeschen Gesetzes erhielt.

Gleichwohl schien jenes Zahlenspiel durch Herschels Entdeckung eines neuen Planeten an den Grenzen unsres Systems eine gewisse Bestätigung zu erhalten; denn auch der Uranus paßte in die Reihe. Die Erwartung, nun jene Lücke zwischen Mars und Jupiter durch eine ähnliche Entdeckung ausgefüllt zu sehen, ward immer lebhafter, und wenn auch die Philosophen der damaligen Zeit, selbst der große Philosoph von Königsberg, sich schnell jeder Sorge durch den Gedanken zu entledigen wußten, daß der vermutete Planet von der gewaltigen Masse des Jupiter aufgezehrt sei, so glaubten die Astronomen bescheiden seine Abwesenheit aus den Mängeln der bisherigen Beobachtung zu erklären. Für die Astronomen galt es also, Versäumtes nachzuholen, und dazu rüstete man sich in der Tat mit einem bewundernswürdigen Eifer. Am 21. September des Jahres 1800 trat sogar eine Gesellschaft von Astronomen zu dem Zwecke einer systematischen Aufsuchung des zwischen Mars und Jupiter vermuteten Planeten zusammen. Ehe aber noch diese Gesellschaft ihre Tätigkeit entfalten konnte, kam ihr der Zufall zuvor.

Es war am ersten Tage des 19. Jahrhunderts, am 1. Januar 1801, als dem Astronom Piazzi in Palermo, der sich bereits seit neun Jahren mit der Aufstellung seines berühmten Sternverzeichnisses beschäftigte, beim Aufsuchen eines kleinen Sternes im Stier der Zufall jenen lange gesuchten Stern in das Feld seines Fernrohrs führte. Ohne eine Ahnung von der Bedeutung seiner Beobachtung zu haben, notierte er nur die Stellung dieses Sternes, der etwa achte Größe zeigte. Auch als er am andern Abende nach seiner Gewohnheit, jede Bestimmung zu wiederholen, den Stern aufs neue beobachtete und eine auffallende Abweichung von der ersten Beobachtung erkannte, glaubte er die Ursache nur in Fehlern seiner Notierung sehen zu dürfen. Als sich aber diese Ortsveränderung in den folgenden Tagen wiederholte, und zwar mit unverkenn= barer Regelmäßigkeit, konnte er sich nicht mehr die freudige Gewißheit verbergen, daß er die Entdeckung eines wirklichen Wandelsternes gemacht habe. Nur dar= über durfte er noch im Zweifel bleiben, ob er es mit einem eigentlichen Planeten oder mit einem eigentümlichen schweiflosen Kometen zu tun habe. Es war, wie die Folge lehrte, in der Tat ein Planet, der noch heute den Namen führt, den ihm der Entdecker gab: es war die Ceres.

Leider versäumte Piazzi, in dem Verlangen, mit der Ehre der Entdeckung auch die Ehre der ersten Berechnung zu vereinigen, die sofortige Veröffentlichung seiner Entdeckung. Erst am 24. Februar gab er Bode eine Nachricht. Aber ehe bei der Langsamkeit des damaligen Verkehrs, der zumal durch die Napoleonischen Kriegswirren noch erschwert wurde, diese Nachricht nach Deutschland gelangte, waren drei Monate vergangen, und die Ceres hatte sich längst wieder in den Sonnenstrahlen verborgen. Ihr Wiederauffinden schien abermals dem Zufalle anheimgegeben, und das war eine trostlose Aussicht. Die Lehre von der Bahn= bestimmung der Himmelskörper lag damals noch sehr im argen. Durch die unsterblichen Taten eines Kepler und Newton war man allerdings in den Stand gesetzt, die Bahnen der Planeten mit großer Genauigkeit zu berechnen, aber nur mit Hilfe der bekannten Umlaufszeiten. Wenn ein Weltkörper sich nur auf kurzen Bahnstrecken der Beobachtung zugänglich erwies, wie die Kometen, sah man sich gezwungen, die wahre elliptische Bahnform durch eine parabolische zu ersetzen und so ins Unbestimmte, Unendliche hin auszudehnen, um wenigstens für den kurzen Lauf in der Nähe der Sonne genügende Bestimmungen zu er= langen. Bei dem von Herschel entdeckten Planeten Uranus, waren die Schwierig= keiten nicht bedeutend, teils wegen der nahezu kreisförmigen Gestalt seiner Bahn, teils weil seine Lichtstärke und die Langsamkeit seiner Bewegung sein Wiederauffinden wesentlich erleichterten. Ganz anders gestaltete sich die Lage für die Entdeckung Piazzis. Hier war ein Himmelskörper nach nur wenigen Tagen der Beobachtung verloren gegangen. Hier also trat in unerbittlicher Strenge die Forderung an die Astronomen des 19. Jahrhunderts, die Lösung des großen Problems zu vollbringen: die geschlossene Bahn eines Weltkörpers zu bestimmen aus Beobachtungen, die nur wenige Tage umfassen. Gelang diese Lösung nicht — und die größten Astronomen bezweifelten sie — so war der eben gewonnene Fund vielleicht unwiederbringlich verloren. Da war es einer der größten Geister aller Jahrhunderte, der kaum 24 jährige Gauß, welcher die Lösung jenes für unlösbar gehaltenen Problems vollzog. Gauß berechnete nach seinen Formeln die Bahn und den scheinbaren Ort der Ceres und veröffentlichte seine Untersuchungen. Aber die Astronomen hatten so wenig Vertrauen zu der Arbeit des jungen, unbekannten Mannes, daß sie dieselbe nicht einmal genauer ansahen. Nur Olbers in Bremen, seines Standes Arzt, aber einer der tüch= tigsten damaligen Himmelsforscher, prüfte die Untersuchung von Gauß genauer und überzeugte sich von ihrer großen Bedeutung. Er legte sie seinen Nach= forschungen zum Grunde und fand in der Tat am 1. Januar 1802 die Ceres sehr nahe an dem Orte, welchen die Formeln von Gauß ihr anwiesen. Das war der größte Triumph für den Mathematiker und die Wissenschaft, und von besonderer Bedeutung deshalb, weil es in der Folge nicht bei einem Planeten zwischen Mars und Jupiter blieb, sondern eine ganze Schar derselben aufgefun= den wurde, deren Bahnen sich gegenseitig durchkreuzen.

Wenige Monate nach dieser glücklichen Tat führte der Zufall den Bremer Olbers zu einer neuen Entdeckung. Als er am 28. März 1802 die Ceres be= obachtete, bemerkte er ganz in ihrer Nähe einen kleinen Stern, der nach seiner genauen Kenntnis dieses Teils des Himmels nie zuvor dort gestanden haben konnte. Fortgesetzte Beobachtungen erwiesen bald die Beweglichkeit dieses Ge=

ſtirns. Es war ein Glück, daß die Ceres damals bereits wiedergefunden war, ſonſt hätte die Verwirrung noch dadurch geſteigert werden können, daß man dieſen zweiten Planeten, zumal bei der auffallenden Ähnlichkeit der Bewegungen für eine Wiedererſcheinung des erſteren gehalten hätte. Dabei lag zugleich etwas Überraſchendes und ganz allen damaligen Vorſtellungen von der Weltordnung Widerſprechendes in dem Gedanken, daß man in jener Lücke zwiſchen Mars und Jupiter nun ſtatt eines Planeten zwei oder wohl gar mehrere neben und miteinander kreiſende erblicken ſollte. Der neue Planet erhielt den Namen Pallas.

Der ſeltſame Umſtand, daß zwei Planeten nahe in derſelben mittleren Entfernung ihre Bahnen um die Sonne durchlaufen, die Kleinheit dieſer Körper, die nur mit Teleſkopen geſehen werden konnten, die eigentümliche Lage ihrer Bahnen, die an einer Stelle einander faſt begegnen, das alles leitete Olbers auf den Gedanken, daß man hier vielleicht nur die Bruchſtücke eines größeren, durch irgend eine unbekannte Kataſtrophe zertrümmerten Planeten vor ſich habe. Es lag alſo die Vermutung nahe, daß noch andere ſolche Bruchſtücke durch ein aufmerkſames und zweckmäßig geordnetes Suchen am Himmel gefunden werden möchten. Es war aber auch ferner notwendig, wenn die Olbersſche Anſicht die richtige war, daß die Bahnen aller dieſer Planetenbruchſtücke ſehr nahe in denjenigen Punkten des Raumes zuſammentreffen mußten, wo die Kataſtrophe des urſprünglichen Planeten ſtattgefunden hatte. Für Ceres und Pallas waren es die Sternbilder des Walfiſches und der Jungfrau, in welchen eine ſolche Annäherung ſtattfand, und dieſe Sternbilder mußten es alſo auch ſein, auf welche die fernere Aufmerkſamkeit der Planetenſucher ſich zu richten hatte.

Jedenfalls war es jetzt nicht mehr ein bloßer Zufall zu nennen, wenn Harding in Lilienthal bei der Vergleichung ſeiner zu dieſem Zwecke angefertigten Himmelskarten mit dem Himmel ſelbſt am 1. September 1804 in den Fiſchen einen Stern ſiebenter bis achter Größe auffand, den er bald als einen neuen Planeten, den dritten in der Gruppe zwiſchen Mars und Jupiter erkannte. Es ſchien zugleich, als ob die Olberſche Hypotheſe durch dieſe Entdeckung eine gewiſſe Beſtätigung erhalten ſollte, da die Berechnung zeigte, daß auch die Bahn dieſes Planeten, der den Namen Juno erhielt, die Ebene der Ceresbahn nicht weit von dem Orte kreuzte, an welchem auch die Pallasbahn der Bahn der Ceres ſich näherte. Aber eine neue ſcheinbare Beſtätigung ward dieſer Hypotheſe durch Olbers ſelbſt. Am 29. März 1807 entdeckte er in dem Sternbilde der Jungfrau, alſo an einer der beiden Stellen des Himmels, die er ſelbſt der Nachforſchung empfohlen hatte, den vierten Planeten in dieſer Reihe, die Veſta.

Ich möchte den Leſer aber keineswegs zu dem irrigen Glauben verleiten, als ob Vermutungen in der Wiſſenſchaft ſtets von ſolchen glücklichen Erfolgen gekrönt wären. Die Hemmniſſe und Nachteile, die ſie der Forſchung bereiten, ſind weit häufiger und weit bedeutender. Auch hier blieben ſie nicht aus. Es iſt klar, daß durch jene Anſicht, alle noch zu entdeckenden Himmelskörper jener Gruppe müßten einmal in ihrem Laufe um die Sonne die Sternbilder der

Jungfrau und des Walfiſches paſſieren, der Nachforſchung gewiſſe Schranken gezogen und damit die Ausſichten auf Erfolg notwendig verringert werden mußten. Nachdem daher Olbers und Harding jahrelang den Himmel auf das ſorfältigſte durchſucht hatten, ohne neue Planeten zu finden, begann man ſich allmählich an den Gedanken zu gewöhnen, daß die Zahl dieſer Welten nun abgeſchloſſen ſei.

Der lange Zeitraum der Ruhe, welcher jetzt eintrat, wurde durch ein Unternehmen ausgefüllt, das weſentlich dazu beitrug, eine neue Epoche der Entdeckungen herbeizuführen. Es war die Ausführung genauer Sternkarten, welche die ganze Äquatorialzone des Himmels in einer Breite von 30 Graden und alle Sterne von erſter bis neunter Größe umfaſſen ſollten. Beſſel in Königsberg hatte ſie angeregt, die Akademie der Wiſſenſchaften in Berlin übernahm die Herausgabe. Dieſe Karten gelangten auch in die Hände von Dilettanten und gewährten in Verbindung mit der gleichzeitigen Verbreitung guter Fernrohre auch dieſen einen Anteil an der aſtronomiſchen Forſchung. Sie geſtatten bei der Treue des Bildes, das ſie von dem betreffenden Teile des Himmels gaben, durch öfteres Vergleichen mit dem wirklichen Himmel jede Veränderung leicht zu ermitteln. Jedenfalls hat die damals ſchon beginnende Verbreitung der aſtronomiſchen Wiſſenſchaft in die verſchiedenſten Kreiſe des Volkes, ihr ſchon durch die vorangegangenen großen Entdeckungen bedingtes Heraustreten aus der Enge der Studierzimmer, einen weſentlichen Anteil an der reichen Entdeckungsepoche gehabt, die mit dem Jahre 1845 ihren Anfang nahm und noch nicht geſchloſſen iſt. Gerade für Dilettanten hatte es etwas beſonders Lockendes, auf eine verhältnismäßig leichte Art ſich einen bleibenden Namen in der Wiſſenſchaft zu erwerben. Es bedarf nämlich dazu nur einer genauen Vergleichung des Himmels im Fernrohre mit der nebenliegenden Karte. Die nachſtehende Figur macht uns das Prinzip bei Aufſuchung eines neuen Planeten deutlich. Wir ſehen rechts den Raum des Himmels, auf welchen das Fernrohr gerichtet iſt, kreisförmig abgegrenzt durch das Geſichtsfeld des Inſtruments. Links liegt die aufgeſchlagene Karte, und zu größerer Verdeutlichung iſt das Geſichtsfeld des Fernrohres durch einen punktierten Kreis bezeichnet. Der Stern, deſſen ſcheinbarer Lauf rechts durch den Pfeil angedeutet iſt, findet ſich nicht in der Karte, welche nur die feſtſtehenden oder Fixſterne enthält: er muß alſo ein Planet ſein.

Einem Dilettanten war es dann auch vorbehalten, die Reihe der Entdeckungen zu eröffnen. Dem ehemaligen Poſthalter Hencke in Driesen glückte es am 8. Dezember 1845, den fünften dieſer Reihe, die Aſträa zu entdecken. Hencke war geboren am 8. April 1793 zu Trieſen in der Neumark, wo ſein Vater die Stelle eines Stadtkämmerers bekleidete. Als freiwilliger Jäger machte er die Freiheitskriege mit, wobei er in der Schlacht bei Lützen verwundet wurde, war dann in einigen Orten Poſtbeamter und wurde zuletzt mit einer kleinen Penſion auf ſeinen Wunſch aus dem Staatsdienſte entlaſſen. Seine Mußeſtunden widmete er der Muſik ſowie der Himmelskunde und beſchäftigte ſich ſeit dem

Jahre 1825 mit Herstellung von Himmelskarten. Ein Fraunhofersches Fernrohr von 72 mm Öffnung war das einzige Instrument, das ihm zu Gebote stand. Sein Bestreben war, alle in diesem Fernrohre sichtbaren Sterne in seine Karten einzutragen. Wie mühsam diese Arbeit sein mußte, läßt sich ermessen, wenn man erwägt, daß das Observatorium dieses Beobachters auf dem Speicher seines kleinen Wohnhauses sich befand!

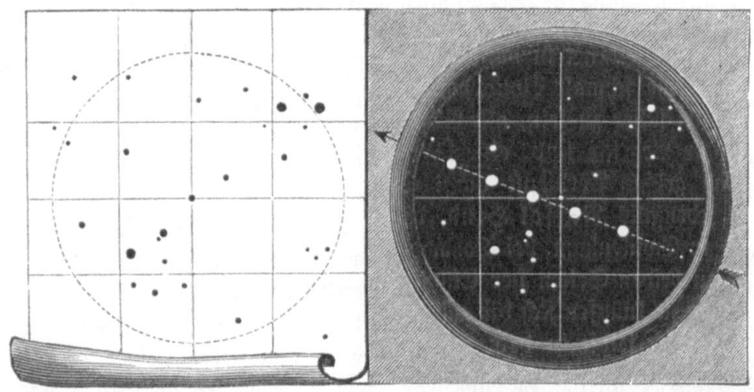

Ekliptische Karte zum Zwecke der Auffindung kleiner Planeten.

In einer Höhe von 1½ m waren an der südlichen Dachseite einige Dach= ziegel so befestigt, daß sie leicht herausgenommen werden konnten; an einer so freiwerdenden Latte wurde eine Nuß angeschraubt, welche eine hölzerne Rinne trug, und in diese wurde das Fernrohr gelegt und mit Bindfaden befestigt. Auf einem nebenstehenden Tische breitete Hencke gewöhnlich seine Karte aus und begann in diese jeden Stern einzutragen, den er in seinem Fernrohr sah. Die spätere Vergleichung der auf solche Weise durchmusterten Himmelsgegend zeigte dann, ob sich unter den eingetragenen Sternen solche befanden, die ihren Ort am Himmel veränderten. So fand Hencke die Asträa, so auch später die Hebe. Ein seltsamer Wettstreit begann jetzt. Astronomen und Dilettanten aller Nationen beeiferten sich, unsre Weltordnung mit neuen Bürgern zu bevölkern. Die Fülle der sich nun drängenden Entdeckungen war also keineswegs mehr ein bloßes Werk des Zufalls, sondern wesentlich eine Folge glücklicher und fleißiger Be= nutzung der vorhandenen Sternkarten.

Wir dürfen uns aber auch die Arbeit, die jetzt noch erforderlich war, keines= wegs gering vorstellen. Die kleinen Planeten, die man entdecken wollte, besitzen meist nur das Licht von Sternen neunter bis elfter Größe. Die besten bis dahin vorhandenen Karten, die Berliner, enthielten aber höchstens nur Sterne neunter Größe. Es galt also mindestens diese zu vervollständigen. Nun umfaßt der Tierkreis, in welchem die Planeten aufzusuchen sind, 24 sogenannte Stunden. Eine der sternärmsten dieser Stunden, die zehnte des Tierkreises, enthält nur zehn dem bloßen Auge sichtbare Sterne, dagegen mehr als 3000 Sterne erster

bis elfter Größe, von denen wieder die Hälfte auf die beiden letzten Größen=
klassen allein kommt. Welche Zeit und Ausdauer gehört also dazu, nicht allein
solche Karten herzustellen, sondern vollends sie mit dem wirklichen Himmel be=
ständig zu vergleichen! Bedeutend vereinfacht wird diese Arbeit allerdings durch
einen Umstand, der aber, so nahe er zu liegen scheint, doch erst spät praktische
Beachtung fand. Wir wissen, daß jede Planetenbahn die Ebene der Erdbahn,
die Ekliptik, notwendig in zwei Punkten schneidet, die man den auf= und nieder=
steigenden Knoten nennt. Mindestens zweimal in seinem Laufe um die Sonne
muß also jeder Planet in der Nähe der Ekliptik gesehen werden. Es ist daher
nur nötig, eine schmale Zone um die Ekliptik mit großer Sorgfalt zu durch=
mustern, um sicher zu sein, alle Planeten im Laufe der Zeit zu entdecken, wenn
sie eben im Begriffe sind, einen der beiden Knoten ihrer Bahn zu passieren.

Das größte Verdienst um die praktische Verwertung dieses Gedankens
gebührt jedenfalls Russel Hind, damals Astronom an der Privatsternwarte
Bishops in Twickenham bei London. Seine Karten umfassen eine Zone von
3 Grad zu beiden Seiten der Ekliptik und enthalten alle Sterne bis zur elften
Größe. An sie knüpfen sich die außerordentlichsten Erfolge; gelang es doch Hind

selbst in dem kurzen Zeitraum von sieben Jahren zehn neue
Planeten zu entdecken! Später begannen auch Chacornac in
Marseille und de Gasparis in Neapel solche und zum Teil
noch umfassendere Ekliptikalkarten zu entwerfen, und auch ihre
Bemühungen wurden reichlich belohnt. Von der Reichhaltigkeit
solcher Sternkarten will ich hier eine Darstellung geben. Wir
sehen hier ein kleines Kärtchen, welches einen Teil des Stern=
bildes der Zwillinge enthält, wie sich dieser dem bloßen Auge

Teil des Stern=
bildes der Zwil=
linge, gesehen mit
bloßem Auge.

darstellt. Dasselbe Stück des Himmels, wie es in dem großen
Foucaultschen Teleskope erscheint, ist weiterhin (auf S. 163) getreu nach
Chacornacs ekliptischem Atlas reproduziert.

Man glaube ja nicht, alle diese Sterne seien nur oberflächlich eingetragen,
um den allgemeinen Eindruck annähernd wiederzugeben, vielmehr ist jedes
Sternchen sorgfältig nach Lage und Helligkeit eingezeichnet, so daß, wenn sich bei
Vergleichung mit dem Himmel ein Sternchen zeigt, das sich nicht in dieser Karte
findet, sofort seine planetarische Natur dadurch höchst wahrscheinlich wird. Ist
aber auch durch solche Hilfsmittel das Aufsuchen von Planeten am Himmel
wesentlich erleichtert und bereits zu einer mehr oder minder bloß mechanischen
Fertigkeit im Vergleichen der Karten mit dem Himmel herabgesunken, so bleibt
doch dem Zufall noch immer ein bedeutender Spielraum, und in der Tat hat
er bisweilen eine merkwürdige Rolle gespielt. Den besten Beweis dafür liefert
ein Ereignis aus dem Leben eines der tätigsten und glücklichsten Planeten=
entdecker, des Malers Hermann Goldschmidt in Paris. Am Abend des
22. Mai 1836 kehrt er in sein bescheidenes, im sechsten Stockwerk gelegenes
Zimmer zurück, das ihm gleichzeitig als Malerwerkstatt, Schlafkammer und
Sternwarte dient. Er findet sein Zimmer gescheuert, und um seine gewohnten

Himmelsbeobachtungen, mit denen er zur Erholung von den Malerarbeiten des Tages oft ganze Nächte ausfüllt, nicht auszusetzen, begibt er sich unter das Dach des Hauses. Er richtet sein Fernrohr aus einer Dachluke von ungefähr auf eine Gegend des Himmels, die er von seinem Zimmer aus nicht einmal hätte sehen können, und — siehe da! — er erspäht einen neuen Planeten, die Daphne!

Teil des Sternbildes der Zwillinge, gesehen mit dem Teleskop.

Neben ihm sind als glückliche Planetenentdecker Luther, Peters und Palisa zu nennen, aber die neu aufgefundenen Planeten waren durchschnittlich immer lichtschwächer als die bereits entdeckten und schließlich eröffnete nur die Benutzung sehr großer Ferngläser die Hoffnung, noch einen oder den andern Planeten auf= finden zu können. Da trat die Photographie hilfreich ein, indem Prof. Max Wolf (Heidelberg) im Jahre 1891 zeigte, daß man unter Benutzung eines Objektivs von kurzer Brennweite und Exponierung von $1^1/_2$ bis 2 Stunden höchst licht= schwache Planeten auffinden könne. Diese letzteren zeigen sich nämlich infolge ihrer Bewegung auf der photographischen Platte als kleine Striche, während die Fixsterne sich mit rundlichen Punkten abbilden. Wolf hat auf dem von ihm gezeigten Wege eine reiche Ernte an neuentdeckten Planeten eingeheimst und

gegenwärtig wird fast ausschließlich diese photographische Methode zur Auf=
suchung von Planetoiden angewandt. Jahr für Jahr vergrößert sich die Zahl
der bekannten kleinen Planeten und noch immer ist kein Ende dafür abzusehen.

Der großen Anzahl dieser Weltkörper entspricht ihre Kleinheit, so daß
Humboldt die kleinsten darüber humoristisch als Halbplaneten begrüßen konnte.
Nur die vier zuerst entdeckten zeigen in den größten Ferngläsern eine kleine
meßbare Scheibe.

Zu der seltsamen Anordnung der Planetoiden in verschiedenen, fast gleich
weit von der Sonne entfernten Ebenen über und untereinander und zu der
langgestreckten Form ihrer Bahnen kommt endlich noch die zwergartige Kleinheit.
Man wird fragen, wie es dann möglich sei, überhaupt eine Andeutung von
ihrer wahren Größe zu erlangen. Aber der Astronom weiß sich zu helfen, auch
wo ihn seine direkten Meßinstrumente verlassen. Hier war es die Helligkeit
dieser Weltkörper, welche ihm Hilfe gewährte. Es ist uns bekannt, daß zwischen
der Helligkeit eines beleuchteten Körpers und der Entfernung seiner Lichtquelle
ein solches Verhältnis besteht, daß er in der doppelten, dreifachen, vierfachen
Entfernung nur $1/4$, $1/9$, $1/16$ des ursprünglichen Lichtes empfängt, und daß er
darum auch dem Auge in der doppelten, dreifachen, vierfachen Entfernung nur
mit $1/4$, $1/9$, $1/16$ seiner früheren Helligkeit erscheint. Man begreift nun, daß es
dem Astronomen auch leicht sein muß, die Helligkeit zu berechnen, mit welcher
ein Planet von bekannter Größe, wie der Mars oder die Venus, einem Be=
obachter auf der Erde erscheinen müßte, wenn dieser Planet an den Ort eines
der Planetoiden versetzt werden könnte. Da nun die Helligkeit dieses letzteren
durch unmittelbare Beobachtung gefunden werden kann, so kennt man auch das
Verhältnis der Helligkeit beider Körper bei gleicher Entfernung von Sonne und
Erde. Es bedarf also nur noch der keineswegs ganz unstatthaften Voraus=
setzung daß auch die Reflexionskraft ihrer Oberfläche nahezu dieselbe ist, um
das Verhältnis der Helligkeiten sofort in ein Verhältnis der erhellten Flächen,
welche sie dem Auge zeigen, umzuwandeln und daraus endlich unmittelbar auf
das Verhältnis der wahren Durchmesser zu schließen. Wenngleich dieses Ver=
fahren allerdings nur annähernde Werte für die Dimensionen dieser Weltkörper
liefert, so dürften sie der Wahrheit immer noch näher kommen, als die meisten
Resultate der ohnehin nur sehr vereinzelten direkten Messungen. Unsre bisherige
Vorstellungen von dem Wesen planetarischer Körper werden durch diese Größen=
schätzungen gewaltig erschüttert. Es wird uns zugemutet, Weltkörper, deren
Durchmesser meist nur zwischen 100 bis 200 Kilometer mißt, bei einzelnen
sogar nur 60 bis 70 Kilometer, bei dem größten, der Ceres, nicht 800 Kilo=
meter übersteigt, Weltkörper deren ganze Oberfläche von manchem kleinen König=
reiche Europas an Ausdehnung übertroffen wird, mit unsrer ganzen massen=
haften Erde in eine Reihe zu stellen. Aber diese Kleinheit der Körpermassen
so außerordentlich sie auch erscheinen mag, darf uns doch so wenig als die
ungewöhnlichen Form= und Neigungsverhältnisse ihrer Bahnen veranlassen,
diese Findlinge der jüngsten astronomischen Wissenschaft aus der Gesellschaft der

älteren Planeten auszuweisen. So dürfte auch der Name „Planetoiden" ihre eigentliche Natur am besten bezeichnen. Hält man an den photometrischen Bestimmungen der Asteroidendurchmesser fest — und sie können von der Wirklichkeit nicht viel abweichen — so findet man, daß die größten Asteroiden, sämtlich vor dem Jahre 1859 entdeckt worden sind, und daß deshalb die Wahrscheinlichkeit, es werde zukünftig noch ein größerer Asteriod gefunden werden, äußerst gering ist.

Die Planetoiden bewegen sich in vielfach durcheinander verschlungenen Ellipsen zwischen den Bahnen des Mars und des Jupiter und nehmen hier einen sehr breiten Gürtel ein, den man die Zone der Asteroiden zu nennen pflegt. Im Jahr 1898 wurde jedoch ein Planetoid entdeckt, dessen Bahn über diesen Gürtel hinausreicht, ja selbst in die Sphäre der Marsbahn eingreift. Dieser kleine Planet — Eros ist er genannt worden — steht im Mittel der Sonne näher als Mars und reicht nur durch seine sehr elliptische Bahn in den Gürtel der Asteroiden hinein. Diese überraschende Entdeckung hat also gewissermaßen die Sonderstellung der Asteroiden erschüttert, ja man ist darauf aufmerksam geworden, daß der Planet Mars durch seine geringe Größe und Masse, sowie durch seine sehr elliptische Bahn Eigentümlichkeiten zeigt, die auf eine gewisse Verwandtschaft mit den Asteroiden hindeuten.

Einem Schwarme zahlreicher kleiner Weltkörper zu begegnen, wo man einen einzigen großen Planeten zu erwarten sich berechtigt glaubt, hat etwas Überraschendes. Dennoch beweist es nichts weiter, als daß die ursprüngliche Bildung der Planetoidengruppe unter Umständen eingetreten ist, welche bei der Bildung der übrigen Einzelplaneten und planetarischen Gruppen im Sonnensysteme nicht in gleicher Weise zusammengewirkt haben. Ein solches Ereignis mußte natürlich mit dem ersten Beginn dieser Entdeckungen die stets an den Pforten der Wissenschaft lauernde Phantasie in Tätigkeit setzen. Wir wollen daher die Strecke, die uns noch von dem nächsten Ziele unsrer Wanderung trennt, mit diesen kosmologischen Träumen ausfüllen.

Schon Olbers stellte zu Anfang des vorigen Jahrhunderts die Vermutung auf, daß diese kleinen Planeten nur die Trümmer eines großen Weltkörpers seien, der durch eine gewaltsame Katastrophe in zahlreiche Stücke zersprengt wurde. Die nahe Übereinstimmung, die sich in den Bahnen der zuerst entdeckten Planeten zeigte, die geringe Abweichung in der Lage ihrer Knotenlinien schien diese Vermutung zu bestätigen. Ein eigentlicher Planet verfolgt bekanntlich, abgesehen von den als Störungen bezeichneten kleinen Abweichungen, beständig denselben Weg, durchläuft bei jedem Umlaufe dieselbe Reihe von Punkten. Im Augenblicke nun, wo nach der Olbersschen Hypothese der große Planet zerbrach, wurde jedes seiner Bruchstücke in vollster Bedeutung des Wortes ein wirklicher Planet und begann die Kurve zu beschreiben, in welcher er seine Bewegung für alle Zeiten auszuführen hatte. Einige Unterschiede in Stärke und Richtung der Kräfte, welche die Trümmer fortschleuderten, konnten merkliche Verschiedenheiten in Gestalt und Lage dieser Bahnen herbeiführen; aber alle diese Bahnen mußten einen

Punkt gemeinsam behalten, nämlich denjenigen, von dem die einzelnen Trümmer ausgegangen waren, um gesondert ihre Bahn zurückzulegen. Die neueren Unter= suchungen über die Bahnnähen der Planetoiden zeigen nun freilich keine Spur eines solchen gemeinschaftlichen Kreuzungspunktes aller Bahnen. Dagegen ließe sich zwar einwenden, daß jene Forderung doch nur für die nächste Folgezeit nach der Katastrophe gelte, da im Laufe der Jahrtausende sich die Bahnen durch die störenden Einflüsse andrer Planeten, besonders des benachbarten Jupiter, ändern und so auch die Knotenpunkte immer weiter auseinanderrücken müßten. Aber auch dann müßte es möglich sein, aus der gegenwärtigen Lage der Planc= toidenbahnen auf eine solche Anordnung derselben in der Vorzeit zurückzuschließen, in welcher eine Hinneigung gegen eine gewisse Region tatsächlich zuträfe. Zu einer solchen Untersuchung fehlen freilich für jetzt noch die Mittel, und damit ist auch von dieser Seite her wenigstens noch keine Bestätigung der Olbers'schen Hypothese zu erlangen.

So haben wir denn eine der interessantesten Episoden aus der Geschichte der astronomischen Forschung kennen gelernt und einige Blicke in eine neue selt= same Welt getan. Jene einst wüsten Räume, welche nur die Geschichte so reich ausgefüllt hat, liegen jetzt hinter uns; wir sind bereits eingetreten in den Be= reich eines gewaltigen Herrschers, dessen Macht wir längst, freilich ohne unser Wissen, selbst in den Fernen unsrer Erdbahn erfuhren. Größere Kontraste, als sie das kaum verlassene und das eben betretene Gebiet des Weltraumes dar= bieten, sind kaum denkbar. Dort ein Schwarm wunderbar kleiner Welten, deren mehr als eine halbe Million erforderlich wären, um die Masse unsres Erdballes herzustellen; hier eine Riesenwelt, die 1300 Erden in sich aufzunehmen vermöchte!

Sechstes Kapitel

Die sonnenfernen Planeten.

Mich zieht es weg, ich darf nicht länger säumen
Und sage mit Besonnenheit:
Das alles kann ein jeder träumen,
Euch ganz allein ist's Wirklichkeit.

Die Erde und ihre Nachbarplaneten sind längst in der Nacht des Himmelsraumes versunken; kaum daß die größten unter ihnen noch gleich kleinen Fixsternen schimmern; der Mars ist dem unbewaffneten Auge völlig entrückt. Die Sonne selbst ist zu einer Scheibe geschwunden, die an Größe kaum noch dem 27. Teil der uns von der Erde her bekannten Sonnenscheibe gleichkommt. Ihr mildes Licht ergießt sich überdie ungeheure Welt des Jupiter, die sich vor uns auftut. In solcher Ferne des Weltraumes, 778 Millionen Kilometer von der Sonne entfernt, hat sich dieser Riesenplanet seine Herrschaft gegründet. Fünf Monde begleiten ihn auf seiner weiten Reise um die Sonne, die fast 12 unsrer Erdenjahre, genau 11 Jahre 314 Tage 20 Stunden 1 Minute $8^{1}/_{2}$ Sekunden währt.

Wir haben uns oft an dem wunderbar ruhigen Glanze dieses schönen Sterns ergötzt, wenn wir ihn am nächtlichen Himmel erblickten. Er erscheint dann zur Zeit seines höchsten Glanzes unter einem Durchmesser von 51 Sek., der sich in weiterer Ferne bis auf 31 Sek. verkürzte. Bei seinem überaus großen Abstande können wir daraus schon auf die wirkliche Größe des Jupiter schließen. In der Tat beträgt sein Äquatorialdurchmesser 144580 Kilometer und da der Polardurchmesser um $^{1}/_{18}$ kürzer ist, so übertrifft Jupiter den Erdball 1357 mal an Volumen. Eine solche Riesengröße läßt auch eine gewaltige Masse dieses Weltkörpers erwarten, die ihre störenden Wirkungen weithin über die fernen kleinen Welten erstrecken muß. Diese Wirkungen, die sich so merklich im Laufe mancher Planeten ausprägen, sind auch das Mittel geworden, seine Masse zu berechnen. An seinen Monden, an den Planeten und Kometen, die in den Bereich seiner Anziehungskraft eintreten, hat man ihn gewogen. Allerdings entspricht diese Masse nicht ganz seiner gewaltigen Größe; sie übertrifft zwar immerhin noch die der Erde um das 318 fache, aber sie müßte sie, nach ihrem körperlichen Inhalte zu schließen, fast 1300 mal übertreffen. Diese verhältnismäßig geringere Masse zwingt uns also, eine geringere durchschnittliche Dichtigkeit des Jupiterkörpers anzunehmen, so daß sie nur etwa $^{1}/_{4}$ der Dichtigkeit unsrer Erde beträgt, kaum $1^{1}/_{3}$ mal die des Wassers übertrifft.

Die Jupiterbahn besitzt nur die Neigung von 1º19′ gegen die Ekliptik; er bewegt sich also nahezu in gleicher Ebene mit unsrer Erde, wie mit den meisten Planeten, und vermag darum wohl ihren Lauf zu beschleunigen und zu verzögern, jedoch nicht die Ebenen ihrer Bahnen zu erschüttern.

Noch fanden wir auf allen den Welten, denen wir bis jetzt begegneten und die uns einen Blick in ihre Naturverhältnisse gestatteten, irdische Erinnerungen geweckt. Wir fanden einen ähnlichen Wechsel von Tag und Nacht, einen ähn= lichen Verlauf der Jahreszeiten, ähnliche Atmosphären und wenigstens Spuren ähnlicher Oberflächengestaltung. Hier beginnt alles fremdartig zu werden. Das zeigt sich schon in den allgemeinsten kosmischen Bedingungen des physischen Lebens auf diesem Weltkörper, in seiner Rotation und Achsenstellung. Wir wissen bereits, wie die Rotation eines Planeten beobachtet und gemessen und ie die Bewegung gewisser mehr oder minder beständigen Flecke auf seiner

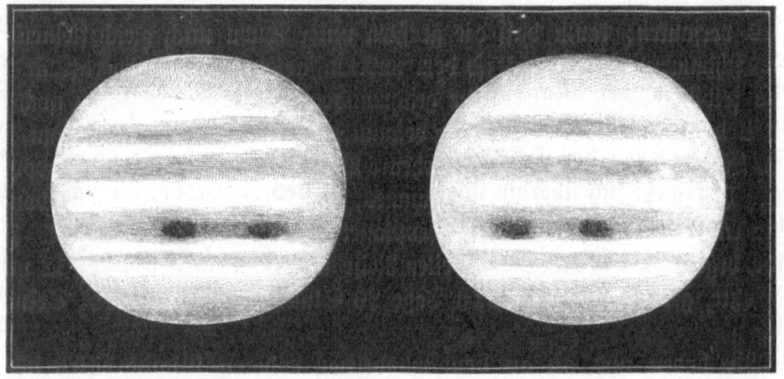

Veränderung der Lage der Jupiterflecke nach 37 Minuten.

Scheibe dazu benutzt wird. Die Jupiterscheibe hat bei der verhältnismäßigen Größe, die sie im Fernrohre zeigt, schon sehr früh eine solche Gelegenheit ge= boten. Schon im Jahre 1665 beobachtete Cassini in Italien einen dunklen Fleck auf der Jupiterscheibe, durch welchen er die Rotation des Planeten be= stimmen konnte. Er fand für die Dauer derselben 9 St. 56 M. Neuere Astro= nomen haben ein etwas abweichendes Resultat erhalten. Airy bestimmte sie zu 9 St. 55′21″, Mädler zu 9 St. 55′26″. Das ist eine Schnelligkeit der Bewegung, eine Kürze der Tage, wie sie bisher ohne Beispiel dasteht unter den Welten, zu denen unsre Wanderung uns führte.

Schon im Fernrohre kann man in kurzer Zeit die Rotation des Jupiter bemerken, indem die Flecke auf seiner Scheibe rasch ihren Ort verändern. Wir sehen hier S. 169 zwei Zeichnungen des Jupiter und seiner Flecke, welche am 23. Dezember 1834 in einem Zeitintervall von 37¹/₄ Minuten von Mädler in Berlin entworfen worden sind. Wir erkennen sofort, daß die beiden dunklen Flecke ihren Ort gegen die Ränder der Scheibe während dieser Zwischenzeit sehr augenfällig verändert haben. In Wirklichkeit durchläuft ein Punkt im

Äquator des Jupiter in jeder Sekunde ungefähr 12 km, etwa 26 mal mehr als ein Punkt im Äquator der Erde. Kaum 5 Stunden verfließen dort zwischen jedem Auf= und Untergang der Sonne, in kaum 5 Stunden durchwandelt das ganze Heer der Sterne den nächtlichen Himmel. Welch einen Anblick muß dieser von Minute zu Minute seine Physiognomie verändernde Sternhimmel gewähren! Und 10470 mal muß dieser Wechsel von Tag und Nacht eintreten, ehe ein einziges dieser langen Jupiterjahre seinen Lauf beschließt! Diese zahl= losen Tage bringen nicht einmal einen merklichen Wechsel. Die geringe Neigung seines Äquators gegen die Ebene seiner Bahn, die nur 3° 6′ beträgt, bedingt eine fast völlige Gleichheit der Tageslängen und verwischt die Unterschiede von Klimaten und Jahreszeiten.

Jupiter und die Erde in ihrem wahren Größenverhältnis.

Unter 60° nördlicher oder südlicher Breite auf der Oberfläche des Jupiter beträgt der Unterschied zwischen dem längsten und kürzesten Tage noch nicht 36 Minuten, und in 3 Grad Entfernung von einem seiner Pole ist die Dauer des längsten Tages erst 21 Stunden.

Ich habe soeben mitgeteilt, daß verschiedene Astronomen die Umdrehungs= dauer des Jupiter bestimmten. Die Resultate dieser Untersuchungen stimmen nahe überein, aber sie zeigen doch Unterschiede, welche größer sind als die möglichen Beobachtungsfehler. Daraus folgt, daß die dunklen Flecke, durch welche man die Rotationsdauer bestimmte, keine festen Punkte, sondern vielmehr atmosphärische Produkte des Jupiter sind, die ihre Lage selbst verändern. Schon im 18. Jahrhundert hat man die Ansicht aufgestellt, daß diese Bewegung der Jupiterflecke von Winden herrühre, die in den Äquatorgegenden des Jupiter ähnlich wie unsre Passatwinde wehen. Aber dieser Ansicht, die auch von Herschel geteilt ward, steht die Richtung der Bewegung entgegen. Während unsre Passatwinde aus einem Zurückbleiben der Atmosphäre hinter der Rotationsbe=

wegung hervorgehen, müßte auf dem Jupiter die Strömung der Luftschichten und Wolken der Rotation voraneilen. Auch die Geschwindigkeit dieser Bewegungen ist außerordentlich groß. Julius Schmidt fand im Jahre 1865 zwei dunkle Flecke auf der südlichen Hälfte des Jupiter, welche sich in jeder Sekunde mit einer Schnelligkeit von 90 bis 100 m von West nach Ost bewegten. Ein gleichzeitig sichtbarer heller Fleck auf der nördlichen Halbkugel des Jupiter besaß eine eigne Geschwindigkeit von ca. 77 m in der Sekunde. Das übertrifft weitaus die Schnelligkeit unsrer wütendsten Stürme. Es bleibt also jedenfalls noch etwas Unerklärliches in dieser Erscheinung zurück. Gleichwohl deuten auch andre Zeichen auf das Vorhandensein äquatorialer Strömungen auf dem Jupiter.

Die rote Wolke auf dem Planet Jupiter im Jahre 1879, gesehen im umkehrenden Fernrohre
(oben Süd, unten Nord).

Man erblickt nämlich stets gegen die Mitte seiner Scheibe zwei ziemlich dunkle graubraune Streifen, welche fast parallel mit dem Äquator verlaufen und zwischen sich eine hellglänzende Zone einschließen. Andre nicht minder deutlich erkennbare Streifen schließen sich an diese an, schmaler und matter werdend, je näher sie den Polen liegen, um hier endlich in ein mattes, bleifarbenes Grau überzugehen. Diese Streifen zeigen sich im allgemeinen sehr beständig, und nur ihre Begrenzungen sind veränderlich.

Sie sind am deutlichsten auf der Mitte der Scheibe und nehmen von hier gegen die Ränder hin ab. Sehr kraftvolle Ferngläser zeigen die Streifen sehr nahe bis zu den Rändern der Scheibe aber auch dann verschwinden sie, ehe sie diese Ränder vollständig erreichen. Die Ursache hiervon ist die dichte Atmosphäre des Jupiter.

Daß in der Wolkenhülle Jupiters äußerst stürmische Vorgänge stattfinden, habe ich schon im allgemeinen erwähnt, ich muß nun aber spezieller auf eine merkwürdige Erscheinung eingehen, die sich im Sommer 1878 zuerst auf dem Jupiter zeigte, und die auch heute noch wahrzunehmen ist. Es ist dies das Auftreten einer ungeheuer großen roten Wolke auf der südlichen Hemisphäre des Jupiter. Trouvelot in Cambridge schätzte im Jahre 1878 ihren Durch= messer auf $1/5$ des Jupiterdurchmessers. Die Farbe dieses mächtigen Gebildes spielte ins Rosenrote und trat sehr intensiv hervor, weil die Wolke sich auf einem etwas hellweißen Hintergrunde projizierte. Ihre Gestalt war eiförmig und die große Achse schien ein wenig gegen die Richtung der Streifen geneigt zu sein. Veränderungen im Aussehen dieser Wolke fanden nur sehr allmählich und in geringem Maße statt, auch hat sie ihren Ort auf dem Jupiter nicht sehr verändert. Lohse fand, daß der rote Fleck, wenn er infolge der Rotation an dem Rande der Jupiterscheibe erschien, alsdann in hohem Grade seine Intensität und Färbung verlor, ein Anzeichen, daß wahrscheinlich über ihm sehr dichte Gas= oder Dampfmassen lagerten. Die Oberfläche dieses roten Fleckes ward nach zahlreichen Messungen auf nicht weniger als 10 000 000 Quadratmeilen ge= schätzt, also größer als die ganze Erdoberfläche.

Es ist schwierig, bei dem gegenwärtigen Zustande der Forschung eine ein= wurfsfreie Hypothese über die Natur dieser roten Wolke und über die physische Konstitution des Jupiter überhaupt aufzustellen. Prof. Hough, welcher an dem großen Refraktor zu Chicago den Jupiter anhaltend untersucht hat, glaubt, daß sich die sämtlichen wahrgenommenen Erscheinungen am besten durch die Annahme erklären, daß die Oberfläche des Jupiter von einer glühendflüssigen Masse be= deckt wird und daß sowohl der rote Fleck als die übrigen rotbraunen und dunklen Flecke wie ein Streifen aus einer Materie von etwas niedrigerer Temperatur bestehen. Über dieser glühendflüssigen Oberfläche hätte man ferner eine dichte Atmosphäre anzunehmen, in welcher die äquatorialen weißen Flecken entstehen, die wolkenartiger Natur sind. Hiernach wäre also Jupiter auch heute noch eine Art von kleiner Sonne, die zwar kein nennenswertes Licht in den Weltraum ausstrahlt, deren Oberfläche aber noch nicht in das Stadium der Erkaltung und Festigkeit übergegangen ist.

Aber nicht einsam wandelt der Jupiter seine ferne Himmelsbahn. Selbst einer Sonne gleich an Größe und Macht, hat er auch eine Schar beherrschter Trabanten um sich versammelt. Schon der erste Beobachter, der sein Fernrohr auf den Jupiter richtete — und man bezeichnet als solchen bald den deutschen Astronomen Simon Marius, bald den berühmten Galilei, und als die Zeit ihrer Entdeckung für den ersteren den 29. Dezember 1609, für den letzteren den 7. Januar 1610 — erblickte einige Trabanten oder Monde als kleine Licht= punkte zur Seite der glänzenden Scheibe. Stets erscheinen sie in fast gerader Linie, bald zu zwei auf jeder Seite der Scheibe, bald 3 im Osten, einer im Westen, bald sämtlich auf derselben Seite.

Es wird erzählt, daß es zuzeiten einzelne Menschen gegeben habe, welche die Jupitermonde mit bloßen Augen zu sehen imstande gewesen wären, und daß daher auch manche Völker, wie die Japaner und vielleicht einige sibirische

Stämme, eine Kenntnis von ihrem Dasein lange vor der Erfindung der Fern=
rohre gehabt hätten. Zu leugnen ist die Möglichkeit einer solchen Sichtbarkeit
keineswegs.

Wenn aber auch für besonders begabte Augen die Möglichkeit, die Jupiter=
trabanten mit bloßen Augen zu sehen, zugegeben wird, so dürfte doch die Be=
hauptung einer solchen Begabung nicht immer zweifellos hinzunehmen sein. Der
Betrug spielt hier leicht eine solche Rolle. Zu Anfang des vorigen Jahrhunderts

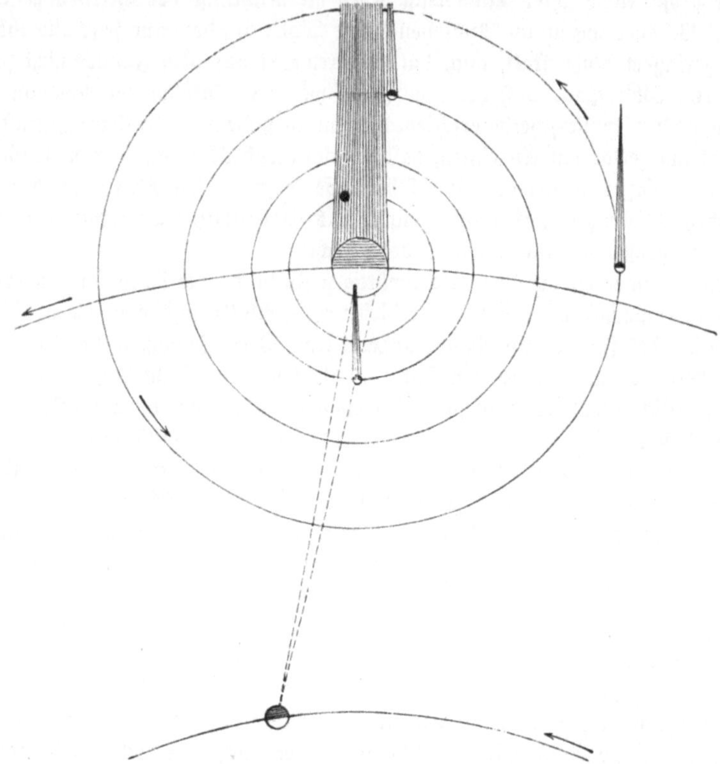

Erklärung des gleichzeitigen Verschwindens von drei Jupitermonden.

machten zwei Schwestern in Hamburg dadurch allgemeines Aufsehen, daß sie
die beiden entferntesten Jupitermonde deutlich und ohne Schwierigkeiten erblickten.
Als ein Astronom sie endlich auf die Probe stellte, zeigte sich, daß sie stets rechts
vom Jupiter sahen, was in Wahrheit links stand, und diese seltsame Verwechselung
klärte sich dadurch auf, daß die beiden Mädchen sich in ihren Angaben nach den
Zeichnungen im Berliner Jahrbuche richteten, in welchem zur Bequemlichkeit der
Astronomen die Stellungen der Monde und des Planeten nicht wie sie wirklich
sind, sondern wie sie in den Fernrohren erscheinen, abgebildet waren. Professor
Heis, der ein außerordentlich scharfes Auge besaß, erklärte, niemals einen Ju=

pitertrabanten ohne Fernrohr wahrnehmen zu können. Einmal sah er allerdings einen schwachen Stern dicht neben Jupiter, aber es war dies der Gesamteindruck von zwei Monden, die gerade sehr nahe beieinander standen.

Das Gebiet des Jupiter wird durch diese vier Monde, die sich in fast kreisförmigen Bahnen und nahe in der Ebene des Äquators um ihren Zentralkörper bewegen, auf 500 000 Meilen erweitert. Denn der äußerste dieser Monde nimmt einen Abstand vom Mittelpunkte des Jupiter ein, welcher 27 seiner Halbmesser entspricht, während der nächste allerdings ihm auf 6 solcher Halbmesser nahe steht — eine außerordentliche Nähe, gegenüber dem Abstande unsres Erdmondes von unsrer Erde, der, wie bekannt über 60 Erdhalbmesser beträgt. Geringer freilich ist der Zuwachs an Gewicht, der dem Jupiter durch diese Monde wird.

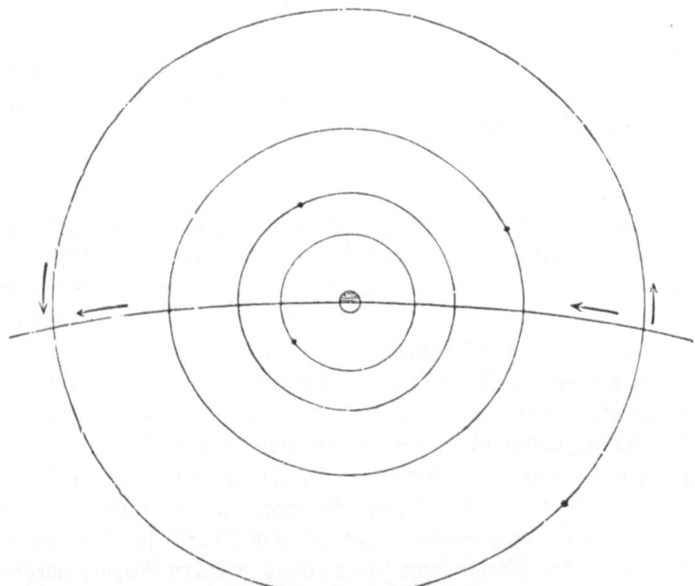

Bahnen der vier hellen Jupitermonde.

Allerdings ist der kleinste unter ihnen, der zweite, unserm Mond fast gleich, denn er mißt etwa 460 Meilen im Durchmesser, und der größte, der dritte, kommt sogar an Körperumfange dem Mars nahe, er mißt fast 750 Meilen. Aber ihre Gesamtmasse beträgt doch kaum den 6000sten Teil von der Masse des Zentralkörpers. Die Masse der einzelnen Monde ist übrigens mit großer Genauigkeit ermittelt, was man in betreff der Größen der Monde keineswegs behaupten kann. Das erklärt sich sehr leicht. Die Messung der Größe hängt ab von Beobachtungen, von Messungen scheinbarer, sehr kleiner Durchmesser, die nicht allein mit den gewöhnlichen Beobachtungsfehlern behaftet, sondern auch durch Unsicherheit in den Umrissen getrübt sein können. Für die Bestimmung der Massen aber geben die Monde für einander außerordentlich feine Wagen ab, durch die Störungen, die sie wechselseitig in ihrem Laufe hervorbringen. So sind ja auch die Monde die sicherste Wage für die Masse des Jupiter selbst geworden.

Vergleicht man die synodischen Umlaufszeiten der vier Monde miteinander, so findet sich, daß 247 Umläufe des ersten gleich sind 123 Umläufen des zweiten und ebenso 61 Umläufen des dritten Mondes, nämlich 437 Tage 4 Stunden. Daraus folgt, daß auch die Unregelmäßigkeiten der Verfinsterungen in eine Periode von dieser Dauer eingeschlossen sind, eine Tatsache, welche für die beiden innersten Monde bereits von Bradley aus den Beobachtungen erkannt wurde. Ferner hat Laplace gefunden, daß die mittlere Winkelbewegung des ersten Mondes + der doppelten mittleren Bewegung des dritten gleich ist der dreifachen mittleren Winkelbewegung des zweiten Mondes, sowie daß die mittlere Länge des ersten Mondes — der dreifachen mittleren Länge des zweiten + der doppelten mittleren Länge des dritten Mondes stets fast genau 180 Grad beträgt.

Aus dem letzteren Ergebnisse jenes Forschers folgt, daß die drei innersten Monde des Jupiters nie gleichzeitig verfinstert werden können. Nichtsdestoweniger können sie aber doch für den Beobachter von der Erde aus gleichzeitig unsichtbar sein, wie wir aus der Figur (S. 172) erkennen werden. Hier sind zwei Satelliten verfinstert und der dritte steht vor der Scheibe, so daß für den Augenblick von der Erde aus nur der vierte Satellit neben dem Jupiter zu sehen ist. Ja, in seltenen Fällen kann es vorkommen, daß Jupiter ganz ohne Satelliten gesehen wird. Dies ereignete sich z. B. in der Nacht vom 21. zum 22. August 1867, wo Jupiter von 10 Uhr 13 Minuten bis 11 Uhr 58 Minuten mittlerer Zeit von Paris ganz ohne Satelliten erschien. Damals war der zweite seiner Monde verfinstert, während der erste, dritte und vierte vor der Scheibe standen. Ich habe schon die eigentümliche Lage der Bahnen dieser Monde, ihre geringe Neigung gegen die Äquatorialebene des Jupiter erwähnt. Eine Folge davon wie von der Größe des Jupiterkörpers ist nun, daß jeder dieser Monde bei jedem seiner Umläufe eine Sonnen= und Mondfinsternis für den Jupiter bewirkt. Nur der vierte Mond kann seiner etwas größern Neigung wegen bisweilen vorübergehen, ohne Finsternisse zu veranlassen. Wir können uns also denken, daß solche für uns Erdenbewohner so seltene Ereignisse hier eine ganz außerordentliche Häufigkeit haben müssen. Der erste dieser Monde vollendet ja seinen Umlauf in der kurzen Zeit von 42 St. 28 Min., und der vierte gebraucht dazu nur 16 Tage 16 St. 32 Min. Es müssen sich daher ungefähr 4400 Mondfinsternisse und ebensoviele Sonnenfinsternisse im Laufe eines Jupiterjahres ereignen. Von der Erde aus lassen sich diese Ereignisse sehr gut, und zwar etwa in nachfolgender Weise beobachten.

So oft ein Mond in den Schatten des Jupiter tritt, verschwindet er plötzlich wie ein erlöschendes Licht, und ebenso plötzlich tritt er wieder aus dem Schatten hervor. Wenn eine Sonnenfinsternis sich für den Jupiter ereignet, so sieht man von der Erde aus den schwarzen Schatten des Mondes auf der Jupiterscheibe langsam dahinziehen. Auch die hellen Monde sieht man dann deutlich in die

Jupiterscheibe eintreten und erst gegen die Mitte hin ganz verschwinden, zum sichern Beweise, daß der Jupiter eine Atmosphäre hat und darum am Rande schwächer leuchtet als in der Mitte. In diesen Finsternissen nun ist uns der sicherste Beweis gegeben, daß das Eigenlicht, welches Jupiter aussendet, nur gering ist und dieser Planet hauptsächlich das erborgte Licht der Sonne zurückstrahlt. Die Schatten der Monde erscheinen für unser Urteil vollkommen schwarz; also haben auch die beschatteten Stellen des Jupiter höchstens nur ein sehr geringes eignes Licht. Daß aber der gewaltige Jupiter nicht ganz und gar des eignen Lichtes entbehrt, ist aus Gründen, die ich schon anführte, wahrscheinlich, und ich kann diesen noch zufügen, daß auch die photometrischen Messungen Zöllners für diese Annahme sprechen. Aus denselben ergibt sich nämlich, daß die lichtreflektierende Kraft dieses Planeten 0,62 beträgt, oder daß fast $^2/_3$ des auffallenden Lichtes von ihm reflektiert zu werden scheinen. Diese reflektierende Kraft ist so groß, daß sie fast derjenigen des weißen Papiers oder des frisch gefallenen Schnees nahe kommt. Soll man aber den Jupiter aus einem so stark reflektierenden Stoffe zusammengesetzt denken? Das ist wohl nicht wahrscheinlich, selbst wenn man seiner wolkigen Hülle eine beträchtliche Reflexionsfähigkeit zuschreibt.

Das Jahr 1892 brachte für die astronomische Welt die unerwartete Entdeckung eines fünften Jupitermondes. Dieser Mond bleibt dem Jupiter so nahe und ist so überaus lichtschwach, daß nur die allergrößten Ferngläser ihn als kleines Pünktchen zu zeigen vermögen. Er wurde entdeckt an dem 36zölligen Riesenfernrohre der Lick=Sternwarte durch E. E. Barnard am 9. Sept. 1892. Die Beobachtungen ergaben, daß seine Umlaufszeit um den Jupiter nur 11 Stunden 57 Minuten beträgt.

Noch größer war die Überraschung, als Anfang 1905 bekannt wurde, daß auf der Lick=Sternwarte mittelst des dortigen großen photographischen Teleskops Aufnahmen der Umgebung des Jupiter erhalten worden seien, die u. a. ein Sternchen 14. Größe zeigten, welches sich zugleich mit dem Jupiter bewegt und also ein Mond desselben ist. Dieser Mond läuft um den Hauptplaneten in weit größerer Entfernung als der äußerste der 4 hellen Jupitertrabanten. Endlich ist mit Hilfe des nämlichen photographischen Fernrohrs bald darauf noch ein höchst lichtschwacher Jupitermond entdeckt worden, so daß wir also jetzt 4 helle und 3 lichtschwache Trabanten dieses letzteren kennen.

Wir wollen uns nun einen Augenblick auf einen der Jupitermonde versetzen, um unsre Augen an der wunderbaren Szenerie des nächtlichen Himmels dieser fernen Weltgegend sich weiden zu lassen. Mehr als 1000 Vollmonden gleich an Größe, den Raum eines ganzen Sternbildes wie der Orion umfassend, leuchtet die gewaltige Scheibe des Jupiter, und neben dieser Riesenscheibe schmücken noch drei Monde den sternbesäeten Himmel. Fast volle zwei Erdenjahre währt diese Nacht, und um ihre Mitte sehen wir den Schatten unsres Mondes über die Jupiterscheibe hinziehen. Die Sonne geht auf, eine kleine blendende Scheibe, aber noch einmal unterbricht den Tag eine kurze, zwei

Stunden lange Nacht, da der Jupiter vor die leuchtende Sonnenscheibe tritt. Und nur diese kurze Nacht ist eine wirkliche Nacht, so hell leuchtet die große Scheibe am nächtlichen Himmel.

Es hat eine Zeit gegeben, wo man den Plan einer schöpferischen Weisheit darin sehen wollte, daß dem Jupiter seine Monde zugesellt seien, als Ersatz für das kärglicher zugemessene Sonnenlicht. Man hat von dunklen Jupiternächten gesprochen, als ob die Abwesenheit einer fernern Sonne größeres Dunkel verbreiten könne, als die Abwesenheit einer nähern. Man hat von dem milden Glanze jener Monde gesprochen, von einer Tageshelle, die sie über die nächtlichen Landschaften ausgössen, als ob vier Monde am Himmel das verrichten könnten, von denen nur einer in der Größe unsres Mondes, zwei nur $\frac{1}{3}$, der vierte sogar nur $\frac{1}{12}$ so groß erscheinen, und die insgesamt doch bloß 15 mal weniger Licht spenden als unser Mond, dessen Licht schon mehr als 600000 mal schwächer als unser Sonnenlicht ist. Wir werden für solche Weisheitsträume wenig Bestätigendes auf dem Jupiter gefunden haben.

Es ließe sich, wenn man solche Zweckbestimmungen von Welten füreinander gelten lassen wollte, kaum eine unweisere Einrichtung denken, als diese Stellung der Jupitermonde in der Äquatorebene des Hauptkörpers. Gerade die Polargegenden, die in ihren sechsjährigen Winternächten noch am meisten des Mondlichtes bedürften, sehen wegen dieser Stellung nie einen Mond über ihrem Horizonte, und selbst die Äquatorgegenden verlieren noch durch die zahlreichen Finsternisse, die ihnen zumal stets den Anblick des Vollmondes rauben, fast ein Viertel ihres Mondscheins. Jene altklugen, spießbürgerlichen Anschauungen werden am besten durch solche Wanderungen zerstört, wie wir sie miteinander unternommen. In der Fremde lernt man erst fremde Selbständigkeit achten und vergißt es, beschränkten Maßstab an große Erscheinungen zu legen.

Wieder geht es nun hinaus in den Weltenraum. Immer weiter dehnen sich jetzt die Strecken, welche die Welten voneinander trennen. Fast 90 Millionen Meilen haben wir zu durchfliegen, ehe wieder eine feste Welt uns Halt gebietet, und 190 Millionen Meilen liegt nun bereits die Sonne hinter uns, die nur noch als eine Scheibe von $3\frac{1}{8}$ Min. Durchmesser und mit 91 mal schwächerem Lichte, als sie der Erde leuchtet, am Himmel glänzt. Eine Welt steigt vor uns aus der Nacht, die wunderbarste und großartigste aller Welten unsres Systems. Ich sage eine Welt, denn es ist nicht ein einfacher leuchtender Ball, sondern ein ganzes System von Körpern, zum Teil der seltsamsten Art, das diese Welt bildet.

Dieser Planet wandelt in einem Abstande, der zwischen 1506 und 1346 Millionen Kilometer schwankt, während einer Zeitdauer von mehr als 29 Erdenjahren (genauer in $10759\frac{1}{5}$ Tagen) einmal um die Sonne. Von der Erde aus erscheint er uns als mattweißer heller Stern, in Wirklichkeit aber ist er ein Ball von 119746 Kilometer Äquatorialdurchmesser mit einer Abplattung von $\frac{1}{11}$, so daß er an Volumen die Erde 738 mal übertrifft.

Die wunderbarste Erscheinung des Saturn ist aber sein Ring. Schon der erste Astronom, der das Fernrohr auf den Saturn richtete, Galilei, war ver-

wundert und verwirrt über das seltsame Aussehen, das er ihm bot. Er erblickte
im Jahre 1610 mit seinem kleinen, 30 mal vergrößernden Fernrohre zwei Sterne
zu seinen beiden Seiten, die nicht von ihm weichen wollten und ihn anscheinend
selbst berührten. Er verglich sie in seiner Verlegenheit mit zwei Dienern, welche
den alten müden Saturn auf seinem weiten Wege stützten.

Als jedoch zwei Jahre später diese Seitensterne unsichtbar wurden, glaubte
Galilei, er sei durch ein Trugbild irregeführt worden und gab die ferneren Be=
obachtungen des Saturn auf.

Saturn und Erde in ihrem wahren Größenverhältnis.

Aber gerade das Verschwinden dieser Seitensterne oder Henkel, wie man
sie später bezeichnete, wurde im Jahre 1659 für Huyghens die Veranlassung
zur richtigen Erkenntnis dieser Erscheinung. Mit von ihm selbst verfertigten
Fernrohren hatte er mehrere Jahre hindurch den Saturn aufmerksam verfolgt
und war dadurch zu der Überzeugung gelangt, daß die Kugel dieses Planeten
in der Ebene ihres Äquators von einem dünnen, flachen, frei schwebenden Ringe
umgeben sei. Daß diese Erklärung anfangs sehr wenig Anklang fand, darf uns
nicht befremden. Sie forderte in der Tat einen zu plötzlichen Wechsel der An=
schauungen, die auf die höchste Einfachheit im Bau der Welten hinausgingen.
Hier sollte nun ein dünner, fast scheibenartig flacher Ring die Saturnkugel um=
schweben, völlig frei, durch nichts als die Anziehungskraft an sie gebunden und
von der Sonne erleuchtet wie der Planet selbst. Diese Ansicht war für viele
der damaligen Gelehrten ein Stein des Anstoßes. Dazu kam, daß man die
Frage nach der äußeren Gestalt des Ringes mit derjenigen seiner Entstehung

zusammenwarf, statt sich bloß an das Tatsächliche zu halten. Als freilich dieser Ring sich geeignet zeigte, alle die mit der fortschreitenden Verbesserung der Fernrohre auffallender hervortretenden Sonderbarkeiten in den äußeren Umrissen dieses Gestirns zu erklären, hörte man auf, an seinem Dasein zu zweifeln. Wenn wir diesen Ring von der Erde aus niemals in seiner wahren kreisrunden Gestalt erblicken, wenn er uns bisweilen sogar völlig verschwindet, so beweist dies, daß er gegen die Ebene der Saturnbahn und, bei der geringen Neigung derselben gegen unsre Erdbahn, auch gegen diese eine schiefe Stellung einnimmt, so daß wir ihn stets von der Seite und verkürzt erblicken. Wenn er in dieser unveränderlichen Lage mit dem Saturnkörper die Sonne umkreist, so wird er uns 15 Jahre lang die eine, 15 Jahre lang die andre seiner Seitenflächen zuwenden. Während dieser Bewegung kann er natürlich in eine Stellung kommen — und es muß dies sogar zweimal in den beiden Knoten der Bahn eintreten — wo seine Ebene genau mit der Ekliptik zusammenfällt, also durch die Sonne geht. Dann kann keine seiner breiten Seitenflächen, sondern nur die uns zugewandte äußere schmale Kante von der Sonne beleuchtet werden, und der Ring wird für uns völlig unsichtbar oder doch nur in sehr starken Fernrohren als schmaler Lichtstreifen erkennbar. Diese Unsichtbarkeit des Ringes dauert indes nur kurze Zeit. Die zarte Lichtlinie öffnet sich bald wieder und bildet zu beiden Seiten der Planetenscheibe die sogenannten Henkel, die sich endlich so erweitern, daß sie die Scheibe fast umschließen. Dann beginnt abermals die Verschmälerung des Ringes, und abermals verschwindet er endlich. Dieser regelmäßige Verlauf der Erscheinung, der sich zweimal im Umfange eines Saturnjahres wiederholt, erleidet allerdings infolge der Bewegung der Erde einige Veränderungen. Auch die Erde kann nämlich eine solche Stellung einnehmen, daß die Ebene des Saturnringes entweder gerade durch die Erde, oder zwischen Sonne und Erde hindurchgeht. In dem einen Falle wird uns dann nur die dunkle Kante, im andern nur die dunkle, von der Sonne abgewandte Seite des Ringes zugekehrt, und in beiden Fällen bleibt er uns unsichtbar, oder wir sehen doch nur die dunkle Schattenlinie des Ringes auf der glänzenden Saturnscheibe. Diese Unsichtbarkeit des Ringes kann sogar Wochen und Monate lang für uns währen. Ich brauche wohl nicht erst zu sagen, daß die Lichtgestalten dieses Ringes sich aus den gegenseitigen Stellungen von Saturn, Sonne und Erde mit ebenso großer Genauigkeit vorher berechnen lassen, wie etwa die unsres Mondes, und wir werden zugeben, daß bei solcher Übereinstimmung zwischen Theorie und Beobachtung jeder Zweifel sich von selbst verbietet.

Wenden wir unsre Blicke zunächst auf den Saturnkörper selbst. Wie sich uns früher in den sonnennahen Regionen eine gewisse Verwandtschaft der dort kreisenden Planeten aufdrängte, so tritt uns hier in der Sonnenferne unsres Systems eine ähnliche Verwandtschaft der Welten entgegen. Nicht ihre Riesengröße allein, auch ihre Dichtigkeit, ihre Rotation, selbst die Naturbeschaffenheit ihrer Oberflächen scheint diesen Planeten gewissermaßen einen Familiencharakter aufzuprägen. Wir haben schon über die geringe Dichtigkeit des Jupiter ge-

staunt; die des Saturn ist noch weit geringer. Aus den Wirkungen seiner An=
ziehung auf benachbarte Weltkörper, namentlich auf seine Monde, war man im
stande, seine Masse zu schätzen. Man fand sie nur 95 mal größer als die Erde,
obgleich sein Körperinhalt doch den der Erde 738 mal übertrifft. Daraus folgt
eine außerordentlich geringe Dichtigkeit dieses Körpers, 8 mal geringer als die
Dichtigkeit der Erde und nur $^3/_4$ so groß als die des Wassers. Der scheinbare
Durchmesser des Saturn in mittlerer Entfernung von der Erde beträgt nach
den genauen Untersuchungen von Bessel in der Ebene des Äquators 17,05",
von Pol zu Pol 15,38", und daraus folgen jene in Kilometer ausgedrückten
Dimensionen der Saturnkugel, welche ich bereits mitteilte.

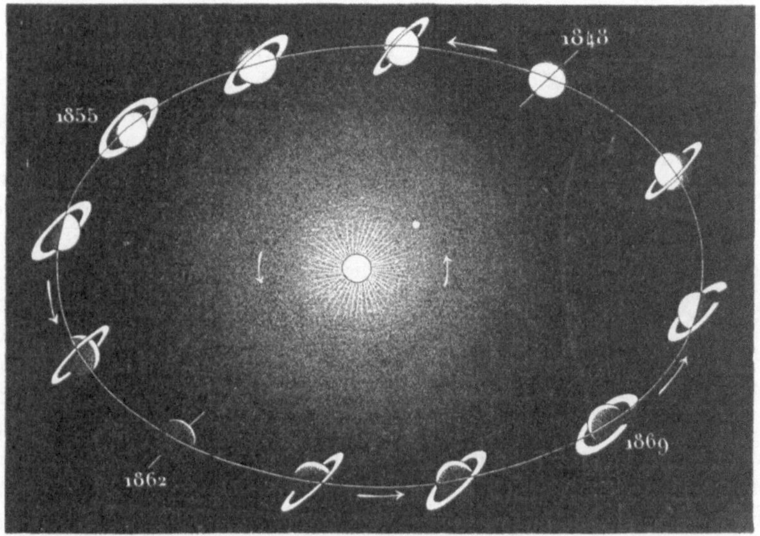

Erklärung der Phasen des Saturn.

Wie in betreff der Dichtigkeit, so zeigt der Saturn auch in seiner Rotation
eine große Übereinstimmung mit dem Jupiter. William Herschel bestimmte sie
im Jahre 1794 aus der Beobachtung einiger dunklen Flecken oder vielmehr
knotenartigen Verdichtungen in den Streifen des Saturn und fand für ihre
Dauer 10 Stunden 29 Minuten 17 Sekunden. Seit jener Zeit verflossen
80 Jahre, ohne daß es möglich wurde, auf der Scheibe des Saturn irgend
eine dunkle oder helle Stelle zu erkennen, die eine neue Bestimmung der Rota=
tionsdauer liefern konnte. Das frühere Resultat W. Herschels wurde deshalb
meist nur mit Mißtrauen betrachtet, indem man glaubte, daß es auf Täuschungen
beruhe. Indessen hat die spätere Zeit gezeigt, wie sorgfältig der große Beobachter
auch bei diesen Beobachtungen gewesen ist. In der Nacht des 7. Dezember 1876
sah nämlich Professor Hall am Riesenrefraktor zu Washington auf der Saturn=
scheibe einen hellen Fleck von nur 2" oder 3" Durchmesser. Sogleich wurden

telegraphisch die Besitzer großer Teleskope in Nordamerika von dem Ereignisse unterrichtet, und auf diese Weise war es möglich, bis Anfang Januar eine beträchtliche Anzahl von Beobachtungen zusammenzubringen, deren Diskussion für die Umdrehungsperiode des Saturn eine Dauer von 10 Stunden 14 Minuten 25 Sekunden lieferte, also im allgemeinen das frühere Resultat Herschels bestätigte. Im Jahre 1903 wurden mehrere helle Flecke auf der Saturnscheibe gesehen und durch deren Bewegung die früher gefundene Rotationsdauer nahezu bestätigt. Die Rotationsbewegung des Saturn ist also nicht so schnell als die des Jupiter, aber noch immer mehr als doppelt so schnell als die der sonnennahen Planeten, und schnell genug, um eine besonders starke Abplattung erwarten zu lassen. Diese war denn auch in der Tat schon längere Zeit vorher gemessen worden und beträgt, wie oben erwähnt, $^{1}/_{11}$.

Anblick des Saturn, wenn die Erde in der Ebene seiner Ringe steht.

An der Oberfläche des Planeten bemerken wir endlich ähnliche Streifen, wie sie auch den Jupiter auszeichnen. Sie wurden zuerst gesehen von Dominicus Cassini im Jahre 1683, aber genauere Wahrnehmungen beginnen erst mit W. Herschel. Seine mächtigen Teleskope zeigten, daß jene Streifen ähnlich wie beim Jupiter veränderlich sind, doch sind sie beim Saturn breiter, aber auch matter. Nur der graue Äquatorialstreifen besitzt Beständigkeit und ist bis zu den Rändern des Planeten zu verfolgen, so daß er also der eigentlichen Oberfläche des Planeten angehört. Doch ist nicht zu vergessen, daß hierbei etwa an Wasser von der Dichtigkeit unsres irdischen durchaus nicht gedacht werden kann. Die mittlere Dichtigkeit des Saturn beträgt ja nur $^{1}/_{8}$ von derjenigen der Erde, sie ist geringer als diejenige des Wassers. Dazu kommt, daß nach physikalisch-mechanischen Gesetzen die Dichtigkeit des Planeten von der Oberfläche gegen den Mittelpunkt hin zunehmen muß. An der Oberfläche des Saturn muß daher die durchschnittliche Dichtigkeit der dort befindlichen Materie geringer sein als die mittlere des gesamten Planeten, kann also um so weniger diejenige des Wassers erreichen. Wir dürfen daher in keinem Falle annehmen, Saturn besitze an seiner Oberfläche große Meere, überhaupt Wasseransammlungen.

Saturn wird sehr wahrscheinlich von einer Atmosphäre umhüllt. Nach den Untersuchungen von Secchi und besonders von Vogel zeigt das Spektrum desselben mehrere Abweichungen vom Sonnenspektrum, vorzüglich im roten und orangen Teile. Dort zeigen sich einige dunkle Banden, die teilweise mit Linieugruppen des Absorptionsspektrums unsrer Atmosphäre zusammenfallen. Die blauen und violetten Strahlen erleiden eine gleichmäßige Absorption beim Durchgange durch die Atmosphäre des Saturn. Es ist dies, wie Vogel hervorhebt, besonders auffallend im Spektrum des dunklen Äquatorialgürtels. Im allgemeinen besitzt das Spektrum des Saturn eine große Übereinstimmung mit demjenigen des Jupiter.

Richten wir jetzt unsre Blicke auf den Ring des Planeten. Daß wir es hier nicht etwa mit einer bloßen Dunsthülle, sondern mit einer wahrhaft körperlichen Welt zu tun haben, geht schon aus dem schwarzen Schatten hervor, den dieser Ring auf den Körper des Saturn wirft. Wir haben darin zugleich einen Beweis, daß der Saturn ein an sich dunkler Körper ist und sein Licht nur von der Sonne empfängt.

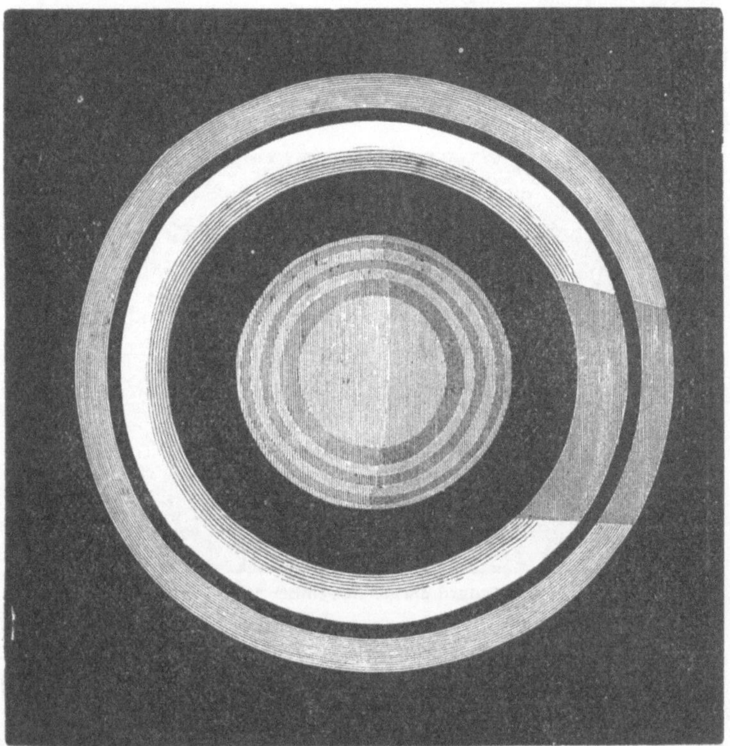

Anblick der Ringe des Saturn aus der Richtung seiner Pole.

Für den Ring liefert der dunkle Schatten, welchen der Saturn auf seine entferntere Seite wirft, denselben Beweis. Aber wir haben auch aller Wahrscheinlichkeit nach nicht bloß einen Ring, sondern eine Mehrzahl von Ringen vor uns, die wohl gar noch in einer innern schöpferischen Beweglichkeit begriffen sind. Schon Cassini erkannte im Jahre 1675 einen dunklen Streifen in dem Ringe, welcher seinen Rändern parallel den Ring in zwei ungleiche Teile scheidet, von denen der innere und zugleich bei weitem breitere sehr hell, der äußere dagegen etwas dunkler erscheint, so daß sie an die Unterschiede polierten und matten Silbers erinnerten. Man nennt diese dunkle Linie die Cassinische Trennung. William Herschel untersuchte mit seinen großen Instru=

menten den Saturn in den Jahren 1789 bis 1792 genauer und fand, daß jene schwarze Linie auf beiden Seiten des Ringes und stets in gleichem Abstande vom äußern Rande erscheint, daß sie beständig gleich breit und überall scharf begrenzt ist, daß sie unter günstigen atmosphärischen Verhältnissen völlig so schwarz erscheint wie der dunkle Raum zwischen Ring und Planet. Er zog daraus den richtigen und wichtigen Schluß, daß jene schwarze Linie eine wirkliche Teilung des großen Ringes bezeichne.

Inzwischen blieb es bei dieser Doppelgestalt des Ringes nicht. Schon früher haben Encke in Berlin und de Vico in Rom noch mehrere solcher feiner schwarzer Linien auf dem äußeren Ringe entdeckt, die sie für wirkliche Teilungen gehalten wissen wollen.

Aussehen des Saturn am 28. November 1848, nach Bond.

Diese Trennungen sind jedoch später auch mit viel mächtigeren Teleskopen nicht mehr wahrgenommen worden; selbst die deutlichste davon, auf dem äußern Ringe, der man den Namen Enckesche Trennung gegeben hat, kann zuzeiten kaum wahrgenommen werden, und im Jahre 1875 und 1876 erschien sie selbst in dem großen Refraktor zu Washington matt, vergleichbar einer grauen Bleistiftslinie. Einige Jahre später konnte sie Struve im 14 zölligen Refraktor zu Pulkowa überhaupt nicht mit Sicherheit wahrnehmen. Es ist also wohl kaum einem Zweifel unterworfen, daß auf dem Ringe des Saturn sich Teilungen bilden und wieder verschwinden. Hierhin gehört auch die interessante Entdeckung, welche 1850 von dem amerikanischen Astronomen Bond und den englischen Astronomen Dawes und Lassell fast gleichzeitig gemacht wurde. Diese erkannten nämlich innerhalb des bisherigen Ringsystems einen neuen sehr lichtschwachen, dunklern Ring, der ungefähr ein Dritteil des bisher für leer angesehenen Raumes zwischen Ring und Planet ausfüllt. Dieser sogenannte dunkle oder „Crap"=Ring ist heute so leicht sichtbar, daß man ihn auch in einem Fernrohr von 4 Zoll Objektivdurchmesser ohne große Schwierigkeit wahrnimmt, so daß es geradezu

unbegreiflich wäre, daß die früheren Beobachter des Saturn ihn sollten über=
sehen haben, wenn er damals so hell gewesen als heute. Dann zeigt auch dieser
Ring gegenwärtig keine scharfe Trennung von dem helleren innern Ringe, sondern
beide gehen allmählich ineinander über.

Die Beobachtungen lehren außerdem, daß der dunkle Ring nicht, wie man
häufig glaubt, gänzlich durchsichtig ist, sondern daß er gegen den hellen Ring
hin immer dichter wird. Nur an seinem innersten Rande schimmert der Planet
noch hindurch.

Der Saturn von seinem Ringe aus gesehen.

Wenn wir bedenken, daß die ganze Ausdehnung dieser Ringgebilde uns
nur in der Breite von etwa 40 Sekunden, also kaum dem Durchmesser der
Jupiterscheibe in ihrer mittleren Größe gleich, erscheint, so werden wir begreifen,
wie schwierig es ist, einigermaßen befriedigende Aufschlüsse über die wirklichen
Dimensionen ihrer einzelnen Teile zu gewinnen. Die genauesten und zähl=
reichsten Messungen der Dimensionen des Saturnringes sind von dem ältern
Struve ausgeführt worden. Hiernach beträgt der äußere Durchmesser des Ring=
systems 40,5″ oder 280000 Kilometer. Der innere Durchmesser umspannt
26,6″ oder 184000 Kilometer, die Breite des ganzen Ringsystems ist also
48000 Kilometer. Die innerste Ringkante steht von dem nächsten Teile der
Oberfläche des Planeten nur 33000 Kilometer entfernt, das ist gleich dem
elften Teile der Distanz unsres Mondes von der Erde. Die Breite der Cassini=
schen Trennungsspalte beträgt 0,5″ oder 3300 Kilometer. Die Dicke des Ring=

systems muß sehr unbedeutend sein, denn wenn die Erde in seiner Ebene sich befindet, verschwindet der Ring für die meisten Fernrohre. In sehr starken Instrumenten erblickt man dann das Ringsystem als feine, teilweise unterbrochene und hier und da durch hellere Punkte ausgezeichnete Linie.

Die Frage nach der eigentlichen Beschaffenheit des Saturnringes hat die Astronomen lange und lebhaft beschäftigt. Manche hielten den Ring für ein flüssiges oder ein wolkenförmiges Gebilde, andre behaupteten, er müsse, um sich überhaupt dauernd erhalten zu können, aus einer Unmasse sehr kleiner Körperchen bestehen, die ähnlich wie Trabanten den Saturn umkreisen. Im Jahre 1895 hat das Spektroskop diese so lange streitige Frage entschieden. Wenn nämlich der Ring als zusammenhängendes Ganzes um den Saturn rotiert, so müssen

Saturn umgeben von seinen Trabanten.

seine äußersten Randpartien eine raschere Bewegung besitzen als die innern, weil sie einen größeren Kreis in der gleichen Zeit wie letztere beschreiben; bestehen die Ringe dagegen aus einer Ansammlung von einzelnen Körperchen, so müßten die inneren Teile, nach dem Keplerschen Gesetze rascher umlaufen als die äußeren. Die Linien im Spektrum der inneren und äußeren Partien des Ringes werden aber Verschiebungen aus ihrer normalen Lage zeigen, welche die Frage entscheiden, welche Teile sich am raschesten bewegen. Die Aufnahmen, welche Prof. Keeler 1895 mit dem großen Spektrographen der Lick=Sternwarte machte und die bald darauf von anderen mit ähnlichen mächtigen Apparaten arbeitenden Astronomen bestätigt wurden, ergaben, daß der innere Rand des Ringes sich pro Sekunde um 3 Kilometer rascher bewegt als der äußere. Sonach besteht also der Ring aus kleinen Partikeln, die unabhängig von einander um den Saturn rotieren.

Über die Entstehung dieses ringförmigen Schwarmes von kleinen Körperchen hat man mancherlei Hypothesen aufgestellt; allein es lohnt sich nicht, näher darauf einzugehen, weil wir in dieser Beziehung durchaus nichts Näheres wissen oder auch nur vermuten können.

Merkwürdig ist Saturn aber nicht nur durch sein Ringsystem, sondern auch durch die große Anzahl von Trabanten, die ihn umkreisen.

Zehn Satelliten hat der Scharfblick des Astronomen in dem Herrschergebiete des Saturn entdeckt, die letzteren ihrer außerordentlichen Kleinheit wegen nur mit Hilfe der Riesenteleskope der Neuzeit und der Photographie.

Huyghens war es, der am 25. März 1655 den ersten dieser Trabanten, den größten und sichtbarsten von allen, der in ihrer Reihe nach seinem Abstande die sechste Stelle einnimmt, mit Hilfe zweier von ihm selbst verfertigter Fernrohre auffand. Seine Instrumente wären vollkommen geeignet gewesen, ihn noch weitere Entdeckungen machen zu lassen, wenn nicht ein seltsamer Umstand seiner Forschung ein Ziel gesetzt hätte. Es herrschte nämlich damals noch die Ansicht, daß die Zahl der Hauptplaneten von der Gesamtzahl der Nebenplaneten unmöglich übertroffen werden könne. Zu den sechs damals bekannten Planeten war nun der sechste Mond gefunden, und selbst ein Huyghens hielt es für un= nütz, weiter zu suchen. Aber schon 16 Jahre später sollte dieses angebliche kosmische Gesetz auf eine glänzende Weise vernichtet werden. Cassini entdeckte

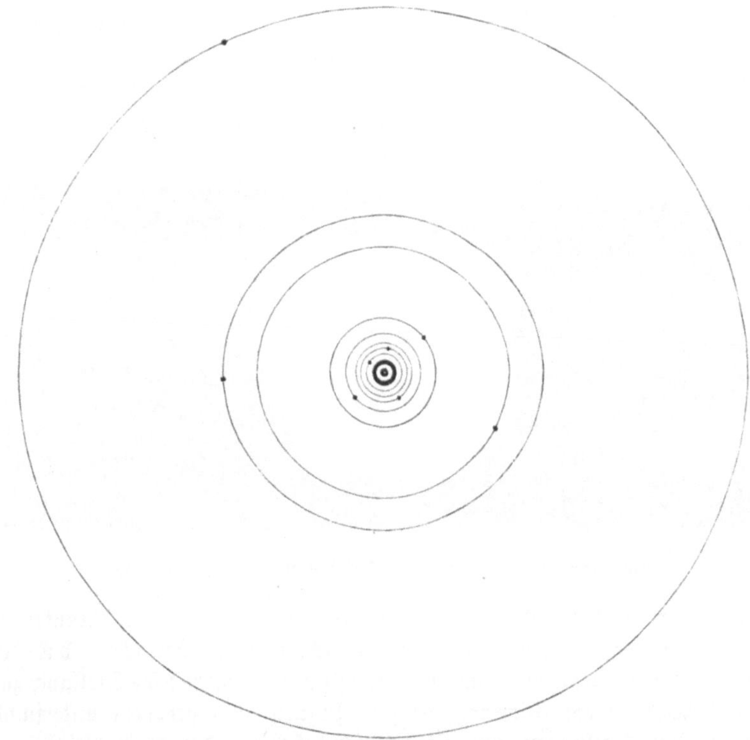

Die Umlaufsbahnen von 8 Saturn-Trabanten.

vom Jahre 1671 bis zum Jahre 1684 vier neue Satelliten des Saturn, in der Reihe der Abstände vom Hauptplaneten den achten, den fünften, vierten und dritten. Durch das Herschelsche Riesenteleskop wurden auch der erste und zweite der Satelliten 1789 entdeckt. Der achte wurde 1840 durch Bond in Cambridge in Nordamerika und fast gleichzeitig durch Lassell in Liverpool auf= gefunden.

Zur Bezeichnung dieser Satelliten, deren Entdeckung in so langen Zwischen= räumen und unabhängig von ihrer Größe oder ihren Abständen vom Haupt= körper erfolgte, schlug Herschel, um Verwirrung zu vermeiden, besondere Namen vor. Der dem Planeten nächststehende erhielt den Namen Mimas, darauf folgen Enceladus, Tethys, Dione, Rhea, Titan, Hyperion und Japetus.

Der neunte Saturnsmond, der lichtschwächste von allen bis dahin bekannten, ist mit Hilfe der Photographie entdeckt worden und zwar auf der Filialsternwarte, welche das Harvard=Observatorium zu Arequipa in Peru errichtet hat. Schon im April 1888 hatte dort Prof. Pickering mit einer photographischen Linse von 13 Zoll Durchmesser und einstündiger Exponierung den Planeten Saturn samt seiner 8 Monden aufgenommen und war zu der Überzeugung gekommen, daß kein anderer Saturnsmond existiert, der noch mit seinen damaligen Hilfsmitteln photographisch dargestellt werden könne. Nachdem aber ein neues, noch größeres, von Miß Bruce geschenktes photographisches Teleskop in Arequipa Aufstellung gefunden hatte, nahm Prof. Pickering die Nachforschung nach etwaigen noch unbekannten Saturnsmonden wieder auf. Photographische Platten, die am 16.,

Vorübergang des Titan vor der Saturnscheibe am 1. Mai 1862.

17. und 18. August 1898 mit Exponierungen von 60 und 122 Minuten er= halten worden waren, zeigten ein überaus lichtschwaches Sternchen, das dem Saturn bei dessen Bewegung am Himmel folgte und dabei seine Stellung zum Saturn änderte. Prof. Pickering, der die Platten aufs genaueste untersuchte, schloß aus den Stellungen des feinen Lichtpünktchens, daß es in der Tat ein noch unbekannter Mond des Saturn sein müsse, der in annähernd 500 Tagen diesen Planeten umkreise. Auf sämtlichen Platten erschien der überaus licht= schwache Saturnmond Hyperion sehr augenfällig, der neue Mond dagegen um eine bis anderthalb Größenklasse lichtschwächer. Pickering war so sehr von der Richtigkeit seiner Entdeckung überzeugt, daß er dem neu gefundenen Monde sogleich den Namen Phoebe gab. Dieser Name schließt sich den Benennungen der übrigen Saturnmonde sinngemäß an, denn Phoebe war nach der Mythologie eine Schwester des Saturn, gleich Tethys, Dione und Rhea, während Hyperion und Japetus Brüder Saturns sind.

Erst im Jahre 1904 gelangen weitere photographische Aufnahmen dieses lichtschwachen Trabanten, so daß nunmehr die Bahn desselben berechnet und feine Stellung gegen den Saturn vorausbeſtimmt werden konnte. Hiernach hat der Trabant eine Umlaufsbauer um den Saturn von nicht weniger als 546½ Tagen, und ſeine mittlere Entfernung von letzterem beträgt 12 870 000 Kilometer. Die Bahn iſt nicht kreisförmig, ſondern ſehr elliptiſch, indem die Exzentrizität 0.22 beträgt. Sonach beſchreibt Phoebe um den Saturn eine langgeſtreckte Ellipſe, ähnlich wie die Bahnen der Kometen von kurzer Umlaufs= zeit. Aber das merkwürdigſte bei dieſem Monde iſt der Umſtand, daß er ſich von Oſt nach Weſt um den Saturn bewegt, während die übrigen 8 Monde dieſes Planeten in der Richtung von Weſt nach Oſt dieſen umkreiſen.

Anſicht des Ringſyſtems des Saturn, von letzterem unter 28° Breite geſehen, um Mitternacht zwiſchen den Äquinoktien und Solſtitien Saturns.

Noch war das Erſtaunen der Aſtronomen über dieſen merkwürdigen Saturnsmond nicht überwunden, als die Harvard=Sternwarte die Entdeckung noch eines Saturnsmondes mit Hilfe photographiſcher Aufnahmen ankündete. Dieſer Trabant (der 10. der ganzen Reihe) wurde von William Pickering ge= funden und ſeine Umlaufszeit auf etwa 21 Tage beſtimmt. Sonach bewegt er ſich nahezu in der nämlichen Bahn wie der Saturnsmond Hyperion, iſt aber um etwa 3 Größenklaſſen lichtſchwächer.

Die Saturnsmonde erleiden Finſterniſſe und erzeugen ſolche für den Hauptplaneten, nur ſind dieſe etwas ſeltener als in der Jupiterswelt, wegen der etwas größeren Bahnneigungen, und werden noch ſeltener wahrnehmbar, weil der Ring ſie verdeckt. Auch eine Achſendrehung iſt wenigſtens an einem der Monde, dem achten beobachtet worden. Seine regelmäßige Lichtſchwächung, die

faſt bis zum völligen Verſchwinden ſich ſteigert, in dem öſtlichen Teile ſeiner
Bahn läßt mit Recht darauf ſchließen, daß dieſer Mond uns abwechſelnd eine
glänzende und eine weniger glänzende Seite zuwendet, und die Abhängigkeit
dieſer Erſcheinungen von dem Umlaufe des Mondes um den Saturn deutet
wieder darauf hin, daß Rotationsdauer und Umlaufszeit genau miteinander
zuſammenfallen. Wir ſehen, wie dieſe Eigentümlichkeit, der wir früher bei
unſerm eigenen Monde begegneten, ſich immer mehr zu einem allgemein für
alle Satellitenſyſteme geltenden Geſetze geſtaltet.

Anſicht des Ringſyſtems des Saturn, von letzterem unter 28° Breite geſehen, um Mitternacht
zur Zeit der Solſtitien Saturns.

Ehe wir aus dieſer Wunderwelt ſcheiden, ſei es uns vergönnt, ſie noch
einmal in flüchtiger Wanderung zu durcheilen und uns an dem Anblick ihrer
Himmelslandſchaften zu ergötzen. Wir wollen unſre Wanderung von dem eiſigen
Pole der Saturnkugel aus beginnen. An ſeinem dunklen, ſternbedeckten Himmels=
gewölbe erblicken wir nichts vom Ringe, nichts von einem der Monde. Wandern
wir aber weiter nach Süden hinab, ſo wird ſich bald ein ſchmaler Lichtſaum
am Horizonte zeigen, der allmählich zu einem glänzenden Bogen anwächſt und
endlich ſich hoch zum Himmel erhebt. Jetzt ſtehen wir unter dem Äquator ſelbſt.
Es iſt Sommer, und Tag und Nacht beleuchtet jetzt die Sonne die innere Kante
des Ringes, die wie ein ſchmaler Lichtbogen durch den Zenit des Himmels von
Oſt nach Weſt ſich ſpannt. Eine Zeitlang verdeckt noch zur Nachtzeit der Schat=
ten des Saturn ein Stück des Ringes, aber dieſer Schatten wird immer kürzer
und um die Mitte des Sommers verſchwindet er gänzlich. Ununterbrochen in

reinem Glanze schwebt jetzt die Lichtbrücke über uns. An ihr hin wandeln
Sonne, Sterne und Monde von allen Größen und in allen Lichtphasen, die der
eine in je 22 Stunden durchläuft. Aber die Landschaft ändert sich; es ist Winter
geworden. Fast plötzlich verdunkelt sich das ganze Ringsystem, und mit ihm
verschwindet eine Reihe von Sternbildern am Himmel, die es verdeckt. Immer
näher rücken die Tagbogen der Sonne dem Ringe; endlich verschwindet sie
gänzlich hinter ihm. Eine große Sonnenfinsternis tritt ein, nur unterbrochen
durch kurze Lichtblicke, wenn die Sonne durch die Zwischenräume der einzelnen

Ansicht einer Phase des Saturn von einem Punkte auf der Nachtseite des Ringsystems.

Ringe durchscheint; 3740 Erdentage währt diese Winternacht, dann bricht die
Sonne wieder hervor, und nicht lange mehr, so verkündet der blitzende Saum
des Ringgewölbes das Nahen des Sommers.

Wir verlassen diesen Ball und versetzen uns einen Augenblick auf das
Ringgebilde selbst und zwar auf seine innere Kante. Das großartigste Schau-
spiel unsres ganzen Planetensystems entfaltet sich vor uns. Über uns im Zenit
glänzt die gewaltige Scheibe des Saturn, 20 000 mal an Größe unsre Sonnen-
scheibe übertreffend und fast den achten Teil des Himmels bedeckend. Nur gegen
Nord und Süd ist unser Blick unbeschränkt. In Ost und West erhebt sich der
Boden einem langgezogenen Gebirgsrücken gleich zum Himmel empor, über der
Riesenscheibe zusammenschießend. In schnellem Wechsel sehen wir Tag und
Nacht hinziehen über dieses wunderbare Gewölbe! Begeben wir uns jetzt auf
eine der Seitenflächen des Ringes, und wir werden ein anderes Schauspiel

finden. Als ungeheure glänzende Kuppel schwebt unverrückt die Halbkugel des Saturn am fernen Horizont. Aber die Mannigfaltigkeit dieser wunderbaren Himmelsansichten ist noch immer nicht erschöpft. Auch auf den Monden müssen wir einen Augenblick weilen, um die seltene Pracht dieser Wunderwelt zu genießen. In überraschender Nähe können wir hier den Saturn mit seinen Ringen schauen, den Saturn in der Größe von 7000 Vollmonden, die Ringe fast den vierten Teil des Himmels umspannend, und dazu prachtvolle Monde in allen Phasen und Größen von Riesenscheiben bis zu schimmernden Sternen herab. Was sind die Reize einer irdischen Himmelslandschaft gegen einen Blick von solcher Sternwarte!

Man hat bisweilen behauptet, die Ringe des Saturn seien bestimmt, diesem Planeten einen Teil des Sonnenlichtes bei Nacht zu ersetzen. Schon aus dem Vorhergehenden erkennen wir jedoch, daß diese Meinung total unrichtig ist. Nicht nur ist der Schein, den der Ring dem Planeten gewährt, nur sehr gering, sondern er findet zudem auch dann statt, wenn er am wenigstens notwendig ist, nämlich in den kurzen Sommernächten. Zur Winterzeit hingegen raubt das Ringsystem dem Saturn einen beträchtlichen Teil des Sonnenlichtes und erzeugt Sonnenfinsternisse, die mehrere Erdenjahre hindurch dauern. Unter $23\frac{1}{2}$ Grad der Breite auf dem Saturn verursacht der Ring, daß während 10 Erdenjahren zur Winterzeit kein Strahl der Sonne sichtbar ist. Wenn daher der Ring einen speziellen Zweck hat, so ist es sicherlich nicht der, dem Saturn Ersatz für das schwache Sonnenlicht zu verschaffen, und während wir Menschen von der Erde aus den Saturnring als eine Zierde des Planetensystems bewundern, würden wir, falls wir die Saturnkugel bewohnen müßten, alle Ursache haben, die Existenz dieses Ringes zu bedauern. Untersucht man, was Saturn seinen Ringen gewährt, so ergibt sich, daß er ihnen während ihres Sommers einen beträchtlichen Teil des Sonnenlichtes entzieht, dafür aber teilweise ihren Winter erleuchtet. Jede Seite des Ringes wird $14\frac{7}{10}$ Erdjahre hindurch gar nicht und während der andern Hälfte, die Saturnbeschattung ausgenommen, beständig von der Sonne erleuchtet. Während jener langen Nacht werden die Ringe in Perioden, die der Rotation gleich sind, vom Saturn erleuchtet. In der Mitte jeder Periode strahlt derselbe mit seiner ganzen Scheibe, im Maximum den achten Teil des ganzen Himmelsgewölbes erfüllend, aber in der Mitte durch den Schatten des Ringes in zwei Zonen geteilt. Die Phasen des Saturn, welche von den Ringen aus wahrgenommen werden, werden beim Abnehmen nicht bloß schmäler, sondern auch kürzer; sie enden und beginnen mit einem Lichtpunkte, nicht mit einer Sichel.

Indem wir abermals hinausschreiten in die Tiefen des Weltraumes, betreten wir wiederum ein historisches Feld, einen Schauplatz von Eroberungen und Siegen, die mit den Waffen des Geistes und der Wissenschaft errungen wurden. Der Himmel schien hier der Forschung die Wege zu versperren: da brach sie sich gewaltsam Bahn; das bewaffnete Auge schien nicht mehr durchdringen zu können: da rüstete sich der Geist, und die Tore des Himmels öffneten sich weit.

Da, wo man noch vor 130 Jahren dem Herrschergebiete unsrer Sonne Grenzen gesetzt meinte, 2800 Millionen Kilometer fern von der lichtspendenden Sonne, die nur noch als kleine Scheibe, kaum dreimal so groß, als uns die Venusscheibe in ihrem höchsten Glanze erscheint, aus der nächtlichen Tiefe des Himmels hervorblitzt; da, wo auch kein Schimmer mehr die Richtung verrät, in welcher wir die verlassene Erde zu suchen haben, wo Jupiter und Saturn noch die einzigen Planeten sind, die den Himmel schmücken, und auch sie nur als Morgen= und Abendsterne im Lichte der Sonne wandeln: da gewahren wir jetzt eine neue Welt, und wiederum nicht eine einzelne, sondern ein ganzes System von Welten. Hier wandelt Uranus mit seinen vier Trabanten seinen weiten, ein= samen Weg um die Sonne, den zu vollenden er 30686·5 Tage, also mehr als 84 unsrer Erdenjahre gebraucht. An Größe vermag er sich freilich nicht mit seinen stolzen Nachbarn zu messen, aber immer noch mißt sein Durch= messer 59000 Kilometer, also mehr als das vierfache unsres Erddurchmessers, und noch übertrifft er an Körperinhalt 102 mal unsre Erde, und seine Masse vermöchte 15 unsrer Erden aufzuwiegen.

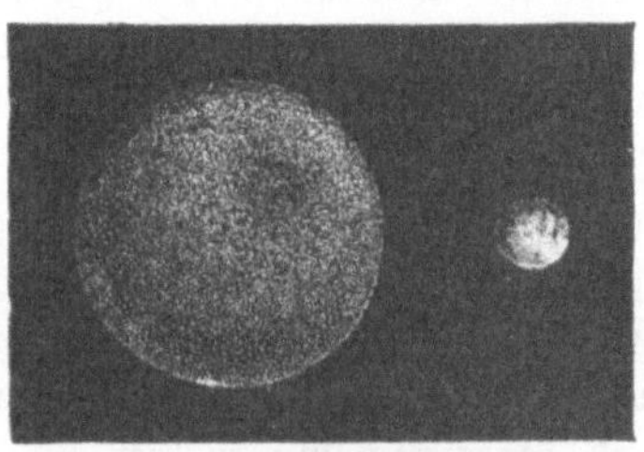

Uranus und Erde in ihrem Größen= verhältnis.

William Herschel hat diese neue Welt unsrer Kenntnis des Himmels zu= geführt. Es war am 13. März 1781 zwischen 10 und 11 Uhr abends, als der damals außerhalb Englands noch nicht bekannte Mann bei der Untersuchung einer kleinen Sterngruppe in den Zwillingen zufällig einen Stern bemerkte, der ihm einen ungewöhnlichen Durchmesser zu haben schien und im auffallenden Widerspruch mit dem Benehmen eines echten Fixsternes mit der zunehmenden Vergrößerung an Helligkeit verlor. Er glaubte anfangs einen neuen Kometen entdeckt zu haben, und die Beobachtung einer Ortsveränderung bestärkte ihn darin, wiewohl er von einem Schweife keine Spur entdeckte. Die Fernrohre aller beobachtenden Astronomen, die Federn aller rechnenden setzten sich auf die Kunde von dieser Entdeckung in Bewegung. Aber der vermeintliche Komet be= wegte sich außerordentlich langsam; die Rechnung schritt ebenso langsam vor, und die Beobachtungen gerieten in einen ernsten Widerstreit mit den auf die Annahme einer weit ausgeschweiften kometenähnlichen Bahn gegründeten Be= rechnungen. Man sah sich endlich genötigt, in einer kreisförmigen Bahn den Weg des neuen Gestirns zu suchen; und bald wußte ganz Europa, daß unser Sonnensystem um einen neuen fernen Planeten reicher geworden war.

Daß man über die Gestalt und Naturbeschaffenheit eines so fernen, uns selten über 4 Sekunden im Durchmesser erscheinenden Weltkörpers nur geringe Aufschlüsse zu erlangen vermocht hat, ist erklärlich. Von seiner Rotation besitzen wir noch keine Kunde, und seine Abplattung ist Gegenstand erheblicher Zweifel. Nur seine Monde haben dafür gesorgt, daß es uns auch in dieser Welt nicht an einer Seltsamkeit fehlt, wie sie die Nachbarschaft eines Saturn fast erwarten läßt. Zunächst muß ich bemerken, daß diese Monde wegen ihrer ungemeinen Lichtschwäche zu den schwierigsten Gegenständen am Himmel gehören. Der ältere Herschel, welcher uns zuerst mit ihrem Dasein bekannt machte, hat sie nur bei der vollkommensten Einrichtung seiner besten Teleskope wahrzunehmen vermocht, und selbst unter diesen Verhältnissen konnte er weder ihre Anzahl noch ihre Umlaufszeit sicher ermitteln. Nur bei dem nach unsrer heutigen Bezeichnungs= weise 3. und 4. Uranusmonde kam Herschel zu sicheren Ergebnissen und fand daß diese Monde in rückläufiger Bewegung von Ost nach West den Planeten umkreisen in Bahnen, die fast senkrecht auf der Ekliptik stehen. Besteht ein Zusammenhang zwischen den Bahnebenen der Satelliten und der Rotation des Hauptplaneten, bezeichnen also die Satellitenbahnen nahezu die Lage des Äquators des Planeten, so folgt daraus, daß die Rotationsachse des Uranus fast in der Ebene der Ekliptik liegt. Die Folgen einer solchen Stellung müssen für das physische Leben dieses Weltkörpers von ganz wunderbarer Art sein. Jeder Punkt seiner Oberfläche würde im Verlaufe des langen Uranusjahres wenigstens einmal die Sonne im Zenit sehen. Der Unterschied von Jahres= und Tageszeiten würde fast auf dem ganzen Planeten wegfallen, überall fast einem 42jährigen Tage eine 42jährige Nacht folgen. Auch der Unterschied von Klimaten würde damit schwinden, denn der Pol würde dieselbe Wärme= menge von der Sonne empfangen wie der Äquator. Auch für die Monde würde sich ein ganz eigentümliches Verhältnis des Lichtwechsels ergeben. Zur= zeit, wo der Uranuspol der Sonne zugekehrt ist, würde jeder der Monde als Halbmond leuchten, aber ohne irgend eine Ab= oder Zunahme dieser Phase jahrelang bemerken zu lassen, und Neu= und Vollmonde würden nur eintreten können, wenn die Sonne senkrecht über dem Äquator steht, also nicht öfter als nach je 42 Erdenjahren.

Wir sehen, wie wenig ein tieferes Eindringen in den Bau unsres Planeten= systems den Gedanken an Gleichförmigkeit aufkommen läßt, und wie wenig wir für die Naturverhältnisse der Ferne mit einem Maßstabe ausreichen, den wir von der Erde entlehnen. Ich habe im Vorhergehenden bemerkt, daß der ältere Herschel beim 3. und 4. Uranustrabanten allein nur zu sicheren Resultaten zu gelangen vermochte. Er hat außer diesen noch 4 andre Monde wahrzunehmen geglaubt, allein diese Wahrnehmungen waren Täuschungen und bezogen sich wahrscheinlich auf kleine Fixsterne, die sich zufällig in der Nähe des Uranus be= fanden. Erst Lassell gelang es, in seinem Riesenteleskope auf Malta zwei weitere Uranusmonde zu entdecken, die dem Planeten weit näher stehen als Herschels Satelliten. Dasselbe Ergebnis hat auch die Untersuchung mittels des 26zölligen Riesenrefraktors in Washington geliefert. Die lichtschwachen Uranusmonde boten gerade ein geeignetes Objekt für dieses wundervolle Instrument, und Professor Newcomb in Washington hat nach Aufstellung desselben nicht gezögert, dessen Kraft an jenen fernen Monden zu erproben. Sie wurden sofort und mit Leichtig= keit gesehen. Was dies sagen will, können wir daraus entnehmen, daß der ältere

Herschel selbst mit seinem vierzigfüßigen Riesenteleskope von den beiden inneren Uranusmonden nie auch nur eine Spur zu sehen vermochte. Professor Newcomb ist der Ansicht, daß außer diesen vier Trabanten andre Monde des Uranus, die noch mit unsern besten heutigen Instrumenteu erkannt werden könnten, aller Wahrscheinlichkeit nach nicht existieren. Zu der gleichen Ansicht war bereits früher Lassell gelangt, der unter dem heiteren Himmel Maltas in seinem großen Reflektor die vier Trabanten des Uranus bisweilen selbst bei vollem Mondschein sah. Lassell hat den Uranusmonden folgende Benennungen gegeben: Ariel, Umbriel, Titania und Oberon. Die von dem älteren Herschel entdeckten Monde sind Titania und Oberon.

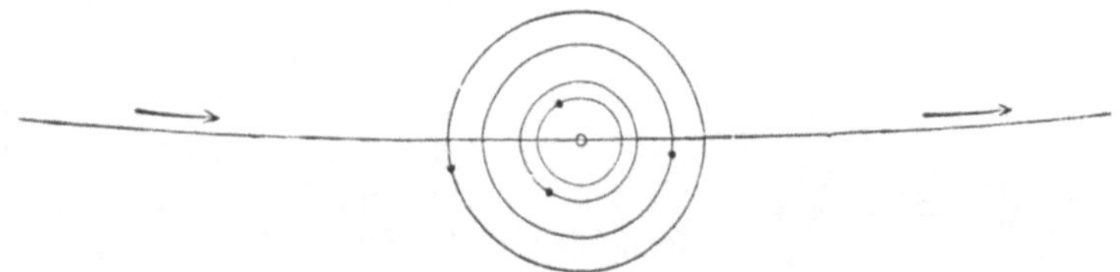

Bahnsystem der Uranus-Trabanten.

Aber die Zahl der Welten ist noch nicht erschöpft. Noch einmal rufe ich den Leser auf zu einem mächtigen Fluge, noch einmal wollen wir 1500 Millionen Kilometer in den Raum vordringen. Dort, wo das Licht der Sonne nur noch in tausendfacher Schwächung leuchtet, auch dorthin hat die Wissenschaft ihr Licht ergossen. Wir betreten die Stätte einer der erhabensten und glänzendsten Taten aller Jahrhunderte, eine Stätte, die geheiligt ist durch einen der stolzesten Triumphe menschlichen Denkens.

Die Welt, zu der ich den Leser führe, ist noch dunkel im Vergleich zu denen, die wir verlassen, d. h. dunkel im Sinne der Strahlen der Forschung, die sie beleuchten. Als Stern achter Größe dem unbewaffneten Auge des irdischen Beobachters nicht sichtbar, zeigt sich der Neptun — denn das ist die neue Welt — selbst im vergrößernden Fernrohr nur klein, nämlich als eine Scheibe von 2,4 Sek. im Durchmesser. Dieser scheinbaren Größe entspricht eine wirkliche, die etwa $4^1/_3$ mal unsre Erde und 82 mal an Rauminhalt übertrifft. In betreff seiner Masse ist anzunehmen, daß er etwa 17 mal unsre Erde aufwiegen würde. Seine Dichtigkeit ist danach ungefähr $^1/_5$ der Dichtigkeit der Erde gleich und $1^1/_5$ im Verhältnis zur Dichtigkeit des Wassers. In $60186^2/_3$ Tagen oder fast 165 Jahren erst vollendet er seinen Weg um die Sonne, und auf dieser weiten Reise begleitet ihn ein Mond. Lassell in Liverpool entdeckte ihn mit Hilfe seines großen 20 füßigen Reflektors im August 1874 und Struve in Pulkowa und Bond in Cambridge bestätigten diese Entdeckung. Dieser Mond ist übrigens heller als die Uranusmonde, bewegt sich aber wie diese rückläufig. Der Neptun selbst zeigt eine düstere, einförmige Scheibe, auf der man keinerlei Detail zu unterscheiden vermag. Es ist hiernach klar, daß wir auch über die Rotationsdauer und die Lage der Achse dieses fernsten bekannten Planeten gegen=

wärtig nichts wissen. Aber auf etwas andres möchte ich noch aufmerksam machen. Der Planet Neptun erscheint von der Erde aus gesehen als Stern achter Größe, wenn aber seine lichtreflektierende Kraft nicht größer wäre als diejenige unsrer Erde, so könnte er höchstens nur als Stern elfter bis zwölfter Größe auftreten. Es wird hiernach wahrscheinlich, daß auch Neptun gegenwärtig noch heißflüssig und von einer wolkigen Hülle umgeben ist. Dies bestätigt auch die Spektralanalyse, indem das Spektrum dieses Planeten, ebenso wie dasjenige des Uranus, eine Reihe von breiten, dunklen Absorptions streifen zeigt.

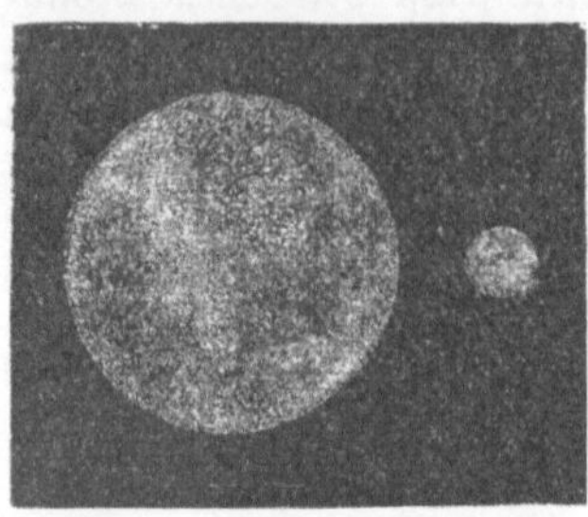
Neptun und Erde in ihrem Größenverhältnis.

Nicht diese Mitteilungen aber sind es, für welche ich hier an diesem wichtigen Markfteine unsrer Wanderung die Aufmerksamkeit in Anspruch nehmen will. Die Geschichte der großen Geistestat, welche zuerst das Auge auf diese ferne Welt lenkte, soll die kurze Zeit ausfüllen, die wir uns zur Rast von unserm anstrengenden Fluge gönnen.

Vierzig Jahre waren seit der Entdeckung des Uranus verflossen, und der neue Planet hatte auch in den Jahrbüchern der Astronomie seinen ihm zukommenden Platz eingenommen. Man begann allgemach daran zu denken, auch für ihn Tafeln zu entwerfen, wie sie für die übrigen Planeten längst vorhanden waren, die seine Bewegung genau darstellen sollten. An Beobachtungen fehlte es nicht; es war ja sogar namentlich durch Bodes Bemühungen geglückt, ältere unbewußte Beobachtungen desselben Planeten bis in das Jahr 1690 zurück zu verfolgen. Die Beobachtungen umfaßten also auch einen hinreichend großen Zeitraum, so daß man nicht gerade erhebliche Fehler zu fürchten glaubte. Die Berechnung dieser Tafeln schien selbst einen so unermüdlichen Rechner wie Bouvard ermüden zu wollen. Aber es schien unmöglich, eine Übereinstimmung zwischen den älteren und den neueren Beobachtungen herzustellen; die Tafeln entsprachen entweder den einen oder den andern nicht. Ja, diese Berechnung nahm immer mehr den Charakter einer wahren Sisyphusarbeit an. Kaum waren die Tafeln einige Jahre im Gebrauch, so waren sie schon wieder veraltet, und mit jedem Jahre wuchsen die Abweichungen. Solche Schwierigkeiten konnten aber nur dazu dienen, den Scharfsinn der Astronomen herauszufordern. Wenn auch einzelne noch wagten, die Gültigkeit des Newtonschen Gravitations gesetzes in jenen der Sonne so fernen Regionen in Zweifel zu ziehen, so erwachte in andern um so lebendiger der Gedanke an das Dasein einer unbekannten störenden Kraft. Damit stellte sich der berechnenden Astronomie eine bestimmte Aufgabe. Es galt nicht mehr die Größe der Störungen aus der Kenntnis der Bewegungen des störenden Körpers zu ermitteln, sondern umgekehrt die Bahn und Bewegung eines störenden Körpers aus den bekannten Abweichungen der beobachteten Stellungen des Uranus von den unter alleiniger Berücksichtigung

der Saturn= und Jupiterstörungen durch Rechnung erhaltenen abzuleiten. Wer
diesen kühnen Gedanken, aus so kleinen Abweichungen den Ort eines unbekannten
Planeten am Himmel zu berechnen, zuerst gehabt, läßt sich nicht mehr entscheiden.
Bouvard äußerte ihn bereits im Jahre 1834, und Bessel sprach ihn in einem
Briefe an Humboldt vom 8. Mai 1840 in sehr bestimmter Gestalt aus.

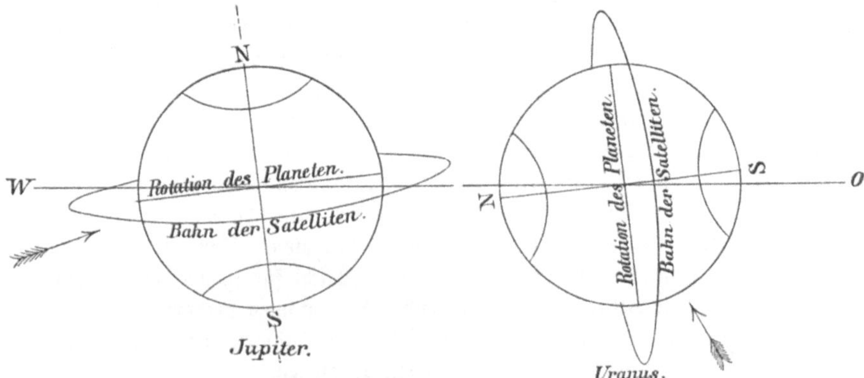

Neigung der Satellitenbahnen des Jupiter und Uranus gegen die Ebene der Ekliptik.

Das große Problem war jetzt öffentlich aufgestellt, die Göttinger Gesellschaft
der Wissenschaften hatte es sogar im Jahre 1844 zum Gegenstande einer Preis=
aufgabe gemacht. Da übernahm ein junger, damals noch fast ganz unbekannter
Mann, diese Arbeit. Urban Jean Joseph Leverrier, den Arago auf das
Problem aufmerksam machte, war geboren am 11. März 1811 zu Saint=Lô
im Departement la Manche. In seinen Jünglingsjahren besuchte er die poly=
technische Schule zu Caen, wo er aber so wenig besondere Fähigkeiten entwickelte,
daß er vielmehr im Examen durchfiel. Aber die Zeugnisse der Lehrer haben
nicht immer entscheidenden Wert, wenn es sich um die Frage nach dem wirklichen
Talent eines Schülers handelt. Leverrier wandte sich nach Paris und besuchte
die nach Ludwig XIV. benannte Schule, dann die Pariser polytechnische Schule
und ward darauf als Ingenieur bei der Tabaksregie angestellt. Das war
freilich kein Posten für einen Mann, der berufen war, einer der ersten Astro=
nomen der Gegenwart zu sein. In der Tat verließ Leverrier seine Tabaks=
stellung sehr bald und wurde Lehrer am Collége Stanislas. In dieser Stellung
forderte Arago ihn auf, sich mit rechnender Astronomie zu beschäftigen, und
Leverrier lieferte infolgedessen zuerst eine Berechnung des Merkurdurchganges
von 1845, sowie eine Arbeit über die Bahn des Fayeschen Kometen. Jetzt
lenkte Arago seine Aufmerksamkeit auf die Bewegung des Uranus, und Leverrier
begann eine dahin zielende Untersuchung der vorhandenen Beobachtungen. Noch
einmal prüfte er die vorhandenen Uranustafeln, noch einmal versuchte er es,
durch Verbesserung von Fehlern, durch Einführung neuer, richtigerer Elemente
die älteren und neueren Beobachtungen in Einklang zu bringen. Vergeblich;

13*

alles wies unleugbar auf eine unbekannte störende Kraft hin. Jetzt zögerte er nicht länger, den unbekannten Planeten selbst aufzusuchen. Er bestimmte unter der Voraussetzung, daß der neue Planet sich in der Ebene der Erdbahn und etwa im doppelten Abstande des Uranus von der Sonne befinde, den Ort dieses Planeten am Himmel. Die Voraussetzungen waren roh, aber sie waren durch die Analogie anderer Planeten und durch das sogenannte Bodesche Gesetz gerechtfertigt; sie mußten wenigstens eine annähernde Lösung des Problems herbeiführen. Die Resultate entsprachen den Erwartungen, die Widersprüche zwischen den Beobachtungen begannen sich zu verringern. Noch einmal legte Leverrier die verbessernde Hand an seine Rechnungen. Dann trat er am 31. August 1846 in die Sitzung der Pariser Akademie und verkündete mit der Zuversicht eines Propheten den Ort des unbekannten Gestirns am Himmel, die Elemente seiner Bahn, sogar seine Masse und scheinbare Größe. Das ist der Tag der theoretischen Entdeckung dieses Planeten. Seine Existenz war bewiesen, und wenn er auch noch lange, ja vielleicht für immer, seiner Lichtschwäche wegen den Blicken des beobachtenden Astronomen verborgen blieb, für den rechnenden Verstand stand er auch unsichtbar am Himmel, er war gezwungen, ihn fortan in den Kreis seiner Betrachtungen zu ziehen.

Aber Leverrier versäumte auch nichts, den unsichtbaren Gegenstand seiner Entdeckung ans Licht zu ziehen. Die günstigste Zeit seiner Sichtbarkeit war gekommen; noch im Laufe des Jahres mußte er gefunden werden, ehe er sich wieder in den Strahlen der Sonne verbergen konnte. Ohne den Erfolg der in Paris bereits begonnenen Nachforschungen abzuwarten, wandte er sich auch an Galle in Berlin mit der Aufforderung, den Planeten zu suchen. Wir wissen, welchen Anteil die von Bessel angeregten und von der Berliner Akademie herausgegebenen Sternkarten in den letzten Jahrzehnten an der Entdeckung der kleinen Planetoiden gehabt haben. Hier aber feierten sie ihren glänzendsten Triumph. Diejenige Karte, welche die Gegend des Himmels, in welcher der neue Planet sich zeigen sollte, enthielt — es war die Gegend des Steinbocks — war soeben von Bremiker vollendet. Noch an demselben Tage, an welchem Galle den Brief Leverriers erhielt — es war am 23. September 1846 — verglich er den Himmel mit der Karte, und noch an demselben Abend fand er den gesuchten und verkündigten neuen Planeten nur 1° von dem ihm von Leverrier angewiesenen Orte.

Noch nie hatte eine Wissenschaft einen solch glänzenden Triumph errungen, wie er der Astronomie hier zu teil ward. Es verringert das Verdienst dieser Entdeckung keineswegs, daß die Elemente, auf welche die Rechnung sich gestützt hatte, nicht auch in Zukunft für die Bahn des gefundenen Planeten Geltung behaupten konnten. Es schmälert den Ruhm der Entdeckung nicht, daß auch der Zufall seine Hand dabei im Spiele hatte, daß trotz der von der Wahrheit ziemlich weit entfernten Elemente, die der Rechnung zu Grunde gelegt waren, doch der von Leverrier angegebene Ort des neuen Planeten mit der Wirklichkeit in so staunenerregender Weise übereinstimmte. Die von Leverrier angegebene

Bahn des Planeten weicht allerdings von der nachträglich auf Grund direkter Beobachtungen desselben berechneten so bedeutend ab, daß sie für einige Jahre früher oder später den Ort des Neptun nicht so genau gegeben haben würde, als es für die Zeit der Auffindung durch Galle der Fall war. Indes hat Leverrier später nachgewiesen, daß die Abweichungen seiner Rechnung von der Wirklichkeit hauptsächlich in der ungenügenden Kenntnis der Massen des Uranus und Saturn zu suchen sind.

Aber keine Krone wird auch in der Wissenschaft unbestritten erlangt. Kein großes Ziel stellt sich hier dar, auf das nicht gleichzeitig die Bestrebungen vieler sich richteten, und keine Wissenschaft entfaltet den Reichtum ihrer Mittel, ohne daß oft gleichzeitig viele Hände danach griffen, sich daraus Waffen zu schmieden für geistige Eroberungen.

Jener anregende Gedanke eines unbekannten fernen Weltkörpers und seine Berechnung aus seinen störenden Wirkungen war, wie wir wissen, mit innerer Notwendigkeit auf dem Boden der astronomischen Forschung selbst erwachsen, er war lange vor Leverriers Entdeckung ein Gemeingut aller Astronomen. Die Mathematik hatte eine so glänzende Höhe erreicht, daß auch andere als Leverrier mit ihrer Hilfe jenes große Problem für lösbar halten und seine Lösung versuchen konnten. So war es denn in der Tat ein junger englischer Mathematiker vom Johns-College in Cambridge, Adams, der bereits im Jahre 1843 dieselbe Aufgabe zu bearbeiten begann. Schon im September 1845 gelangte er zu ähnlichen Resultaten, wie fast ein Jahr später Leverrier. Aber ein unglückliches Geschick waltete über seinen Arbeiten. Airy in Greenwich und Challis in Cambridge, denen er seine Resultate mitteilte, ohne freilich zugleich den Weg, auf dem sie erlangt waren, anzudeuten, schenkten diesen wenig Vertrauen, und die zur Aufsuchung des neuen Gestirns günstige Zeit dieses Jahres verstrich unbenutzt. Erst als im Juni des folgenden Jahres die erste Berechnung Leverriers bekannt wurde, erregte die auffallende Übereinstimmung dieser Resultate mit den von Adams gefundenen die Aufmerksamkeit der englischen Astronomen. Man begann nun in Cambridge Nachforschungen anzustellen, aber wie es scheint, abermals lässig und mit geringem Vertrauen auf Erfolg. Erst später fand Challis, daß er zweimal bereits im August den neuen Planeten beobachtet hatte, ohne zu wissen, daß er es sei. So ward dem jungen englischen Berechner die Palme des Sieges durch Leverrier entrissen, teils weil er es versäumt hatte, seinem Gedanken auch die Tat der Entdeckung folgen zu lassen, teils durch die Schuld der englischen Astronomen, bei denen das kühne Unternehmen keine Unterstützung fand. Adams selbst hat in edler Bescheidenheit auf jeden Anteil an dem Ruhme des Entdeckers verzichtet; aber seine Landsleute haben lange Zeit in erbittertem Kampfe versucht, ihm und der Nation wenigstens einen Teil der Ehre zu sichern. Leverrier hat den vollen Preis erlangt auf Grund jenes Rechtes, das in der Geschichte der Wissenschaften alleinige Geltung hat, daß es keinen andern Anspruch auf eine Entdeckung gibt, als den durch die Veröffentlichung erlangten.

In jenem Streite über den Anspruch auf die erste Verkündigung des neuen Planeten verflocht sich auch der Streit über seinen Namen. Es unterlag keinem Zweifel, daß Leverrier das Recht zur Erteilung des Namens besaß, und er sprach sich in der Tat für die Annahme der Benennung Neptun aus.

Wir stehen an den Grenzen der uns bekannten planetarischen Welt. Ob es einst gelingen werde, diese Grenzen weiter auszurücken, wer will es entscheiden! Vielleicht läßt auch der Neptun einst im Laufe der Beobachtungen Abweichungen erkennen, die auf einen unbekannten störenden Weltkörper hindeuten. Bis jetzt ist dies nicht der Fall, denn aus den genauen Untersuchungen, welche Newcomb über die Bewegung des Neptun angestellt hat, ergibt sich, daß bis jetzt keine Notwendigkeit vorliegt, einen jenseit des Neptun befindlichen Planeten anzunehmen.

Hier an den Grenzen unserer Heimat, wollen wir noch einen flüchtigen Blick rückwärts werfen auf die verlassenen Welten; Mars, Venus, Erde sind längst erloschen; nur mit Mühe erkennt noch das Auge den Jupiter, Saturn und selbst den nahen Uranus als unbedeutende, kaum sichtbare Lichtpünktchen. Ein blendend weißer Stern ist die Sonne und nur schwache Dämmerung ihr uns sonst so überreich quellendes Licht. Wir wenden uns ab von dieser Öde, vorwärts dem Sternhimmel zu. Hier meinen wir, werden sich neue Wunder den entzückten Blicken entfalten. Sehen wir hin! derselbe Sternenhimmel, den wir von der Erde her kennen, breitet sich auch hier über uns aus; dieselben Sternbilder, die wir dort alltäglich über unserm Haupte hinziehen sahen, wandeln unverändert an uns vorüber! Die ungeheure Entfernung von der Erde bis zum Neptun hat nichts in der Stellung der Fixsterne verschoben, sie war nur ein Schritt gegen die endlose Ferne der Welten. Vier volle Stunden gebrauchte das Licht, um von der Erde hierher zu gelangen, aber drei volle Jahre würden selbst für den eilenden Lichtstrahl erforderlich sein, ehe er die nächste jener Welten erreichte! Der Lichtstrahl versagt uns den Dienst; so wollen wir den Gedanken beschwingen, daß er uns in neue Fernen hinaustrage!

Siebentes Kapitel.

Die Kometen.

Eine reiche Mannigfaltigkeit im Gebiete unsres Sonnensystems habe ich bereits vor dem Leser entrollt, aber noch kennen wir bei weitem nur den kleinsten Teil der Wunder, die diesen weiten Raum erfüllen. Ich habe den Leser ja bisher auf der breiten Heerstraße geführt, die gleichsam von Planet zu Planet die Sonne mit den Grenzen ihrer Herrschaft verknüpft. Wir werden doch nicht glauben, daß dieser schmale Raum am Wege allein von Welten bevölkert sei? Ich möchte den Leser daher zu Kreuz= und Querflügen durch diesen ungeheuren Raum veranlassen, weit hinaus über den schmalen Gürtel des Tierkreises, der die Planeten umfaßt, aber auch weit hinaus über die Grenzen der Neptunsbahn, so weit als nur immer der Herrscherarm unsrer Sonne reicht. Wir sehen, daß ich recht hatte, zu solchen Streifzügen den Gedanken zu beschwingen.

Abseits von der großen Heerstraße wandelt ein zahlreiches, seltsames Volk, regellos zerstreut, mannigfaltig in Gestalten und Größe, flüchtig in seinem innersten Wesen, launenhaft bald in bedenkliche Nähe zur Sonne sich wagend, bald trotzig in endlose Fernen hinausschweifend. In das Gebiet der Kometen= welt wollen wir uns begeben und im Geiste die merkwürdigsten dieser Schweif= sterne an uns vorbeiziehen sehen.

Die Alten haben von der Weltstellung der Kometen keine begründeten Vor= stellungen gehabt; sie dachten nicht im entferntesten daran, daß diese von Zeit zu Zeit am Himmel heraufziehenden Schweifsterne Weltkörper seien, die an räum= licher Ausdehnung unsre Erde und selbst sogar die Sonne vielmal übertreffen; daß es Himmelskörper seien, die in festen, geregelten Bahnen aus den Tiefen des Raumes zur Sonne herabsteigen und sich darauf wieder in die Nacht der weiten planetarischen Räume zurückbegeben. Im Mittelalter hielt man die Kometen, ohne sich über ihre kosmische Bedeutung weiter den Kopf zu zerbrechen, für Zucht= ruten der erzürnten Gottheit und fürchtete diese Gestirne als Unglücksboten. Selbst die trivialsten Erscheinungen, Krankheiten der Katzen, Hühner usw., sollten durch Kometen verursacht werden. So heißt es unter einer Darstellung des Kometen

von 1680: „Wahre Abbildung des Kometen, wie solcher über Rom den 2. Dezember
Montags in der Nacht in diesem 1680. Jahr erschienen und im Zeichen der Jung=
frauen des 13. Grades gesehen worden. Eben in dieser Nacht, ungefähr um 8 Uhr,
hat eine Henne, so niemals ein Ey geleget, mit großem Geräusch und ungewöhn=
lichem Geschrey ein Ey von gegenwärtiger Größe und Gestalt mit Stern und
Strahlen, wie hier abgebildet zu sehen, geleget."

Vorwurfsfreie Menschen sahen freilich auch schon damals in den Kometen
etwas anderes, als Boten göttlicher Rache, aber die Menge hielt an ihrem Aber=
glauben fest. Die erste richtige Vermutung über die Bahn eines Kometen sprach
G. A. Borelli 1664 in einem Briefe an den Prinzen Leopold von Toscana aus,
indem er behauptete, die Kometen bewegten sich in Parabeln. Aber Borelli scheint
diese Idee nicht weiter verfolgt zu haben.

Der große Komet von 1680 bezeichnet den eigentlichen Anfangspunkt der
wissenschaftlichen Kunde von den Kometen. Ein sächsischer Prediger, Georg Dörfel
zu Plauen, trat öffentlich mit der kühnen Behauptung auf, daß dieser Komet, wie
alle Kometen überhaupt, eine parabolische Bahn um die Sonne beschreibe, und
daß diese letztere im Brennpunkte der Bahn sich befinde. Dörfel hat seine Be=
hauptung auch so gründlich bewiesen, als dies bei den mangelhaften Mitteln seiner
Zeit überhaupt möglich war, und einige Jahre später verwandelte Newton die Be=
hauptung in eine völlig wissenschaftliche Tatsache, indem er die Kometen unter die
Herrschaft seines Gravitationsgesetzes stellte und ihren Bahnen die Form langge=
streckter Ellipsen zuwies.

Jetzt zum erstenmal konnte der Gedanke aufsteigen, daß ein Komet aus den
Tiefen des Weltenraumes wiederkehre, daß die Rechnung sogar Jahr und Tag
seiner Wiederkehr vorher zu verkünden vermöge. Man wird freilich fragen: „Wie
ist es möglich, einen Kometen wieder zu erkennen, wenn er zurückkehrt?" An seiner
äußeren Erscheinung schwerlich, das gebe ich zu; denn die Veränderlichkeit seiner
Gestalt und Lichtstärke, seines Schweifes, seines Kerns und seiner Dunsthülle ist
außerordentlich und macht ihn oft selbst vor unsern Augen in wenigen Tagen völlig
unkenntlich. Aber der Astronom besitzt andre und sicherere Steckbriefe, mit denen
er seine Kometen in die Fernen des Raumes verfolgt. Es sind die Bahnelemente.
Wir wissen bereits von den Planetenbahnen her, was darunter zu verstehen ist.
Hier sind es insbesondere die Neigung der Kometenbahn gegen die Ebene der Ek=
liptik, die Lage des Durchschnittspunktes beider Ebenen, d. h. sein Abstand von dem
Frühlingspunkte oder die Länge des aufsteigenden Knotens, der Abstand des Ko=
meten von der Sonne in seiner Sonnennähe, oder die sogenannte Periheldistanz
und die Lage dieses Punktes gegen die Ekliptik oder die Länge des Perihels, end=
lich die Richtung der Bewegung, die von West nach Ost oder von Ost nach West,
rechtläufig oder rückläufig, vor sich gehen kann. Um sich die Bahnelemente zu ver=
schaffen, muß der Astronom freilich beobachten können; aber schon drei Beobach=
tungen genügen dazu. Allerdings gewähren diese nur eine parabolische Bahn des
Kometen; aber für die kurze Dauer der Sichtbarkeit ist diese ausreichend, da eine
sehr lang gestreckte Ellipse und eine Parabel mit demselben Brennpunkte und dem=

selben Scheitelpunkte erst in großer Entfernung von ihrem gemeinsamen Scheitel
merklich auseinandergehen. Erscheint nun ein neuer Komet, so vergleicht der Astronom sein Signalement mit dem früher beobachteter Kometen. Zeigt sich eine nahe
Übereinstimmung zwischen den Bahnelementen zweier zu verschiedenen Zeiten erschienenen Kometen, so kann der Astronom mit einiger Gewißheit schließen, daß er
es mit einem einzigen Gestirn zu tun hat. Ist ihm eine längere Zeit der Beobachtung gestattet, so kann er die Bahn des neuen Kometen genauer berechnen, besonders auch seine Umlaufszeit, und endlich aus der Umlaufszeit die Zeit der Wiederkehr ableiten.

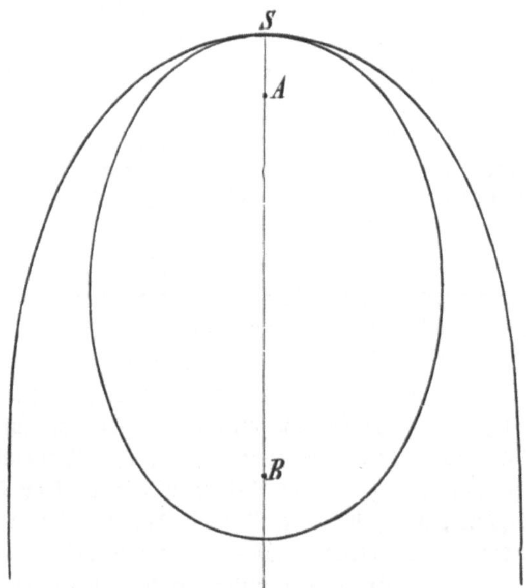

Parabel und Ellipse mit gleichem Brennpunkte A.

Der erste, der in dieser Weise eine Anwendung der Theorie auf die Kometen
machte, war Halley zu Anfang des 18. Jahrhunderts. Er berechnete nach einer
sehr umständlichen Methode 24 Kometenbahnen und kam dabei zu dem wichtigen
Ergebnis, daß drei dieser berechneten Bahnen so nahe miteinander übereinstimmten
daß sie lediglich nur als die Bahnen eines und desselben zu drei verschiedenen Malen
wiedergekehrten Kometen gelten konnten. Er kündigte daher die Wiederkehr des
Kometen, dessen Umlaufszeit er auf 75—76 Jahre bestimmt hatte, auf das Ende
des Jahres 1758 oder Anfang 1759 an.

Natürlich konnte diese Vorhersagung nur eine unbestimmte sein, da es Halley
unmöglich war, den Betrag der Störungen genau zu ermitteln. Die Lösung dieser
schwierigen Aufgabe übernahm der französische Mathematiker Clairault und eine
gelehrte Frau, Madame Lepaute, unterstützte ihn dabei. Sechs volle Monate rech-
neten beide ununterbrochen, um die Zeit der Wiederkehr des Kometen mit Rück-

ſicht auf die ſtörenden Einflüſſe der Jupiter= und Saturnanziehungen genau feſt=
zuſtellen. Sie fanden, daß durch dieſe Störungen eine Verzögerung des Kometen
gegen ſeinen früheren Lauf um 618 Tage erfolgen, und daß der Komet daher wahr=
ſcheinlich erſt am 13. April 1759 in ſeine Sonnennähe eintreten werde, wiewohl ſie
auch hierbei eine Ungewißheit von etwa 30 Tagen nicht in Abrede ſtellen konnten.
Alle Welt war im Jahre 1758, welches den Kometen in ſeiner Annäherung zur
Sonne zuerſt ſichtbar machen mußte, geſpannt, ob die Prophezeiung des längſt ge=
ſtorbenen großen Aſtronomen Halley ſich erfüllen werde. Ein Freund der Aſtro=
nomie, der ſächſiſche Landmann Palitzſch zu Prohlis bei Dresden, war es, der ihn
mit ſeinem Fernrohre am 15. Dezember 1758 zuerſt erblickte. Bald konnte man
ſich allgemein von der Erfüllung der Halleyſchen Vorherſagung überzeugen; denn
der Komet erſchien wirklich in den in voraus beſtimmten Sternbildern und erreichte
ſeine Sonnennähe am 12. März 1759, alſo innerhalb der angedeuteten Grenzen
der Rechnung. Seitdem iſt dieſer Komet in den Jahren 1835 und 1836 bereits
wieder erſchienen und hat mehr wie je die aſtronomiſche Rechnung glänzend beſtätigt.
Der Unterſchied zwiſchen dem berechneten und wirklichen Eintritt des Kometen in
die Sonnennähe betrug damals nur 3 Tage, eine verſchwindende Größe im Ver=
gleich zu der 76jährigen Umlaufszeit und den zahlreichen Störungen eines Laufes
durch 700 Millionen Meilen mitten zwiſchen den gewaltigſten Welten unſres Pla=
netenſyſtems! Noch ſchärfer wird die Übereinſtimmung zwiſchen Rechnung und
Beobachtung bei der nächſten Wiederkehr des Halleyſchen Kometen ſein, die der
heutigen Welt zu erleben beſchieden iſt. Sie findet nämlich ſtatt im Jahre 1910.

Nicht lange nach Halleys großer Tat ſollte die Wiſſenſchaft auf dem Gebiete
der Kometenforſchung neue Triumphe feiern. Im Jahre 1770 entdeckte Meſſier
einen Kometen, der lange genug am Himmel ſichtbar bleib, um ſeine Bahnelemente
mit großer Genauigkeit feſtzuſtellen. Lexell fand, daß der Komet in $5\frac{1}{2}$ Jahren
ſeinen Umlauf um die Sonne vollenden mußte. Man wunderte ſich freilich darüber,
daß ein Komet von ſo kurzer Umlaufszeit nicht bereits früher geſehen worden ſei,
und als er vollends zur berechneten Zeit nicht wieder erſchien, nannte man ihn
ſpottweiſe „Lexells verlorenen Kometen“. Aber die Wiſſenſchaft wies nun nach,
daß dieſe kurze Bahn dem Kometen erſt neuerdings gegeben war, als er am 27. Mai
1767 dem Jupiter ſo nahe kam, daß deſſen mächtige Anziehung ihn im Laufe hemmte
Allerdings war er der Rechnung nach im Jahre 1776 noch einmal zur Sonne zurück=
gekehrt, und man würde ihn geſehen haben, wenn er nicht zur ungünſtigſten Zeit
hinter der Sonne und zugleich in einem Abſtande von 40 Millionen Meilen von der
Erde geſtanden hätte. Aber das Überraſchendſte war, daß die Rechnung jenen Spott
in wirklichen Ernſt verwandelte, daß ſie ihn wirklich als einen „verlorenen Ko=
meten“ erwies.

Bei ſeiner abermaligen Rückkehr auf ſeiner neuen Bahn mußte der Komet
nämlich dem Jupiter wiederum ſo nahe gekommen ſein, daß er ſogar zwiſchen ihm
und ſeinen Monden hindurch gegangen war, ſo daß die Anziehung desſelben die
eben erſt erhaltene Bahn abermals umgewandelt hatte, und zwar in eine lang=
geſtreckte Ellipſe, die ihm nicht geſtattete, jemals auch nur den Abſtand der Ceres

von der Erde zu erreichen. Der Lexellsche Komet hat zuerst die Vorstellung einer „Gefangennahme von Kometen durch Planeten" hervorgerufen und die Beobachtungen und Untersuchungen während der letzten Hälfte des 19. Jahrhunderts haben die Richtigkeit dieser Vorstellung durchaus bestätigt. Vorher aber war es gelungen, nach und nach eine nicht geringe Anzahl von Kometen zu entdecken und rechnerisch zu verfolgen, welche in verhältnismäßig engen, geschlossenen Bahnen die Sonne umkreisen und also nach gewissen Zwischenzeiten wiederkehren. Man nennt sie deshalb periodische Kometen. Mit einigen der wichtigsten wollen wir uns jetzt näher bekannt machen. Zunächst mit dem Enckeschen Kometen. Im Januar 1786

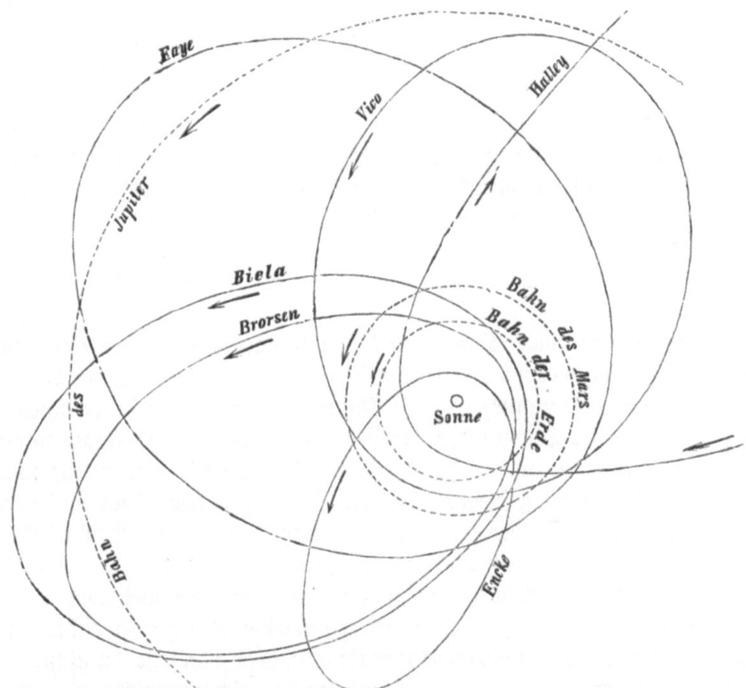

Die Bahnen von sechs periodischen Kometen unsres Sonnensystems.

fand der eifrige Kometenjäger Méchain einen kleinen unansehnlichen Kometen, aber es gelang ihm nur, zwei vollständige Beobachtungen des Gestirnes zu erhalten. Der Komet war also damals für die Bahnberechnung verloren. Erst im Jahre 1793 sah Miß Karoline Herschel das Gestirn wieder, darauf wurde der Komet bei seiner späteren Rückkehr nochmals (1805) von Bouvard und (1819) von Pons entdeckt, ohne daß man die Identität mit den früheren Erscheinungen ahnte. Erst als Encke, damals auf der Sternwarte Seeberg bei Gotha, die Bahn des Kometen genauer untersuchte, fand er, daß alle vorgenannten Erscheinungen einem und demselben Kometen zuzuschreiben seien, dessen Umlaufszeit 3 Jahre 4 Monate betrage. Diese

Entdeckung bestätigte sich bald, gleichfalls aber auch die von Encke entdeckte Tatsache, daß der Komet bei jedem Umlaufe den Punkt seiner Sonnennähe ungefähr $1/9$ Tag früher erreicht. Diese Verkürzung der Umlaufszeit war eine völlig unerwartete Erscheinung. Zur Erklärung nahm Encke an, daß ein die Himmelsräume erfüllendes Medium, der Äther, die Tangentialgeschwindigkeit des Kometen hemme, wodurch letzterer der Sonne näher rücken und seine verengtere Bahn mit größerer Geschwindigkeit durchlaufen muß. Der berühmte Bessel war dieser Meinung indessen nicht, er sah die Ursache der Erscheinung in der Wirkung einer Polarkraft, durch welche materielle Teilchen vom Kometen ausgeströmt werden. Die Existenz einer solchen Ausströmung und die Gesetze, nach welchen sie wirkt, hat er genau untersucht und bewiesen, auch zeigte er, daß die Rückwirkung der Ausströmung gegen den Kometenkern Veränderungen der Bewegung des letzteren in seiner Bahn hervorrufen müsse. Ausströmung von Materie ist aber, wie bei den meisten Kometen, so auch beim Enckeschen mehrfach beobachtet worden. In neuerer Zeit ist die Bewegung des Enckeschen Kometen von Asten und Backlund mit größter Schärfe untersucht worden. Der letztgenannte Astronom wies nach, daß die Beschleunigung der mittleren Bewegung des Kometen seit 1868 sehr veränderlich geworden ist, und glaubt, daß sie durch die Einwirkung eines Schwarms von meteorähnlichen Körperchen hervorgerufen sei, welche der Komet in einem unbekannten Punkte seiner Bahn durchschneidet.

Ein andrer merkwürdiger Komet von kurzer Umlaufsdauer ist der Bielasche Komet, so genannt nach dem Namen seines Entdeckers. Dieses Gestirn wurde 1826 aufgefunden und seine Umlaufszeit zu $6^2/_3$ Jahren berechnet. Bei seiner Rückkehr 1845 zeigte sich, daß der Komet in zwei zerfallen war, die etwa 300 000 Kilometer voneinander entfernt standen; bei der Rückkehr 1852 war diese Entfernung schon auf 2 Millionen Kilometer gestiegen. Seitdem ist indessen keine Spur mehr von diesen Kometen gesehen worden und man nimmt an, daß sie sich aufgelöst haben.

Man kann sich denken, daß zahlreiche Vermutungen über die Ursache dieses Ausbleibens aufgestellt wurden, die wahrscheinlichste Annahme blieb aber immer die, daß sich der Komet bis zur Unsichtbarkeit aufgelöst oder zerteilt habe. Im Jahre 1872 mußte der Komet abermals zurückkehren, aber man fand ihn nicht. Da kam der 27. November und mit ihm ein großartiger Sternschnuppenschwarm. Tausende von Meteoren wurden zwischen 8 und 9 Uhr abends sichtbar. Durch frühere Untersuchungen von Schiaparelli, welche wir später kennen lernen werden, aufmerksam gemacht, kam Professor Klinkerfues in Göttingen auf die Idee, daß zur Zeit des Sternschnuppenfalles der Bielasche Doppelkomet sich in unmittelbarer Nähe der Erde befunden haben müsse. Eine kurze Überlegung zeigte ihm, daß nach dem Sternschnuppenfalle das Gestirn sich am südlichen Himmel in der Nähe des Sternes ϑ Centauri zeigen müsse. Ohne Zögern telegraphierte er nun nach Madras an den dortigen Astronomen Pogson: „Suchen Sie Bielas Komet bei ϑ Centauri!" Pogson fand in der Tat dort einen Kometen, und die Rechnungen von Th. v. Oppolzer zeigten hinterher, daß dieser Komet wahrscheinlich in der Bahn des Bielaschen einhergeht. Übrigens war es Pogson nicht gelungen, drei vollständige Beobachtungen des Kometen zu erhalten, da die Witterung sich ungünstig gestaltete. Oppolzer konnte daher nur unter gewissen Voraussetzungen die Bahnberechnung ausführen. Bruhns hat nun darauf hingewiesen, daß die Möglichkeit nicht ausgeschlossen sei, der Pogsonsche Komet sei ein neuer und stehe nicht mit einem der beiden Bielas in Beziehung. Vielleicht ist die Bahn des Bielaschen Doppelgestirns von mehreren sehr kleinen und lichtschwachen Kometen besetzt.

Die sogenannten inneren Kometen, deren Bahn von der äußersten der uns bekannten Planetenbahnen umschlossen werden, bilden natürlich nur einen sehr kleinen Teil von der Gesamtheit der im Weltenraume überhaupt vorhandenen Kometen, die nach allen Richtungen hin das Gebiet des Sonnensystems durchschwärmen. Man hat nach den Grundsätzen der Wahrscheinlichkeitsrechnung, also unter der Annahme einer gleichmäßigen Verteilung der Bahnen, der Grenzen und der Sonnennähe versucht, annähernd die Zahl der Kometen zu schätzen, und immer hat die Schätzung auf viele Tausende geführt. Nur ein kleiner Teil von ihnen kann uns überhaupt sichtbar werden, da selbst das am schärfsten bewaffnete Auge nur noch für diejenigen ausreicht, die innerhalb der Marsbahn ihre größte Nähe zur Sonne erreichen. Auch die Mangelhaftigkeit früherer Beobachtungen hat einen bedeutenden Anteil an der geringen Zahl bekannter Kometen. Die Geschichte berichtet nur von etwas über 600 mit bloßen Augen gesehenen Kometen, die natürlich gegen die teleskopisch sichtbaren an Zahl verschwinden müssen. Ein Jahrhundert bringt durchschnittlich nicht mehr als 20 dem unbewaffneten Auge erkennbare Kometen.

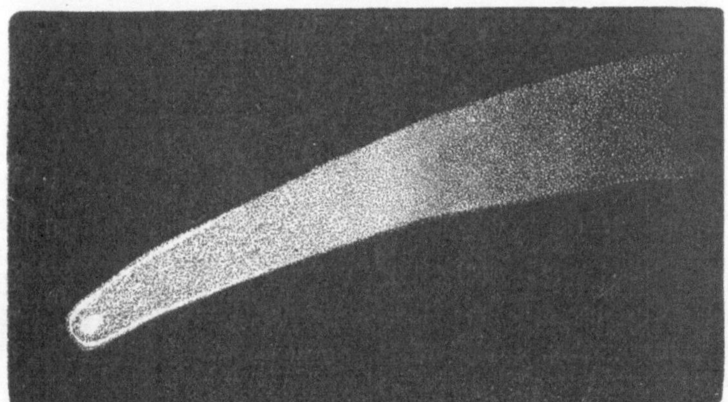

Komet von 1811.

Wir wissen, daß seit einer verhältnismäßig kurzen Zeit es überhaupt erst möglich geworden ist, Kometen in den Bereich der Rechnung zu ziehen. Die wenigsten gestatten überdies eine genügende Zahl von Beobachtungen und nötigen, sich auf parabolische Bahnbestimmungen zu beschränken, die doch nur für ein kleines Bahnstück Geltung haben und keine Wiederkehr voraussehen lassen.

Die genaueren Untersuchungen der Neuzeit haben ferner zu dem merkwürdigen Resultate geführt, daß einige wenige Kometen sich weder in elliptischen noch in parabolischen Bahnen bewegen, sondern sogenannte Hyperbeln beschreiben. In welchem Sinne eine solche Bahn von der elliptischen und parabolischen abweicht und wie diese Abweichung mit der Entfernung von der Sonne immer größer wird, ersehen wir deutlich aus der nachstehenden Figur.

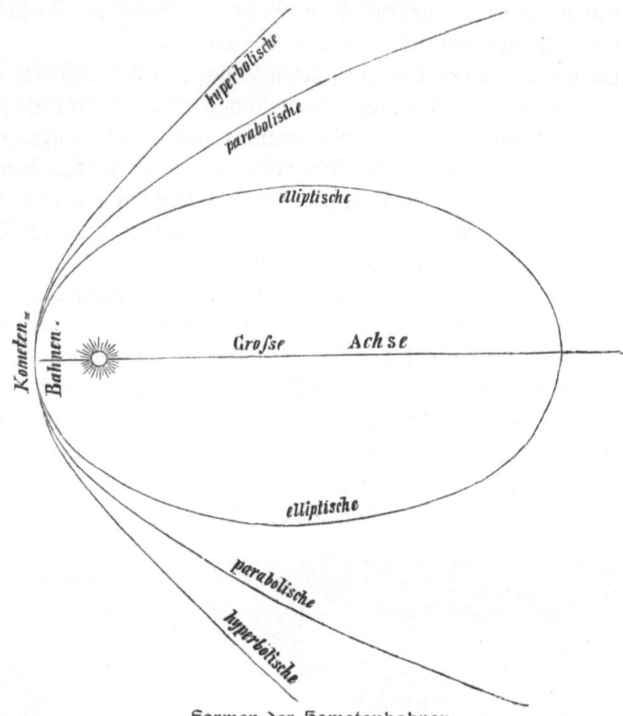

Formen der Kometenbahnen.

Die Anzahl der Kometen, welche wiederholt zur Sonne zurückgekehrt sind, die also in verhältnismäßig engen elliptischen Bahnen die Sonne umwandern, ist nicht groß, beträchtlicher die Anzahl der Kometen, welche der Rechnung nach sich in elliptischen Bahnen bewegen, aber wegen der langen Zeitdauer ihres Umlaufs um die Sonne innerhalb der Zeit während davon genaue astronomische Beobachtungen angestellt wurden, noch nicht wiedergekehrt oder auch nicht wieder erkannt sind. Unter diesen befinden sich gleichwohl mehrere sehr interessante Kometen, auf die ich kurz eingehen muß.

Zunächst verdient hier der Komet I von 1843 Erwähnung. Er wurde am 8. Februar jenes Jahres am hellen Tage mit bloßem Auge dicht neben der Sonne gesehen und entwickelte Abends einen überaus langen Schweif. In seiner Sonnennähe kam er der Sonne so nahe, daß er möglicherweise die äußersten Teile der glühenden Atmosphäre derselben streifte. Der Rechnung nach bewegte er sich in einer sehr lang gezogenen Ellipse und bedarf eines Zeitraums von mehr als 500 Jahren, um einmal seine Bahn zu durchlaufen.

Am 31. Januar 1880 wurde in Australien und Südamerika nach Sonnenunter=
gang ein langer schmaler Lichtstreif am Himmel gesehen, der offenbar nur ein Ko=
metenschweif sein konnte. Dies war in der Tat der Fall, und die Berechnung er=
gab hinterher, daß dieser Komet in seinem Perihel der Sonnenoberfläche bis auf
185000 Kilometer nahekam und überhaupt eine Bahn beschrieb, welche mit der des
Kometen I 1843 die größte Ähnlichkeit besitzt. Trotzdem sind beide Kometen nach
der genauen Untersuchung von Prof. Kreutz nicht identisch. Der große September=
komet von 1882 (Komet II 1882) ist ebenfalls durch seine beträchtliche Annäherung
an die Sonne merkwürdig. Sein Periheldurchgang fand am 17. September statt,
und der Komet kam der Sonnenoberfläche bis auf 450000 Kilometer nahe, ist also
jedenfalls durch die Materie der Sonnenkorona hindurchgegangen. Er zeigte in
den darauf folgenden Wochen seit Anfang Oktober mehrere begleitende Nebel=
massen, von denen man nur annehmen kann, daß sie sich von dem Hauptkometen
abgetrennt hatten, besonders da sich vorher der Kern des Gestirns zuerst länglich,
dann in zwei Teile zerfallen gezeigt hatte. J. Schmidt in Athen sah zuerst den
Hauptkometen von einer verwaschenen, in ihrem Aussehen sehr veränderlichen Nebel=
masse begleitet, die bald verschwand. Später erblickte Barnard in Nashville (N. A.)
ungefähr ein halbes Dutzend kleiner nebeliger Massen etwa 8° von dem Haupt=
kometen entfernt, die jedoch nur an einem einzigen Abend gesehen werden konnten.
Diese, auch von andrer Seite bestätigten Beobachtungen zeigen, daß der große
Komet in der Nähe der Sonne eine teilweise Auflösung oder Zertrümmerung er=
litten hat, sei dies nun infolge der Anziehung der Sonne oder der ungeheuren Glut,
welcher er bei seinem Periheldurchgange ausgesetzt war und die zweifellos die ge=
waltigsten Explosionen auf dem Kern verursachte. Der ursprüngliche Kern dieses
Kometen besitzt nach Prof. Kreutz eine Umlaufsdauer um die Sonne von 770 Jahren,
die Umlaufszeiten der kleinen Teilkometen sind bis zu 100 Jahren davon verschieden.

Merkwürdigerweise erschien im Jahre 1889 abermals ein Komet mit kleinen
Begleitern, die sich wie Abkömmlinge des Hauptgestirns ausnahmen. Dieser
Komet führt die Bezeichnung Komet 1889 V. Auf der Lick=Sternwarte hat
Barnard vier Begleiter des Hauptkometen gesehen und genau beobachtet. Die
Bahnberechnung ergab für den Hauptkometen eine Umlaufszeit von nur 7 Jahren,
gleichzeitig aber zeigte auch die weitere Untersuchung durch Dr. L. Poor, daß der
Komet erst 1886 in diese Bahn geworfen worden ist, und zwar durch die An=
ziehung des Planeten Jupiter, dem er damals äußerst nahe kam. Vor jenem
Jahre bewegte sich der Komet in einer größeren Bahn mit 30—32 Jahren Um=
laufszeit. Endlich ergab eine Untersuchung von Prof. Bredichin über die Bahnen
der kleinen Nebenkometen, daß dieselben sich wahrscheinlich im Mai 1886 von
dem Hauptgestirn abgetrennt haben. Im Jahre 1896 kehrte letzteres, der Be=
rechnung entsprechend wieder, jedoch konnte von den Nebenkometen keiner wahr=
genommen werden, wahrscheinlich haben sie sich inzwischen völlig aufgelöst.

Nach ihrem ganzen Aussehen und gemäß den raschen Veränderungen, ja
Trennungen und vollständigen Auflösungen, welche uns die Kometen im Gegensatz
zu den altersgrauen Planeten zeigen, müssen sie ihrer physischen Beschaffenheit

gemäß völlig von diesen verschieden sein. Mit größtem Interesse sahen daher die
Astronomen den Aussagen des Spektroskops über die Kometen entgegen. Der
erste spektroskopisch untersuchte Komet war der Komet I 1864 und dieser, ebenso
wie einige andere die bis zum Jahre 1882 untersucht werden konnten, zeigt ein
Spektrum, das aus drei Banden oder Streifen besteht, die gegen Rot hin scharf
begrenzt, gegen Violett hin verwaschen erscheinen. Diese Banden sind nach Lage
und Helligkeit denjenigen sehr ähnlich, welche das Spektrum des glühenden oder
elektrisch leuchtenden Kohlenwasserstoffs zeigt.

Eine höchst auffallende Erscheinung, welche das bewaffnete Auge schon an
dem Kometen von 1744 beobachtete, ist die eigentümliche Ausströmung, welche oft
von der Nebelhülle des Kopfes an der dem Schweife entgegengesetzten Seite nach
der Richtung zur Sonne ausgeht. Diese Erscheinung ist erst durch die Arbeiten
Bessels bei Gelegenheit der Wiederkehr des Halleyschen Kometen im Jahre 1835
wissenschaftlich ergründet worden. Am 2. Oktober jenes Jahres sah Bessel eine
Ausströmung von Lichtmaterie aus dem Kerne in einer nahe gegen die Sonne ge-
wendeten Richtung, eine ähnliche am 8. Oktober, und vier Tage später eine andre
äußerst lebhafte, die ihre Richtung veränderte. Am 13. Oktober erkannte Bessel
statt einer begrenzten Ausströmung eine unbegrenzte Masse von Lichtmaterie links
vom Mittelpunkte des Kometen. Einen Tag später hatte sich die Ausströmung
wieder hergestellt und war lebhafter und stärker als je, noch in 45″ Entfernung
vom Mittelpunkte war sie zu unterscheiden, während der Glanz des Kernes sehr
abgenommen hatte und dieser schon bei neunzigfacher Vergrößerung das Ansehen
eines festen Körpers verlor. Am 15. Oktober war die Ausströmung schlecht begrenzt,
am 22. aber wieder lebhaft, auch am 25. schätzte Bessel noch ihre Lage, dann aber
verhinderten schlechtes Wetter und der niedrige Stande des Kometen alle weiteren
Beobachtungen. Auch von andern Beobachtern sind leuchtende Ausströmungen am
Halleyschen Kometen im Oktober 1835 wahrgenommen worden, so von Schwabe,
Amici und Arago, doch hat niemand den Gegenstand so streng wissenschaftlich verfolgt wie Bessel. Aus seinen Messungen geht hervor, daß der ausströmende Licht-
kegel sich von der Richtung nach der Sonne, sowohl rechts als links, beträchtlich
entfernte, aber immer wieder zu dieser Richtung zurückkehrte, um auf die andre
Seite derselben überzugehen. Bessel zeigt, daß seine Beobachtungen sich am besten
mit der Annahme vereinigen lassen, daß die Ausströmung in der Bahnebene des
Kometen pendulierende Schwingungen machte, deren Periode etwa vier bis sechs
Tage betrug und deren Ausdehnung einen Winkel von 60° umfaßte. Der prachtvolle Donatische Komet 1858 hat ebenfalls die Bildung von Lichtausströmungen
und die Ablagerungen heller Nebelschichten gezeigt. Die sämtlichen bis jetzt gemachten Wahrnehmungen vereinigen sich dahin, daß von dem der Sonne zuge-
wendeten Teile des Kometenkerns sich mit großer Geschwindigkeit leuchtende Massen
oder Ströme erheben in Richtungen, die wie ein Pendel hin und her schwanken.
In der Höhe dehnt sich diese leuchtende Materie rasch aus und bildet eine Art
Fächer oder Schirm, dessen Ränder sich nach rückwärts umbiegen und die Materie
nach dem Schweif hinströmen lassen. Die Strömungen, welche den Schweif bilden,

gehen also vom Kerne des Kometen aus und sind ganz verschieden von der Nebelhülle oder Atmosphäre, welche den Kopf des Kometen bildet. Bessel hielt es für
wahrscheinlich, daß der Kern des Kometen kein eigentlich fester Körper in der Art
wie die Erde, der Mond und die Planeten sei, und war der Meinung, derselbe
müsse vielmehr sehr leicht in den Zustand der Verflüssigung übergehen können;
auch zeige der fast unbegreiflich große Raum welcher durch die Schweife vieler Kometen ausgefüllt werde, verbunden mit der wahrscheinlich äußersten Kleinheit ihrer
Massen, daß die Materie der Kometen die Eigenschaft erlange, sich unbegrenzt auszudehnen.

Die Bildung der Dunstströme und der Schweife der Kometen erklärte Bessel
durch eine von der Sonne auf den Kometen ausgeführte Polarkraft ähnlich der
Elektrizität oder dem Magnetismus. Derselben Ansicht war auch schon Olbers,
indem er voraussetzte, daß die von dem Kometen und seiner Atmosphäre entwickelten
Dämpfe sowohl von diesen als von der Sonne abgestoßen würden.

Die Krümmung der Kometenschweife stellt Bessel dar als Ergebnis des Zu-
sammenwirkens der eignen Bewegung des Kometen und der abstoßenden Kraft,
welche die Sonne auf die flüchtigen Teilchen der aus dem Kometenkern aufsteigenden Materie ausübt. Unter dieser Voraussetzung hat Prof. Bredichin in Moskau
ausgedehnte Untersuchungen über die Krümmungen der Schweife einer großen
Anzahl von Kometen angestellt und kam zu dem Ergebnisse, daß in dieser Beziehung
drei verschiedene Typen zu unterscheiden sind. Prof. Bredichin machte dann weiter
die Annahme, daß die Größe der Schweifkrümmung durch das Molekulargewicht
der Substanzen bedingt werde, die eben den Schweif bilden. Unter dieser Voraussetzung würden die zum ersten Typus gehörigen Schweife vorzugsweise aus Wasserstoff bestehen, diejenigen des zweiten Typus aus Kohlenwasserstoffen, und die des
dritten würden Eisen enthalten.

Im Jahre 1882 entdeckte Wells einen Kometen, der sich der Sonne im Perihel
von 10 bis auf etwa 8 Millionen Kilometer näherte und infolgedessen beträchtlich
hell wurde. Die Beobachter fanden während des Monats Mai im Spektrum dieses
Kometen wiederum die bekannten drei Banden, doch waren dieselben viel schwächer,
als man gemäß der Helligkeit des Kometen vermuten durfte. Am 31. Mai sahen
Vogel in Potsdam und Christie in Greenwich in diesem Spektrum eine helle gelbe
Linie, welche sich als die Doppellinie des glühenden Natriumdampfes erwies. Diese
Natriumlinie war nicht nur in dem Lichte des Kometenkerns sichtbar, sondern auch
in andern Teilen desselben, ja der ganze Komet erschien dem Auge etwas gelblich,
und als Prof. Vogel am 6. Juni den Spalt am Spektroskope weit öffnete, erschien,
wie bei den Beobachtungen von Protuberanzen, die volle Form des Kometen in
gelbem Lichte.

Zu Pulkowa wurde der Komet von Hasselberg spektroskopisch untersucht. Auch
dieser sah die helle gelbe Linie und überzeugte sich vom Zusammenfallen derselben
mit der Natriumlinie, während von den gewöhnlichen Banden nicht die geringste
Spur mehr wahrgenommen werden konnte. Da diese letzteren nach der ersten
Hälfte des Mai gesehen wurden, so hatte bei dem Kometen seit Ende Mai eine völlige

Umänderung des Spektrums stattgefunden. Um diese zu verstehen, muß man sich
an gewisse Experimente, welche im physikalischen Kabinette angestellt wurden, wenden. Bringt man in eine Geißlersche Röhre Natrium, welches mit Naphtha ge-
tränkt worden ist, pumpt dann die Luft aus der Röhre und läßt hierauf den Strom
eines großen Ruhmkorffschen Induktionsapparates, der in Verbindung mit einer
Leidener Flasche gebracht ist, hindurchgehen, so erblickt man ein intensives Spektrum des verdampften Kohlenwasserstoffs. Erhitzt man nun die Röhre, um auch
das Natrium zu verdampfen, so erscheint anfänglich das Kohlenwasserstoffspektrum
verstärkt, aber sobald alles Natrium verdampft ist, verschwindet das Spektrum des
Kohlenwasserstoffs fast vollständig, während die gelbe Natriumlinie äußerst lebhaft
glänzt. Nimmt die Wärme ab, so daß die Natriumdämpfe sich kondensieren, so
wird das Spektrum derselben immer schwächer, während dasjenige des Kohlen=
stoffs wieder lebhafter hervortritt. Man ersieht hieraus, daß bei einem Gemisch
von Dämpfen des Natriums und Naphthas, das Natrium allein den Strom leitet.
Wenn man also voraussetzt, daß die Lichterscheinungen des Kometen wenigstens
zum größten Teil durch elektrische Entladungen innerhalb seiner Materie entstehen,
so wird die Analogie mit den Spektralerscheinungen gemischter Dämpfe augen=
fällig. Hasselberg kam daher zu dem Schlusse, daß in dem Kometen Wells unter
dem Einfluß der Sonnenhitze das darin enthaltene Natrium verdampfte, und daß
die beobachteten Licht= und Spektralerscheinungen hauptsächlich durch elektrische
Entladungen in dem Kometen hervorgerufen wurden.

Nun trat der merkwürdige Fall ein, daß im September 1882 wiederum ein
Komet sichtbar wurde, welcher der Sonne so nahe kam, daß er durch ihre glühende
Atmosphäre hindurch ging. Als man ihn spektroskopisch untersuchte, zeigte sein
Spektrum damals die helle gelbe Doppellinie des Natriums. In dem Maße, wie
sich der Komet im Oktober von der Sonne entfernte wurde dieselbe Linie immer
schwächer und allmählich trat das Dreibandenspektrum auf. Hierdurch war also
der Beweis erbracht, daß das Spektrum des glühenden Natriums durch die starke
Erhitzung der Kometenmaterie in der Nähe der Sonne entsteht, genau in der
Weise wie Hasselberg behauptet hatte.

Im allgemeinen kann man aus den spektroskopischen Untersuchungen der
Kometen schließen, daß diese aus kleinen Partikelchen bestehen, die im Kometen=
kern sehr gedrängt sind und unter dem Einflusse der Sonne elektrisch leuchten,
sowie in der Sonnennähe bis zu sehr hoher Temperatur erhitzt werden.

Weitere Aufschlüsse über die Kometen hat die Photographie verschafft, besonders durch genaue Aufnahme der Kometenschweife. Wie die unmittelbaren Beobachtungen dieser Schweife mit dem bloßen Auge ergeben, nehmen dieselben ihren
Ausgangspunkt im Kopfe des Kometen und erstrecken sich in einer von der Sonne
abgewandten Richtung weit hinaus in den Weltraum, wobei sie zunächst licht=
schwächer werden, bis man ihre Spur auf dem Himmelsgrunde verliert. Bisweilen
hat man auch Kometen gesehen mit mehreren Schweifen, so den Kometen von 1744,
der einen fächerförmigen Schweif mit 5 oder 6 Strahlen zeigte. Meist ist einer der
Schweife überwiegend hell und der oder die Nebenschweife sind nur lichtschwach.
Die genauere Beobachtung der Kometenschweife wird durch die Verschwommenheit

derselben sehr beeinträchtigt, und es erschien deshalb sehr wünschenswert, photographische Aufnahmen dieser Erscheinungen machen zu können. Die erste dieser Aufnahmen gelang bei dem großen Kometen von 1882 auf der Kapsternwarte und sie zeigte, daß der Schweif dieses Kometen aus einer Anzahl von hellen Linien und Strahlen bestand. Seitdem sind nicht wenige Kometen mit ihren Schweifen photographiert worden. Besonders Prof. Barnard hat auf der Lick-Sternwarte ausgezeichnete Photographien von Kometen erhalten, die manche Vorgänge in diesen merkwürdigen Weltkörpern offenbarten, welche der Beobachtung mit bloßem Auge oder am Fernrohre entgangen waren. So zeigen die Aufnahmen des Kometen 1892 I, daß dessen Schweif aus mehreren Ästen bestand, und daß am 7. April jenes Jahres in dem einen Schweifaste deutliche Anzeichen der Absonderung eines neuen Kometen vorhanden waren. Die Photographie des Kometen 1893 IV, welche am 11. November jenes Jahres aufgenommen wurde, läßt in der Nähe des Schweifendes nebelige Massen erkennen, und die photographische Aufnahme des Kometen 1898 X zeigt, daß am 10. November eine Trennung des innern Kometenkopfes in zwei Massen stattfand, die von einer nebeligen Hülle gemeinsam umgeben waren.

So sind also die Wunder der Kometenwelt durch die wissenschaftliche Forschung allerdings nicht geschwunden, aber ihre Bedeutung haben sie gewechselt. Solange die Kometen nur als Lufterscheinungen galten, war ihre Bedeutung Unheil und Schrecken. Sie waren göttliche Vorboten irdischer Landplagen, Strafruten des erzürnten Gottes. Pest und Krieg, Mißwachs und Hungersnot kündigten sie an. Alte Schriftsteller wissen, wenn sie von der Erscheinung eines Kometen berichten, immer auch von traurigen Begebenheiten zu erzählen, die sie mit sich führten. Nun, es gibt ja der Leiden genug unter der Sonne, als daß ein Komet nicht seufzende Menschen antreffen sollte. Man sollte also denken, es könne gar nicht schwer fallen, für jeden am Himmel erscheinenden Kometen auch eine auf Erden erscheinende Plage ausfindig zu machen, zumal wenn man sich nicht streng an ein bestimmtes Land hält und den Begriff einer Plage nicht bloß auf Krankheiten und Kriege beschränkt, sondern auch auf Hitze und Kälte, Stürme und Hagelschlag, Erdbeben und vulkanische Ausbrüche, Überschwemmungen und Heuschreckenschwärme ausdehnt. Gleichwohl hat der englische Arzt Forster, der noch im Jahre 1829 eine solche Zusammenstellung von 500 Kometenerscheinungen und ihren Unheilswirkungen unternahm, für den großen Kometen von 1680, der doch so nahe bei der Erde vorüberging, kein anders Unheil aufzufinden vermocht, als — einen heißen Sommer und einen kalten Winter! Ja an den Kometen von 1668 wußte er vollends nur — ein Sterben der Katzen in Westfalen, an einen andern den Fall eines Meteorsteines und die Zertrümmerung eines Uhrwerkes in Schottland, an einen dritten das Erscheinen großer Züge wilder Tauben zu knüpfen. Wir lachen jetzt über den Aberglauben der alten Zeit, denn die Wissenschaft hat die Kometen zu dem Range von Weltkörpern erhoben. Das Publikum sieht nicht mehr in ihnen Zuchtruten eines zornigen Gottes, wohl aber Vorboten eines Weltunterganges!

Es ist wahr, die Wissenschaft kann nicht leugnen, daß möglicherweise ein Komet einmal mit unserer Erde zusammenstoße, aber keine der bekannten Kometenbahnen hat eine solche Lage, daß ein Zusammentreffen mit dem Kopfe des Kometen zu

erwarten wäre. Mit den Schweifen gewisser Kometen ist die Erde aller Wahrscheinlichkeit nach bereits in den Jahren 1819 und 1823 zusammengetroffen, und
selbst das nahe Zusammenkommen unsres Planeten mit dem Bielaschen Kometen
am 27. November 1872 hat sich nur als ein Sternschnuppenregen dargestellt. Die
Wirkungen eines Zusammenstoßes der Erde mit dem Kerne eines Kometen kann

Nachbildung einer direkten Photographie des großen Kometen von 1882,
aufgenommen am 13. November von D. Gill auf der Kapsternwarte.

man sich indessen meiner Ansicht nach nicht schrecklich genug vorstellen. Es ist unzweifelhaft, daß dadurch in grausenhafter Weise der Untergang des ganzen Men-
schengeschlechts, ja des gesamten höheren organischen Lebens an der Erdoberfläche
herbeigeführt würde. Dieser Schluß ist so sicher, als irgend eine astronomische Wahrheit! Man hat früher häufig ziffernmäßig die Unwahrscheinlichkeit des Zusammenstoßes eines Kometenkopfes mit der Erde aufgezählt, aber solche Unwahrscheinlichkeit ist durchaus nicht identisch mit einer Unmöglichkeit. Meiner Ansicht nach besteht
die größte Beruhigung — wo es einer solchen bedarf — darin, daß keine Andeutung
in der Vergangenheit der Erde uns Kunde gibt von einem Zusammenstoße dieses
Weltkörpers mit einem Kometenkerne oder der Hülle, welche denselben umgibt.

Achtes Kapitel

Die Meteor=Asteroiden.

Aus der Höhe schoß ich her
Im Stern= und Feuerscheine,
Liege nun im Grase quer:
Wer hilft mir auf die Beine?

Ist es denn überhaupt möglich, werden wir denken, daß in einem so wohl=
geordneten Systeme, für das wir doch unser Planetensystem nach allem, was dar=
über erforscht ist, zu halten berechtigt sind, Weltkörper aufeinanderstoßen und ein=
ander mit ihren Bruchstücken überschütten können? Ich befinde mich in einiger
Verlegenheit, wie ich jetzt, nachdem ich mir ernstliche Mühe gegeben habe, dem
Leser das Zusammentreffen der Kometen mit der Erde oder mit irgend einem Pla=
neten überhaupt als unwahrscheinlich darzustellen, seinen Glauben für eine ganz
ähnliche Tatsache in Anspruch nehmen soll. Wenn er mir aber für einige Minuten
in ein mineralogisches Kabinett folgen wollte, so kann ich ihm dort die Beweise
dafür vorlegen. Ich würde ihm eine Sammlung von Steinen zeigen, grauen oder
schwarzen, ganz unscheinbaren Steinen, die wir mit unsern Händen betasten, wägen,
mit Hammer und Schlegel bearbeiten könnten. Letzteres würde uns freilich nicht
gestattet werden; denn es sind kostbare Steine, seltenere Schätze als die Juwelen
der reichsten Fürsten. Es sind vom Himmel herabgefallene Steine! Diese schwarzen
Meteorsteine sind fremde Weltkörper oder doch Bruchstücke von solchen, jetzt ge=
fangen und in Kästen verschlossen, einst in schrankenloser Freiheit durch die öden
Welträume ziehend. Es sind Sterne, die der Astronom nicht nötig hat, wie andre
mit Fernrohren aufzusuchen, die vielmehr freiwillig auf der Erde einkehren, die
der Wissenschaft gleichsam in den Schoß geflogen kommen, um unter Hammer,
Lötrohr und Mikroskop Rechenschaft zu geben von Zuständen jenseits unsrer Atmo=
sphäre, Kunde zu bringen von der Physik des Himmels.

Daß Steine vom Himmel fallen könnten, wurde noch vor 100 Jahren zu den
Mythen und Fabeln des Volksglaubens und der Vorzeit gezählt. Allerdings be=
richtete die Geschichte seit Jahrtausenden von gefallenen Sternen, ja von ganzen
Felsmassen, die sich vom Himmel zur Erde gesenkt hätten. Mongolische Sagen
erzählen von einer 13 m hohen schwarzen Eisenmasse, die unter Feuererscheinungen
an den Quellen des Gelben Flusses im westlichen China vom Himmel gefallen sei.
Die Araber bewahren zwei schwarze vom Himmel gefallene Steine in der Kaaba
zu Mekka, die nach Burton, der sie genau besehen hat, wahre Meteorsteine sind.

Plutarch berichtet von einem ungeheuren Steine, der im Geburtsjahre des Sokrates in den Ägospotamos gefallen sei und das Gewicht einer vollen Wagenlast gehabt habe. Die Chroniken des Mittelalters wissen von zahlreichen ähnlichen Steinfällen. So fiel im 10. Jahrhundert ein Stein in den Fluß Narni in Italien, der noch eine Elle hoch über das Wasser hervorragte. Im September 1511 wurde bei Crema unweit der Abba in Oberitalien sogar ein Mönch von einem Meteorsteine erschlagen. Noch im Jahre 1769 hatte die Pariser Akademie der Wissenschaften sonderbarerweise erklärt, daß der im Augenblicke seines Herabfallens am 13. September 1768 in der Nähe von Lucé aufgehobene Stein, den mehrere Personen mit den Augen bis zu dem Punkte, wo er den Boden erreichte, verfolgt hatten, nicht vom Himmel gefallen sei; noch im Jahre 1790 war von der Munizipalität zu Juillac im Departement des Landes ein Protokoll aufgenommen worden, welches aussagte, daß am 24. Juli jenes Jahres eine Menge von Steinen auf die Felder, Dächer und Straßen des Dorfes herabgefallen sei, und gleichwohl behandelten die gesamten damaligen Zeitungen diese Erzählung als lächerlich und des Mitleids aller Vernünftigen wert. Da erfolgte am 26. April 1803 ein Steinfall im Departement de l'Orne. Um 1 Uhr nachmittags erblickte man in der Umgegend von Caen, Alençon, Falaise und Verneuil bei ganz reinem Himmel eine große Feuerkugel. Wenige Augenblicke darauf vernahm man bei l'Aigle in weitem Umkreise aus einem kleinen, dunklen, fast unbeweglichen Wölkchen eine heftige, 5 bis 6 Minuten andauernde Explosion, welcher einige Kanonenschüsse und ein Getöse wie von Kleingewehrfeuer folgten. Bei jeder Explosion schienen sich Dämpfe von dem Wölkchen abzulösen, und es fielen nun zugleich über einer Fläche von $1\frac{1}{4}$ Meile Länge und $\frac{1}{4}$ Meile Breite zahlreiche heiße, aber nicht mehr glühende Steine, deren größter $8\frac{3}{4}$ kg wog. Ein Akademiker selbst, Biot, hatte die Erscheinung untersucht und Bericht davon erstattet. Jetzt endlich war der akademischen Zweifelsucht ein Ende gemacht.

Seit jener Zeit sind fast alljährlich Meteorsteine, zum Teil vor den Augen der Gelehrten gefallen, und die Wissenschaft hat sich nun auch der einzelnen Umstände, unter denen diese Ereignisse stattfinden, bemächtigt. Nur in seltenen Fällen stürzen die Steine aus heiterem Himmel ohne vorangegangene Bildung einer dunklen Meteorwolke, ohne begleitende Lichterscheinung, aber unter furchtbarem Krachen nieder wie bei dem großen Steinfall von Klein-Wenden, unweit Mühlhausen am 16. September 1843. Häufiger ist es ein plötzlich sich bildendes dunkles Gewölk, welches die Steine schleudert, wie bei den erwähnten Ereignissen von Barbotan und Juillac und dem von l'Aigle. Am häufigsten zeigt sich die Erscheinung im Zusammenhang mit glänzenden Feuerkugeln. So war es bei Braunau in Böhmen am 14. Juli 1847 eine weithin sichtbare Feuerkugel, welche Bruchstücke in einem Gesamtgewichte von fast 4 Zentnern zur Erde schleuderte, die 1 m tief in den Boden eindrangen und nach sechs Stunden noch so heiß waren, daß man sie nicht anrühren konnte.

Die Zahl der mit dem genauen Datum des Herabsturzes festgestellten Meteorsteinfälle beläuft sich gegenwärtig auf viele hundert. Wir müssen aber bedenken, daß dies nur ein kleiner Bruchteil der wirklich stattgefundenen Fälle ist. Die Beobachtung und Aufzeichnung dieſer Ereigniſſe reicht ja nur in wenige Jahrhunderte hinauf, und heute ſind es nur die ziviliſierten Länder, alſo der kleinſte Teil des Erdbodens, auf welchem ſie ſich tatſächlich feſtſtellen laſſen. Zwei Dritteile aller gefallenen Steine verbirgt überdies das Meer, und noch mehr mögen von den oberen Schichten unſrer Erdrinde bedeckt ſein. Eine überaus merkwürdige und zurzeit noch nicht zu erklärende Erſcheinung iſt der wiederholte Fall von Meteorſteinen nahe denſelben Orten der Erde. Eduard Döll hat auf eine merkwürdige Fallzone von Meteoriten aufmerkſam gemacht, welche ſich zwiſchen 19° und 24° öſtl. L. von Green= wich erſtreckt auf einem Streifen, der von Rußland durch Ungarn nach der Türkei führt. In dieſer Zone liegen mindeſtens 16 durch Meteorſteinfälle ausgezeichnete

Meteorſtein, gefallen zu Juvenas in Südfrankreich am 15. Juni 1821.

Lokalitäten, und ihr gehören von den aus Öſterreich in den letzten 40 Jahren be= kannt gewordenen 8 Meteoritenfällen 6 an, worunter jener von Knyahinya, welcher neben mehr als 2000 kleinen den größten bis jetzt bekannten Meteorſtein geliefert hat. In dieſer Zone fand ſich auch das Eiſen von Lenarto, deſſen Fallzeit unbe= kannt iſt. Und nicht nur durch die Zahl der Meteoritenfälle macht ſich die Zone bemerkbar, ſondern auch durch die Menge und das Geſamtgewicht der Steine, die auf ihr niederfielen. Zu Knyahinya, Pultusk, Soko Banja und Möts hat es faſt buchſtäblich Steine geregnet! Wenn ich nun noch hinzufüge, daß nach Lawrence Smyth auch in Nordamerika eine Zone mit zahlreichen Meteoritenfällen ſich wahr= nehmen läßt, nämlich die weſtliche Präriegegend bei Louisville in Kentuky (wo von 12 Meteorſteinfällen, die in den letzten 18 Jahren in der Union ſtattfanden, 8 mit über 1000 kg Geſamtgewicht herabſtürzten), ſo wird man zugeben, daß hier von einem Zufalle nicht die Rede ſein kann. So verlockend es aber auch ſcheinen mag, an einer Deutung dieſer Erſcheinung den eignen Scharfſinn zu verſuchen, so muß solche doch der Zukunft anheimgegeben werden. Unter den aufgefundenen Meteorsteinen oder Aerolithen sind einige von außerordentlicher Größe. So hatte der bei Bouillé im Jahre 1831 niedergefallene Stein ein Gewicht von 20 kg, der bei Chantonnay im Jahre 1812 gefallene ein Gewicht von 34 kg. Der Meteorstein von Juvenas, der im Jahre 1821 fiel, wiegt 92 kg und der bei Ensisheim im Elsaß gefundene 138 kg. Zu Santa Rosa in Neu-Granada stürzte im Jahre 1810 ein Stein nieder, dessen Gewicht 750 kg und dessen Inhalt fast drei Kubikfuß beträgt. Durch die Kennzeichen, welche in neuerer Zeit eine genauere physikalische und chemische Untersuchung der Meteorsteine geliefert hat, ist man berechtigt, mit großer Wahrscheinlichkeit auch auf den meteorischen Ursprung einiger andern Massen zu schließen, die man in verschiedenen Teilen der Erde gefunden hat. So werden zwei große Steine für meteorischen Ursprungs gehalten, die im Bezirke von Santiago del Estera in den Laplata-Staaten liegen und die eine Länge von 2—2½ m haben. Andre meteorische Massen, zum Teil von bedeutender Größe, hat man am Red River in Nordamerika gefunden. Auch die 1600 kg schwere nickelhaltige Masse, die man in der Gegend von Bitburg in der Eifel gefunden hat, ist ziemlich unzweifelhaft meteorisch. Kapitän Roß fand an der Nordküste der Baffinsbai zwei große Steinmassen, die mit Eisenstücken gemengt sind, aus denen die Eskimos ihre Waffen schmieden sollen. Man hat Messer und Harpunen jener Eskimos untersucht und in der Tat einen bedeutenden Nickelgehalt des Eisens nachgewiesen — ein gewichtiges Zeugnis für den meteorischen Ursprung. Im Jahre 1808 entdeckte v. Widmannstätten, daß abgeschliffene Stellen von Meteoreisen, sobald sie mit Salpetersäure geätzt werden, eigentümliche, unter verschiedenen Winkeln sich schneidende Linien zum Vorschein treten lassen. Man nennt diese Linien nach ihrem Entdecker die Widmannstättschen Figuren, und sie bilden ein wichtiges Kriterium zur Entscheidung, ob eine im Boden gefundene Eisenmasse meteorischen Ursprungs ist oder nicht. Solcher Massen, die sich als Meteorite von unbekannter Fallzeit erwiesen haben, kennt man gegenwärtig eine große Menge. Zu den interessantesten derselben gehört das Eisen von Lenarto in Ungarn, das man im Jahre 1814 in einem Walde bei jenem Orte fand. Der englische Chemiker Graham hat ein Stück dieser Eisenmasse genau untersucht und gefunden, daß es sein dreifaches Volumen eines Gases enthielt, welches aus 86% Wasserstoff und 4½% Kohlenoxyd besteht. Diese Entdeckung ist um so merkwürdiger, als es auf künstlichem Wege durchaus nicht gelingt, einer Eisenmasse Wasserstoff in dem angegebenen prozentischen Verhältnis beizubringen. Neuere Untersuchungen, welche Wright bei fünf Eisen- und fünf Steinmeteoriten anstellte, ergaben, daß die Steinmeteoriten stets sehr bedeutende Mengen von Kohlensäure einschließen, während bei den Eisenmeteoriten diese immer gering ist, während Wasserstoff bei beiden den Hauptbestandteil der eingeschlossenen Gase bildet. Woher stammen diese Gase? In unserer Atmosphäre sind sie durchaus nicht in dem Maße vorhanden, daß ein Meteorit sich damit beladen könnte, ja, wie erwähnt, vermögen wir nicht einmal künstlich einem Meteorstein so große Gasmengen beizubringen. Wir stehen hier also vor einem noch ungelösten Rätsel, dessen dereinstige Enthüllung wichtige Ergebnisse für die

Zustände gewisser Teile des Weltraumes in größerer oder geringerer Entfernung von der Erdoberfläche verspricht.

Im allgemeinen zeigen die Meteorsteine, in welcher Gegend der Erde sie auch niedergefallen sein mögen, in ihrem Äußern eine gewisse physiognomische Übereinstimmung. Fast immer haben sie einen dünnen, schwarzen, glänzenden und dabei geäderten Überzug, fast immer zeigen sie in ihrem Bruche breite, gekrümmte Flächen und abgerundete Ecken. Gleichwohl ist ihre Mannigfaltigkeit bei näherer Untersuchung noch auffallender. Es dürfte kaum möglich sein, zwischen dem Meteoreisen, aus dem man Waffen schmieden konnte, und jenen zusammengebackenen erdigen oder kohlenartigen Massen mit wenigen darin zerstreuten Metallbrocken eine

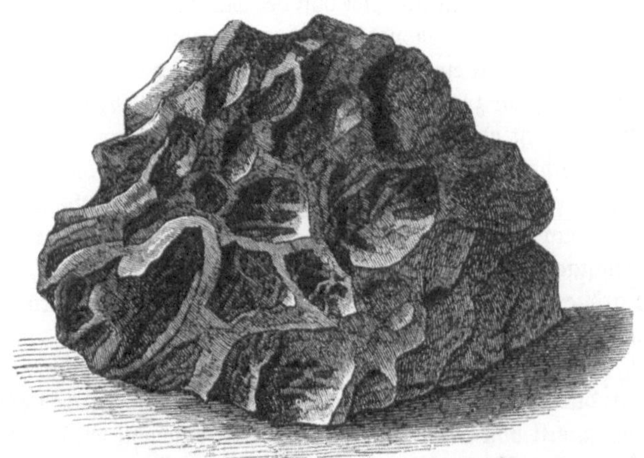

Ein Stück des Braunauer Meteoreisens.

Verwandtschaft zu entdecken. Es gibt Steine, die 96%, und andere, die nur 2% Eisen enthalten, und noch andre, die keine Spur von metallischer Beimengung zeigen, die nichts als ein kristallinisches Gemenge von Olivin, Augit und Anorthit oder gar von Hornblende und Albit oder Labrador sind. Das eigentliche Meteoreisen, dessen Herabsturz zwar nur in seltenen Fällen, wie bei Braunau im Jahre 1847 und bei Agram am 26. Mai 1751, hat beobachtet werden können, ist kein reines metallisches Eisen, sondern eine Legierung von Eisen und Nickel, wie sie der Erdrinde durchaus fremd ist. Dieser Nickelgehalt gilt daher mit Recht als ziemlich sicheres Kennzeichen für die meteorische Beschaffenheit einer solchen Masse. Damit ist aber stets, wenn auch in geringer Menge, eine andre noch fremdartigere Verbindung des Eisens und Nickels mit Phosphor verknüpft. In den eigentlichen Meteorsteinen kommt dieses Meteoreisen meist nur in Körnern und Splittern, in einer scheinbar gleichmäßigen, aus Olivin, Augit und Feldspatsubstanz gebildeten Grundmasse eingesprengt vor, gestaltet sich aber doch bisweilen auch zu einem zusammenhängenden inneren Eisenskelett. Die eisenfreien Meteorsteine, die nicht einmal immer Olivin und Magneteisen enthalten, bieten eine merkwürdige Ähnlichkeit mit gewissen älteren Gesteinen der Erde, mit Doleriten und Dioriten, ja sogar mit jüngeren vulkanischen Erzeugnissen, mit Basalten und jungen Laven dar.

Die unverkennbaren Spuren einer Wirkung des Feuers, die man an diesen Steinen entdeckte, die Feuererscheinungen, welche so häufig ihr Auftreten auf der Erde begleiteten, führten schon vor längerer Zeit auf den Gedanken, diese Steine als vulkanische Auswürflinge eines fernen Himmelskörpers, namentlich des Mondes, zu betrachten. Wir haben in die gewaltigen Kratertiefen des Mondes hinabgeblickt und uns von der vulkanischen Tätigkeit des Mondes wenigstens in der Vorzeit überzeugt. Es fragt sich also nur, ob ein so seltsamer Verkehr zwischen zwei Weltkörpern überhaupt möglich ist. Wir begreifen, daß es im Bereiche der Rechnung liegt, nachzuweisen, in welchem Abstande von der Mondoberfläche eine Ausgleichung zwischen der Schwerkraft des Mondes und der Anziehungskraft der Erde eintritt, mit welcher Geschwindigkeit ein Körper von der Mondfläche fortgeschleudert werden muß, um in eine Region zu kommen, in der nur die Erde ihn anzieht.

Diese Rechnung ist ausgeführt worden. Bei der geringen Größe und Masse des Mondes und seinem bekannten Mangel an Atmosphäre ist die Geschwindigkeit in der Tat nicht so groß, als man früher geglaubt hatte. Die Anfangsgeschwindigkeit, mit welcher ein Körper vom Monde fortgeschleudert werden muß, um auf die Erde zu gelangen, beträgt nicht mehr als 2600 m in der Sekunde, ist also mindestens nicht größer als die Wurfgeschwindigkeit, welche die Ausbrüche mancher unsrer irdischen Vulkane darbieten. Mehrere Astronomen glaubten daher geraume Zeit hindurch, eine Abstammung der Meteorsteine von Mondvulkanen nicht ganz zurückweisen zu dürfen. Die neueren Astronomen neigen dagegen zu einer andern Ansicht hin, die zuerst von Chladni im Jahre 1794 aufgestellt wurde, bei Gelegenheit der großen, über 635 kg schweren Meteoreisenmasse, die von Pallas in Sibirien aufgefunden wurde. Nach dieser großartigen Ansicht stammen die Meteorite aus den Tiefen des Weltraumes und stürzen auf die Erde nieder, sobald sie in den Bereich ihrer Anziehung gelangen. Diese Annahme ist heute keineswegs mehr eine Hypothese, sondern sie hat so viele Gründe für sich, daß an ihrer Richtigkeit nicht zu zweifeln ist. Auch die in neuerer Zeit mehrfach ausgeführte Berechnung der Bahnen einzelner Meteorite führt darauf, indem diese Bahnen einen ausgesprochen hyperbolischen Charakter besitzen, welcher sich nur zeigen kann, wenn der Meteorit aus den Tiefen des Sternraumes stammt.

Bei ihrem ersten Erscheinen am Himmelsgewölbe, also vor dem Herabsturze, zeigen die Meteorite eine große Übereinstimmung mit den oft Tageshelle verbreitenden Feuerkugeln. Plötzlich erscheinend und ebenso plötzlich verschwindend, überraschen sie stets den Beobachter und erschweren dadurch ihre Beobachtung. Immer bieten sie die Gestalt einer runden Scheibe von einem merklichen scheinbaren Durchmesser dar, der oft von der Größe des Vollmondes ist, und ihr Licht, wenn es auch der Plötzlichkeit wegen überschätzt wird, kommt doch oft dem Vollmondlicht nahe. Bisweilen zeigen sie sich von einer weißlichen Dunsthülle umgeben, und häufig ziehen sie einen feurigen Schweif nach sich, der minutenlang sichtbar bleibt. Manche zerspringen unter heftigen Explosionen in Stücke, die ihren Lauf fortsetzen, aber meist auch erlöschen, ehe sie die Erde erreichen.

Eine Bahnbestimmung dieser Himmelskörper wird freilich durch das Überraschende ihrer Erscheinung wesentlich erschwert. Versuche in dieser Weise sind aber wiederholt gemacht worden und für die Höhe, in der die Feuerkugeln sich zeigen, für ihre wahre Größe, für ihre Geschwindigkeit hat man wenigstens annähernde Resultate gewonnen. Die Höhe, in der die meisten Feuerkugeln sichtbar werden, wird von $1\frac{1}{2}$ bis auf 64 Meilen geschätzt, reicht also in den meisten Fällen weit über die Grenzen hinaus, innerhalb welcher noch eine Einwirkung der Stoffe unsrer Atmosphäre auf die Materie der Feuerkugeln möglich scheint. Der wahre Durchmesser der Feuerkugeln mißt zwischen 30 und 4000 m. Die Bruchstücke, welche als Meteorsteine zu uns kommen, sind also nur als ein kleiner Teil der wirklichen Meteormassen zu betrachten. Klein bleiben sie immer noch gegenüber selbst den kleinsten der Planetoiden, aber dies vermindert nicht ihr Recht, den planetarischen Wesen zugezählt zu werden; denn wenn auch der kleinste der Planetoiden noch 4000mal die größte der Feuerkugeln an Inhalt übertrifft, so überwiegt gewiß 10000mal der kleinste der Planeten den größten der Platenoiden.

So sehr wir uns nun auch bereits versucht fühlen mögen, die Meteore in die Reihe der planetarischen Weltkörper aufzunehmen, so werden wir doch erst den sichersten Halt für unser Unternehmen in der Betrachtung der Sternschnuppen finden. Wie! diese flüchtigsten aller Erscheinungen am Himmel, diese schimmernden Lichtpunkte und Lichtlinien, die uns bisher höchstens geeignet erschienen, unsre Phantasie zu beschäftigen, als Werk des Augenblicks dem Himmel einen flüchtigen Schmuck zu verleihen — die sollen wir jetzt unter das gleiche Gesetz stellen, das die Riesenplaneten um die Sonne leitet, denen sollen wir eine ewige Dauer, ein selbständiges Bestehen, eine Körperlichkeit zugestehen? Und doch mute ich dem Leser nicht zu viel zu. Wir wissen ja, daß die wissenschaftliche Beobachtung schon manchem scheinbaren Werke des Zufalls und des Augenblicks Festigkeit und Bestimmtheit verschafft hat. So werden auch die Sternschnuppen aufhören, bloße Meteore zu sein, sobald die Beobachtung sie in Fernen entrückt, die über die Grenzen der Atmosphäre hinausgehen, und für ihre Sichtbarkeit meßbare, wirkliche Größen in Anspruch nimmt. Die sorgfältigsten Beobachtungen und Berechnungen der neuesten Zeit lehren, daß nur in seltenen Fällen Sternschnuppen bis zu den Gipfeln der Anden, bis zu der Höhe von einer geographischen Meile über der Meeresfläche hinabgehen, daß bei weitem die meisten sich in Höhen von über 4 Meilen über der Erde zeigen, einzelne sogar in Höhen von 40—60 Meilen. Heis in Münster berechnete, daß eine am 10. Juli 1837 gleichzeitig in Berlin und Breslau gesehene Sternschnuppe beim Aufleuchten 62 Meilen und beim Verschwinden 42 Meilen Höhe hatte. Nach den genauen Untersuchungen von Prof. Weiß in Wien beträgt die Höhe der im August vielfach aufleuchtenden Meteore im Durchschnitt $15\frac{1}{2}$ Meilen über der Erdoberfläche, und diese Sternschnuppen erlöschen bereits, sobald sie sich etwa bis zu 9 Meilen herabgesenkt haben.

Mit solcher Höhe ihres Erscheinens stimmt auch die Geschwindigkeit zusammen, mit welcher die Sternschnuppen sich durch den Raum bewegen. So flüchtig auch der Moment ihres Erscheinens ist, so mißt doch die Strecke, welche die Stern=schnuppen von ihrem Aufleuchten bis zu ihrem Erlöschen durchlaufen, oft mehr als 40 Meilen. Ihre Geschwindigkeit wurde früher schon zu 4½ bis 9 Meilen in der Sekunde geschätzt. Das spricht wohl hinlänglich deutlich für den kosmischen Ur=sprung dieser Meteore.

Endlich aber tritt der Beobachtung auch in der äußern Erscheinung dieser Me=teore ein Umstand entgegen, der sogar einen Schluß auf eine eigentümliche Form dieser kleinen Weltkörper gestattet. Viele Sternschnuppen ziehen nämlich glän=zende Lichtstreifen hinter sich her, die keineswegs einer bloßen Fortdauer des Licht=reizes auf unsrer Netzhaut zugeschrieben werden können, wie etwa bei einer im Kreise geschwungenen glühenden Kohle; dazu dauert die Sichtbarkeit dieser Licht=streifen viel zu lange, bisweilen über eine Minute, doch niemals über das Erlöschen des Kerns der Sternschnuppe hinaus. Noch merkwürdiger erscheinen diese soge=nannten Sternschnuppenschweife bei aufmerksamer Beobachtung. Bald zeigen sie sich vollkommen gerade mit parallelen Rändern, bald etwas breiter und glänzender in der Mitte, bald am breitesten und glänzendsten an dem Orte, wo das Meteor erlischt. Man hat bisweilen die Schweife der Meteore im Fernrohr beobachtet und dabei gefunden, daß sie seltsame Gestaltenveränderungen erleiden. Bei Feuer=kugeln bleiben die Schweife sehr lange sichtbar; so bei dem Meteor, das am 30. Sep=tember 1850 abends über einen großen Teil von Nordamerika dahinzog, fast eine Stunde. Ich habe den Leser nicht umsonst aus der Region der Kometen zu diesen Meteoren geführt. Wir sehen schon eine gewisse Verwandtschaft zwischen beiden Gruppen von Weltkörpern auftauchen, und — wäre es auch jetzt nur in der Ahnung, so bestätigt sich doch abermals der Gedanke, daß bei aller Mannigfaltigkeit der Größen und Formen durch die Reihe der Welten unsres Systems sich ein gewisses Band der Verwandtschaft hindurchzieht. Gleiche stoffliche Natur verknüpft die ihre Bruchstücke zu uns niedersendenden Meteore mit unsrer Erde, und gleiche Form verknüpft sie wieder mit den seltsamsten Wesen des Himmels, mit den Kometen!

Den kräftigsten Beweis für die kosmische Natur der Sternschnuppen gewährt die periodische Regelmäßigkeit, die sie in ihrem Erscheinen zeigen, wie die Stetig=keit der Himmelsörter, von denen sie ausgehen. Die Häufigkeit dieser Meteore läßt mit weit größerer Zuverlässigkeit als bei den Meteorsteinen und Feuerkugeln Perioden erkennen. Es vergeht keine Nacht, in der sich nicht Sternschnuppen zeigen. Wir können mit großer Bestimmtheit erwarten, in jeder Stunde der Nacht 4—5 zu erblicken. Versuchen wir es, uns daraus eine Vorstellung von der Gesamtheit dieser Erscheinungen zu machen. Ein amerikanischer Astronom, Herrik in Newhaven, hat eine solche Berechnung gemacht, indem er von der Annahme ausging, daß für vier Beobachter, deren jeder seine Aufmerksamkeit auf ein Viertel des Himmels richtet, bei gewöhnlichem Zustande der Luft durchschnittlich 30 Sternschnuppen in der Stunde sichtbar werden. Für die gesamte Erdoberfläche erhielt er dann als Mittel=zahl der täglich in die Erdatmosphäre eindringenden Meteore nicht weniger als drei Millionen.

Alle diese Zahlen gelten aber nur für die gewöhnlichen Fälle. Es gibt jedoch Nächte, in denen wir nicht 4—5, sondern mindstens 10—15 Sternschnuppen in jeder Stunde, ja Schwärme von tausenden dieser Meteore niederfallen sehen können. Schon alte Chroniken erzählen von feurigen Lanzen, die in erstaunlicher Zahl sich am Himmel zeigten, und die Araber verglichen ihr Erscheinen geradezu mit Heuschreckenschwärmen. Eine alte irische Tradition spricht von den feurigen Tränen, die der heilige Laurentius alljährlich an seinem Feste, dem 10. August, weine. In den Tagen des Konzils zu Clermont, vom 10.—12. April 1095, berichteten die Chronisten, sah man von Mitternacht bis zur Morgenröte Sterne vom Himmel fallen, so dicht wie Hagel. Man deutete dieses Ereignis auf die bevorstehende große Bewegung in der Christenheit, auf die Kreuzzüge. Diese Neigung, den Naturerscheinungen eine Deutung zu geben durch Verkettung mit menschlichen Schicksalen und Leidenschaften, hinderte durch das ganze Mittelalter hindurch, den wahren Sinn der Erscheinung zu erfassen. Selbst an der Schwelle des 19. Jahrhunderts vermochte erst eine überraschende Großartigkeit dieser Erscheinung eine ernstere Aufmerksamkeit zuzuwenden. Von besondrer Bedeutung wurde die Nacht des 12. November 1799. Länger als sieben Stunden hindurch wurde in dieser Nacht vom Äquator bis zum Polarkreise, in Brasilien, in Labrador, in Deutschland und in Grönland ein Schwarm von Milliarden von Sternschnuppen beobachtet.

Humboldt, der mit Bonpland in Cumana verweilte, schildert die Erscheinung als einem in bedeutender Höhe abgebrannten künstlichen Feuerwerke gleich. Große Kugeln, die an Größe bisweilen die Mondscheibe übertrafen, unzählige Sternschnuppen, deren Richtung regelmäßig von Norden nach Süden ging, durchschnitten ununterbrochen den klaren Himmel, auf dem zahlreiche und lange phosphorische Linien gezeichnet wurden. Dreiunddreißig Jahre später, also im Jahre 1832, kehrte die Erscheinung in ähnlichem Glanze wieder; abermals waren es die Nächte vom 11. bis 13. November, in welchen man in Europa, Arabien und den Vereinigten Staaten Myriaden dahinschießender Sternschnuppen beobachtete. An einem Orte Frankreichs ergriffen die Arbeiter die Flucht vor diesem Feuerregen, und der später so berühmt gewordene Leverrier sagt, die Sternschnuppen seien einander ohne Unterbrechung und in so großer Zahl gefolgt, daß man Stunden gebraucht hätte, um die in demselben Augenblicke sichtbaren zu zählen, wenn sie stillgestanden hätten. Aber von Entscheidung wurde erst die Erscheinung in der Nacht vom 12. zum 13. November 1833, die namentlich in Amerika von Denison Olmstedt zu Newhaven und von Palmer in Boston beobachtet wurde. Die Sternschnuppen erschienen so zahlreich und in so vielen Regionen des Himmels zugleich, daß man bei dem Versuche sie zu zählen selbst eine rohe Annäherung nicht hoffen zu dürfen meinte. Man verglich ihre Zahl mit derjenigen der Schneeflocken, die man während eines gewöhnlichen Schneefalles in der Luft schweben sieht. Noch gegen Ende des Phänomens um 6 Uhr morgens zählte man in 15 Minuten 650 Sternschnuppen auf einem Raume, der nur den zehnten Teil des sichtbaren Himmelsgewölbes umfaßte. Es wäre daraus auf mehr als 240000 Sternschnuppen zu schließen, die in der Zeit

von sieben Stunden am ganzen Himmel für einen einzelnen Ort sichtbar gewesen
sein müssen. Damals machte man zuerst die Bemerkung, daß die Mehrzahl der
Sternschnuppen von einem bestimmten Punkte des Himmels ausging, der in der
Nähe des Regulus im Sternbilde des Löwen lag und unverrückt derselbe blieb,
trotz der scheinbaren Fortbewegung des Sternhimmels. Zugleich erinnerte man
sich an das ähnliche, in derselben Novembernacht beobachtete Ereignis des Jahres
1799 und kam dadurch zuerst auf den Gedanken, daß es an bestimmten Tagen
periodisch wiederkehrende Sternschnuppen-Erscheinungen gäbe. Man fand zahlreiche Beobachtungen aus früherer Zeit, die vollkommen zu dieser Ansicht stimmten,
und die folgenden Jahre brachten eine auffallende Bestätigung derselben. Das
Jahr 1866 lieferte wiederum einen ungeheuren Sternschnuppenregen der Novem-
ber-Meteore. Dieses Mal aber kam derselbe keineswegs unerwartet, sondern die
Astronomen, die sein Eintreffen vermuteten, hatten sich sehr wohl darauf vorbe-
reitet.

Das Novemberphänomen ist nicht das einzige geblieben, in welchem ein pe-
riodisches Auftreten der Sternschnuppen sich erkennen läßt. Sorgfältige Beobachtungen lenkten die Aufmerksamkeit bald auf andre unverkennbare Perioden hin.
Die irische Sage von den Tränen des heiligen Laurentius wurde durch Quetelet
in Brüssel zur Veranlassung, auch die Nacht des 10. August in dieser Beziehung
zu prüfen. Schon die Beobachtungen der ersten Jahre von 1834—1840 ließen die
periodische Natur der Sternschnuppenfälle in den Nächten vom 9.—14. August unzweifelhaft erscheinen. Andre Perioden hat man für den 20.—25. April, für den
26.—30. Juli, für den 2.—5. August, für den 19.—26. Oktober und für den 9. bis
12. Dezember mit einiger Wahrscheinlichkeit erkannt. Allerdings entspricht die Fülle
der Sternschnuppen in diesen Nächten nicht auch nur annähernd einer jener großartigen Erscheinungen, die ich vorhin schilderte, aber gleichwohl sind die periodischen
Fälle noch unverkennbar von den vereinzelten gewöhnlicher Nächte zu unterscheiden.
Die Zahl der erscheinenden Sternschnuppen betrug in der Stunde 15—20. In den
meisten Fällen erreichte sie sogar 60—70. Dazu kommt noch die Regelmäßigkeit
der Richtung.

Sporadische Sternschnuppen gehen ganz unregelmäßig von den verschiedensten
Punkten des Himmels aus. Periodische zeigen immer einen vorherrschenden Aus-
gangs- oder Radiationspunkt, der nicht mit der Umdrehung des Himmelsgewölbes
wechselt und meist in der Richtung gelegen ist, gegen welche der Lauf der Erde
hingeht. Ich erwähnte vorher schon, daß bei dem berühmten Novemberphänomen
die Mehrzahl der Meteore von dem Sternbilde des Löwen auszugehen schien. Bei
dem Augustphänomen ist ein Punkt in der Nähe des Algol im Sternbilde des Perseus als Ausgangspunkt hervorgetreten. Um den Radiationspunkt bei einem Sternschnuppenfalle zu ermitteln, hat man nur nötig, die wahrgenommenen Bahnen
der Meteore in eine Sternkarte einzutragen und nach rückwärts zu verlängern.
Sie schneiden sich dann auf einer kleinen Fläche des Himmels, deren Mittelpunkt
dem Radianten entspricht. Wir sehen S. 223 eine Zeichnung, welche bei dem

großen Sternschnuppenfalle in der Nacht vom 13. zum 14. November 1866 erhalten wurde.

Neben der ungleichen Häufigkeit der Meteore in den verschiedenen Monaten des Jahres hat sich auch eine ungleiche Häufigkeit in den verschiedenen Nachtstunden offenbart. Es ergab sich nämlich, daß für jeden Beobachtungsort die größte Anzahl der Sternschnuppen gegen 5 Uhr morgens sichtbar wird. Diese Tatsache

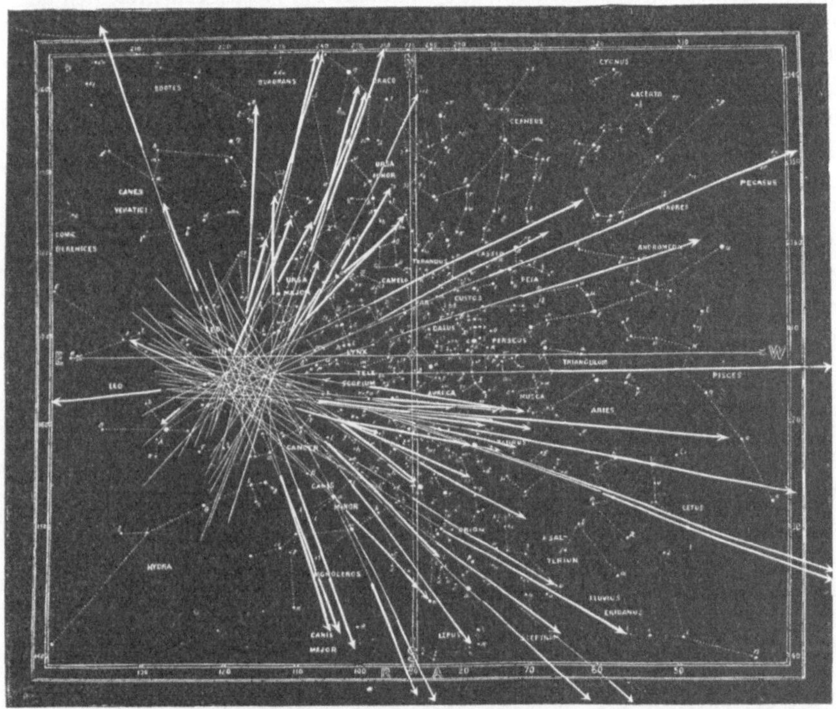

Bahnen von 83 Sternschnuppen am 13. November 1866, in eine Karte eingetragen zur Feststellung des Radiationspunktes.

erschien im ersten Augenblicke außerordentlich bedenklich für die Theorie des kosmischen Ursprungs der Sternschnuppen, denn es war hiernach nicht unmittelbar klar, wie es möglich sein könne, daß für jeden Ort der Erde gegen 5 Uhr seiner mittleren Ortszeit, also für jeden verschiedenen Ort in einem verschiedenen Momente, das Maximum der Erscheinung eintrete. Dem Scharfsinne des Mailänder Astronomen Schiaparelli gelang es aber, diese Schwierigkeit zu einem der schönsten Beweise für die kosmische Natur der Sternschnuppen umzugestalten.

Sein Gedankengang war folgender. Nehmen wir an, daß im allgemeinen die Sternschnuppen beinahe gleich dicht durch den Raum verteilt sind, so wird man von einem ruhenden Standpunkte aus in allen Richtungen durchschnittlich gleich viel Sternschnuppen wahrnehmen. Unsre Erde ist nun kein ruhender Standpunkt, sondern sie besitzt eine rotierende Bewegung um ihre Achse und eine fortschreitende um die Sonne. Was zunächst die rotierende Bewegung anbelangt, so begreift man leicht, daß sie allein auch keine Veränderung in dem sichtbaren Auftreten, überhaupt in der Verteilung der auftauchenden Meteore verursachen kann. Ganz anders aber wird die Sache, wenn wir die fortschreitende Bewegung mit hinzuziehen. Dann muß offenbar diejenige Hemisphäre am meisten von Meteoren getroffen werden, welche in der Richtung liegt, nach der hin sich die Erde durch den Raum bewegt. Denjenigen Punkt des Himmelsgewölbes, auf welchen die Erde hinfliegt, nennt Schiaparelli den Apex. Er liegt immer fast genau 90° westlich vom Orte der Sonne in der Ekliptik und steht demnach für jeden Ort morgens um 6 Uhr über dem Horizonte und abends um 6 Uhr unter dem Horizonte im Meridiane. Die meisten Sternschnuppen müssen daher von Mitternacht bis um die Zeit gegen Morgen hin beobachtet werden, die wenigsten dagegen in den Abendstunden. Das stimmt mit den Beobachtungen vollkommen überein. Aber noch mehr. Wenn die Geschwindigkeit der Fortbewegung unsrer Erde und ebenso die mittlere Schnelligkeit der Meteore bekannt sind, so kann man das Verhältnis der Häufigkeit der letzteren in den einzelnen Nachtstunden berechnen: umgekehrt kann man, wenn diese Häufigkeit durch die Beobachtungen gegeben und dabei die Schnelligkeit der Erde bekannt ist, die mittlere Geschwindigkeit der Sternschnuppen berechnen. Dieser letztere Fall liegt in der Tat vor uns; Schiaparelli hat auf solchem Wege gefunden, daß die Geschwindigkeit der Sternschnuppen 1,45mal größer ist als diejenige der Erde. Das ist nun aber fast genau die Geschwindigkeit, welche der Bewegung in einer Parabel entspricht, und es ist damit erwiesen, daß die Sternschnuppen sich ganz wie die Kometen in langgestreckten Kegelschnitten bewegen. Schiaparelli ging noch weiter und zeigte, wie man bei gegebener Kenntnis des Radiationspunktes die ganze Bahn eines Sternschnuppen-Schwarmes bestimmen könne.

Gegen Ende des November 1866 berechnete er nach diesen Prinzipien die Bahn der Meteore des 10. August, indem er nach den Beobachtungen von Alexander Herschel deren Radiationspunkt in 44° Rektaszension und 56° nördlicher Deklination und als Moment des Durchganges durch die Ebene der Erdbahn den 11. August 6 Uhr morgens annahm.

Als Resultat ergab sich eine vollständig kometenartige Bahn, und was das Merkwürdigste, in der nämlichen Bahn, wie dieser Sternschnuppenschwarm bewegt sich auch wirklich ein Komet, und zwar der dritte von 1862. Auch für die November-Sternschnuppen berechnete Schiaparelli die vollständige Bahn und fand für sie eine langgestreckte Ellipse mit $33\frac{1}{4}$ Jahren Umlaufszeit. Zu dieser Sternschnuppenbahn fand sich nicht minder sofort ein Komet, der erste von 1866. In ähnlicher Weise haben sich für verschiedene andere Meteorströme Bahnen ergeben, die mit den Bahnen bekannter Kometen zusammenfallen. Aus dieser Übereinstimmung der Bahnen dürfen wir freilich noch durchaus nicht auf eine Identität der Sternschnuppen mit den Kometen schließen. Dies verbietet schon die Tatsache, daß die Sternschnuppenschwärme sich in andern Teilen der Bahn befinden, wie der entsprechende Komet. Schiaparelli nimmt an, daß die Sternschnuppenschwärme sich aus Systemen von kugelförmiger Gestalt und außerordentlich geringer Dichte durch Auflösung und Verteilung längs der Peripherie der Bahn unter dem Einflusse der Sonnenanziehung entwickelten. Die Kometenschweife können damit aber nicht in Verbindung gebracht werden. Die Figur Seite 225 zeigt uns die Lage der Bahn der Novembersternschnuppen im Vergleiche zur Erdbahn. Eine auffallende Tatsache ist, daß selbst bei den großartigsten Sternschnuppenfällen niemals irgend ein materielles Teilchen derselben zur Erde herabgekommen zu sein scheint. Allerdings wollen verschiedene Beobachter sogenannte Sternschnuppensubstanz aus der Luft fallend wahrgenommen haben, allein etwas Sicheres ist hierüber nicht bekannt.

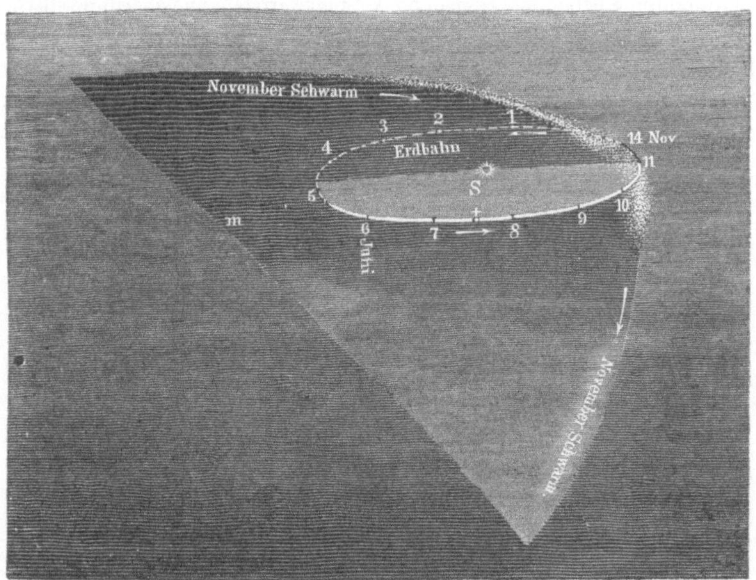

November-Schwarm und Erdbahn.

Der ernsten Wissenschaft bleiben die Meteore noch immer eine Quelle reicher Gedanken. Hier zum erstenmal bei den Meteoriten begegnen wir unsichtbaren Weltkörpern, deren Dasein uns allein durch Phänomene des Erglühens in der Nähe der Erde bekannt wird. Denn ob diese Körper vielleicht auch in ihrer Gesamtmasse durch Reflexion des Sonnenlichts sichtbar werden können, ob etwa irgend eine Beziehung zwischen ihnen und dem Zodiakallicht besteht, ist sehr zweifelhaft. Zum erstenmal treten wir bei den Meteoriten in einen unmittelbaren Verkehr mit der Außenwelt. Es sind nicht mehr Körper, die nur aus der Ferne leuchten und wärmen oder durch Anziehung bewegen oder bewegt werden; es sind Teile von Himmelskörpern selbst, die aus dem Weltraume in unsre Atmosphäre gelangen und unserm Erdkörper verbleiben. Hier können wir betasten und wägen, was einer fremden Natur angehört. Nicht mehr die vergängliches schaffende Phantasie, sondern die rechnende, denkende Vernunft beginnt hier ihre Tätigkeit, läßt, in kleine Massen geballt, dunkle Sternschnuppen-Asteroiden um die Sonne kreisen, kometenartig die Bahnen der großen Planeten durchschneiden und strahlend aufflammen, wenn sie der Zug der Schwere in die Nähe unsres Erdkörpers führt.

In endlose Fernen drohten uns die Kometen hinauszulocken, hinaus über die Grenzen unsrer Heimat in die Anziehungsgebiete fremder Sonnen. Hier diese kleinen, kometenähnlichen Welten, diese Feuermeteore und Sternschnuppen, haben uns zur Erde zurückgeleitet. So findet sich auch in den Räumen des Himmels eine Verkettung von Nähe und Ferne, von Fremdartigem und Verwandtem. Aber nur als Fremdlinge haben wir diesmal die Heimat betreten, und abermals stürmen wir nun hinaus an die Grenzen des heimischen Gebietes, und dann werden wir auch diese verlassen, und das ungeheuere, von zahllosen Welten erfüllte Reich unsrer Sonne wird hinter uns schwinden, wird als ein Punkt, als ein schimmernder Stern nur noch winken an dem neuen Sternenhimmel, der sich über uns wölben wird.

Rückblick auf das Planetensystem.

An den Grenzen eines durchwanderten Gebietes, wo in Charakter, Sitte, Sprache und Gesetz zwei Nationen, in physiognomischem Ausdruck zwei Länder sich scheiden, da hemmt wohl gern der Wandrer seinen Schritt, um mit den Blicken seine Gedanken noch einmal zurückschweifen zu lassen und die zerstreuten Erfahrungen in ein Gesamtbild zusammenzufassen, das von dem innern Sinn begriffen werden mag. An dieser Grenze ist es, wo die Geschichte und die Verfassung eines Landes erst eine rechte Bedeutung zu gewinnen scheinen, wo die Bedingungen seines Bestehens und die Gefahren seiner Zukunft nahe gerückt werden. Wie hätten wir nun an den Grenzen dieses großen heimatlichen Gebietes, das wir als unser Sonnensystem, als unsre planetarische Welt bezeichneten, nicht für einen Augenblick wenigstens unsern eilenden Flug hemmen sollen, um rückwärts zu schauen auf diese mannigfaltigen, zahllosen Gestalten, die doch zu einer Ordnung zusammengehalten, unter ein Gesetz gestellt, Jahrtausende hindurch die kühnsten und genialsten Anstrengungen des menschlichen Geistes erforderten, um dem irdischen Wanderer zugänglich zu werden! Wie hätten wir gedankenlos die Schwelle eines Jenseits überschreiten können, hinter der sich eine Unendlichkeit an Raum und Zeit eröffnet, eine Fremde, die uns in ihrer Fülle und Öde unser eignes Heimatsgebiet zu entfremden droht!

Wir wollen die Gelegenheit benutzen, noch einmal die Reihe der Gestalten zu durchfliegen, denen wir in diesem Sonnensystem begegneten. Da haben wir vor allen die Sonne, die Weltleuchte, das pulsierende Herz dieses Weltenreiches, mehr als 700mal an Masse die gesamte Planetenwelt überwiegend. Wir begegneten dann einer Schar von Planeten, kugelförmigen, dunklen Weltkörpern, die sich in verschiedenen Abständen, aber fast in gleicher Ebene um die Sonne bewegten. Aber hier zeigte sich wieder eine auffallende Mannigfaltigkeit. Schon die Größe schied sie in gewisse Gruppen. Da waren vier Planeten, der Sonne am nächsten stehend, von mäßiger Größe und von fast gleicher Dichtigkeit. In weiter Ferne trafen wir abermals vier Planeten von riesiger Größe, von auffallend geringer Dichtigkeit, die nicht ein Viertel der irdischen überstieg, und mit großer Geschwindigkeit, die irdische um das Doppelte übertreffend, um die Achse rotierend. Zwischen diesen

15*

beiden Gruppen ſtand eine dritte, von zahlreichen, außerordentlich kleinen Planeten gebildet, die ſich in ſehr ſtark geneigten, exzentriſchen, ineinander verſchlungenen Bahnen bewegten. Die meiſten Planeten zeigten ſich überdies von Monden begleitet, und dieſe Monde boten in ihrer Bewegung eine überraſchende Überein=ſtimmung dar, indem ihre Achſendrehung mit ihrem Umlaufe um die Hauptpla=neten genau zuſammenfiel. Wir begegneten dann weiter in dem Raume, welche von den Planeten gemieden ſchien, einer Schar zahlloſer Kometen, die, wunderbar mannigfaltig in Geſtalt und Bewegung, nach allen Richtungen und in alle Fernen ſchweifend, bald von den Planetenbahnen umſchloſſen, bald nur in ihrer Sonnen=nähe dieſe berührend, doch in der exzentriſchen Geſtalt und der bedeutend geneigten Lage ihrer Bahnen, ſowie in der außerordentlich geringen Dichtigkeit ihrer Maſſe eine gewiſſe Verwandtſchaft bekundeten. Wir ſahen dann weiter die Zahl der Welt=körper unſres Syſtems vermehrt durch die Schwärme der Meteor=Aſteroiden, welche in vielfach verſchlungenen Bahnen die Sonne umkreiſen und in einzelnen Eigentümlichkeiten an die Kometen erinnern. Wir wurden endlich noch auf eine geheimnisvolle Form der Materie unſres Sonnengebietes aufmerkſam gemacht, die uns in der Erſcheinung des Tierkreislichtes ſichtbar wird und wahrſcheinlich einem Ringe ſtaub= oder nebelartiger Materie angehört.

Als wir dieſes reiche Gebiet unſres Sonnenſyſtems durchſchweiften, iſt ein wichtiger Umſtand unſrer Aufmerkſamkeit nicht entgangen. Was wir von dieſen Welten erfuhren und erforſchten, war im weſentlichen einer Zurückführung auf Zahlenverhältniſſe fähig und ſtützte ſich auf Vorausſetzungen, die einer ſtrengen Prüfung unterworfen werden konnten. Einzelne dieſer Vorausſetzungen habe ich den Leſer ſelbſt prüfen gelehrt, andre gehören einer beſondern mathematiſchen Wiſſenſchaft, einer Mechanik des Himmels an. Was ſich dem Bereiche der Zahlen entzog, das war nur die Deutung der planetariſchen Oberflächen, der gasförmigen Umhüllungen der Weltkörper, der Natur der Kometenſchweife, des Zodiakallichtes und der rätſelhaften Meteor=Aſteroiden.

Was aber durch die Zahl überwältigt wird, das iſt die eigentliche Errungen=ſchaft der aſtronomiſchen Forſchung. Eine Zahlentabelle, wie ſie etwa die Bahn=elemente der Planeten darſtellt, oder ſelbſt eine bildliche Darſtellung der Planeten=bahnen, hat für die unmittelbare Anſchauung einen nicht zu unterſchätzenden Wert. Sie enthält einen tieferen geiſtigen Inhalt, als ganze Bücher des Altertums über die Ordnung des Himmels.

Nur Zahlen führen zu Geſetz und Ordnung; nur ſie lehren eine Gemeinſam=keit der Verhältniſſe kennen, eine innere Einheit, ſei es durch das Geſetz oder durch den Urſprung, erſchließen. Wenn die Alten auch am Himmel ihrem bekannten Gange alles zu ordnen und in Syſteme abzugrenzen, folgten, ſo konnten ſie ſich dabei nur auf ſehr äußerliche Wahrnehmungen ſtützen. Nicht die Wirklichkeit zu begreifen, ſondern die zerſtreuten Tatſachen der Erfahrung zuſammenzufaſſen, war der Zweck ihrer Syſteme. Nur zu erklären ſuchte man, und wenn die einfachen Erklärungen nicht ausreichten, ſo mußte man, wie einer der denkendſten Aſtronomen des Altertums, Claudius Ptolemäus, ſagt, andre mögliche Vorausſetzungen wählen und sich begnügen, wenn sich die Erscheinungen dadurch erklären ließen. Man kann sich denken, welche verwickelte Gestalt ein System bei solchen Grundsätzen bisweilen erlangen konnte. Ich will den Leser nicht mit der Aufzählung aller der verschiedenen Vorstellungen ermüden, die man sich in der Vorzeit von der Ordnung der Welt gebildet hat, sondern ihm nur ein Gesamtbild von der herrschenden Anschauung zu entwerfen suchen, die noch bis in das 16. Jahrhundert unsrer Zeitrechnung hinaufreicht.

Es waren außer unsrer Erde bekanntlich nur sieben Weltkörper unsres Sonnensystems, von denen die Alten eine Kunde hatten, und von diesen galten wenigstens in früherer Zeit nur fünf als eigentliche Planeten. Sonne und Mond wurden wegen ihrer scheinbaren Größe, wegen ihrer auffallenden Beziehungen zum Erdenleben, und was damit zusammenhängt, wegen ihrer mythisch-religiösen Bedeutsamkeit streng von den Planeten getrennt gehalten. Der Ursprung der Planetennamen reicht in unbekannte Zeitfernen hinauf; die Planetenzeichen dagegen gehören erst der Astrologie des Mittelalters an, reichen in ihrer heutigen Form sogar nicht über das 15. Jahrhundert hinaus. Die Erde bildet den Mittelpunkt der Welt. Vereinzelte ahnungsvolle Anschauungen eines Philolaus, eines Aristarch, welche der Erde einen Kreislauf um die Sonne zuschrieben, vermochten nicht dem Vorurteile der Menge gegenüber sich Geltung zu verschaffen und verloren sich spurlos in dem Dunkel der folgenden Zeiten. Auch jene später auftauchende Meinung über den Weltbau, welche fälschlich den Ägyptern zugeschrieben wird, und nach welcher die unteren Planeten, Merkur und Venus, als Satelliten der selbst um die Erde kreisenden Sonne aufgefaßt wurden, bildet nur ein vereinzelt gebliebenes Zeugnis für die glücklichern Versuche jener Zeit, die Erscheinungen des Himmels zu deuten.

Die herrschende Ansicht des Volkes von der Ordnung der Gestirne findet ihren Ausdruck in dem System des Aristoteles, wie es durch die bewunderungswürdigen Forschungen Hipparchs und die kühnen, aber geistvollen Konstruktionen des Claudius Ptolemäus erweitert und ausgebaut, bis in das 16. Jahrhundert eine fast einzig dastehende Gewalt über die Geister ausgeübt hat. Die Erde ruhend im Mittelpunkte des All, um sie die Planeten an kristallnen Himmelssphären sich bewegend, zunächst der Mond, dann der Merkur, die Venus, die Sonne, Mars, Jupiter und Saturn, endlich die Fixsternsphäre und das Ganze umschließend die äußerste Sphäre des ersten Bewegers, der Urkraft der himmlischen Bewegungen das sind die Grundzüge des aristotelisch-ptolomäischen Systems.

Wir dürfen uns die Aufstellung eines solchen Systems keineswegs zu leicht vorstellen. Zunächst hatte man ja nichts als den sinnlichen Schein; Beobachtungen brachten nur Schwierigkeiten statt Aufhellungen. Da gab es mancherlei Bewegungen, die in Einklang gebracht werden sollten. Einmal war es die tägliche Bewegung des Himmels von Ost nach West, die mit einer andern eigentümlichen und langsamen Bewegung in Übereinstimmung zu bringen war, welche die Sterne in einer Periode von 25000 Jahren von West nach Ost um die Pole der Ekliptik führt. Dann mußte gleichzeitig eine dritte Bewegung berücksichtigt werden, welche die Sterne alljährlich von Ost nach West, also in entgegengesetzter Richtung um die Pole der

Ekliptik führt. Endlich waren die jährliche und tägliche Bewegung der Sonne miteinander in Einklang zu bringen, die gleichfalls entgegengesetzt gerichtet sind. Dazu
kam noch der eigentümliche Lauf, den jeder einzelne Planet verfolgt. Gewiß erforderte es keinen geringen Aufwand von Scharffinn, einen Himmelsmechanismus
zu erdenken, der allem diesem gleiche Berücksichtigung angedeihen ließ. Man nahm
nun verschiedene feste Kristallhimmel an, die sich übereinander bewegten und einander die von dem ersten Beweger erhaltene Bewegung mitteilten, während an
ihnen selbst wieder die Planeten ihre besonderen Wege gehen konnten. Jene Himmelssphären mußten fest sein, weil sie sonst keinen Einfluß aufeinander hätten ausüben, die tägliche Bewegung nicht gemeinsam hätten ausführen können. Sie mußten
vom reinsten Kristall sein, da sonst das Licht der Sterne sie nicht hätte durchdringen
können. Als die Beobachtung fortschritt, genügten nicht einmal mehr die sieben
oder acht ursprünglich angenommenen Kristallsphären. Schon Ptolemäus mußte
die Zahl der Himmelskreise vermehren, mußte den eigentlichen Bahnen der Planeten andre Kreise anweisen, deren ideale Mittelpunkte nur sich in den alten Sphären bewegten. Jede neue Bewegung, die man beobachtete, zwang zur Einführung
neuer Kreise, und kaum glaubte man seine Sphären vollendet, so fand sich eine
neue Abweichung, und um sie zu erklären, mußte man an eine Ausbesserung, eine
Vervielfältigung des Mechanismus denken. Die Zahl der Himmelskreise stieg allmählich auf einige siebzig. Man kann sich denken, daß diese künstliche Himmelsmaschinerie von Sphären und Epizykeln, von konzentrischen und exzentrischen Kreisen nicht geeignet war, das Rätsel der Himmelsbewegungen zu lösen; aller Aufwand menschlichen Scharffinns schien hier vergeblich.

Man wird fragen, wie es überhaupt möglich war, sich Bewegungen zu denken,
die jenen Epizykeln mitten durch die dicken Kristallschalen hindurch erteilt werden
mußten. Aber nach der Weise der damaligen Zeit wußte man sich aus mancher
Schwierigkeit herauszuwickeln. Man dachte sich z. B. Furchen an jenen Sphären
gezogen, durch welche die Mittelpunkte der Epizykeln geräuschlos und ohne Reibung
hinglitten. Wenn man aber auch manches, freilich nicht im modernen Geschmack,
zu erklären vermochte, so blieben doch immer noch Rätsel genug übrig. Namentlich
waren es Merkur und Venus, die bald unüberwindliche Schwierigkeiten darboten.
Die Ungleichheiten ihrer Geschwindigkeit, ihrer Rückläufe und Stillstände, namentlich ihre verschiedenen scheinbaren Größen fanden in diesem Systeme keine Lösung.

Der erste, der es wagte, das alte System zu stürzen, war Nikolaus Kopernikus, geboren zu Thorn am 19. Februar 1473, gestorben als Domherr zu Frauenburg gegen Mitte Mai 1543. Auf der Hochschule zu Krakau gebildet, durch Reisen
in Italien im Verkehr mit den geistvollsten Forschern jener Zeit, erkannte er bald
die Zerrissenheit der damaligen astronomischen Wissenschaft.

Seine eignen Studien am Himmel lehrten ihn den Grund in den Mängeln der
ptolemäischen Weltordnung finden. Da zerschlug er mit kühner Hand die Kristallsphären des Ptolemäus, zerriß dessen Epizykeln und hemmte den rasenden Wirbel
des ersten Bewegers. Vor allem gebot er der Sonne Stillstand; er störte die Erde
aus ihrer Ruhe auf, damit sie im Vereine mit den andern Planeten die Sonne um

kreise. Es war eine kühne, aber gefahrvolle Tat. Die öffentliche Meinung stand ihr entgegen, die Kirche erblickte hierin eine Verletzung ihrer Tradition, und die Gelehrten sträubten sich gewaltsam gegen eine solche das ganze Wissenschaftsgebäude erschütternde Neuerung.

Kopernikus war kaum 35 Jahre alt, als er sein unsterbliches Werk über die Umwälzungen der Himmelskörper schrieb. Aber erst nach mehr als 30 Jahren wagte er, gedrängt von seinen Freunden, es der Öffentlichkeit zu übergeben, und er lag auf dem Sterbebette als er die ersten gedruckten Bogen seines Buches in den Händen hielt.

Das Kopernikanische System war aber nur erst die Grundlage der neuen Wissenschaft des Himmels; es fehlte ihm noch jener innere Kern: das Gesetz als der geistige Ausdruck des ursächlichen Zusammenhanges der Erscheinungen. Die Grundzüge des Kopernikanischen Systems sind oben flüchtig angedeutet. Die tägliche Bewegung der Erde um ihre Achse, die jährliche Bewegung der vom Monde begleiteten Erde um die Sonne, endlich die Bewegung sämtlicher Planeten in der Reihenfolge, in welcher wir sie durchwandert haben, um die ruhende Sonne, das ist der kurze Inhalt jener Lehre. Die Form der Bahnen, in welcher sich die Erde und alle Planeten bewegen, war noch von Kopernikus als kreisförmig beibehalten worden; hatte doch die Kreislinie fast zwei Jahrtausende hindurch als die vollkommenste aller Linien gegolten. Aber hier zeigten sich nun die ersten Schwierigkeiten des neuen Systems. Schon Kopernikus erkannte, daß die Ungleichheiten in der Bewegung der Planeten einer besondern Erklärung bedurften, und er glaubte sie in der Annahme exzentrischer Kreise zu finden. Er setzte die Sonne also nicht genau in den Mittelpunkt der Planetenkreise. Aber die Beobachtung schritt fort, die Mittel der Beobachtung vermehrten und verfeinerten sich. Neue Tatsachen wurden aufgedeckt, die in Widerspruch mit den bisherigen Annahmen traten. Man fand, daß die Geschwindigkeit der himmlischen Bewegungen überhaupt keine völlig gleichförmige sei, wie sie es doch bei der Annahme einer Kreisbewegung nach den Grundsätzen der Mechanik sein mußte. Da war es Zeit, dem Himmel seine Gesetze zu geben, und der große Gesetzgeber des Himmels war Kepler. Dieser Mann gehört zu den glücklichsten und dennoch unglücklichsten Menschen aller Zeiten: glücklich, indem es ihm gegeben war, die Gesetze des Himmels zu enträtseln, unglücklich, da er in der Zeit der tiefsten Erniedrigung Deutschlands, mit Not und Gefahren kämpfend, seines Daseins Kreise durchlaufen mußte. Johannes Kepler wurde geboren am 27. Dezember 1571 zu Weil (die Stadt) im Strohgäu (Württemberg), als Erstling einer unglücklichen Ehe. Die Sorge wachte an seiner Wiege und begleitete ihn auf die Klosterschule zu Maulbronn, wo er unter Beschwerden und Entbehrungen aller Art Theologie studierte. Dort weihte Mäßlin den jungen Mann zuerst in die Lehren des Kopernikus ein, aber im geheimen, aus Furcht vor der Wut der protestantischen Zeloten. Im Jahre 1593 kam Kepler nach Graz als Lehrer der Mathematik, doch schon 1598 brach in Graz die Verfolgung der steirischen Protestanten aus, und er mußte, trotz der Unterstützung der Jesuiten, die weit toleranter waren als der in Abgeschmacktheiten verkommene Geistespöbel zu

Tübingen, das Land verlassen. Also wandte sich Kepler nach Prag und ward Mit=
arbeiter von Tycho, sowie nach dessen Tode sein Nachfolger. Es war ein glänzendes
Elend, in welches er hier geriet; weder der Kaiser Rudolf II. noch Matthias konnten
den Gehalt ihres Hofastronomen erschwingen. Im Jahre 1612 verließ er endlich
seine Stellung in Prag und ging nach Linz an der Donau, wo er einige ruhige
Jahre durchlebte. Da traf ihn die Nachricht, daß seine alte Mutter, das „Kätherchen
von Leonberg", als Hexe in Haft genommen sei. Nachdem er Weib und Kind
aus dem vom Kriege umtobten Linz in Regensburg untergebracht, eilte er auf
den Flügeln der Sorge für die alte Mutter nach Württemberg. Es gelang ihm mit
vieler Mühe die Akten vor die Fakultät in Tübingen zu bringen, und diese ent=
schied endlich, wahrscheinlich in ihrem juristischen Verstande durch den mit Kepler
befreundeten herzoglichen Vizekanzler Sebastian Faber erleuchtet, man sollte de
alte Frau Kepler „von der Klage absolvieren". Froh kehrte der große Himmels=
forscher über Regensburg nach Linz zurück, mußte aber, da der Protestantismus
in Österreich ausgerottet werden sollte, nach Prag und von dort nach Regensburg
ziehen. Vom Kaiser, der seine Gehaltsrückstände nicht bezahlen konnte, an Wallen=
stein verwiesen, trat Kepler in die Dienste des Friedländers und ließ sich 1628 in
Sagan nieder. Aber der berühmte Söldnerführer suchte einen Astrologen, keinen
Astronomen. Es war um die Zeit, als Wallenstein auf Betreiben der Kurfürsten
abgesetzt wurde, und unter diesen Umständen fiel es dem Herzoge von Friedland
nicht ein, Kepler die versprochene Zahlung zu leisten. Also wandte sich dieser wie=
derum an den Kaiser und unternahm allein, zu Pferde, die damals gefährliche
Reise von Sagan nach Regensburg. Auf dem Wege litt er viel von ungünstigem
Wetter, und in Regensburg angelangt, verfiel er in ein heftiges Fieber, dem er am
15. November 1640 erlag. Kepler gehört zu den spekulativsten Forschern aller
Zeiten; 73 Jahre nach dem Tode des Kopernikus stellte er seine drei unsterblichen
Gesetze auf, durch welche über die Gestalt der Bahnen, die Geschwindigkeit der
Bewegungen und die Beziehungen zwischen Abständen und Umlaufszeiten der Pla=
neten eine unzweifelhafte Entscheidung gegeben ward. Die Planeten bewegen
sich sämtlich in Ellipsen, in deren einem Brennpunkte die Sonne steht — so lautet
das erste Gesetz. Der Brennstrahl oder der Radius vector, d. h. die von der Sonne
zu einem Planeten gezogene Linie, durchläuft in gleichen Zeiten immer gleiche
Flächenräume oder Ausschnitte — das ist das zweite wichtige Gesetz, durch welches
jede gegebene Zeit durch Rechnung zu bestimmen. Die Quadratzahlen der Umlaufs=
zeiten zweier Planeten verhalten sich wie die Kubikzahlen ihrer mittleren Entfer=
nungen von der Sonne — das ist endlich das dritte Gesetz, durch welches eine
Wechselbeziehung der einzelnen Planeten zueinander festgestellt und der auffallen=
den Tatsache ein Ausdruck gegeben wird, daß die Geschwindigkeit der einzelnen
Planeten in ihrer Bahnbewegung keineswegs gleich sind, sondern mit der Ent=
fernung von dem Zentralkörper verlangsamen. Wir wissen, von welcher Wichtig=
keit dieses Gesetz für die Raumverhältnisse unsres Planetensystems geworden ist,
da es dem Astronomen die Mittel gewährt, aus den leicht zu beobachtenden Um=
laufszeiten der Planeten auf ihre Abstände von der Sonne zu schließen und diese

endlich auf ein gemeinsames Maß, als das wir den Abstand der Erde von der Sonne kennen gelernt haben, zurückzuführen.

Kopernikus hat die festen Kristallhimmel zertrümmert und die Planeten hinausgeschleudert in den leeren Raum. Kepler hatte jetzt diesen Planeten Gesetze gegeben. Aber die Kraft, welche die Welten trägt, welche sie in ihren Bahnen hält und mit ihren Zentralkörpern verknüpft, war noch unbekannt; den Gesetzen Keplers fehlte noch die Seele. Denn der Geist eines Gesetzes ist seine Allgemeinheit. Erst als der Ausfluß einer ewigen, alles durchdringenden Kraft hat es seine sichere Gewähr. Newton war es, der den Gesetzen des Himmels das Siegel der Ewigkeit aufdrückte, der jener geheimnisvollen Urkraft, aus der sie geflossen, einen Namen gab, und indem er sie zu einem allgemeinen Weltgesetz erhob, Himmel und Erde miteinander erst wahrhaft verknüpfte. Es war 70 Jahre nach der Entdeckung der Keplerschen Gesetze, als Newton sein Gravitationsgesetz aufstellte. Isaak Newton war geboren am 25. Dezember 1642 zu Woolsthorpe bei Grantham in Lincolnshire. Als Knabe zeigte er keine besondere Befähigung, und nichts verriet den großen Geist, dessen Name das Andenken an die berühmtesten politischen und militärischen Merkwürdigkeiten der ganzen Welt überdauern wird. Der Absicht seiner Mutter zufolge sollte er sich der Landwirtschaft widmen, aber dazu zeigte er wenig Lust. Die Bemühungen eines Verwandten setzten ihn endlich in den Stand, die Universität Cambridge zu beziehen, wo er vorzugsweise Mathematik studierte und schon vor 1665 auf die Prinzipien der höheren Analysis kam. In jenem Jahre brach in Cambridge die Pest aus, und Newton verließ die Stadt, um sich nach seinem Geburtsorte zurückzuziehen. Hier begann er zuerst über die Ursache des Fallens der Körper nachzudenken und eine Kraft der allgemeine Anziehung nanzunehmen. Doch vermochte er auf dem Wege der Rechnung deren Existenz nicht nachzuweisen, weil er nicht die richtigen Maßverhältnisse der Erde kannte. Im Jahre 1669 wurde Newton Professor der Mathematik zu Cambridge und veröffentlichte zwei Jahre später seine Untersuchungen über das Sonnenlicht. Erst 1682 nahm er seine früheren Rechnungen über die Anziehung wieder auf, da inzwischen durch Picard die Größe der Erde ziemlich genau bekannt geworden war. Fünf Jahre später erschien sein unsterbliches Werk: „Philosophiae naturalis principia mathematica", ein Buch, das damals nur von einzelnen verstanden werden konnte und welches die Grundzüge der modernen Astronomie, gestützt auf das Gesetz der Anziehung, enthält. Newton starb am 31. März 1727, und mit Recht sagt seine Grabschrift: „Die Sterblichen mögen sich Glück wünschen, daß eine solche Zierde des menschlichen Geschlechtes gelebt hat." Gehen wir nun auf das Newtonsche Gravitationsgesetz näher ein. Jeder Körper, lautet dieses Gesetz, übt auf jeden andern eine anziehende Kraft aus, deren Größe sich direkt verhält wie die Masse des anziehenden Körpers und umgekehrt wie das Quadrat seines Abstandes. Die Planeten fallen zur Sonne gleich dem fallenden Stein oder dem schwebenden Pendel, von derselben Schwere gezogen. Das gleiche Gesetz leitet den geworfenen Stein zur Erde, wie den kreisenden Planeten um die Sonne: das ist der bedeutungsvolle Sinn dieses einfachen Gesetzes, das dem Astronomen gleichsam den Himmelsschlüssel überliefert und ihm

das Recht gegeben hat, ſeine irdiſche Wiſſenſchaft in die endloſen Tiefen des Raumes hinauszutragen.

Kein Geſetz hat je ſo gewaltige Umwälzungen hervorgerufen und doch eine
ſolche Sicherheit der Verhältniſſe geſchaffen, als das Gravitationsgeſetz Newtons.
Kopernikus hatte doch nur die Erde aus ihrer Ruhe geſtört, Newton hat auch die
gewaltige Sonne entthront. Sie iſt ſeitdem nicht mehr die ſchrankenloſe Herrſcherin,
welche gleichſam an Fäden die untergeordneten Welten um ſich herumführt. Auch
die Sonne iſt dem gemeinſamen Geſetz unterworfen, auch ſie wird gezogen; denn
alle Anziehung iſt gegenſeitig. Nicht die Sonne iſt es, ſondern nur der gemeinſame
Schwerpunkt, um den die Körper des Syſtems kreiſen. Allerdings iſt die Maſſe
der Sonne eine ſo überwiegende gegenüber der Geſamtmaſſe der planetariſchen
Körper, daß ſie mit dieſem Schwerpunkte nahe zuſammmenfällt. Aber imerhin
wird ſie nur dadurch Herrſcherin ihres Syſtems, daß ſie dieſen Schwerpunkt in
ſich trägt. Ja ſie trägt ihn nicht einmal immer in ſich; zuweilen liegt er ſogar außerhalb des Sonnenkörpers, und wie jeder Planet, beſchreibt der Mittelpunkt der
Sonne eine kleine elliptiſche Bahn um dieſen Schwerpunkt, die gleichſam ein ver-
kleinertes Abbild der großen Ellipſen iſt, in denen die Planeten die Sonne umkreiſen.

Aber ich ſagte, auch die Sicherheit unſrer planetariſchen Ordnung ſei durch
jenes Geſetz erhöht worden. Und in der Tat, gerade die ſcheinbaren Abweichungen
von der allgemeinen Erſcheinungsform, gerade die ſogenannten Störungen ſind
die ſicherſten Zeugniſſe der Geſetzlichkeit geworden. Welch ein Gegenſatz gegen
die Wiſſenſchaft des Altertums! Dort eine zum Erſchrecken anwachſende Verwickelung der Theorie, hier eine Einfachheit, welche ſelbſt die wirkliche Verwickelung der
Erſcheinungen harmoniſch auflöſt. Da die Anziehung ſämtlicher Weltkörper eine
gegenſeitige iſt, ſo iſt auch kein einziger Körper unſres Sonnenſyſtems den Wirkungen der Sonne allein ausgeſetzt. Alle Planeten, ja alle Weltkörper, unſres Syſtems wirken zugleich nach Maßgabe ihrer Maſſe und Entfernung wechſelſeitig aufeinander ein, und dieſe Einwirkungen bringen in dem Laufe der Himmelskörper,
in der Geſtalt, Größe und Lage der Bahnen Ungleichheiten und Veränderungen
hervor, die nicht immer ganz unerheblich ſind. Man bezeichnet dieſe Veränderungen mit dem Namen Störungen — nicht als ob hier an wirkliche Störungen
in der Ordnung der Natur, an ein Heraustreten der Erſcheinungen aus dem Bann
des Geſetzes zu denken wäre — es ſind nur Störungen in der Bequemlichkeit der
Rechnung, Einmiſchungen kleiner Wirkungen in die einfachen großen Verhältniſſe,
die zwiſchen einem Zentralkörper und ſeinen Trabanten beſtehen. Sind einmal
die wirkenden Kräfte gegeneinander abgewogen und die Geſetze ihres Wirkens feſt-
geſtellt, ſo fallen auch die ſogenannten Störungen in den Bereich der Rechnung,
und die ſcheinbare Verwirrung geſtaltet ſich zu harmoniſcher Ordnung. So iſt es
einem Laplace möglich geworden, die Mechanik des Himmels zu ſchaffen, und
Männer wie Beſſel, Gauß, Leverrier, Gyldén haben dieſer Wiſſenſchaft eine Ausdehnung und eine Schärfe und Beſtimmtheit gegeben, daß es nicht mehr Staunen
erregen darf, wenn der heutige Aſtronom die Örter angibt, welche die Planeten

vor Jahrtausenden eingenommen haben, oder die Zeiten verkündigt, in welchen sie nach Jahrhunderten eine gewisse Stellung einnehmen werden.

Ich habe schon einmal von diesen Störungen gesprochen und darauf aufmerksam gemacht, daß sich im wesentlichen zwei Arten von Störungen unterscheiden lassen, die einen, welche sich auf die Örter eines Planeten in seiner Bahn, die andern, die sich auf die ganze Bahn überhaupt beziehen. Man bezeichnet jene als periodische Störungen, weil sie innerhalb verhältnismäßig kurzer Zeiträume eingeschlossen sind, diese als säkulare, weil sie die ganzen Bahnen der Planeten nur sehr langsam und meist nach Jahrhunderten ändern.

Die periodischen Störungen hängen natürlich von den jeweiligen Standorten ab, welche die Planeten in ihrer Bahn einnehmen, und kehren wieder, so oft die Planeten in dieselbe Stellung gegeneinander zurückkehren. Die Änderungen, welche dadurch im Laufe der Planeten hervorgebracht werden, sind zwar im allgemeinen nur klein, aber sehr mannigfaltiger Art. Bald wird eine elliptische Bahn mehr gekrümmt oder mehr in die Länge gezogen; bald wird die Bewegung eines Planeten beschleunigt, bald gehemmt; bald wird er näher zur Sonne gezogen, bald von ihr abgelenkt, und selbst die Ebene seiner Bahn gerät ins Wanken. Dazu kommt noch die Verrückung, welche die Lage der Erdbahn selbst oder die Stellung der Erde in ihr durch den Einfluß der andern Planeten erleidet, und welche wieder eine Rückwirkung auf die scheinbaren Örter der Planeten ausübt. Die Größe dieser störenden Wirkungen ist abhängig von der Entfernung. Die äußersten Körper unsres Systems vermögen einen merklichen Einfluß auf die der Sonne benachbarten Planeten zu äußern, und die Wirkung der sonnennahen Planeten verschmilzt wieder mit der übermächtigen Einwirkung der Sonne. Die größten Störungen im ganzen System gehen darum vom Jupiter aus, schon deshalb, weil seine Bahn in die Mitte zwischen die übrigen Planetenbahnen gelegt ist, aber noch mehr seiner überwiegenden Masse wegen. Ja diese Störungen würden sogar eine dem Bestehen des Ganzen gefährliche Höhe erreichen können, wenn ihnen nicht als Gegengewicht die Einflüsse des Saturn entgegengesetzt wären. Der Saturn, dem Jupiter an Masse fast gleich, hat eine so eigentümliche Stellung im Systeme, daß er niemals seine Kraft mit der des Jupiter vereinigen kann, daß er ihm vielmehr stets mehr oder minder entgegenwirkt und seine Störungen um fast $^{19}/_{20}$ ihres Wertes verringert.

Um so bedeutender werden wir uns die gegenseitigen Einwirkungen dieser beiden in so unmittelbare Nachbarschaft zueinander gestellten Riesenwelten unsres Systems vorstellen, und in der Tat sind ihre Störungen eine Zeitlang die Quelle sehr ernster Besorgnisse gewesen. Schon zu Anfang des 17. Jahrhunderts hatte man die Bemerkung gemacht, daß die Bahn des Jupiter sich beständig erweitere, daß dieser Planet sich in einer Art von Spiralbewegung um die Sonne immer weiter von ihr entferne und dabei immer langsamer fortschreite. Ganz das Gegenteil beobachtete man am Saturn; seine Bahn schien sich zu verengern, seine Geschwindigkeit zu vergrößern. Fand sich keine Grenze für diese rätselhafte Bewegung, so mußte sie zu einer Annäherung, endlich zu einem Zusammenstoß beider Planeten führen. Laplace löste dies Bedenken erregende Rätsel. Er zeigte durch

die Rechnung, daß die gegenseitige Annäherung beider Weltkörper nur eine pe=
riodische sei und schon nach anderthalb Jahrhunderten in das Gegenteil umschlagen
werde, daß die ganze Periode dieser seltsamen Störung nahe an 900 Jahre dauere,
und daß das Anwachsen der Exzentrizitäten der einen Bahn immer gleichzeitig mit
der Verminderung der Exzentrizität der andern vor sich gehe, aber auch gleichzeitig
eine Grenze finde.

In weit größeren Perioden noch bewegen sich die säkularen Störungen, welche
die Bahnen der Planeten, namentlich die Neigungswinkel und die Durchschnitts=
punkte der Bahnebenen, die Lage der Perihelien und Aphelien und sogar die Ex=
zentrizität der Bahn betreffen. Ich habe bereits auf eine der wichtigsten dieser
Störungen aufmerksam gemacht, auf das Vorrücken der Nachtgleichen, das Fort=
rücken der Perihelien in der Bahn, die periodischen Änderungen in der Schiefe
der Ekliptik. Das Vorrücken der Nachtgleichen, durch welches, wie wir wissen, selbst
unsre Himmelspole verschoben werden, vollendet sich in einer Periode von 25600
Jahren, die man gewöhnlich als das große oder platonische Weltjahr bezeichnet.
Das Perihelium unsrer Erdbahn gebraucht, um die ganze Bahn zu durchlaufen,
eine Zeit von mehr als 100000 Jahren, und bei weiter entfernten Planeten um=
faßt die Periode dieser Bewegung noch ungleich längere Zeiträume. Nur die Nu=
tation oder das Wanken der Erdachse, eine dem Vorrücken der Nachtgleichen ähn=
liche, aber vom Monde allein bewirkte Erscheinung, vollendet ihren Kreislauf in
der kurzen Periode von 18 Jahren 219 Tagen.

Von allen Bahnelementen eines Planeten bleibt ein einziges unberührt von
störenden Einflüssen: die große Achse seiner Bahn oder seine mittlere Entfernung
von der Sonne und, was damit innig zusammenhängt, die Umlaufszeit des Pla=
neten. Dieser Umstand ist von der höchsten Wichtigkeit für die Stabilität unsres
Systems. Die Mechanik weist nach, daß eine Änderung, welche die große Achse
einer Bahn erlitte, wenn sie ursprünglich noch so unbedeutend wäre, doch dadurch
und so mit der Zeit sich anhäufen würde. Die Folge einer solchen Änderung wäre
also unentrinnbares Verderben. Der Planet würde sich entweder fort und fort
der Sonne nähern, oder stets weiter von ihr entfernen, also entweder unaufhalt=
sam in die Sonne stürzen oder sich in den endlosen Raum verlieren. Dem fran=
zösischen Mathematiker Lagrange gebührt das Verdienst, diese Besorgnis zuerst ent=
fernt zu haben, indem er bewies, daß die große Achse einer Planetenbahn durch
den Einfluß der übrigen Planeten nicht die geringste Änderung erleidet, sie ist unter
allen Elementen das einzige Unveränderliche.

Das „Problem der drei Körper", d. h. die Bestimmung des Laufes eines
Weltkörpers unter dem Einflusse seines Zentralkörpers und eines dritten störenden
Körpers, ist das schwierigste der neuern Astronomie. In seiner Allgemeinheit hat
es seine Lösung noch nicht gefunden. Für unser Sonnensystem bedarf es auch
einer strengen Lösung nicht, da die Anziehungen der Planetenmassen zu gering
sind gegenüber der gewaltigen Sonnenmasse, um bedeutende Wirkungen hervor=
zubringen. Daß dieses der Fall ist, für unsre rechnenden Astronomen ein wahres
Glück, denn wenn im Sonnensystem auch nur drei Körper von ziemlich gleich

großen Massen, jede etwa der Sonnenmasse gleich, vorhanden wären, so dürften unsre Berechner nur die Arbeit einstellen, es wäre, mit allen Vorherbestimmungen himmlischer Erscheinungen zu Ende. Deshalb durfte der große Mathematiker Lagrange mit Recht sagen: „Es scheint, als wenn die Natur die Bahnen der Himmelskörper mit Vorbedacht so eingerichtet hätte, damit wir in der Lage sind, sie berechnen zu können." Wie weit aber gleichwohl die Macht der Rechnungen reicht, das hat Leverriers Entdeckung bewiesen. Trotz aller Unvollkommenheit der Theorie, trotz aller Kleinheit der Veränderungen ward hier aus den Störungen ein Schluß gezogen auf den störenden Körper, ward durch die Störungen ein unbekannter Weltkörper ans Licht gefördert.

Aber es war noch ein besonderer Gedanke, welcher bei der Lösung dieses Problems die meisten Astronomen beschäftigte, die Wiederherstellung der durch die Störungen anscheinend gefährdeten Sicherheit unsres Systems. Abweichung der Planeten von den geregelten Bahnen müssen, wenn sie im Laufe der Jahrtausende anwachsen, die Dauer unsrer Weltordnung in Frage stellen. Aber bisher ist keine Störung aufgefunden worden, die beträchtlich gegnug wäre, Besorgnis zu erregen, keine, die sich nicht im Laufe der Zeit selbst vernichtete. Die Ursache davon liegt außer in dem gewaltigen Übergewicht der Sonnenmasse, wie der Masse jedes Zentralkörpers in unserm System überhaupt, über die Massen der Planeten oder Trabanten, in eigentümlichen, zum Teil noch nicht hinlänglich erkannten oder doch begründeten Umständen. Einer der wichtigsten unter diesen ist die Tatsache, daß die Umlaufszeiten sämtlicher Planetenbahnen unter sich inkommensurabel sind, d. h. daß sie niemals genau im Verhältnis ganzer Zahlen zu einander stehen. Hierin liegt die wesentliche Bedingung für den periodischen Charakter sämtlicher Störungen. Gäbe es Planeten mit Umlaufszeiten, die sich wie ganze Zahlen verhielten, so wäre eine endlose Anhäufung der Störungen und eine endliche Vernichtung der bestehenden Ordnung die Folge. Ein andrer Umstand, der allerdings als ein ziemlich zufälliger erscheint, aber gleichwohl einen nicht unwesentlichen Anteil an der Stabilität des Ganzen haben dürfte, ist der, daß die größte Exzentrizität der Bahnen meist mit den kleinsten Massen der Weltkörper zusammentrifft. Den Beweis dafür liefert der Merkur, noch auffallender die Schar der Planetoiden. Dieser Umstand wird von besondrer Bedeutung bei den Kometen. Besäßen diese Massen wie unsre Planeten, so würden sie, zumal sie in so großer Zahl die Sonne nach allen Richtungen umschwärmen, bei dem gewaltigen Kontraste ihrer Abstände unfehlbar Störungen von so bedeutender Größe veranlassen, daß sie die Ordnung des Ganzen auflösen müßten. Aber gerade die Kometen sind so massenarm, daß sie nur Störungen erleiden, nicht ausüben können. Bewegte sich der größte unsrer Planeten, der Jupiter, auch nur in einer Bahn, die so exzentrisch wäre wie etwa die Pallasbahn, so würde seine gewaltige Anziehung hinreichen, die Erde aus ihrer Bahn zu reißen. Aber gerade die gefährlichen Riesenplaneten besitzen die kreisähnlichsten aller Bahnen.

So können wir also den Bestand unsres Planetensystems unbedenklich für gesichert halten und brauchen wenigstens von dem Gesetze, das die Welten führt, keine Gefahr eines Umsturzes der Dinge zu besorgen. Freilich möchte ich das Wort „ewig" hier nicht gern in den Mund nehmen, obgleich ich sehr gut weiß, daß manche verdiente Astronomen sich desselben bedienten, wo sie von der durch die Rechnung nachgewiesenen Stabilität des Planetensystems sprachen. Meiner Meinung nach kann die Rechnung indessen keine Gewähr für eine wirklich unbegrenzte Dauer der gegenwärtigen Anordnung der planetarischen Welt leisten, vielmehr gilt hier vor allem das Wort des Dichters: „alles, was entsteht, ist wert, daß es zugrunde geht". Unendlichkeit in Zeit wie im Raume sind für den menschlichen Verstand transcendente Begriffe und niemand darf sich unterfangen, mit seinen Untersuchungen die Ewigkeit umspannen zu wollen!

Wir haben die Verfassung unsres großen Weltreichs kennen gelernt, wir werden nun auch begierig sein, seine Geschichte zu hören. Wir haben die Einheit und den innern Zusammenhang des Ganzen durch das Gesetz verbürgt gefunden, wir werden diese Einheit nun auch völlig gesichert und aufgeklärt wissen wollen durch eine Gemeinsamkeit des historischen Ursprunges. Aber eine Geschichte unsers Planetensystems — in welche unendliche Vorzeit führt sie unsre Gedanken zurück! Die Tatsachen schwinden, denn keine Wissenschaft legt Zeugnis dafür ab. Nur die Ahnung sucht das Dunkel zu durchdringen. In den bestehenden Verhältnissen des Weltgebäudes sucht sie die Verzweigungen, welche rückwärts in die Vergangenheit leiten, und indem sie diesen folgt, wagt sie es, die Keime des Werdens zu ergründen. Es ist ein angeborner Drang des Menschen, dem Ursprunge der Dinge nachzuforschen, und in mehr als hundert Systemen hat sich dieser Drang bereits Luft gemacht, ohne jedoch im allgemeinen dadurch erheblich zur Aufklärung oder gar zum Fortschritt der Wissenschaft beigetragen zu haben.

Unter allen Theorien über die Entstehung unsres Planetensystems verdient diejenige nur Beachtung, welche dem unsterblichen Schöpfer der Mechanik des Himmels, nämlich Laplace, ihren Ursprung verdankt. Sie verdient diesen Vorzug schon darum, weil sie sich auf tatsächliche Verhältnisse der Planetenordnung stützt. Es wird dem Leser nicht entgangen sein, daß in unsrer planetarischen Welt Tatsachen bestehen, die ebenso, wie auf eine Gemeinsamkeit des Gesetzes, auch auf eine Gemeinsamkeit des Ursprunges hindeuten. Alle Hauptplaneten und ebenso die große Schar der kleinen Planeten bewegen sich um die Sonne von Westen nach Osten, die Bahnen aller Planeten sind nahezu kreisförmig, ihre Neigungen gegen die Ebene des Sonnenäquators sind klein. Zu diesen Verhältnissen, die auf eine sämtliche Planeten umfassende gemeinsame Urkraft hindeuten, kommt eine andre Tatsache, die einen Schluß auf ihren ursprünglichen Zustand gestattet. Alle Planeten sind kugelförmig, und dieses deutet auf einen flüssigen oder vielleicht sogar gasförmigen Anfangszustand derselben. Bei manchen Planeten ist eine meßbare Abplattung erkannt worden, und man hat dieselbe auch als eine Folge des Umschwunges auf einen ursprünglich flüssigen Zustand dieser Weltkörper betrachtet.

Stellen wir uns jetzt nach der Laplaceschen Theorie den Urzustand unsres Planetensystems als ein großes, unentwickeltes, formloses Chaos vor. Sonne und Planeten bilden einen großen zusammenhängenden Gasball in einer Form, wie sie jede sich selbst überlassene Flüssigkeit annimmt, der Form des Tropfens. Alles Flüssige nämlich strebt die Kugelform anzunehmen; denn in ihr wirkt die Kraft des Zusammenhanges mit gleicher Stärke nach allen Richtungen, strebt jedes Teilchen nach allen Seiten hin sich mit allen übrigen zu verbinden, so daß so wenig Punkte als möglich entblößt werden, die Oberfläche also die möglichst kleinste wird. Hätte man nun jene Gasmasse, vollkommen sich selbst überlassen, von keiner außer ihr liegenden Kraft gehindert, ihrer Naturneigung nachzugeben, im freien Weltraume geschwebt, so würde sie eine vollkommen genaue Kugel gebildet haben. Aber in dieses Chaos mußte Bewegung kommen, wenn es sich gestalten, wenn es Welten gebären sollte. Eine solche Bewegung wird durch jene ferne Anziehungskraft gegeben, der noch heute, wie wir sehen werden, unser Sonnensystem durch die Räume des Himmels folgt. Dadurch wich natürlich die Form der Flüssigkeit von der Kugelgestalt ab; denn ihre Teile wurden nach der einen Seite hin stärker angezogen, die innere Kraft des Zusammenhanges ward nach dieser Richtung hin geschwächt. So entstand die Form des fallenden Tropfens, das Weltenei, über welchem die Mythologie den Gottesgeist gleich einem riesigen Vogel brütend schweben läßt.

Aber noch zur Annahme einer zweiten Bewegung sind wir gezwungen, wenn aus jenem Gasballe die Gestalten unsres Sonnensystems hervorgehen sollen. Es ist eine Umdrehung des Gasballes um sich selbst, deren Überrest wir noch in der Rotation unsrer Sonne und in dem Kreislaufe der Planeten um die Sonne zu sehen haben. Bewegte sich aber jenes Weltenei um eine Achse, so mußte sofort jene zweite Abweichung von der Kugelform eintreten, die wir bei allen rotierenden Körpern unsres Sonnensystems bemerkt haben, die Abplattung an den Polen. Formen wir uns eine Kugel aus weichem Ton und setzen wir dieselbe auf einer Drehbank in Umschwung, so wird sie sich in der Richtung der Achse zusammenziehen, in der Richtung senkrecht auf die Achse aber mehr und mehr ausdehnen, je mehr die Schnelligkeit des Umschwunges zunimmt. Ist dann endlich diese Schwungkraft so weit angewachsen, daß sie die Kraft des Zusammenhanges der einzelnen Teilchen überwiegt, so werden diese zerreißen und auseinanderfliegen. Das mußte auch das Schicksal jenes chaotischen Gasballes unsres Sonnensystems sein. Überstieg auch hier endlich die Schwungkraft, welche jeden Punkt so weit als möglich von dem Schwerpunkte der ganzen Masse zu entfernen strebte, die Kraft des inneren Zusammenhanges, so mußte der Gasball zerreißen. Dieses Wachsen der Schwungkraft wurde aber notwendig herbeigeführt durch die allmähliche Zusammenziehung und Verdichtung des sich drehenden Körpers. Mit der abnehmenden Wärme mußte auch die Ausdehnung jenes Gasballes sich vermindern, seine Masse sich verdichten. Während also einerseits die entlegeneren Teile tiefer nach dem Mittelpunkte des Gasballes herabsanken, wuchs anderseits die Geschwindigkeit der Drehung, nahm die linsenförmige Abplattung des ganzen zu. Die Folge dieser gleichzeitigen, einander entgegengesetzten Veränderungen, der Ausdehnung durch den Umschwung einerseits und der Zusammenziehung durch das Erkalten anderseits, war eine Trennung der äußersten Gasschicht von der innern Masse. Bis hierhin kann den Voraussetzungen von Laplace über den Urzustand der Natur unsres Sonnensystems wohl kaum ein begründeter Einwurf gemacht werden. Die Meinungsverschiedenheiten aber beginnen, sobald die nähere Art und Weise der Abtrennung der Schichten zur Sprache kommt. Laplace glaubte, diese Abtrennung habe in Gestalt von ringförmigen Absonderungen stattgefunden, die dann später in Kugeln zusammengerollt seien; theoretische Untersuchungen bewährter Mathematiker haben dagegen neuerdings zu der Vorstellung geführt, daß die Abtrennung der Schichten in Spiralform geschehen mußte. Wie dies im einzelnen geschah, muß dahin gestellt bleiben; aber eine Analogie dieser spiralförmigen Windungen der Urmaterie werden wir später in den Tiefen des Weltraums in zahlreichen Nebelflecken kennen lernen. Jedenfalls handelt es sich bei der Bildung des Planetensystems um Vorgänge, die zeitlich so weit hinter der Gegenwart liegen, daß nicht einmal eine Vermutung über die Anzahl der Jahrmillionen die seitdem verflossen, möglich ist.

Natürlich konnten sich die Ringabsonderungen bei zunehmender Verdichtung und Schnelligkeit der Drehung mehrmals wiederholen. Auch in manchem der neu entstandenen Gasplaneten konnte sich jener Vorgang erneuern. Neue Spiralen konnten sich von ihnen absondern, die dann entweder zerrissen und Monde oder Trabanten bildeten, oder fester zusammenhielten, späterhin erkalteten und als dauernde Gebilde um ihren Hauptplaneten kreisten. Allerdings konnte aber ein Ring immer nur eine Seltenheit bleiben, da er eine Regelmäßigkeit in dem Prozesse der Erkaltung und Erstarrung voraussetzt, wie sie gewiß nicht oft eintrat. Es wäre damit wohl begreiflich, daß die Natur uns bisher nur ein einziges Beispiel solcher Wundergestaltung in unserm Planetensystem gezeigt hat, das Ringsystem des Saturn.

Wir sehen, daß sich die Entstehung der planetarischen Welten unsres Systems recht gut aus dieser Laplaceschen Hypothese erklären läßt.

Wir sehen aber auch, in welches Reich wir geraten sind. Es ist gut, daß es an den Grenzen unsrer Weltordnung geschehen ist, wo ein Blick auf ihre Gesetze auf die Macht und Bestimmtheit der Zahlen, durch die sie beherrscht wird, uns der Gegenwart wiedergibt. Lassen wir die Vergangenheit hinter uns; die Nebel der Phantasie erfüllen sie mit neckenden Gestalten! Halten wir uns an die Gegenwart und das Bestehende! Das rufe ich uns zu in dem Augenblicke, wo wir hinausschweifen sollen in eine unbekannte endlose Fremde!

Die Heimat liegt hinter uns, die Sternenwelt öffnet sich. Neue wunderbare Erscheinungen erwarten uns, aber nicht neue Gesetze! Die Urkraft, welche die Welten unsres Planetensystems in Bewegung setzte, wir haben sie erkannt als eine heimische, als gleichen Wesens mit der Kraft, welche den fallenden Stein zur Erde zieht. Die Gesetze, nach welchen die festen Welten unsres Systems ihre Bahnen durchrollen, nach welchen sie gegenseitig eingreifen in ihren Lauf, es sind dieselben wohlbekannten Gesetze, welche die Mechanik aus irdischen Erscheinungen geschöpft hat. So wird ein Band uns hinübergeleiten auch in die fernsten Tiefen des Himmelsraumes, und wo der letzte Lichtstrahl der Heimat uns entschwindet, wird das Gesetz uns geistig mit ihr verknüpfen!

Drittes Buch

Die Fixstern= und Nebelwelt.

Eine Sternennacht.

Da foll nun Stern zum Sterne deutend winken,
Ob diefes oder jenes wohlgetan;
Dem Irrtum leuchten zur verworrnen Bahn
Geftirne falfch, die noch fo herrlich blinken.

Wir haben den Fixfternhimmel in feiner ganzen Feftigkeit und Unwandel barkeit kennen gelern haben fogar die wahren Fixftern örter von den kleinen Schwan kungen, in denen fich der Lauf der Erde mit all feinen kleinen Störungen am Himmel abfpiegelt, zu befreien gelernt; wir haben uns vollends gewöhnt, die Fix fterne als fefte Markfteine für die Bewegungen der Planeten und Kometen zu be trachten, und gefehen, wie die Verfchiebung eines folchen vermeintlichen Mark fteins wiederholt zur Entdeckung von Planeten geführt hat. Ich habe den Lefer ferner auf die außerordentliche Genauigkeit aufmerkfam gemacht, welche bei Be ftimmung der Fixfternörter erfordert, und ihm gezeigt, daß die oberflächliche Grup pierung der Sterne in Sternbilder, wie fie uns aus alter Zeit überkommen, für eine wiffenfchaftliche Erforfchung des Himmels nicht mehr ausreicht, daß an ihre Stelle ein künftliches Netz treten mußte, deffen unverfchiebbare Mafchen für alle Zeiten die Lage jedes Steines und jede auch noch fo kleine Veränderung, die fie erleiden möchte, beftimmen ließen. Jetzt müffen wir unfre Blicke auf die verfchie denen Helligkeitsverhältniffe der Fixfterne lenken, die vor allem den entfchiedenften Anteil an der Phyfiognomie der Himmelslandfchaft haben und vor allem geeignet find, den Schein des Landfchaftsbildes in Wirklichkeit und räumliche Tiefe zu ver wandeln, da fie am eheften den Schluß auf eine Verfchiedenheit der Entfernungen geftatten.

Schon Hipparch hat den Verfuch gemacht, Helligkeitsabftufungen oder Größen klaffen der Fixfterne feftzuftellen. Er unterfchied die für gewöhnlich fichtbaren Sterne in fechs Klaffen. In neuerer Zeit hat man diefe Einteilung auch auf die teleftopifchen Sterne ausgedehnt und unterfcheidet etwa 16 oder 17 folcher Größen klaffen. Dabei werden die hellften Sterne zur 1. Größenklaffe gerechnet, die noch eben dem bloßen Auge am nächtlichen Himmel fichtbaren zur 6., während die fchwächften in den Riefenfernrohren der Neuzeit fichtbaren Sternchen etwa die 16. oder 17. Größenklaffe bezeichnen. Daß die Abgrenzung diefer Klaffen gegenein ander bei den teleftopifchen Sternen fehr unbeftimmt ift, liegt in der Schwierigkeit der Lichtfchätzungen überhaupt. Auffallender ift die Unficherheit in den erften Hel ligkeitsklaffen. Im allgemeinen rechnet man gegenwärtig 17 Sterne des ganzen

Himmels zur erften Klaffe. Es find der Sirius im großen und der Prochon im kleinen Hunde, der Canopus und ein anderer Stern im Schiffe, die beiden Haupt= sterne des Centauren, der Arktur im Bootes, Riegel und Beteigeuze im Orion, die Capella im Fuhrmann, die Wega in der Leier, der Acharnar im Eridanus, der Albebaran im Stier, der Hauptstern des Kreuzes, der Antares im Skorpion, der Altair im Adler und die Spica in der Jungfrau. Es ist aber durchaus nicht einzusehen, warum man nicht die schwächeren Sterne erster Größe in die zweite oder die hellsten Sterne zweiter Größe, wie den Fomalhaut im Fisch, den Pollur in den Zwillingen und den Regulus im Löwen, noch in die erste Klaffe gesetzt hat. Die Unterschiede in der Helligkeit find zwischen diesen Sternen keineswegs so groß, daß sie eine Scheidung rechtfertigen. Die Astronomen weichen darum auch be= deutend voneinander ab.

In den letzten Jahrhunderten haben die Helligkeitsverhältniffe eine erhöhte Wichtigkeit bekommen. Man hat erkannt, daß Veränderungen am Himmel ge= schehen können, welche nicht die Örter der Fixsterne, sondern ihre Lichtverhältniffe berühren, und es find Ereigniffe eingetreten, die in überraschender Weise gerade in dieser Beziehung die Wandelbarkeit des für fest gehaltenen Sternhimmels dar= getan haben. So wie also die Sternbilder der Alten sich ungenügend gegenüber den neueren Forderungen für die Ortsbestimmung der Sterne erwiesen hatten, so gewährten auch die gleichfalls aus dem Altertume überkommenen Größenklaffen keine ausreichende Sicherheit mehr für die Erkenntnis der Lichtwandlungen der Sterne. Für die Sternbilder war ein Erfatz gefunden worden, für die Größen= klaffen suchte man einen ähnlichen in wirklichen Lichtmeffungen. Die verschieden= artigsten Methoden und Mittel find zu diesem Zwecke angewandt worden. Nichts= destoweniger befindet sich im großen und ganzen unfre Lichtmeffung doch noch in der Kindheit, und wir find hier noch weit von jener Genauigkeit entfernt, mit welcher die Meßinstrumente des Astronomen über die Ortsveränderungen der Sterne zu entscheiden vermögen.

Trotz dieser Unzulänglichkeit der bisherigen Methoden haben diese Lichtmef= sungen doch bereits manches in den Verhältniffen der Sternenwelt aufgeklärt. Zunächst haben sie gezeigt, daß bei der Anwendung der gewöhnlichen Größenklaffen dieselbe Bezeichnung die größten Verschiedenheiten umfaßt. Am auffallendsten ist dies in der ersten Klaffe. Wenn man die Lichtmenge der Wega mit 1000 bezeich= net, so beträgt die Lichtmenge von Sirius 4290, Rigel 993, Capella 819, Arktur 794, Prochon 700, Altair 490, Spica 486, Beteigeuze 359, Fomalhaut 340, Alde= baran 304, Antares 291. Genauere Unterfuchungen haben ergeben, daß die Stern= größen, wie sie in den Bonner Sternkarten angegeben find, so aufeinanderfolgen, daß jede hellere Klaffe nahezu viermal so viel Licht hat, als die darauffolgende. Es ist sogar der Versuch gemacht worden, ein Verhältnis zwischen der Intensität unfrer gewöhnlichen Lichtquellen, des Sonnen= und Mondlichtes, und dem Lichte der Sterne herzustellen. Nach Zöllner übertrifft die Sonne den Vollmond 618000mal an Helligkeit. Das Licht, welches die Sonne uns zufendet, übertrifft

ungefähr 18 000 000 000 mal die Lichtmenge, welche wir vom Hauptstern des Cen=
tauren empfangen. Es ist dieses Resultat, so unsicher es auch sein mag, keines=
wegs bedeutungslos, denn es gestattet uns einen Blick in die wirklichen Lichtver=
hältnisse dieser fernen Welten. Bringt man nämlich die wahrscheinliche Entfer=
nung jenes Sternes im Centauren, wie wir sie später kennen lernen werden, in
Anschlag, so übersteigt die wahre Leuchtkraft jenes Sternes die unsrer Sonne fast
zweimal. Noch auffallender wird dieses Verhältnis beim Sirius. Zöllners Mes=
sungen ergeben nämlich die Helligkeit des Sirius 14 000 000 000 mal schwächer als
die der Sonne. Bei der Schätzung des Abstandes des Sirius würde diesem eine
wirkliche Lichtstärke zukommen, die 88mal unser Sonnenlicht überträfe. Der Stern
Nr. 61 im Schwan besitzt dagegen nur etwa den zweihundertsten Teil des Lichtes
unsrer Sonne, oder mit andern Worten: Wenn unsre Erde diesen Stern in dem=
selben Abstande umkreiste, wie sie gegenwärtig die Sonne umkreist, so würden wir
nur $\frac{1}{200}$ des Lichtes empfangen, das uns heute zuteil wird.

Die Helligkeitsverhältnisse der Firsterne, ihre Zahl und Verteilung am Him=
mel haben uns so zu einer, wenn auch rohen, Anschauung von der räumlichen
Ausdehnung der Firsternwelt verholfen. Der kühne Gedanke, die Tiefen des Welt=
raumes zu durchmessen, ging zuerst von William Herschel aus, welcher annahm,
daß ein Stern erster Größe, in doppelte Entfernung versetzt, als ein Stern zweiter
Größe erscheinen werde, daß in der vierfachen Entfernung sein Glanz zur vierten
Größe, in der achtfachen Entfernung zu fünfter oder sechster Größe herabsinken
werde, daß man ihn überhaupt 12mal so weit, als er sich gegenwärtig befinde, in
den Raum hinausrücken könne, ehe er aufhören werde, dem bloßen Auge sichtbar
zu sein.

Er versuchte nun diese Schlüsse auch auf die teleskopischen Sterne auszudehnen.
Zu diesem Zwecke richtete er ein kleines Fernrohr, von dem er genau ermittelt
hatte, daß es viermal so viel Licht als das bloße Auge aufnahm, auf den weißlichen
Fleck im Degengriffe des Perseus. Das bloße Auge entdeckte hier keinen Stern
mehr; es war also keiner vorhanden, der einem Sterne erster Größe in seiner
zwölffachen Entfernung gleichkam. Das kleine Instrument aber ließ eine große
Menge deutlicher Sterne erkennen. Da es nun doch wahrscheinlich war, daß sich
unter diesen wenigstens einige befanden, die an wirklicher Leuchtkraft dem Arktur
oder der Wega nicht nachstanden, so mußte er schließen, daß diese Sterne, um bei
vervierfachter Helligkeit gerade noch sichtbar zu werden, doppelt so weit entfernt
seien, als die letzten dem bloßen Auge sichtbaren Sterne, also 24mal so weit als die
Sterne erster Größe. Ein zweites Fernrohr, daß eine neunfache Lichtmenge in
sich aufnahm, zeigte abermals Sterne, die man an dieser Stelle des Himmels im
ersten Fernrohre nicht wahrgenommen hatte. Sie mußten also bei gleicher Hellig=
keit des Arktur und der Wega in der 36fachen Entfernung stehen. Herschel ging
nun Schritt vor Schritt bis zum zehnfüßigen Teleskope fort und erkannte Sterne
von einer Helligkeit, in welcher Sterne erster Größe erscheinen würden, wenn man
sie 344mal weiter als gegenwärtig hinausrücken könnte. Sein zwanzigfüßiges Te=

leskop erweiterte die Grenzen der Sichtbarkeit sogar auf das 900fache der Entfernung von Sternen erster Größe. Übrigens blieb auch für dieses Instrument
noch ein ungelöster Nebel übrig, so daß Herschel den hellen Fleck im Degengriff
des Perseus zu den unergründlich tiefen Punkten der Milchstraße rechnet.

Aber Herschel machte noch einen andern sinnreichen Versuch, um in die Tiefen
des Raumes vorzudringen. Er ging von der Annahme aus, daß alle Sterne den
gleichen Glanz und die gleiche Entfernung voneinander besitzen, daß also im gleichen
Raume eine gleiche Sternenzahl enthalten sei. Richtete er nun ein Fernrohr nach
verschiedenen Gegenden des Firmamentes, so mußte sich aus der Anzahl der jedes-

Die dem bloßen Auge sichtbaren Sterne der nördlichen Halbkugel.

mal im Gesichtsfelde erscheinenden Sterne auf die Entfernung schließen lassen, in
welche die Sterne nach jeder Richtung hinausgehen. Es mußte sich geradezu die
Tiefe des sternerfüllten Raumes verhalten wie die Kubikwurzel der im Gesichtsfelde erscheinenden Sternzahl. Herschel nannte sein Verfahren sehr bezeichnend
ein Sondieren oder Eichen des sternerfüllten Raumes; in der Tat mißt die zu-
und abnehmende Sternmenge die Tiefen der Sternschicht, wie das Senkblei die
Tiefen des Meeres mißt. Bis auf 155 Sternweiten maß Herschels Sonde in der
einen, bis auf 820 Sternweiten in der andern Richtung die Tiefen der Sternwelt,
und er glaubte infolge dieser Sondierungen auf ein flache linsenförmige Gestalt ·

derselben schließen zu müssen. Aber jenseit dieser Linse dehnten sich neue Räume
aus und neue Sterne glimmten in ihrem Dunkel, deren Tiefe er auf Tausende
von Sternweiten schätzen zu müssen meinte.

Wir haben somit wenigstens ein oberflächliches Bild der Raumverhältnisse der
Sternwelt erhalten. Es ist freilich nur ein Bild, wie wir es uns etwa von einem
Lande, das wir bereisen wollen, aus dürftigen Nachrichten zusammensetzen. Gleich=
wohl können wir es nicht unterlassen, diesem dürftigen Bilde noch eine gewisse
Vollendung zu geben, indem wir zu der Ausdehnung seiner Räume auch die Zahl
seiner Welten wenigstens in annähernder Weise fügen.

Die dem bloßen Auge sichtbaren Sterne der südlichen Halbkugel.

Wir werden es nicht unternehmen, die Sterne am Himmel zu zählen, und
das Altertum vermochte es ebenso wenig. Der größte Astronom des Altertums,
Hipparch, gibt die Zahl der am schönen griechischen Himmel sichtbaren Sterne auf
nicht mehr als 1600 an, sein Sternverzeichnis, das uns von Ptolemäus hinter=
lassen worden, umfaßt sogar nur 1026 Sterne. Und doch erregte seine Tat eine
solche Bewunderung, daß Plinius es ein der Götter würdiges Unternehmen nennt,
daß Hipparch der Nachwelt den Himmel wie zur Erbschaft hinterlassen wollte.
Dieses Unternehmen war übrigens gar nicht so sehr schwierig, als es aussieht. Denn
wie viele Sterne glaubt der Leser wohl, daß mit bloßem Auge an der nächtlichen

Himmelssphäre gesehen werden können? Man rät auf zahllose Tausende, und so ergeht es fast allen Menschen, mit Ausnahme der wenigen, welche die Zahl kennen! Nein, wenn etwas beim Anblick des nächtlichen Sternenhimmels überrascht, so ist es die Versicherung, welche die Wissenschaft erteilt, daß die dem bloßen Auge sichtbaren Sterne sich auch in der klarsten Nacht nicht auf 5000 belaufen. Diese Anzahl wird uns gering vorkommen; allein wenn wir uns der Mühe unterzögen, sämtliche von uns wahrgenommenen Sterne einen nach dem andern in Karten einzutragen, so würden wir diese Angabe bestätigt finden. Diese mühevolle Eintragung aller dem bloßen Auge sichtbaren Sterne in Karten haben nämlich verschiedene Astronomen wirklich ausgeführt und sind übereinstimmend zu der obigen Grenzzahl gelangt.

Nördlich vom Himmelsäquator erblickt ein normales Auge höchstens 2500 Sterne; dieselben sind nach ihrer richtigen gegenseitigen Lage und Helligkeit in die S. 246 stehende Karte eingetragen; die gegenüberstehende gibt in der gleichen Weise die etwas zahlreicheren (3300) Sterne der südlichen Himmelshälfte. Aber die Astronomen sind noch viel weiter gegangen, ihre Kataloge beschränken sich durchaus nicht auf die dem bloßen Auge sichtbaren Sterne, sondern reichen weit tiefer, bis zu den teleskopischen Fixsternen. Auf diese zahlreichen Beobachtungen konnten erst genaue Himmelskarten gegründet werden, wie z. B. jene der Berliner Akademie, welche alle Sterne zwischen 15° nördlicher und 15° südlicher Deklination enthalten, die in einem Fraunhoferschen Kometensucher von 34′′′ Öffnung bei zehnmaliger Vergrößerung sichtbar sind. Dieses Kartenwerk ist später durch eine bewundernswürdige Arbeit Argelanders und seiner Mitarbeiter weit übertroffen worden. Der große Himmelsatlas der Bonner Sternwarte, welcher sich wesentlich auf die Sterne der nördlichen Himmelssphäre bezieht, enthält 324198 Sterne 1. bis 9,5. Größe, er ist später von Schoenfeld bis 23° südlicher Deklination ausgedehnt worden und endlich hat Thome auf der Sternwarte zu Cordoba in Argentinien auch den südlichen Himmel in gleicher Weise aufgenommen. Diese Aufnahmen umfassen wie gesagt, die Sterne 1. bis 9,5. Größe, wollte man sie auch auf die Sterne bis zur 11. oder 12. Größe ausdehnen, so würde wegen der ungeheuren Menge der letzteren diese Arbeit selbst die vereinigten Kräfte aller Astronomen bei weitem übersteigen. Dennoch aber ist es von der größten Wichtigkeit, auch das Heer der lichtschwachen Sterne genauer kennen zu lernen und in Karten niederzulegen. Unter solchen Umständen hat sich die Photographie den Himmelsforschern als höchst willkommnes Hilfsmittel angeboten und lediglich mit ihrer Unterstützung ist es möglich geworden, auch die unzählbaren Scharen der kleinsten Sternchen in Karten niederzulegen und damit der wissenschaftlichen Untersuchung zu unterwerfen. Die Gebrüder Henry auf der Pariser Sternwarte waren die ersten, welche die photographische Aufnahme der lichtschwachen Fixsterne erfolgreich in Angriff nahmen. Auf Anregung des Admirals Mouchez, damaligen Direktors der Pariser Sternwarte, trat 1887 ein astrophotographischer Kongreß zu Paris zusammen, um die Ausführung einer photographischen Himmelskarte und eines Sternkatalogs derselben, zu beraten. Man einigte sich über die Ausführung dieser großen Arbeit, die von 18 staatlicherseits dazu autorisierten und unterstützten Sternwarten übernommen wurde. Die erforderlichen photographischen Instrumente sind sämtlich von gleicher Größe und gleichem Bau, auch die Aufnahmen geschehen überall in gleicher Weise. Es werden zwei Aufnahmen gemacht, eine mit Exponierung der Platte von 5 Minuten Dauer liefert die Sterne 1. bis 11. Größe, die zweite mit Exponierung der Platte von 1 Stunde Dauer gibt die Sterne bis zur 13. Größenklasse, und diese Platten werden die eigentlichen photographischen Himmelskarten bilden. Die Arbeiten sind schon weit fortgeschritten und nach ihrer Vollendung werden sie das größte und wichtigste astronomische Werk der Gegenwart bilden und an Wert immerfort zunehmen, je mehr Jahrhunderte verfließen werden. Neben diesem großen Unternehmen und gesondert von demselben hat die Harvard-Sternwarte zu Cambridge in Nordamerika ebenfalls photographische Aufnahmen des Himmels veranstaltet und einen Schatz von photographischen Detailkarten angesammelt, der bereits wiederholt zu wichtigen Entdeckungen am Himmel führte, welche wir noch kennen lernen werden.

Zweites Kapitel

Die Eigenbewegungen der Fixsterne.

Wir kennen den Zauberstab, der uns die geheimnisvollen Räume des Himmels erschließt, der uns jene Sinnbilder ewiger, ungestörter Ruhe, jene goldenen Nägel am Kristallgewölbe der alten Philosophen in raumerfüllende, bewegte Welten verwandelt. Wir wissen, daß dieser Zauber in nichts anderm beruht, als in der gleichen besonnenen Prüfung, durch welche wir eine wirkliche Landschaft von einem Gemälde unterscheiden. Diese Prüfung muß uns den Nachweis einer gleichen oder verschiedenen Entfernung der einzelnen Gegenstände der Landschaft liefern. Entscheidend darüber wird also die Wahrnehmung einer eignen Bewegung der Gegenstände selbst oder von Veränderungen, in denen sich unsre persönliche Bewegung draußen abspiegelt. Ein Zweifel könnte nur noch darüber entstehen, welcher von beiden Ursachen die wahrgenommenen Veränderungen zuzuschreiben seien, der wirklichen, von uns unabhängigen Bewegung draußen, oder dem Widerschein unsrer eignen. Aber auch dieser Zweifel wird sich aus der Art und Richtung der wahrgenommenen Bewegungen lösen lassen. Eine Übertragung unsrer eignen Bewegung auf die Außenwelt wird sich immer in einer gewissen Regelmäßigkeit äußern und eine gewisse Ruhe in der Richtung unsrer Bewegung erkennen lassen. Wenn wir durch einen Wald wanderten, so wird es uns nicht entgangen sein, daß die Bäume, die uns gerade gegenüberstanden, ihre Lage nicht zu verändern schienen. Wenn wir aber auf die Gegenstände zur Rechten und Linken achteten, so wird es uns geschienen haben, als ob sie sich nach rechts und links ausbreiteten. Selbst wenn wir nichts davon gewußt hätten, daß wir uns bewegen, so würden wir es doch eben aus jenem Auseinandergehen der Bäume zur Seite mit ziemlicher Gewißheit haben folgern können, daß und in welcher Richtung wir uns bewegten.

Ruhend und fest gleich jenen Bäumen des Waldes, so dünkt uns die Sternenschar des Himmels. Die Physiognomie des Himmels scheint uns unveränderlich, heute dieselbe, wie sie vor Jahrtausenden war. Die wenigen umherschweifenden Planeten und Kometen, die aufblitzenden Sternschnuppen und Meteore können die Physiognomie der Sternenlandschaft nicht dauernd, nicht auffallend verändern; das Vorrücken der Nachtgleichen, das Wanken der Erdachse kann wohl neue Sternbilder heraufführen, andre Teile der Landschaft sichtbar machen, aber es kann diese Sternbilder selbst nicht auflösen, noch neue Gruppen schaffen. Die Millionen

Meilen, die wir alljährlich mit unsrer irdischen Heimat durch die Räume des Sonnensystems dahinwandeln, sie verschwinden wirkungslos gegen die Unermeßlichkeit der Fixsternwelt. Da verlangen wir denn hinausgetragen zu werden in jene Räume, in schnellem Fluge sie zu durcheilen, um diese ruhende Landschaft in Bewegung zu bringen. Aber gedulden wir uns! Vielleicht ist es gar nicht mehr nötig, uns in Bewegung zu setzen; vielleicht befinden wir uns längst auf einer Reise mitten durch jene Fixsterne hin, und längst fliegen diese Sterne an uns vorüber und weichen zur Seite gleich den Bäumen des Waldes. Bis jetzt haben wir ja nur flüchtige Blicke zum Sternhimmel erhoben, und wenn solch ein Blick auch ein Menschenalter umfaßte. Wie nun, wenn wir einmal einen recht langen, tiefen Blick in den Himmel täten, einen Blick, der auf Jahrtausende zurückreichte? Wir wollen uns diesen Blick durch die Wissenschaft leihen. Wir erschrecken vor dieser überraschenden Verwandlung. Noch eben strahlte dort im Norden die prächtige Wega im Sternbild der Leier, ruhig schimmerte unweit davon die reichgeschmückte nördliche Krone, und zwischen beiden erblicken wir das sternbesäete Bild des kämpfenden Herkules. Vor dem festen Blicke der Wissenschaft erbleichen Held und Kranz und Leier wie Gespenster; die dunkle Fläche, an welche das Altertum seine Bilder malte, tut sich auf, und ein weiter, unendlicher Raum klafft uns entgegen. Wir erblicken eine Bewegung, die fort und fort, seit das Menschengeschlecht besteht, auflösend und zerstörend auf die ganze Himmelsphysiognomie einwirkte. Schon schauen wir nicht mehr dieselben Sterngruppen, die vor 2000 Jahren noch ein Hipparch und Ptolemäus schauten, und mit Entsetzen gewahren wir jedes Band der Ordnung am Himmel sich lösen, und gleichviel, ob nach Jahrhunderten oder Jahrtausenden, wird das Kreuz des Südens und der Gürtel des Orion zerrissen und zerstückt sein.

Wir können nun unmöglich unsern Gedankenflug durch den Weltraum beginnen, ehe ich den Leser nicht ein Stück Weges auf jener wirklichen Reise geleitet und ihn mit den Erfahrungen bekannt gemacht habe, welche die Wissenschaft in der kurzen Zeit, seit sie bewußt diesen Weg wandelt, gesammelt hat. Ich führe ihn deshalb noch einmal zu jenem Walde zurück. Wir würden dort unzweifelhaft die Veränderungen um uns her am auffälligsten gefunden haben, wenn wir einmal einen Augenblick anhielten, um uns recht genau die Physiognomie unsrer Umgebung einzuprägen, und erst, nachdem wir dann einige Minuten mit geschlossenen Augen weiter gewandelt wären, die Augen wieder geöffnet hätten. So ist es der Wissenschaft nun wirklich ergangen. Vor 2000 Jahren hatte Hipparch seinen spähenden Blick auf den Himmel geworfen und den damaligen Anblick desselben, damit er dem Gedächtnisse nicht entschwinde, durch ein genaues Sternverzeichnis verewigt. Bis zum Anfang des achtzehnten Jahrhunderts wandelte die Wissenschaft mit geschlossenen Augen weiter. Da fiel es einem Halley ein, die Augen wieder zu öffnen. Sein scharfer Blick durchforschte abermals den Himmel, er verglich den neuen Anblick mit dem alten, das neue Verzeichnis mit dem zweitausendjährigen. Siehe da, Sirius, Arktur, Aldebaran standen nicht mehr, wo sie der griechische Astronom verzeichnet hatte. Beobachtungsfehler reichten nicht hin, diese Veränderungen zu erklären; Täuschungen, etwa durch das Vorrücken der Nachtgleichen oder die Lichtabirrung, also durch Änderungen in der Stellung der Erde oder ihrer Bahn veranlaßt, hätten die gesamten Sterne in gleichem Maße getroffen. Die Veränderung, die hier vorlag, war eigentümlicher Art; es waren die Stellungen der Sterne zueinander verändert. Sirius hatte sich aus seiner alten Nachbarschaft entfernt und neue Gefährten gesucht; mancher Stern, der einst östlich von einem andern gestanden, wurde jetzt westlich von ihm gesehen. Jakob Cassini prüfte die von Halley erlangten Resultate und fand aus der Vergleichung seiner eignen Beobachtungen mit jenen von Richer, die 64 Jahre früher angestellt waren, daß der rote Stern Arktur in Länge und Breite seinen Ort am Himmelsgewölbe langsam ändere. Man schritt nun ein Jahrhundert lang sehenden Auges vorwärts und fand, daß auch bei den sorgfältigsten Beobachtungen neuerer Zeit, bei Benutzung der vollkommensten Werkzeuge dasselbe Durcheinanderirren der Fixsterne fortwährte. Man fand, geradezu wie im Walde, daß zur Rechten und Linken die Sterne auseinanderwichen, die einen schneller, die andern langsamer. Man erkannte unzweifelhaft eine Eigenbewegung der Sterne, und damit war das gemalte Himmelsgewölbe, das vor der gesunden Vernunft längst nicht mehr bestanden hatte, auch vor dem Urteile der Sinne zerstört. Die Fixsterne waren nicht mehr fest. Die Verschiedenheit in den Bewegungen der Sterne deutete zugleich auf eine Verschiedenheit in ihren Abständen. Schon Tobias Mayer und Maskelyne bemühten sich, schärfere Zahlenwerte für die Eigenbewegungen einer Anzahl von Fixsternen zu erhalten, und Piazzi veröffentlichte sogar im Jahre 1804 ein Verzeichnis von 300 Sternen mit näherungsweise ermittelter Eigenbewegung. Genauere und umfassendere Untersuchungen sind seitdem von Argelander, Mädler, Auwers und andern angestellt worden. Nur in betreff der Ursache dieser Bewegung konnte jetzt noch ein Zweifel sich geltend machen. Entweder konnte sie gedeutet werden als eine bisher uns unbewußt gebliebene weite Reise nicht der Erde allein, sondern unsrer stolzen Sonne selbst und ihres ganzen Systems durch die Weiten des Himmels, oder die Bewegung konnte auch den fernen Sternen allein angehören und einer Wirklichkeit entsprechen, wie wir sie etwa dem verwickelten Laufe der Planeten zu Grunde legen mußten. Ehe ich nun die Lösung dieser Frage mitteile, muß ich den Leser mit den Eigenbewegungen der Fixsterne selbst näher bekannt machen.

Die Größe dieser Bewegungen ist außerordentlich verschieden. Im Mittel beträgt sie etwa 5—10 Sekunden im Jahrhundert, wächst aber bei einzelnen Sternen bis auf mehrere Sekunden im Jahre an, während sie bei andern wieder noch nicht eine Sekunde im Jahrhundert erreicht. Die stärksten Bewegungen erwartete man ursprünglich bei den hellsten und darum wahrscheinlich auch nächsten Fixsternen zu finden, aber ebenso große und noch größere Eigenbewegungen kommen in allen Klassen der Fixsterne vor, und ebenso zeigen einige der hellsten Sterne außerordentlich kleine Bewegungen. Die größte Eigenbewegung zeigt ein Sternchen 8. Größe, das am südlichen Himmel steht, nämlich 8,7″ im Jahr. Dasselbe verändert daher in 200 Jahren seinen scheinbaren Ort am Himmel um die Größe des Monddurchmessers, d. h. nahezu um einen halben Grad. So klein diese Bewegun-

gen an sich auch erscheinen, so erhalten sie doch Bedeutung durch die Kraft der
Jahrtausende. Sie erhalten noch eine weitere Bedeutung dadurch, daß sie nur
der Schein wirklicher Bewegung sind, die bei den gewaltigen Entfernungen dieser
Welten auf große Geschwindigkeiten hindeuten. Wir dürfen aber nicht vergessen,
daß nur derjenige Teil der Bewegung eines Fixsternes sich der direkten Beobachtung im Fernrohre bemerkbar machen kann, welcher senkrecht zur Gesichtslinie
des Beobachters stattfindet. Ein Stern, der sich schnurgerade zur Erde hinbewegte,

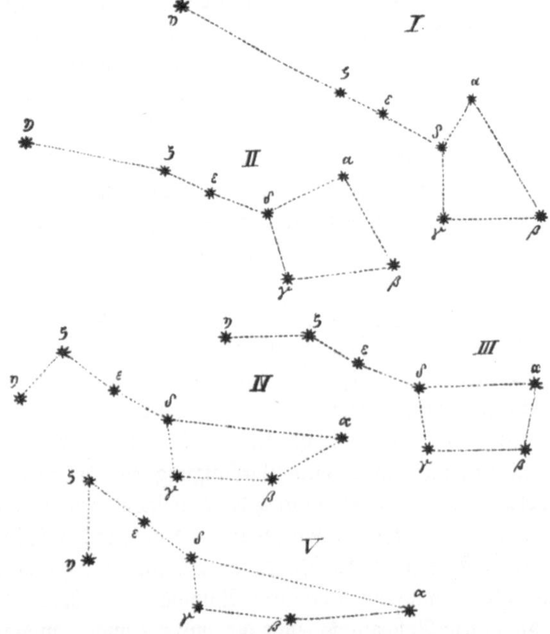

Karte der Stellung der Sterne des großen Bären in Vor- und Nachzeit.
I. Vor 100000 Jahren. II. Vor 50000 Jahren. III. Zur Jetztzeit. IV. Nach 50000 Jahren.
V. Nach 100000 Jahren.

würde bei seiner großen Entfernung für uns ganz stillzustehen scheinen. Der Spektralanalyse ist es nun möglich, auch eine solche Bewegung zu erkennen, ja ihrer
Größe nach zu messen. Wenn nämlich ein Fixstern sich der Erde nähert oder sich
von ihr entfernt, so muß diese Bewegung die Brechbarkeit der von ihm ausgehenden Strahlen verändern. Die hellen Linien der Spektra irdischer Stoffe werden
daher nicht mehr genau mit den entsprechenden dunklen Linien in den Spektren
der betreffenden Sterne zusammenfallen. Findet eine Verschiebung der Spektrallinien gegen Rot hin statt, so entfernt sich der Stern von der Erde, erscheinen die
Linien dagegen gegen das violette Ende des Spektrums verschoben, so findet eine
Annäherung zur Erde statt. Aus der Größe dieser Verschiebungen läßt sich die
Geschwindigkeit der Bewegung berechnen. Die in Rede stehenden Verschiebungen
der Spektrallinien aus ihrer normalen Lage sind nun aber leider so gering, daß
es ganz besonders feiner Instrumente und Aufnahmevorrichtungen bedarf, um sie

überhaupt wahrzunehmen. Huggins gelang dies 1868 beim Sirius, aber ein Fort=
schritt auf diesem Felde konnte erst erzielt werden, als Vogel in Potsdam die Stern=
spektra photographierte und die Messungen nachher auf den Platten ausführte.
Diese spektrographische Methode wird gegenwärtig ausschließlich angewandt, wenn
es sich darum handelt, aus der Verschiebung der Spektrallinien die wahre Be=
wegung eines Sterns in der Gesichtslinie zur Erde zu ermitteln. Man bezeichnet
diese Bewegung der Kürze halber als die Radialbewegung eines Firsternes
und bezeichnet sie mit +, wenn der Stern sich von der Sonne entfernt, mit —,
wenn er sich ihr nähert. Wenn wir also lesen, daß z. B. der Stern Wega in der
Leier eine Radialgeschwindigkeit von — 2,1 km besitzt, so heißt das nichts anders,
als daß Wega sich in jeder Sekunde mit einer Geschwindigkeit von 2,1 km der
Sonne nähert. Da die Entfernung der Wega von unsrer Sonne, wie wir später
hören werden, mindestens 150 Billionen Kilometer beträgt, so wird der Stern
selbst nach Jahrtausenden uns praktisch nicht viel näher kommen.

Die Ermittelungen der Eigenbewegungen der Firsterne sind im ganzen noch
wenig zahlreich, doch genügen sie, um die Annahme wahrscheinlich zu machen, daß
alle Firsterne sich durch den Weltraum fortbewegen.

Ist aber die Sonne ein Firstern gleich den andern, woran wir doch keinen
Augenblick zweifeln können, so müssen wir annehmen, daß auch sie eine eigene Be=
wegung durch den Weltraum besitzt, auf der sie ihr ganzes System von Planeten
mit sich führt. Wir sind sonach gezwungen, eine gleichzeitige Bewegung der Sonne
und der Firsterne anzunehmen und jede der kleinen Ortsveränderungen der Sterne
am Himmel stellt sich uns nun dar als eine Vereinigung jener zusammenwirkenden
Bewegungen. Welche Aussicht bietet sich uns, diese ineinander greifenden Ursachen
und Wirkungen zu trennen? Wir wollen sehen, wie weit es der Wissenschaft ge=
glückt ist, wenigstens den Weg und die Richtung aufzufinden, nach welcher ein un=
aufhaltsamer Zug unsre Sonne mit allen ihren Planeten in den Raum hinausführt.

Zunächst ist die ganze Anschauung, von der wir ausgingen, wesentlich umzu=
gestalten. Wir glaubten uns durch einen Wald dahinwandelnd und suchten aus
dem scheinbaren Auseinanderweichen der Bäume die Richtung unsrer Bewegung
zu erkennen. Die Firsterne gleichen jetzt nicht mehr den ruhigen, festgewurzelten
Bäumen des Waldes. Sie sind in Bewegung gleich uns. Sie gleichen vielmehr
segelnden Schiffen, die von allen Seiten und nach allen Richtungen steuernd uns
umgeben. So wollen wir uns denn selbst auf ein solches segelndes Schiff versetzen,
mitten auf hoher See, rings am Horizonte nur segelnde Schiffe, nirgends eine
Küste, nirgends eine Marke, an der wir unsre eigne Bewegung und ihre Richtung
erkennen könnten. Wir werden fragen, wie es möglich sei, ohne ein andres Hilfs=
mittel als diese uns rings umschwärmenden Schiffe die eigne Richtung zu finden.
Und doch ist es möglich. Wenn wir still stehen, werden wir bei der großen Zahl
der bewegten Schiffe offenbar keine bestimmte Richtung ihrer Bewegung vor=
herrschen sehen. Wenn wir uns aber selbst bewegen, so erhält jedes der übrigen
Schiffe zu seiner wahren Bewegung noch eine gemeinsame scheinbare zugefügt, die
der unsrigen genau entgegengesetzt ist. Es wird also die Mehrzahl der Schiffe sich

in einer Richtung zu bewegen scheinen, die sich der der unsrigen entgegengesetzten mindestens nähern wird. Die Schiffe werden sogar ähnlich jenen Bäumen im Walde, in der Richtung nach welcher wir uns hin bewegen, auseinanderzurücken, in der entgegengesetzten sich einander zu nähern scheinen. Wir sehen, es kommt nur darauf an, daß die Zahl der Schiffe groß genug ist, um uns durch die Mischung von Schein und Wahrheit in ihren Bewegungen über unsre eigne Richtung mit Sicherheit belehren zu können.

Kehren wir jetzt unter die bewegten Sterne zurück und versuchen wir hier die Lösung der gleichen Aufgabe. William Herschel schon ist uns darin vorangegangen. Wir werden es freilich für ein gewagtes Unternehmen halten, zu einer Zeit, wo erst von kaum 20—30 Sternen Eigenbewegungen bekannt waren, also auf eine höchst schwache Grundlage so wichtige Schlüsse bauen zu wollen. Ich verdenke es auch keinem, wenn er den Erfolg dieses Unternehmens nicht dem Scharfsinn Herschels allein, sondern mehr noch dem glücklichen Zufall zuschreibt. Genug, Herschel bestimmte aus der Gemeinsamkeit, die er in der Richtung jener Eigenbewegungen zu erkennen glaubte, die Richtung des Laufes unsrer Sonne und bezeichnete einen kleinen Stern im Sternbilde des Herkules als den Punkt des Himmels, nach welchem sie sich bewege. Diese Untersuchungen sind von späteren Astronomen wieder aufgenommen worden, Argelander, Mädler, Airy, Stumpe, Newcomb haben, gestützt auf genauere und zahlreichere Angaben den Zielpunkt der Sonnenbewegung im Weltraume schärfer zu ermitteln gesucht. Es haben sich dabei unerwartete Schwierigkeiten herausgestellt, auf die ich jedoch hier nicht näher eingehen kann, das Endergebnis aber ist im allgemeinen eine Bestätigung des von Herschel gefundenen Resultates.

Über die Richtung, in welcher die Sonne sich bewegt, kann durchaus kein Zweifel mehr bestehen. Dagegen ruht gegenwärtig noch völliges Dunkel über der wahren Ursache der Sonnenbewegung. Nur das können wir mit Sicherheit schließen es ist eine Kraft vorhanden, der die Sonne gehorcht, wie dieser die Erde.

Wenn wir erwägen, was sonst in der Astronomie eine beobachtete Bewegung zu bedeuten hat, mit welcher Sicherheit Gesetze daraus erschlossen, Bahnen berechnet, Systeme begründet werden, so dürfen wir uns doch nicht der Hoffnung hingeben, auch für die bewegte Fixsternwelt ähnliche Gesetze, ähnliche Ordnungen sich enthüllen zu sehen. Bedenken wir nur, wie lange die Menschheit den einfachen Mechanismus des Planetensystems betrachten, wie oft sie die Perioden seiner Bewegungen in wiederkehrender Reihenfolge beobachten mußte, ehe sie das einfache Gravitationsgesetz, ehe sie die Formeln für diese Bewegungen aufzustellen vermochte! Noch sind es kaum hundert Jahre, daß man die Eigenbewegungen der Fixsterne verfolgt. Freilich ist das mit einer Sicherheit geschehen, die selbst sekundengroße Ortsveränderungen der Beobachtung nicht entgehen ließ; freilich war man imstande, alle scheinbaren Veränderungen aus dem Vorrücken der Nachtgleichen, dem Wanken der Erdachse, der Abirrung des Lichtes auf das schärfste von diesen wirklichen Ortsveränderungen zu trennen. Aber was sind hundert Jahre in der Geschichte des Himmels und dem Jahreslaufe eines Fixsterns, an der Uhr des unendlichen Weltganzen.

Drittes Kapitel

Die veränderlichen und die neuen Sterne.

Hier ist nicht Ruh', hier sind nicht weiche Pfühle,
Jedoch wie sonst, vertraue mir.

Der Glaube an die Ewigkeit und Unveränderlichkeit des Fixsternhimmels wird vollends in uns zerstört werden, ehe wir noch einen Fuß auf jenes Gebiet gesetzt haben. In Bewegung haben wir bereits jene zahllosen Welten sich setzen sehen, und es war eine Bewegung, die, weil sie jedem Sterne eigentümlich in Richtung und Geschwindigkeit ist, allmählich diese festen Sternbilder und Sterngruppen auflösen und die Physiognomie der Himmelslandschaft zum Unkenntlichen umgestalten wird. Aber die Zerstörung der räumlichen Verhältnisse genügt immer noch nicht; wir werden Veränderungen in den Lichtverhältnissen dieser Fixsternwelten auftreten sehen, von einer Seltsamkeit, wie wir solche schwerlich auch nur von den wandelbarsten Gestalten unsrer planetarischen Welt erwartet haben möchten

Noch sind nicht 300 Jahre verflossen, seit man zum ersten Male bemerkte, daß ein Fixstern während einer bestimmten Zeit seine Helligkeit tatsächlich veränderte, indem er von hellem Glanze bis zur Unsichtbarkeit abnahm und später wieder allmählich sichtbar wurde.

Im Sternbilde des Walfisches steht dieser merkwürdige Stern, dem deshalb Hevel vor 240 Jahren den Namen des „wunderbaren", der Mira, gegeben hat. Bisweilen überstrahlt der rötliche Glanz dieses Sternes die Sterne zweiter Größe; dann nimmt er wieder allmählich ab bis zur sechsten Größe, ja selbst bis zum Verschwinden, um endlich von neuem wieder aufzuflammen und von neuem zu verlöschen. Die Zeit dieser Lichtveränderung umfaßt ungefähr $331^1/_2$ Tage, ist aber nicht immer die gleiche, sondern Schwankungen unterworfen. Auch erreicht er nicht immer die Höhe seines Glanzes und bleibt bisweilen bei dem bescheidenen Schimmer eines Sternes dritter oder vierter Größe stehen, während er vielleicht in der vorhergehenden Periode fast als Stern erster Größe gestrahlt hatte. Ja selbst die Dauer seiner größten Helligkeit ist veränderlich und schwankt zwischen 20 und 30 Tagen. Es gibt noch mehrere Sterne mit ähnlicher Veränderlichkeit ihres Lichtes und man nennt sie deshalb Veränderliche des Mira-Typus.

Beim Sternbilde des Herkules sehen wir einen andern veränderlichen Stern von nicht minderer Seltsamkeit, den Algol im Kopfe der Medusa. In der überaus kurzen Periode von 68 Stunden 49 Minuten behauptet dieser Stern etwa 60 Stunden hindurch den Glanz eines Sterns zweiter Größe, nimmt dann 4½ Stunden hindurch bis fast zur vierten Größe ab und geht in gleicher Zeit wieder zum vollen Glanze über. Nach den Untersuchungen von Schönfeld geht die Ab= und Zunahme der Helligkeit sehr gleichmäßig von statten. In neuerer Zeit hat man noch eine Anzahl Sterne entdeckt, deren Veränderlichkeit auf wenige Stunden beschcänkt ist und die man deshalb als Sterne des Algol=Typus bezeichnet.

Ein anderer merkwürdiger Veränderlicher steht im Sternbilde der Leyer, und zwar ist es der mit dem griechischen Buchstaben β bezeichnete Stern diesec Konstellation. Sein Lichtwechsel vollzieht sich innerhalb 13 Tagen in der Weise, daß die Helligkeit vom kleinsten Licht (dem Hauptminimum) in Verlauf einiger Tage zur größten Helligkeit (dem 1. Maximum) anwächst, dann wieder abnimmt (2. Minimum), hierauf wieder bis zur größten Helligkeit (2. Maximum) wächst und dann auf die Helligkeit des Hauptminimums herabsinkt, um den Turnus von neuem zu beginnen. Man nennt diejenigen Sterne, welche einen ähnlichen Licht= wechsel zeigen, Veränderliche des Lyra=Typus.

Die Anzahl der veränderlichen Sterne ist sehr groß; man kennt gegenwärtig etwa 1000, und noch alljährlich werden viele neue entdeckt, besonders mit Hilfe der photographischen Aufnahmen des Himmels, die sich auch auf diesem Gebiete der astronomischen Forschung glänzend bewährt haben.

Die Frage nach den Ursachen, welche den Lichtwechsel so vieler Sterne her= vorrufen mögen, ist schon frühzeitig aufgeworfen worden und hat zu mancherlei Hypothesen Veranlassung gegeben. Die meisten davon verdienen gegenwärtig keiner Erwähnung mehr, denn selbst die neueren mit allen Hilfsmitteln der Spek= tralanalyse und Photographie haben nur in einzelnen Fällen bezüglich der Ursache des Lichtwechsels zu sichern Ergebnissen geführt. In dieser Beziehung ist vor allem der Stern Algol zu nennen. Schon der Entdecker desselben verglich den Vor= gang des Lichtwechsels mit der Ab= und Zunahme des Sonnenlichtes bei partialen Sonnenfinsternissen und seitdem gewöhnte man sich im Algol einen Stern zu sehen, der nach Ablauf von je 2 Tagen 20 Stunden 49 Minuten von einem umlaufenden dunklen oder minder hellen Körper für den Anblick von der Erde aus mehr oder weniger verdeckt wird. Diese Hypothese hat durch die spektroskopischen Unter= suchungen von Prof. Vogel in Potsdam die vollste Bestätigung erhalten. Der= selbe fand nämlich, daß die dunklen Linien im Spektrum des Algol in den Zeiten der Helligkeitsabnahme des Sterns gegen das rote Ende des Spektrums verschoben sind, nach dem Minimum dagegen gegen das violette Ende. Nun wissen wir aber, daß die Verschiebung der Spektrallinien gegen Rot hin ein Entfernen der Licht= quelle, gegen Violett hin ein Annähern derselben zu dem Beobachter hin erzeugte, und daß die Größe dieser Bewegungen sich aus der Verschiebung der Linien be= rechnen läßt. Die Spektralaufnahme des Algol zeigte also, daß dieser Stern zwischen den Zeiten seiner geringsten Helligkeit eine geschlossene Bahn beschreibt, in deren einem Teile er sich uns nähert, in deren anderm aber sich von uns entfernt, d. h.

also, daß Algol sich um einen Punkt in seiner Nähe in kreisförmiger oder elliptischer Bahn bewegt. Es ist nun logisch, anzunehmen, daß dieser Punkt der Schwerpunkt ist, um den sich Algol mit einem Begleiter bewegt, der ihn zeitweise für unsern Anblick zum Teil verdeckt und dadurch den periodischen Lichtwechsel hervorruft. Unter der Voraussetzung, daß die Bahn kreisförmig ist und ihre Ebene nahezu in der Gesichts-linie zur Erde liegt, gewähren die spektroskopischen Messungen sogar alle notwen-digen Daten, um die wirklichen Dimensionen des Algol und seines Begleiters, ja deren Massen zu berechnen. So konnte Prof. Vogel der erstaunten Welt mitteilen, daß der Durchmesser des Algol 1707000 km, der seines Begleiters 1336000 km be-trage und beide voneinander 5194000 km entfernt sind, ferner, daß die Masse des Algol $^2/_9$ und die seines Begleiters $^4/_9$ der Sonnenmasse betrage. Wahrlich wunder-bare Ergebnisse, wenn man bedenkt, daß auch im größten Fernrohr Algol (wie alle andern Fixsterne) nur als Punkt ohne meßbaren Durchmesser sich darstellt. Na-türlich hat man die Erklärung des Lichtwechsels beim Algol, auch auf die andern Veränderlichen des Algol-Typus übertragen und dies mit vollem Recht, da auch bei diesen Linienverschiebungen im Spektrum erkannt wurden. Diese Veränder-lichen sind also in Wirklichkeit Doppelsterne, und da sie mit Hilfe des Spektroskops als solche erkannt wurden, bezeichnet man sie als spektroskopische Doppel-sterne. Die Veränderlichen des Lyra-Typus haben sich ebenfalls als solche Doppel-sterne herausgestellt, dagegen ist es noch nicht gelungen, für die Sterne des Mira-Typus eine alle Erscheinungen desselben erklärende Deutung zu gewinnen. Wahr-scheinlich handelt es sich bei diesen Veränderlichen um wirkliche Änderungen ihrer Lichtausstrahlung, also um Vorgänge auf ihren glühenden Oberflächen. Welcher Art diese sein mögen, läßt sich zurzeit auch nur durch Hypothesen beantworten, weshalb ich nicht näher darauf eingehe.

Eine ganz besondere Klasse von Veränderlichen bilden die sogenannten Neuen Sterne, nämlich Fixsterne, die an Orten des Himmels plötzlich auftauchen, wo wo man dergleichen noch nie gesehen hatte und dann nach kürzerer oder längerer Zeit wieder verschwinden. Schon alte Berichte der Chinesen sprechen von solchen neuen Sternen, allein genaue Betrachtungen reichen nicht über das 16. Jahrhundert zurück.

Ein solcher plötzlich aus der Himmelsnacht auflodernder Stern war es, der dem bekannten dänischen Astronomen Tycho Brahe, als er während eines Aufent-haltes bei seinem Onkel Steno Bille im ehemaligen Kloster Herritzwald am Abend des 11. November 1572 aus seinem chemischen Laboratorium heimkehrte, nahe am Zenit in der Kassiopeja entgegenstrahlte. Es ist ihm schwerlich zu verargen, wenn er in der ersten Aufregung seinen Sinnen nicht traute und Arbeiter herbeirief, um sich durch ihr Zeugnis dies Wunder bestätigen zu lassen. Da stand ein Stern, dessen blendend weißer Lichtglanz selbst den Sirius und Jupiter übertraf, der bei Nacht durch Wolken hindurchschimmerte und bei Tage sogar von scharfen Augen erkannt wurde. Zu Ende des Jahres begann der wunderbare Stern zu erbleichen, und sein Licht wurde rot gleich dem des Mars; im April und Mai des nächsten

Jahres kehrte zwar seine weißliche Farbe zurück, aber er glich nur einem Stern zweiter Größe; im Dezember war er zu einem Stern fünfter Größe herabgesunken, und im März 1574 verschwand er endlich, nachdem er 17 Monate geleuchtet, spurlos für das unbewaffnete Auge.

Ein Vierteljahrhundert später wurde abermals das Auge eines berühmten Astronomen durch zwei seltsame Erscheinungen dieser Art an den Himmel gefesselt. Es war Kepler, der im Jahre 1602 im Sternbilde des Schwans einen neu erschienenen Stern erblickte, freilich nachdem er zwei Jahre vorher bereits von dem berühmten Geographen Janson entdeckt worden war. Dieser neue Stern erreichte zwar nur den Glanz eines Sternes dritter Größe, entzog sich aber erst nach 19 Jahren den Blicken des Astronomen. Vielleicht war er derselbe Stern, den Dominique Cassini im Jahre 1655 genau an derselben Stelle aufleuchten und wieder verschwinden sah, und den noch einmal Hevel im Jahre 1665 beobachtete, bis er allmählich zu einem Stern sechster Größe erbleichte, als welcher er noch heute unverändert dort am Halse des Schwanes schimmert.

Glänzender und überraschender war für Kepler das plötzliche Auflodern eines Sternes am rechten Fuße des Schlangenträgers im Oktober des Jahres 1604. Sein weißes Licht überstrahlte, wenn auch nicht dem des Tychoschen Sternes gleich, alle Fixsterne und selbst den Jupiter, und sein lebhaftes Funkeln erregte das Staunen aller Beobachter. Fünfzehn Monate nach seinem Erscheinen verschwand er im März des Jahres 1606 spurlos vom Himmel.

Noch einmal tauchte im Jahre 1670 in der Nähe des Schwans, am Kopfe des Fuchses ein neuer Stern dritter Größe auf, der nach dem kurzen Dasein von drei Monaten unsichtbar wurde, um zwar im nächsten Jahre als Stern vierter Größe wieder zu erscheinen, jedoch abermals bald zu verschwinden. Cassini beobachtete ihn zuletzt als Stern sechster Größe im März 1672; seitdem ward er nie wieder gesehen.

Vergebens bemühte man sich, eine Ursache zu ersinnen, welche geeignet war, so wunderbare Himmelserscheinungen zu erklären. Tycho blieb bei dem Gedanken stehen, Welten entstehen und untergehen zu lassen, wie die vergänglichen Geschöpfe unsrer Erde, Welten in Feuersbrünsten sich verzehren und, um der späteren Beobachtung gerecht zu werden, aus der Asche der alten neue Sonnensysteme aufkeimen zu lassen, die nach kurzem Dasein wieder in Flammen enden sollten. Die Meinung Tychos und besonders Newtons, der in den neu auflodernden Sternen in Brand geratene Sonnensysteme zu sehen geneigt war, fand wegen ihrer scheinbaren Ungeheuerlichkeit lange wenig Beifall. Erst der glückliche Umstand, daß am 12. Mai 1866 ein bis dahin unscheinbares Sternchen 9.—10. Größe plötzlich zur 2. Größe anwuchs, und daß gleichzeitig die Spektralanalyse zur Untersuchung seines Lichtes angewendet werden konnte, hat der Newtonschen Meinung eine beträchtliche Stütze gegeben. An dem genannten Tage war der Stern an Helligkeit beinahe α in der Krone gleich, er nahm aber so rasch wieder ab, daß er am 16. Mai nur noch einem Sterne 4. Größe gleich kam. An jenem Abende untersuchten Huggins und Miller sein Licht spektroskopisch. Sie fanden zwei übereinander gelagerte Spektra, von denen das eine auf einen glühenden festen oder flüssigen Körper, von ähnlicher Konstitution wie unsre Sonne, das andre aber auf einen glühenden gasförmigen Körper, in welchem Wasserstoff vorwaltete, hinwies. Diese Wahrnehmungen erklären sich am einfachsten durch die Annahme, daß jener Stern durch Herabsturz einer andern Masse, vielleicht eines Planeten, in sehr heftige Glut versetzt wurde. Eine solche Annahme hat nichts Unwahrscheinliches, besonders wenn man sich alle Umstände der Erscheinung, das schnelle Auflodern und langsame Verlöschen genau versinnlicht. Wir hätten demnach in den neu auftauchenden Fixsternen die Mitteilungen über wahrhafte Weltkatastrophen vor uns, über Ereignisse, deren furchtbare Großartigkeit unser Vorstellungsvermögen weit übersteigt.

Im November 1876 hat Schmidt in Athen das abermalige Auflodern eines Fixsterns konstatiert, dieses Mal im Sternbilde des Schwans. Am 24. November sah der athenische Astronom diesen Stern, in der Helligkeit der Sterne 3. Größe, neben ϱ im Schwan. Der Stern, berichtete Schmidt, störte die mir genau bekannte Konfiguration der dortigen Sterne, so daß ich ihn augenblicklich für neu erkannte. Kein Sternverzeichnis und keine Himmelskarte enthält an diesem Orte auch nur das kleinste Sternchen, man muß daher annehmen, daß jener Stern vor dem 24. November schwächer als 9. oder 10. Größe war. Übrigens nahm der neue Stern rasch an Helligkeit ab, und schon am 8. Dezember war er 6.—7. Größe. Seine Farbe blieb stets gelblich. Das größte Interesse knüpft sich auch jetzt wiederum an die spektroskopische Beobachtung der „Nova". Vogel fand das Spektrum verhältnismäßig sehr glänzend, von vielen dunklen Streifen durchzogen und mit mehreren hellen Linien besetzt, von denen besonders eine im Rot stark hervortrat. Als der Stern schwächer wurde und das kontinuierliche Spektrum abblaßte, wurden die hellen Linien verhältnismäßig besser sichtbar, und es fand sich, daß sie mit Linien des Wasserstoff= und Stickstoffspektrums zusammenfielen. Das Spektrum des an Licht langsam abnehmenden Sternes konnte übrigens auf der Sternwarte zu Dun Echt in Schottland auch noch bis zum Herbst des Jahres 1877 gesehen werden, es war damals auf eine einzige helle Linie reduziert und glich damit vollständig den Spektren der später zu besprechenden planetarischen Nebelflecke.

Im Jahre 1892 tauchte wiederum ein heller neuer Stern auf, dieses Mal im Fuhrmann, wo ihn Dr. Anderson am 23. Januar entdeckte. Die Nachforschung auf den photographischen Platten der Sternwarte zu Cambridge erwies aber, daß dieser Stern schon am 10. Dezember 1891 so hell am Himmel stand, daß er mit bloßem Auge hätte gesehen werden können, dagegen war er am 2. November jenes Jahres noch nicht vorhanden oder wenigstens schwächer, als Sterne 11. Größe. Er nahm übrigens im Januar 1892 mit Schwankungen an Helligkeit ab und sank bis Mitte 1894 auf die 15. Größe herab, ohne jedoch völlig zu verschwinden. Alle Sternwarten, welche Spektroskope und Spektrographen besaßen, wandten sich mit Eifer der Untersuchung dieses neuen Sternes zu, vor allem, um die Lagen der hellen und dunklen Linien, die dessen Spektrum zeigte, genau festzustellen. Die Diskussion

der erhaltenen Resultate führte zu der Annahme, daß der Vorgang des Aufleuch=
tens nicht in dem Zusammenstoß zweier großer Himmelskörper bestanden habe,
sondern wahrscheinlich veranlaßt worden sei dadurch, daß ein Stern in eine große
Weltwolke von staub= oder gasförmiger Materie eingetreten sei und diese mehrere
Monate später wieder verlassen habe. Diese Erklärung ist jüngst von Prof. v. See=
liger in München gegeben und rechnerisch als wahrscheinlichste Deutung nachge=
wiesen worden. Hiernach handelt es sich auch allerdings um eine Weltkatastrophe,
um das Aufglühen eines Sterns und der ihn zeitweise umhüllenden Materie, ein
Vorgang, der, wenn es sich an der Sonne oder der Erde ereignen würde, den
Untergang aller irdischen Lebewesen notwendig zur Folge hätte. Daß aber in dem
ungeheuren Heere der Fixsterne derartige Vorgänge nicht gerade selten sind, ist
durch die photographischen und spektrographischen Aufnahmen, welche von der
Harvard=Sternwarte zu Cambridge und Arequipa veranlaßt wurden, direkt er=
wiesen. Denn auf den erhaltenen Platten fanden sich wiederholt lichtschwache
neue Sterne, die bald wieder verschwanden. Aber auch an einer großartigen Er=
scheinung dieser Art hat es mittlerweile nicht gefehlt. Das neue Jahrhundert ist
in merkwürdiger Weise durch das Aufleuchten eines Sternes im Perseus eröffnet
worden. Am 19. Februar war an dem Orte desselben kein Stern auch nur von der
11. Größe zu sehen, aber am 22. Februar stand ein funkelnder Stern 1. Größe am
Himmel, der also seine Helligkeit in weniger als 3 Tagen um mehr als das tausend=
fache vergrößert hatte. Die spektroskopischen Beobachtungen erwiesen bald, daß
es sich dabei um einen Vorgang handelte, ähnlich demjenigen des neuen Sterns
im Fuhrmann. Diesesmal gewann die Astronomie aber noch weitere Auskünfte.
Als Prof. Wolf in Heidelberg den Stern und dessen Umgebung photographisch
aufnahm, zeigte sich auf der Platte um den Stern eine feine Nebelhülle. Auf=
nahmen auf der Yerkes=Sternwarte und ebenso auf dem Lick=Observatorium be=
stätigten das Vorhandensein des Nebels, ja sie zeigten, daß dieser letztere sich weiter
ausdehnte, und zwar so rasch, wie niemals eine andere Bewegung unter den Fix=
sternen gesehen worden war, ja wie man sie niemals hätte erwarten können. Es
handelte sich um Geschwindigkeiten, die mindestens hunderttausend Kilometer in der
Sekunde betragen mußten! Das materielle Körper sich mit solchen Geschwindigkeiten
durch den Raum bewegen sollten, ist nicht anzunehmen, auch die furchtbarsten Ex=
plosionen, die bei einer kosmischen Katastrophe auftreten könnten, würden niemals
imstande sein, solche Geschwindigkeiten der davon betroffenen Materie aufzudrücken.
Man kam daher auf die Vermutung, daß die wahrgenommene Ausbreitung der
Nebelhülle nur Schein ist, hervorgerufen dadurch, daß bei dem Aufleuchten des
Sternes die Lichtstrahlen desselben erst nach und nach die entfernten Teile der an
sich dunklen kosmischen Wolke, in welche der Stern eingetreten war, erleuchtete
und uns sichtbar machten. Von der Erde aus sahen wir das Fortschreiten der Be=
leuchtung dieser Wolke durch das Licht des neuen Sternes, und da wir wissen, daß
der Lichtstrahl in jeder Sekunde 300000 km durchläuft, so konnte man auch den
wahren Durchmesser jener Wolke berechnen. Da anderseits der scheinbare Durch=

messer derselben auf den photographischen Platten gemessen werden konnte, so waren damit alle Daten vorhanden, um die Entfernung des neuen Sternes von der Erde zu berechnen. Es ergab sich dafür ein Abstand von 2000—3000 Billionen Kilometer. Diesen Raum zu durchmessen aber bedarf selbst der Lichtstrahl einer Zeitdauer von 240—320 Jahren! Die Katastrophe im Perseus, die uns im Jahre 1901 sichtbar wurde, hat tatsächlich also mehrere Jahrhunderte früher stattgefunden.

Der Glaube an die Unwandelbarkeit und Festigkeit des Fixsternhimmels ist jetzt bei uns zerstört. Wir haben die festen Sterne sich bewegen, haben die ewigen Sonnen aufflammen und erbleichen sehen; eine Wandelbarkeit hat sich uns in diesen Räumen aufgetan, wie wir solche in unsrer planetarischen Heimat nicht kannten. Gleichwohl habe ich nur die äußere Schale des Himmels zertrümmert. Nur den Schein des Ewigen und Unveränderlichen habe ich vernichtet; das innerlich und wahrhaft Ewige wird um so klarer hervortreten. Der Himmel ist vor uns geöffnet; wir wollen eintreten und mit dem festen, ruhigen Schritte der Wissenschaft seine Räume durchwandeln.

Viertes Kapitel.

Die Grenzen der Fixsternwelt.

Wenn du nicht irrst, kommst du nicht zu Verstand;
Willst du entstehn, entsteh auf eigne Hand!

Als wir zuerst hinaustraten in die schweigende Nacht, um unsre Vorbereitungen für die Reise zu treffen, die wir durch die Tiefen des Himmels unternehmen wollten, da haben wir uns vorzugsweise mit den Mitteln beschäftigt, genaue Ortsbestimmungen am Himmel vorzunehmen und unsre Beobachtung unabhängig zu machen von jedem Schwanken der Erde in ihrem jährlichen Laufe, von jeder Täuschung, welche uns selbst der Lichtstrahl durch Störungen auf seinem Wege oder durch seine natürliche Trägheit bereiten könnte. Jetzt fühlen wir uns imstande, die Himmelsräume zu durchmessen. Die Eigenbewegung der Sterne hat uns davon überzeugt, daß eine Verschiedenheit unter den Entfernungen der Sterne von uns bestehen muß; es war die erste und wichtigste Tatsache, welche den Kristallhimmel der Alten wahrhaft und für immer zerstörte.

Da wir unmöglich mit einem Meterstab oder einer Meßkette den Himmel durchmessen können, so müssen wir uns auf solche Mittel beschränken, mit denen wir irdische Entfernungen abzuschätzen pflegen. Da sind wir denn zunächst auf unsre beiden Augen angewiesen. Ich sage nicht umsonst: beide Augen. Denn eines vermag niemals über Entfernungen zu entscheiden. Alles, was ein Auge uns zu sagen vermag, ist, daß ein Gegenstand sich in einer gewissen Richtung befinde. Wenn wir aber mit beiden Augen sehen, so tritt ein bestimmter Unterschied in der Richtung der beiden Augen ein. Je näher der Gegenstand ist, desto mehr müssen wir die Augen einwärts kehren, und die Empfindung dieser Augenbewegung ist es, welche in uns eine Vorstellung von der Entfernung des Gegenstandes erweckt.

Dieser Unterschied in der Richtung zweier Augen ist es in der Tat, der auch allen Messungen am Himmel zugrunde liegt; es ist im wesentlichen die Parallaxe der Astronomen. Nur ist für den Astronomen die Erde selbst zum Kopfe geworden, und seine beiden Augen sind Sternwarten. Vermag also eine gleichzeitige Beobachtung von zwei Sternwarten auf der Erde irgend einen merklichen Unterschied in der Richtung eines Sternes nazuweisen, so ist die Parallaxe gefunden, und die Entfernung des Sternes läßt sich nun nach dem Abstande dieser beiden Sternwarten voneinander gerade so berechnen, wie mit unsern Augen die Abstände naher Gegenstände auf der Erde abschätzen.

Freilich kommt jetzt alles darauf an, wie weit wir überhaupt imstande sind, solche Richtungsunterschiede zu beurteilen. Bei unsern Augen ist es die Muskelbewegung selbst, die sie mißt. Der Astronom hat dafür seine Winkelinstrumente und Mikrometer, wie wir dieselben kennen gelernt haben, und in deren Vervollkommnung die mechanische Kunst wunderbares geleistet hat. Aber, fragen wir, werden ihn nicht diese Instrumente am Ende ebenso verlassen, wie uns unsre Augen bei Entfernungen die über tausend Meter hinausgehen? Wir müssen, um uns eine Vorstellung von der Größe der hier in Betracht kommenden Winkel zu verschaffen, bedenken, daß eine Kugel von etwa 3 cm Durchmesser uns in einer Entfernung von etwa 100 m unter einem Gesichtswinkel von 1 Minute, aber erst in einer Entfernung von etwa 600 m unter dem Gesichtswinkel von 1 Sekunde erscheinen wird. Dasselbe Verhältnis gilt nun auch für den Himmel. Eine Parallaxe von 1 Sekunde wird auch hier einem Abstande entsprechen, welcher 206205mal das Grundmaß, d. h. den gegenseitigen Abstand der Beobachtungsorte übertrifft. Wir können es uns geradezu so vorstellen, als ob sich unser Auge an dem Himmelspunkte, dessen Entfernung wir messen wollen, befände und von dort aus die Linie zwischen den irdischen Beobachtungsörtern betrachtete. Es läßt sich nun sehr leicht berechnen, daß nur eine Entfernung von etwa 350 Millionen Meilen dazu gehörte, damit unsre Erde selbst uns unter dem Gesichtswinkel von 1 Sekunde erschiene. Wir sehen also, wie weit auch jene beiden Sternwarten auf der Erde auseinanderliegen möchten, und wäre es um den ganzen Durchmesser der Erde, um 1718 Meilen, so würde selbst eine Parallaxe von 1 Sekunde, die wir zu beobachten imstande wären, doch nur einer Entfernung von 350 Millionen Meilen entsprechen, und wir würden damit noch nicht einmal über unser Planetensystem, kaum über den Neptun hinaus gelangt sein. In solcher Nähe aber Fixsterne suchen zu wollen, wäre Torheit. Damit ist nun von vornherein jede Aussicht abgeschnitten, von der Erde aus, wie weit wir auch unsre beiden Augen auseinanderzerren möchten, eine Fixsternparallaxe zu beobachten. Für die ruhende Erde sind die Sterne eben unerreichbare festgeheftete Lichtpunkte.

Weite Entfernungen können wir indes auch auf der Erde nicht mit beiden Augen abschätzen, weil unsre Empfindung zuletzt schweigt, unser Gehirn nichts mehr bemerkt von den unendlich kleinen Drehungen der beiden Augenachsen. Wir machen es dann wie der Einäugige, der, um selbst kleine Entfernungen abmessen zu können, den Kopf ein wenig zur Seite bewegen muß, und wir sind ja in der Tat in bezug auf den entfernten Gegenstand einäugig geworden. Wir bewegen uns daher eine Strecke fort und vergleichen den neuen scheinbaren Ort des fernen Gegenstandes mit dem alten, dessen wir uns vorher auf das genaueste versichert haben. Wir gewinnen so wieder einen Winkelunterschied, eine Parallaxe, die uns auf die Entfernung des Gegenstandes im Verhältnis zur neuen Grundlinie, d. h. zum Abstande der beiden Beobachtungsörter, schließen läßt.

Auch dem Astronomen ist, wie wir gesehen haben, die Erde einäugig geworden, und da er sie nicht verlassen und auf einem zweiten Himmelskörper noch eine zweite Sternwarte errichten kann, so läßt er sich samt seiner Sternwarte, seinem

großen Weltauge, von der Erde ſelbſt 40 Millionen Meilen weit durch den Welt=
raum tragen. So hat er eine gewaltige Grundlinie gewonnen, und es iſt zu er=
warten, daß dieſe nicht ebenſo in der Unermeßlichkeit des Weltraumes verſchwindet,
wie es uns mit der Erde ſelbſt geſchah.

So lange unſre Erde für ſtillſtehend galt, lag in einer Unverrückbarkeit der
Firſterne nichts Befremdendes. Als Kopernikus ſeinen bedeutungsvollen Satz von
der Bewegung der Erde um die Sonne aufſtellte, war dieſer zunächſt noch nichts,
als ein Satz, der ſich auf eine Menge von Vernunftgründen ſtützte, für den indes
noch kein direkter Beweis in der Natur gefunden war. Kein beſſerer konnte ge=
funden werden, als die Parallaxe der Firſterne, da ſie mit Notwendigkeit aus einer
fortſchreitenden Bewegung der Erde folgen muß. Kopernikus, Tycho Brahe und
die ganze Reihe der Aſtronomen des 17. und 18. Jahrhunderts ſuchten ohne Unter=
laß nach einer Parallaxe der Firſterne. Sie beobachteten (Fig. S. 266) einen
Stern S″ einmal in der Stellung der Erde E, dann ein halb Jahr ſpäter in der
Stellung E′. Aber vergebens, die beiden Richtungen ES″ und E′S‴ blieben
parallel, als ob der Stern in unendlicher Ferne ſtände. Es fand ſich nicht ein ein=
ziger Stern, der für zwei ſolche Beobachtungen einen meßbaren Winkelunterſchied
ESE′ ergeben hätte. Glaubte man einmal einen ſolchen Unterſchied ermittelt zu
haben, ſo lag er ſo weit außer aller Wahrſcheinlichkeit, daß man ihn nur aus Irr=
tümern der Beobachtung ableiten konnte. Deſſenungeachtet ermüdete man nicht.
Man ſuchte vor allem die Grenzen der Beobachtungen weiter hinauszuſchieben, und
damit rückten freilich auch die Sterne tiefer in die Himmelsnacht hinaus. Bis zur
Mitte des 16. Jahrhunderts war die Genauigkeit der aſtronomiſchen Meſſung nicht
über halbe Grade hinausgegangen, und da eine Parallaxe nicht innerhalb dieſer
Grenzen gefunden ward, mußte man ſchließen, daß die Firſterne mehr als 115 Halb=
meſſer der Erdbahn von uns entfernt ſeien. Tycho Brahe brachte die Sicherheit
ſeiner Beobachtung ſchon auf 5 Minuten und damit die Grenze des Firſtern=
himmels auf 700 Sonnenweiten. Zu Anfang des 18. Jahrhunderts konnte man
ſich ſelbſt auf einzelne Minuten verlaſſen, und Bradleys ſinnreiche Verbeſſerungen
gaben endlich eine Gewähr ſelbſt für Sekunden. Jetzt war eine Grenze erreicht,
innerhalb deren ſich eine Parallaxe zeigen mußte, wenn nicht die Firſterne auf
mehr als 200000 Sonnenweiten in den fernen Raum hinausgeſtoßen werden ſollten.

Freilich kam hier noch eine andre Frage ins Spiel, ob man nämlich bisher
auch imſtande geweſen war, die Ortsbeſtimmung der Sterne ſorgfältig von jeder
fremden ſtörenden Einwirkung frei zu erhalten. Jetzt kam Bradley und entdeckte
die Lichtabirrung der Sterne als eine unmittelbare Folge der Bahnbewegung der
Erde und damit als ihren erſten direkten Beweis. Es war eine ſcheinbare Orts=
veränderung von etwa 20¼ Sekunden, welche dieſe Lichtabirrung für die Sterne
bewirkte. Dazu kam nun noch das Vorrücken der Nachtgleichen, welches jährlich
50, und das Wanken der Erdachſe, welches bis 9 Sekunden im Jahre betragen kann.
Bei ſolchen Störungen war das bisherige Mißlingen alles Suchens nach einer Pa=
rallaxe nicht mehr befremdend. Jetzt aber, wo man ſeine Beobachtungen in ſo
ſicherer Weiſe berichtigen konnte, ging man mit friſchem Mute an die nie ver=

lassene Arbeit, und nachdem man auch die Schärfe der Beobachtungsmittel auf
Zehntelsekunden gesteigert, also die Grenzen des erreichbaren Himmelsraumes auf
2062648 Sonnenweiten erweitert hatte, durfte man hoffen, daß es gelingen müsse,
nicht mehr in Zweifel zu ziehende Parallaxen der Fixsterne aufzufinden. Gleichwohl sollte noch manches Jahrzehnt vergehen, ehe die langjährige Mühe der Astronomen durch den Erfolg gekrönt ward.

Die Schwierigkeiten waren noch immer nicht ganz beseitigt. Die beiden Beobachtungen eines Sternes, durch welche man seine Entfernungen messen wollte,
mußten zu zwei entgegengesetzten Zeiten des Jahres ausgeführt werden, und derselbe Stern, den man das eine Mal im Meridian bei Nacht und zur Winterszeit
beobachtete, erschien das andre Mal im Meridian bei Tage und zur Sommerszeit.
Die Beschaffenheit der Luft ist aber in beiden Zeiten sehr verschieden, und damit
auch ihr Einfluß auf das Instrument, auf die kleinen Teilungsfehler, vor allem

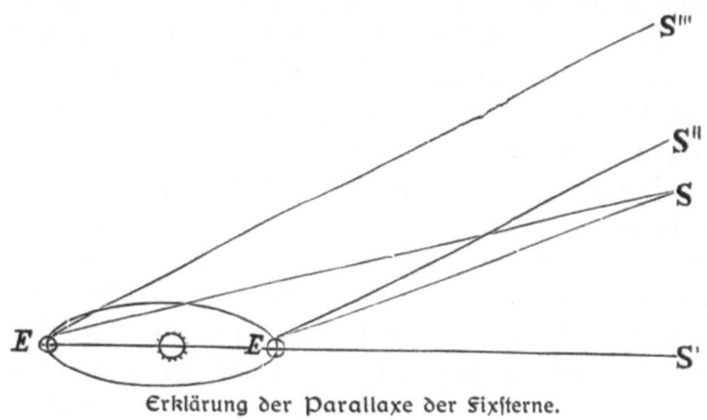

Erklärung der Parallaxe der Fixsterne.

auf die Brechung des Lichts verschieden. Auch die abweichenden Werte der Nutation und Lichtabirrung können leicht eine kleine Unsicherheit in der beobachteten
Parallaxe bewirken. Selbst die gewissenhafteste Erwägung aller Nebenumstände
konnte also nicht vor Fehlern schützen die, wenn sie sich auch nur in Grenzen von
Zehntelsekunden bewegten, schon die ganze beobachtete Parallaxe vernichten mußten.

Endlich fragte es sich auch — und diese Frage war gewiß nicht gleichgültig —
welcher unter den vielen tausend Sternen wohl am geeignetsten für eine solche
Beobachtung sei, welcher wohl die größte Wahrscheinlichkeit einer meßbaren Entfernung biete. Daß die hellsten Sterne nicht auch immer die nächsten sind, das
hatten die vielfachen verunglückten Versuche, ihre Parallaxe zu finden, hinlänglich
bewiesen. Aber wenn man sich nun zu den schwächeren Sternen wandte, welchen
sollte man aus diesen hunderttausenden herausgreifen, ohne die Gefahr jahrelanger
fruchtloser Mühen zu laufen? Da war es der Scharfsinn Bessels, des Königsberger
Astronomen, der einen Ausweg aus allen diesen Schwierigkeiten fand und ein
neues Mittel ersann, den Himmel zu erobern. Er bot auf der einen Seite eine
gewisse Anleitung zur Wahl derjenigen Gestirne, welche die meiste Aussicht auf
Erfolg versprachen, und gewährte auf der andern Seite gleichzeitig ein Mittel, um

unter den gleichen Bedingungen der Jahreszeiten messen zu können, unabhängig von allen Störungen der Luft oder der Erdbewegung, ja unabhängig von dem Winkelinstrument, in ähnlicher Weise etwa, wie man unter dem Mikroskope zu messen pflegt, mit Hilfe eines gewöhnlichen Mikrometers. Mit Einführung dieser sinnreichen Methode beginnt in den Jahren 1832—1838 die Epoche einer wenigstens einigermaßen zuverlässigen Bestimmung von Firsternparallaxen.

Ich muß den Leser hier auf eine nicht genug beachtete Erfahrung in der Geschichte der Wissenschaften aufmerksam machen. Ihre glücklichsten Entdeckungen verdankt die Wissenschaft der Übertragung bekannter Verhältnisse auf unbekannte Gebiete. Es ist aber keineswegs bloß ein glücklicher Einfall, der dazu anleitet, sondern vielmehr die unantastbare und ewige Grundwahrheit, daß ein gleiches Gesetz sich durch alle Räume und Erscheinungsformen der Natur zieht.

Der Wandrer im Walde sieht rechts und links die Bäume an sich vorüberziehen, und je schneller sie ziehen, desto näher weiß er sie. Diese Erfahrung war es, welche Bessel auf den Himmel übertrug. Die Eigenbewegung der Sterne hatte ihn gelehrt, daß auch wir mit unsrer Erde und unserm Sonnensysteme durch den Sternwald des Himmels dahineilen und daß die Sterne rechts und links an der wandernden Sonne vorüberfliegen, gleich jenen Bäumen. Welcher Schluß lag näher, als daß auch hier der größern Geschwindigkeit die größere Nähe entspreche, ausgenommen etwa jene Gegend des Himmels, nach welcher unsre Wanderung hingerichtet ist? Bessel zog diesen Schluß. Er nahm die Eigenbewegung der Sterne als ein Anzeichen ihrer Nähe, und obgleich, wie wir heute wissen, dieser Schluß im allgemeinen keineswegs richtig ist, so bewährte er sich doch im gegebenen Falle, denn das Glück unterstützt das Genie!

Unter den hellen Sternen des Himmels waren es besonders Sirius und Arktur, welche eine starke Eigenbewegung zeigten, und gerade sie waren es gewesen, die noch am meisten die Hoffnung der Astronomen auf das Auffinden einer Parallaxe aufrecht erhalten hatten. Aber die größte Aufmerksamkeit Bessels erregte ein kleiner Stern im Schwane, der in so vielfacher Beziehung berühmt gewordene 61. dieses Sternbildes, der sich durch eine so bedeutende Eigenbewegung hervortat, daß seine Ortsveränderung am Himmel seit dem Anfange unsrer Zeitrechnung, wie wir bereits wissen, über sechs Vollmondbreiten erreicht hat. An ihm hoffte Bessel mit Zuversicht eine Parallaxe zu finden, und er täuschte sich nicht.

Bei der zu erwartenden Kleinheit dieser Parallaxe kam es aber, wie ich vorhin andeutete, darauf an, die störenden Einflüsse der Erdbewegung und der Atmosphäre aus der Beobachtung zu entfernen. Es ist die zweite wichtige Seite der Besselschen Methode, die ich hier berühre. Wieder half hier eine alltägliche Erfahrung. Im Walde vermag ein Wandrer die scheinbare Ortveränderung eines Baumes am besten an einem andern dicht daneben, aber in möglichster Ferne dahinter stehenden Baume zu beobachten. Warum sollte das nicht auch auf den Himmel eine Anwendung finden? Man darf ja nur zwei nahe nebeneinander stehende Sterne S'' und S''' aufsuchen, so nahe, daß vielleicht nur das Fernrohr sie scheidet, von denen aber der eine S''' unermeßlich weit entfernt ist, so daß keine

Veränderung seiner Stellung an ihm wahrgenommen werden kann. Gestattet der andre Stern dann überhaupt die Beobachtung einer Parallaxe, so hat man nur zu zwei um ein Halbjahr verschiedenen Zeiten des Jahres bei den Stellungen der Erde in E und E' die von den Sternen gebildeten Winkel SES'' und SE'S''' zu beobachten, deren Unterschied die Parallaxe angibt. Diese Beobachtungen sind völlig unabhängig von den Störungen der Lichtbrechung, da beide so nahe Sterne jedenfalls gleiche Lichtbrechung erleiden, aber auch unabhängig von dem Vorrücken der Nachtgleichen, dem Wanken der Erdachse und der Lichtabirrung, da auch diese Einflüsse bei jeder Beobachtung für beide Sterne die gleichen sind, also den gemessenen Winkel ungestört lassen. Überdies sind beide Sterne gleichzeitig im Felde des Fernrohrs sichtbar und gestatten daher die Messung ihres Abstandes mit einem gewöhnlichen Mikrometer vorzunehmen, dessen Feinheit eine außerordentliche ist. Die ganze Unsicherheit beschränkt sich einzig auf die vielleicht bisweilen irrige Voraussetzung des völligen Mangels einer Parallaxe bei dem fernen Vergleichsterne.

Auf diese Weise hat Bessel in den Jahren 1837—1838 die Parallaxe des 61. Sternes im Schwane bestimmt. Seine Untersuchungen sind später von Struve, Johnson und Auwers fortgesetzt worden und haben auf eine Parallaxe von 0,5 Sekunde und damit auf eine Entfernung des Sternes von 400000 Erdbahn= halbmessern oder 8 Billionen Meilen geführt.

Andre Astronomen folgten ihm auf diesem Wege, und ihren vereinten Be= mühungen ist es gelungen, für eine freilich noch kleine Zahl von Sternen Parallaxen zu finden; doch dürfen wir die Genauigkeit derselben nicht zu hoch anschlagen, ja eigentlich geben diese Messungen weiter nichts als eine obere Grenze für den Wert der Parallaxe oder die geringste Entfernung von der Erde, welche der betreffende Firstern höchstens haben kann.

Unter allen diesen bisher bestimmten Parallaxen gilt als eine der sichersten die eines schönen Sternes des südlichen Himmels, des Hauptsternes des Centauren. Es ist die größte bisher gefundene Parallaxe, die darum diesen Stern als den nächsten aller bekannten bezeichnet. Die früheren Messungen haben diese Parallaxe zu 0,919 Sekunden festgestellt, und das entspricht einem Abstande von 224520 Son= nenweiten oder $4^2/_8$ Billionen Meilen, neuere Untersuchungen machen jedoch diesen Wert wieder sehr zweifelhaft.

Wenn aber nicht ganz neue Mittel und Wege zu weit feineren Messungen ge= funden werden, ist von der Ermittelung fernerer Firsternparallaxen wenig zu hoffen. Denn daß bei den heutigen Hilfsmitteln Winkelwerte von 0,05'' in keiner Weise mehr zu verbürgen sind, bedarf kaum der Erinnerung. Jedenfalls wissen wir aber als Ergebnis aller bisherigen Bemühungen auf diesem Gebiete, daß die hellsten Firsterne des Himmels keineswegs die uns nächsten sind, daß es überhaupt kein sicheres Kriterium gibt, wonach man ohne spezielle Unterstützung die relativen Entfernungen der Sterne einigermaßen schätzen könnte, und daß endlich in allen Fällen die Distanzen der Firsterne von unsrer Erde Billionen von Meilen betragen.

Zu fassen werden wir in unsrer Vorstellung diese ungeheuren Räume, diese Billionen von Meilen nicht vermögen., Dazu ist jedes irdische Maß zu klein.

Gleichwohl will ich versuchen, sie unsrer Anschauung näher zu bringen, indem ich einem bekannten irdischen Gebrauche mich anbequeme, Märsche nach Stunden zu messen. Ich wähle aber den schnellsten Läufer zwischen Himmel und Erde, den Lichtstrahl, um jene Räume zu durchmessen. Der Raum, welchen dieser Lichtstrahl, der in 8 Minuten 18 Sekunden den Weg von der Sonne zu uns zurücklegt, in einem Jahre durchläuft, sei unsre himmlische Wegstunde, ein Raum, welcher 63000 Sonnenweiten, jede zu 20000000 Meilen gerechnet, umfaßt. 3 Jahre und 199 Tage würde also das Licht gebrauchen, um den Raum zu durchmessen, der den nächsten aller Fixsterne, den Stern im Centauren, von uns trennt; 6 Lichtjahre würden die Entfernung jenes kleinen Sternes im Schwan, 14 Lichtjahre die Entfernung des Sirius messen, ungefähr 300 Lichtjahre aber die des neuen Sternes im Perseus.

In unermeßliche Fernen habe ich den Leser geleitet. Lichtstrahlen sind ihm begegnet, die lange vor seiner Geburt von den Welten des Himmels ausgingen. Wenn heute dort in den Tiefen eine solche Welt zertrümmert würde, eine Sonne verlösche, nach Jahrhunderten noch würde die Menschheit von den Lichtstrahlen der verschwundenen Welt getroffen werden und erst staunen über ihren Untergang, wenn sie längst nicht mehr da ist. Denn was hindert uns, auf den Schwingen des Gedankens in Tiefen zu bringen, aus denen der Lichtstrahl Jahrhunderte und Jahrtausende braucht, um zur Erde zu gelangen? Was hindert uns, von Welten zu Welten zu eilen, zu denen jetzt erst Lichtstrahlen gelangen, die aus den dunklen Anfängen der Menschengeschichte aufstiegen? Was hindert uns? — sage ich noch! — Die Wissenschaft wird uns zwingen zu solchem Fluge, und der Gedanke selbst wird uns schwindeln vor den Zahlen des Jenseits, die Lichtjahre umfassen! Und doch sollen wir Ruhe finden, Ruhe selbst in jener Unermeßlichkeit, die Ruhe gesetzlicher Ordnung und Einheit!

Fünftes Kapitel

Die Doppelsterne und die mehrfachen Sterne.

Ein Licht zu suchen, das den Geist entzünde,
War ein gemeinsam köstliches Betrachten,
Ob nicht Natur zuletzt sich doch ergründe.
Und manches Jahr des stillsten Erdenlebens
Ward so zum Zeugen edelsten Bestrebens.

Viele Billionen Meilen weit haben wir uns über unsre Erde, über unser Sonnensystem erhoben. Erde und irdisches Maß sind vergessen; denn das Sonnensystem selbst ist längst zu einem Punkte geschwunden. Hier gebraucht selbst der schnelle Flug des Lichtes Jahre, um die Räume von einer Welt zur andern zu durchmessen. Der Himmel hat jetzt eine andre Bedeutung für uns gewonnen. In solchen Entfernungen erweitern sich die kleinsten Räume zu gewaltigen Weiten. Ein Pünktchen von der Größe der Venusscheibe dehnt sich in den Fernen der Wega zu einer Größe von vielen Millionen Meilen aus, zu einer Größe, die weit den Umfang unsres gesamten Sonnensystems übertrifft. Sollte die Hoffnung nicht berechtigt sein, daß in solchen Räumen auch neue Wunder sich auftun werden? Sollte nicht, wie das Mikroskop den Wassertropfen in eine Lebenswelt verwandelt, so daß Teleskop auch den Lichttropfen am Himmel zu einer wunderreichen Welt erweitern! Es ist Zeit, daß wir uns nach diesen Wundern umschauen, daß wir auch dem Auge nahe rücken, was dem erwägenden Gedanken und messenden Verstande durch die Zahl schon genähert ist.

Glänzend mächtige Welten umschweben uns, lichtvolle Riesensonnen. Wir haben die öderen Regionen verlassen; nicht mehr vereinzelt, zerstreut erscheinen die Welten; immer dichter schaten sie sich, selbst zu Gruppen scheinbar vereinigt.

Ein schöner heller Stern unweit des Himmelspols zieht unsern Blick auf sich. Es ist ein alter Bekannter, der uns mit blitzendem Lichtstrahl grüßt, der Mizar im großen Bären! Täglich sehen wir ihn an der Deichsel des Himmelswagens, und wir waren stolz auf die Schärfe unsrer Augen, wenn es uns einmal glückte, über ihm noch ein kleines Sternchen, den Alkor, das Reiterlein, wie wir es nannten, zu entdecken. Den sehen wir hier freilich nicht mehr; denn selbst der Lichtstrahl müßte ja viele, viele Jahre reisen, ehe er zu ihm gelangte. Wir täuschten uns, weil wir die hintereinanderstehenden Sterne für nebeneinanderstehend hielten. Aber täuschen wir uns nicht jetzt auch? Sehen wir doch noch immer einen neben ihm stehenden Stern, der kaum viel weiter als der Neptun von unsrer Sonne von ihm entfernt sein kann! Nein, wir täuschen uns nicht. Der Mizar ist einer jener Doppelsterne, wie sie die Astronomen nennen, und deren Entdeckung unsres

Herschel unsterblichen Ruhm begründete. Wir sehen, wie sie umeinander ihre Kreise schlingen, wie sie, ihren gemeinsamen Schwerpunkt umtanzen! Schauen wir mehr um uns! Da ist ein andrer heller Stern — er steht an der rechten Seite der Jungfrau — nähern wir uns ihm oder richten wir eins unsrer raumdurchdringenden Fernrohre auf ihn, und auch dieser uns bisher einfach erschienene Stern wird sich in zwei gleich helle, gelbliche Sterne auflösen! Auch der Kastor dort, dann der schöne Hauptstern des Centauren, dem wir begegneten, werden sich für scharfe Blicke verdoppeln. Sehen wir vollends dort jenen Stern an der linken Schulter des Schwans oder jenen prachtvollen in der Mähne des Löwen, und wir werden nicht bloß zwei Sterne statt eines, sondern sogar zwei von verschiedener Größe und verschiedenem Lichte, hier den einen gelb, den andern rötlich, dort den einen in grünem, den andern in goldfarbenem Lichte funkelnd erblicken!

Unser erster Überblick schon hat uns höchst interessante Verhältnisse enthüllt, und der Leser darf dabei nicht glauben, daß wir etwa zufällig auf einige Seltenheiten des Himmels aufmerksam geworden sind. Nur die Blödigkeit unsres Auges war daran schuld, wenn uns diese Doppelsterne, deren der Astronom jetzt bereits gegen 10000 am Himmel zählt, bisher entgingen. Denn freilich gehören sehr scharfe Teleskope dazu, um die meisten von ihnen sichtlich zu trennen. Bald zu zwei, bald zu drei und mehreren verbunden, bald durch größere, bald durch kleinere Abstände von einander geschieden, bald von gleicher, bald von verschiedener Größe, bald von gleicher, bald von verschiedener Farbe, sind sie über das ganze Himmelsgewölbe verbreitet.

Der Leser wird fragen, was denn übrigens Wunderbares an diesen Doppelsternen sei, außer etwa der Schärfe astronomischer Beobachtungsmittel, die sie entdeckte? Folgt denn daraus, daß der Astronom diese Sterne so nahe nebeneinander sieht, auch schon, daß sie in Wirklichkeit Nachbarn sind? Können sie nicht vielleicht nur in gleicher Richtung hintereinandergestellt sein und uns darum so nahe erscheinen, in Wirklichkeit aber sogar weiter entfernt voneinander sein, als zwei von uns an den entgegengesetzten Punkten des Himmels erblickte Sterne? Manchen dieser Sternpaare gegenüber sind solche Zweifel allerdings gerechtfertigt. Das Wunderbare aber liegt eben in der innigen Beziehung, die unzweifelhaft mehrere dieser gepaarten Sterne zueinander zeigen. Es sind in der Tat Systeme einander umkreisender Sterne, engverbundene Weltenpaare, die Hand in Hand ihren großen stillen Gang von Weltraum zu Weltraum wandeln. Das ist das neue Wunder, der neue Gedanke, der sich uns hier auftut; das war es auch, was zur Zeit ihrer Entdeckung die gelehrte Zweifelsucht so lange beschäftigte.

Kopernikus hatte die Erde entthront, aber die Herrschaft der Sonne schien nur um so fester gegründet. Sie, die an Masse 700mal die gesamten planetarischen Körper übertrifft, schien ein unstreitbares Recht zu haben, in majestätischer Ruhe die Mitte ihres Reiches einzunehmen. Sie allein sendet ja Wärme und Licht den dunklen und kalten Welten zu, die sie umschwärmen, um ihre Gnadenstrahlen einzufangen. Wie konnte man es also wagen, von Fixsterntrabanten, von selbständigen, leuchtenden und doch einander umkreisenden Sonnen zu sprechen?

Schon vor zwei Jahrhunderten hatte man Doppelsterne beobachtet, und im Jahre 1700 entdeckte G. Kirch, daß der schöne Stern Mizar im großen Bären noch einen sehr nahen, teleskopischen Begleiter hat, während der entferntere, Alkor, bekanntlich schon mit bloßen Augen zu sehen ist. Zwei scharf denkende Astronomen, Lambert und John Michell, hatten später die Ansicht ausgesprochen, daß es Fix=sterne geben möge, die nicht bloß scheinbar, sondern in Wirklichkeit einander nahe seien und unter der Einwirkung eines allgemeinen Gesetzes sich um den Mittel=punkt ihrer Schwere bewegen. Man hatte dieser Ansicht kaum eine Beachtung geschenkt. Als aber der Astronom Christian Mayer zu Mannheim in den Jahren 1778 und 1779 seine Beobachtungen von 100 Doppelsternen geradezu unter dem Namen entdeckter Fixsterntrabanten veröffentlichte, da erging sich die gelehrte aber systemgläubige Welt in maßlosem Hohn und Spott über den unglücklichen Ent=decker. Damals war die Zweckmäßigkeit ein erster Gesichtspunkt. „Wozu nützte diese Bewegung lichter Körper um ihresgleichen?" fragte einer der gelehrtesten Gegner dieser Entdeckung, der Petersburger Akademiker Nikolaus Fuß. „Bei uns ist die Sonne allein die wirkende Ursache der Bewegung unsres und der übrigen Planeten, und zugleich die Quelle, aus welcher sie sämtlich Licht und Wärme schöpfen; dort würden es Systeme von lauter Sonnen sein, die von andern an Größe und Glanz vielleicht unterschiedenen Sonnen beherrscht würden. Ihre Nach=barschaft und ihre Bewegung würden ohne Zweck und ihre Strahlen ohne Nutzen sein, weil sie nicht Körper mit Licht zu versorgen brauchen, denen es selbst zu teil ward. Wenn die Trabanten lichte Körper sind, was ist der Zweck ihrer Bewegung?"

Aber diese Dinge, um mit den Worten Aragos zu reden, die vor Jahren zu nichts dienlich erschienen, diese Dinge ohne Zweck und Nutzen sind wirklich vor=handen und müssen zu den schönsten und sichersten Wahrheiten in der Astronomie gezählt werden. William Herschel stellte nur wenige Jahre später sein Riesentele=skop in dem kleinen englischen Flecken Slough auf und durchleuchtete mit der Fackel seines Geistes die nächtlichen Tiefen des Himmels. Er verwandelte den Gegen=stand der Lächerlichkeit in erhabene Wirklichkeit und entzog das Wunder der Doppel=sterne allem Zweifel.

Ein für den Hochmut seiner Gelehrtenzunft besonders beschämender Umstand, auf den O. Struve zuerst aufmerksam machte, liegt darin, daß die gegenseitige Ab=hängigkeit der zu den Doppelsternen gepaarten Sterne, die allerdings gegenwärtig die Frucht zahlreicher und schwieriger Untersuchungen ist, für ein scharfes Auge schon aus dem bloßen Anblick eines Verzeichnisses der Doppelsterne hervorgehen müßte. Eine bloße Wahrscheinlichkeitsrechnung also hätte darauf führen können. Wenn wir nämlich eine Hand voll Getreidekörner über ein Schachbrett ausstreuten, so würde die Wahrscheinlichkeit, daß die Körner paarweise in den Feldern des Brettes zu liegen kommen, offenbar gleichzeitig mit der Größe der Felder abnehmen. Lassen wir den Himmel unser Schachbrett sein, über das wir den Zufall die Sterne aus=schütten lassen. Bei der Annahme völliger Unabhängigkeit zwischen allen über den Himmel zerstreuten Sternen würde natürlich die Zahl der gepaarten Sterne um so geringer ausfallen, je geringer wir ihren Abstand voraussetzen. Es wird aller

Wahrscheinlichkeit nach weniger Sterne geben, die um 4 Sekunden, als solcher, die zwischen 4 und 8 oder zwischen 8 und 16 oder gar zwischen 16 und 32 Sekunden voneinander entfernt sind. Nehmen wir für den bei uns sichtbaren Teil des Himmels in runder Zahl 40000 Sterne erster bis achter Größe an, so findet man, daß nach den Regeln der Wahrscheinlichkeitsrechnung bloß 2 Doppelsterne bis zu 12 Bogensekunden Abstand vorkommen können und bloß 8 bis zu 32 Sekunden Distanz. Nun finden sich aber in dem Verzeichnis von 3057 Doppelsternen, welches Struve aufgestellt hat, 987 Sternpaare mit einem Abstande von weniger als 4 Sekunden, aber nur 675 mit einem Abstande von 4—8 Sekunden, 659 mit einem Abstande von 8—16 Sekunden und 736 mit einem Abstande von 16—32 Sekunden. Es tritt also gerade das Gegenteil von jener Wahrscheinlichkeit ein, und somit müssen wir die Voraussetzung, für welche sie stattfinden sollte, aufgeben, d. h. annehmen, daß die Doppelsterne nicht nur zufällig und scheinbar einander nahe stehen, sondern daß sie in Wirklichkeit vielmehr miteinander verbundene Systeme bilden.

Solcher Wahrscheinlichkeitsrechnung hat die Wissenschaft nicht einmal bedurft, um das Dasein umeinander kreisender Sonnen zu verkünden. Mit dem Auge und mit der Rechnung ist sie ihnen gefolgt und hat in den ungemessenen Räumen des Himmels Bewegungen erforscht, die für die Allgemeinheit der Naturgesetze zeugen.

Wie es so häufig in der Welt geschieht, daß man das eine sucht und das andre findet, so hatte auch Herschel, unbekümmert um die von aller Welt verlachte Behauptung Christian Mayers, in den Doppelsternen nur Mittel gesucht, um nach einem von Galilei gemachten, später von Bessel glänzend bewährten Vorschlage ihre Entfernungen von der Erde, ihre Parallaxen, zu messen. Er ging von der Voraussetzung aus, daß die nahe Berührung dieser Sterne nur eine scheinbare sei, daß der meist auffallende Unterschied ihrer Größen und die Wirkung ihrer außerordentlich verschiedenen Entfernungen sei, und daß sich daher durch den verschiedenen Einfluß der Bewegung der Erde auf beide die Entfernung des größeren und darum näheren werde messen lassen. Seine Voraussetzung täuschte ihn. Er fand dafür eine innige Verbindung zweier Sterne, eine gemeinsame Bewegung, ähnlich der, wie sie in unserm Planetensysteme herrscht.

Aber nicht ein glücklicher Zufall, sondern mühevolle Beobachtungen führten zu dieser Entdeckung. Es fanden sich hier Bewegungen, gerade wie sie der Umlauf der Planeten um die Sonne zeigt, und diese Bewegungen konnten sich nur durch kleine Veränderungen in der Stellung der zusammengehörigen Sterne verraten. Aber es mußte auch wieder über jeden Zweifel an der Beweglichkeit der Doppelsterne erheben, wenn man den einen Stern bald östlich, bald westlich vom andern erblickte. Freilich, welche Schärfe der Beobachtung war erforderlich, um solche Veränderungen zu erkennen und gar sie zu messen! Wir müssen bedenken, daß auch die besten Fernrohre die Fixsterne nicht als scharfe Punkte darstellen, wie sie sich zeigen müßten, wenn die Objektivlinsen genau die richtige Krümmung hätten, wenn keine Beugung des Lichtes stattfände und wenn Fehler und Abweichung in unserm Auge selbst nicht die Grenzen verwischten. Nicht je größer also, sondern je kleiner sie die Fixsterne zeigen, desto besser sind die Fernrohre. Die Unterscheidung gewisser Doppelsterne, deren gegenseitiger Abstand oft nur Zehntelsekunden beträgt, ist somit der sicherste Prüfstein für die Güte der Fernrohre.

Trotz dieser Schwierigkeit hat man doch die Bewegungen zahlreicher Doppelsterne gemessen, einzelne lange und genau genug, um ihre Bahnen näherungsweise berechnen zu können. Zwei zarte Spinnfäden im Gesichtsfelde des Fernrohrs bilden das einfache Mittel. In ihren Kreuzungspunkt wird der eine Stern gebracht, und indem man dann den einen beweglichen Faden so lange dreht, bis er genau durch den Mittelpunkt des zweiten Sternes hindurchgeht, vermag man die Drehung dieses Fadens und damit den Winkel zu messen, welchen die gerade Linie zwischen beiden Sternen mit dem unbeweglichen Spinnfaden macht. Wiederholte Messungen lassen später über die Bewegungen der Sterne entscheiden, und vier, im höchsten Falle sechs Beobachtungen genügen, um die Bahn und Umlaufszeit des einen Sternes um den andern berechnen zu lassen. Daß diese letztere Zahl nur in theoretischer Beziehung erforderlich ist, brauche ich wobl nicht besonders hervorzuheben. Denn da keine menschliche Messung absolut-fehlerfrei ist, und besonders auch unsre Mikrometermessungen, wenn es sich um so geringe Größen handelt, als hier zu ermitteln sind, noch äußerst unvollkommen erscheinen, so muß der Astronom bei seinen praktischen Berechnungen mehr Beobachtungen zu grunde legen, als die Theorie fordert. Die größere Zahl vermindert den Einfluß der jeder einzelnen anklebenden Fehler und verbürgt dadurch die größere Richtigkeit des Resultates. Im allgemeinen wird die Bahn dieser Sterne am Himmel als eine kleine Ellipse erscheinen, und nur in dem Falle, wenn die Ebene dieser Bahn genau durch die Erde geht, wird sie sich dem Astronomen anscheinend als eine durch den Hauptstern gehende gerade Linie darstellen.

Wie schon bemerkt, war W. Herschel der erste, welcher mit großem Eifer die Beobachtung der Doppelsterne in die Hand nahm; ihm folgten sein Sohn und James South; später entdeckte F. W. Struve in Dorpat mit dem 14füßigen Fraunhoferschen Refraktor zahlreiche neue Doppelsterne und bestimmte durch Mikrometermessungen von bis dahin ungeahnter Genauigkeit die Stellungen ihrer Begleiter. In Pulkowa setzte Struve diese Beobachtungen fort, und der dortige große Refraktor von 21 Fuß Brennweite gestattete die Entdeckung von noch mehreren hundert Doppelsternen, deren Begleiter entweder sehr lichtschwach sind oder dem Hauptsterne so nahe stehen, daß sie nur in den vorzüglichsten Instrumenten gesehen werden können. Der würdigste Nachfolger Struves auf dem Gebiete der Doppelsternbeobachtungen war der Baron von Dembowski, ein wohlhabender Privatmann, der mittels eines Refraktors von 19 cm Öffnung fast alle von Struve entdeckten Doppelsterne beobachtete und dessen Messungen sich durch ungemeine Genauigkeit auszeichnen. Nach diesen Arbeiten hätte man glauben sollen — und die meisten Astronomen waren in der Tat dieser Ansicht — daß auf dem Gebiete der Doppelsternmessungen nur noch eine wenig reichhaltige Nachlese übrig bleibe. Wie sehr diese Ansicht irrig war, hat der Amerikaner Sherburn Wesley Burnham der Welt gezeigt, indem er zuerst mit einem Refraktor von nur 16 cm Öffnung fast 500 neue Doppelsterne entdeckte. In einem Verzeichnisse führt er 53 Doppel-

sterne des Struveschen Katalogs an, bei denen nach Struves Beobachtungen noch
ein näherer Begleiter entdeckt wurde. Unter Zuhilfenahme des 18zölligen Refraktors zu Chicago und später des 36zölligen Lick-Refraktors hat Burnham noch außerdem mehr als 600 äußerst schwierige Doppelsterne aufgefunden. Man muß sagen,
daß die Nachforschung nach neuen Doppelsternen zwar von den beiden Herschel,
South, den beiden Struves, Dembowski und andern zwar erfolgreich betrieben
wurde, daß aber erst Burnham eigentlich Virtuosität in diesen Zweig astronomischer
Entdeckungen brachte.

Unter den 11000 bisher beobachteten Doppelsternen ist bei etwa 1000 die Bewegung bereits unzweifelhaft nachgewiesen. Für etwa 40 sind sogar die Bahnen
berechnet, und unter diesen für einige mit großer Sicherheit. Bei den wenigsten
Doppelsternen werden diese Bahnen in Zeiträumen von weniger als drei Jahrhunderten durchlaufen, bei den meisten, wie es scheint, erst in Jahrtausenden; letztere
gestatten also vorläufig noch keine einigermaßen sichere Bahnberechnung. Die merkwürdigste Entdeckung auf dem Gebiete der Doppelstern-Astronomie war aber dem
mit der photographischen Platte verbundenen Spektroskop aufbehalten. Wir haben
schon früher bei der Besprechung der veränderlichen Sterne einige kennen gelernt,
bei denen der Lichtwechsel durch das Dazwischentreten eines dunklen oder schwach-
leuchtenden Körpers stattfindet, indem der helle Stern mit dem weniger hellen um
den gemeinsamen Schwerpunkt sich bewegt. Das Vorhandensein des Begleiters
war dabei nur aus gewissen Verschiebungen der Linien im Spektrum des hellen
Sternes zu erkennen, und diese Sternsysteme erhielten deshalb den Namen spektroskopische Doppelsterne. Nun ist einleuchtend, daß, wenn in einem solchen spektroskopischen Doppelsterne der Begleiter sich so bewegt, daß er seinen Hauptstern niemals verdeckt und auch von diesem nicht verdeckt wird, dieses Paar keine Veränderung seiner Helligkeit zeigen wird. Es wird uns vielmehr als ein einzelner Fixstern
von unveränderlicher Helligkeit und unmeßbar kleinem Durchmesser im Fernrohr
erscheinen. Ganz anders wird der Anblick im Spektroskop sein. Das Licht beider
Sterne fließt ineinander und wenn beide die gleichen Lichtstrahlen aussenden, so
zeigt sich ein Spektrum, welches, wie bei allen gewöhnlichen Fixsternen, von dunklen
Linien durchzogen ist, indem die Linien im Lichte des einen Sternes mit denjenigen
des andern zusammenfallen. Wenn aber einer der beiden Sterne eines solchen
Systems sich bei seinem Umlauf um den gemeinsamen Schwerpunkt der Erde
nähert, so müssen die dunklen Linien, die seinem Spektrum angehören, sich gegen
das blaue Ende hin verschieben, gleichzeitig wird der zweite Stern des Systems
sich von der Erde entfernen und die Linien seines Spektrums erleiden eine Verschiebung gegen das rote Ende. Sind diese Verschiebungen groß genug, so ist die
Folge, daß die sonst einfachen dunklen Spektrallinien jetzt verdoppelt erscheinen.
Der erste, welcher eine solche periodisch wiederkehrende Verdoppelung der Linien
in einem Sternspektrum entdeckte, war Prof. E. Pickering von der Harvard-Sternwarte. Er hatte das Spektrum des Sternes Mizar im großen Bären 1889 zu verschiedenen Zeiten photographisch aufgenommen und als er diese Photographien
untereinander verglich, fand er, daß auf einigen derselben eine sonst schmale, scharf

hervortretende Linie doppelt erschien und die weiteren Aufnahmen ergaben, daß diese Verdoppelung periodisch wiederkehrte. Prof. Pickering gab auch sogleich die richtige Erklärung der Erscheinung, indem er den Stern Mizar für einen spektroskopischen Doppelstern erklärte. Die späteren genaueren Untersuchungen über diesen Stern, welche Prof. Vogel in Potsdam ausführte, ergaben als Umlaufszeit der beiden Sterne um den gemeinsamen Schwerpunkt 20,5 Tage, während die halbe große Achse der Bahn 33 Millionen Kilometer und die Gesamtmasse beider Sterne 3,5 Sonnenmassen beträgt.

Im nämlichen Jahre, in welchem die spektroskopische Doppelsternnatur vom Mizar erkannt wurde, entdeckte Miß Maury auf Spektrogrammen der Lick-Sternwarte, daß auch β im Fuhrmann Linienverdoppelungen zeigt, und zwar innerhalb einer Periode von nur 4 Tagen. Ein Jahr später entdeckte Vogel in Potsdam, daß der Stern 1. Größe Spica in der Jungfrau ebenfalls ein spektroskopischer Doppelstern ist mit einer Umlaufsdauer von 4,1 Tagen. Seitdem ist noch bei vielen andern Fixsternen eine periodisch wechselnde Verschiebung ihrer Spektrallinien konstatiert worden, woraus der Schluß folgt, daß auch sie spektroskopische Doppelsterne sind. Von den direkt an Fernrohren erkennbaren Doppelsternen haben die meisten Umlaufszeiten, die ein Jahrhundert und mehr umfassen, die sehr nahe beieinander stehenden Paare dagegen, welche erst Burnham entdeckte, haben kürzere Umlaufszeiten umeinander, von denen einige nicht länger sind als die Umlaufsperiode des Jupiter um unsre Sonne. Sie bilden den Übergang zu den spektroskopischen Doppelsternen, von denen einige mehrere Jahre zu einem Umlauf brauchen, andere einige Monate, wieder andere nur wenige Tage.

Wir sehen also Sonnen um Sonnen kreisen, beide selbständig leuchtend, keine dunkel und kalt, beide um den gemeinsamen Schwerpunkt schwebend. Dieselbe Kraft, dasselbe Gesetz, welches den Lauf der Planeten um die Sonne regelt, waltet auch in diesen Bewegungen. Das Newtonsche Gravitationsgesetz, wonach die Anziehungen im umgekehrten Verhältnisse des Quadrats der Abstände stehen, ist die Voraussetzung, auf welche sich die Berechnungen der Bahnen der Doppelsterne gründeten. Diese Voraussetzung war an sich unberechtigt; denn das Newtonsche Gesetz war nur abgeleitet und bewiesen auf dem Gebiete unsres Planetensystems. Durch die Beobachtung war dies Gesetz auch hier in sein unbeschränktes Recht eingesetzt. Die spätern Beobachtungen gewährten die Prüfung für die Voraussetzung, unter welcher man die ersten Beobachtungen verwendet hatte. Die beobachteten Bahnen stimmten mit den berechneten überein. So steht es denn fest, daß es bis zu den Grenzen der sichtbaren Welt hin eine anziehende Kraft gibt, die im umgekehrten Verhältnisse des Quadrates der Abstände wirkt, eine Weltkraft, die nach gleichem Gesetze den Lauf der Sonne um Sonnen, wie den Lauf der Planeten und Monde oder den Fall des Steines beherrscht!

Wunderbare Welten sind es gewiß, diese Doppelsterne! Gerade in ihnen hat der Himmel, der sonst nur Lichtglanz und Dunkel kennt, den buntesten Schmuck der Farben angetan. Rot und grün, gelb und blau oder weiß schimmern sie oft dicht nebeneinander, und nur in seltenen Fällen mag die eine Farbe durch eine täuschende Kontrastwirkung der andern auf unsre Netzhaut hervorgerufen sein. Haben nun wohl gar jene verschiedenfarbigen Sonnen noch ihre uns unsichtbaren dunklen Planeten, welch wunderbares Lichtleben muß auf diesen herrschen, denen bald rote, bald grüne, bald gelbe, bald blaue Sonnen und Tage aufgehen! Gewiß ist diese Mannigfaltigkeit wunderbar, aber wunderbarer ist doch noch die Einheit des Gesetzes, das sie alle umfaßt, und das den Astronomen gestattet, nicht bloß die Jahre ferner Welten zu zählen, sondern selbst ihre Massen zu wägen.

William Herschel, sagte ich vorhin, hat durch die Entdeckung der Doppelsterne die Sonne entthront. Die Doppelsterne sind Welten gleich unsern planetarischen, bewegen sich in Ellipsen, wenn auch mehr ausgeschweiften, umeinander wie sie, von demselben Gesetze, dem Newtonschen Gravitationsgesetze, geleitet. Nur sind es Welten gleicher Art und Ordnung, Sonnen, die einander umkreisen; nur ist es ein leerer Punkt, der den Mittelpunkt ihres Systems einnimmt. Das Newtonsche Gesetz verlangt für ein System von Körpern nur einen allgemeinen Schwerpunkt, auf den alle Bewegungen sich beziehen. Von unserm Sonnensysteme her sind wir gewohnt, diesen Schwerpunkt von einem bestimmten Zentralkörper materiell erfüllt und von diesem Zentralkörper zugleich durch Massenübergewicht die übrigen Glieder des Systems beherrscht zu sehen. Je größer die Masse des einen gegenüber der Gesamtmasse der andern Körper eines Systems ist, desto näher wird er auch dem gemeinsamen Schwerpunkte stehen müssen. Während aber unsre Sonne die Gesamtmasse ihrer Planeten um das 700fache übertrifft, ist bei den Doppelsternen ein ähnliches Massenübergewicht eines Zentralkörpers nur unter den allergezwungensten und unwahrscheinlichsten Voraussetzungen zu denken. In den meisten Fällen läßt sich gar nicht einmal von einem Hauptsterne sprechen. Die Massen der miteinander verbundenen Sterne sind, nach der Helligkeit zu schließen, nahezu gleich, in andern Fällen dürfen sie wenigstens nicht sehr niedrige Verhältnisse überschreiten. Beim Sirius hat die Untersuchung von Auwers ergeben, daß der Hauptstern vielleicht 14-, der Begleiter 7mal unsre Sonne an Masse übertrifft. Hier wäre also das Verhältnis wie 2:1. Trotzdem leuchtet Sirius mindestens 500mal heller als sein Begleiter, und wir haben darin einen Beweis, daß die Lichtstärke der Firsterne nicht ohne weiteres von ihrer Masse abhängt. Wenn aber so wenig voneinander verschiedene Massen zu einem Systeme verbunden werden, so kann natürlich ihr gemeinsamer Schwerpunkt immer nur zwischen ihnen, niemals in der einen oder andern Masse selbst liegen. Dann werden aber auch beide Sterne einen nahezu gleichen Anteil an der Umlaufsbewegung nehmen, und es wird sich, streng genommen, gar nicht einmal mehr sagen lassen, daß ein Stern den andern umkreist. Trennen wir nun das Zufällige — wie es das Massenverhältnis gegenüber dem Gesetze ist — von dem Notwendigen, so haben wir auch in unserm Sonnensysteme nicht mehr den Zentralkörper, sondern den Schwerpunkt des Systems aufzusuchen und erst nachträglich zu prüfen, ob dieser wirklich ein materiell erfüllter sei. Wir wissen bereits, daß unsre Sonne in der Tat eine kleine Ellipse um diesen Schwerpunkt beschreibt, daß dieser also, wenn auch bisweilen der überwiegenden Masse wegen, doch nicht immer innerhalb des Sonnenkörpers, viel weniger in

seinem Mittelpunkte liegt. Die Sonne ist damit in die Reihe der Planeten einge=
treten und verdient nur den Namen ihrer Herrscherin durch die Nähe des Schwer=
punktes der Gesamtheit.

Aber noch einer unsrer gewöhnlichsten und vermeintlich berechtigsten Vor=
stellungen, die wir dem Sonnensystem entlehnten, scheint durch die Beobachtungen
jener Himmelsferne Gefahr zu drohen. Gewohnt, nur leuchtende Zentralköcper
von dunklen umkreist zu sehen, waren wie wohl überrascht, auch Sonnen um Sonnen
sich bewegen zu sehen. Was wird der Leser aber zu einem dunklen, unsichtbaren
Zentralköcper sagen, der von Sonnen umkreist wird? Und doch war der scharf=
sinnige Bessel zu einer solchen Annahme gedrängt. Bessel erkannte in den tat=
sächlich ermittelten Eigenbewegungen des Sirius und Procyon Abweichungen von
eine überraschenden Gleichmäßigkeit. Wie Leverrier aus den rätselhaften Stö=
rungen in der Bewegung des Uranus, so schloß Bessel aus diesen Abweichungen
in der Bewegung der Sterne auf die Nähe eines unbekannten anziehenden Kör=
pers. Es mußten gewaltige Massen in der unmittelbaren Nähe des Sirius und
Procyon vochanden sein, welche jene Abweichungen hervorbrachten, und diese
Massen konnten nur dunkle oder schwachleuchtende Welten sein. Jene uns einfach
erscheinenden schönen Sterne sind also nach dieser Ansicht Doppelsterne, in denen
uns aber das eine Glied nicht sichtbar wird. Peters in Pulkowa hat daraufhin die
Bahn des Sirius um jenen Zentralkörper bestimmt. Er fand eine Umlaufszeit
von 50 Jahren und 35 Tagen. Am 31. Januar 1862 entdeckte Clark zu Cam=
bridge in Nordamerika, als er den eben von ihm vollendeten großen Refraktor von
50 cm Objektivdurchmesser prüfte, der sich heute in Chicago befindet, in der Nähe
des Sirius ein schwaches Sternchen. Auf seinen Bericht wurde es auch auf ver=
schiedenen europäischen Sternwarten gesehen, und Auwers fand durch Berech=
nung, daß dieser Stern wahrscheinlich identisch mit der Besselschen dunklen Masse
sei. Eine neue Bahnberechnung, bei der alle direkten Beobachtungen benutzt
wurden, änderte die von Peters früher gefundene Umlaufszeit nur unbedeutend.
Sie beträgt $49^4/_{10}$ Jahre. Da die Parallaxe des Sirius bekannt ist, so fand sich seine
Masse, wie ich bereits mitteilte, zu 14 Sonnenmassen, die Masse des Begleiters
zu 7 Sonnenmassen. Der mittlere Abstand dieser beiden Körper beträgt 740 Mil=
lionen Meilen. Auch bei Procyon hat sich Bessel zur Annahme eines dunkleren
Begleiters veranlaßt gesehen, und Auwers fand dessen Umlaufszeit zu 40 Jahren.
Auch hier ist (1896) ein überaus lichtschwacher Begleiter (13. Größe) des Haupt=
sternes entdeckt worden, dessen Umlaufszeit 40 Jahre beträgt. Für beide Sterne
ergibt sich eine Gesamtmasse von 6 Sonnenmassen und die Masse des Begleiters
fast genau gleich der Masse unsrer Sonne.

Die Bestimmung der Masse oder des Gewichtes eines Fixsternes, der auch in
den stärksten Ferngläsern keinen wahrnehmbaren Durchmesser zeigt und vollends
die Berechnung der Massen spektroskopischer Doppelsterne, scheint auf den ersten
Blick völlig unmöglich zu sein. Es ist daher angezeigt, hier wenigstens den Weg
anzudeuten, auf dem es gelungen ist, solche wunderbare Ergebnisse zu erlangen.
Es ist das Newtonsche Gesetz der Anziehungen, das sich in den Bewegungen der

Doppelsterne so unzweifelhaft bestätigt, welches gestattet, zurückzuschließen auf die anziehenden Massen. Nach diesem Gesetze besteht eine feste Beziehung zwischen den anziehenden Massen und den Abständen und Umlaufszeiten, und zwar, wie Kepler nachgewiesen hat, stehen die Massen zu den Quadratzahlen der Umlaufs= zeiten in direktem, zu den Kubikzahlen der Abstände in umgekehrtem Verhältnis. Kennt man also bei den Doppelsternen aus unmittelbarer Beobachtung die Winkel= geschwindigkeit des einen Sternes, und ist man imstande, den Halbmesser der von ihm durchlaufenen Bahn in Meilen auszudrücken, so kann man auch nach Meter und Zentimeter berechnen, um wieviel dieser Stern in einer Sekunde gegen den Hauptstern fällt. Durch Vergleichung dieser Größe mit dem Falle eines Steines auf der Erde oder mit dem Falle der Erde gegen die Sonne, unter Berücksichtigung der verschiedenen Abstände, kann man das Verhältnis der Doppelsternmasse zur Erd= oder Sonnenmasse erhalten; mit andern Worten: man kann das Gewicht jener Doppelsterne bestimmen. Wer nicht mit den streng logischen Schlußfolge= rungen bekannt ist, die nach und nach bis zur Abwägung einer fern im Ozeane des Raumes strahlenden Sonne hinleiten, müßte es als töricht betrachten, daß Men= schen es wagen, von dem Gewichte einer Sonne zu sprechen, die wegen ihrer großen Entfernungen selbst in den kraftvollsten Teleskopen nur als unteilbarer Punkt erscheint!

Ich hatte Wunder, hatte Gedanken versprochen auf diesem Ausfluge durch die Räume der Firsternwelt. In reicher Fülle sind sie entgegengeströmt. Wir sehen zahllose Sonnen, der unsrigen vergleichbar an Masse und Leuchtkraft, im unermeßlichen Weltraume sich bewegen, bald einzeln, bald zu zweien um den ge= meinsamen Schwerpunkt kreisend; wir erkannten dasselbe Gesetz in den Tiefen der räumlichen Unermeßlichkeit wieder, welches hienieden den emporgeworfenen Stein zur Erde zwingt: aber eine höhere Einheit, welche die einzelnen Systeme zu einem Gesamtganzen verbindet, trat uns bis jetzt noch nicht in erkennbaren Zügen ent= gegen. Lassen wir jetzt den Gedanken auch zu einem Abschlusse kommen, daß der Himmel, den die Forschung uns zerstörte und in Atome zersplitterte, sich von neuem durch die Resultate der Forschung zu einer Gesamtheit, zu einem Ganzen abrunde!

Sechstes Kapitel

Das Fixsternsystem.

Der Anfang ist an allen Sachen schwer,
Bei vielen Werken fällt er nicht ins Auge.

Wir haben es versucht, mit Hilfe der wissenschaftlichen Forschung den Schleier von jenem Himmelsgewölbe zu heben, das sich über uns ausspannt, und haben gesehen, in welche unnahbare Ferne das Gewölbe allmählich entschwebte. Wie ganz anders dachten sich doch die Alten die Höhe des Himmels! Hephästos, von Zeus aus dem Himmel geschleudert, so erzählt uns Homer, fiel er in einem Tage auf Lemnos herab und „er atmete nur noch ein wenig". In wilderen Schätzungen ergeht sich wohl die Phantasie eines Hesiod, wenn er vom Sturze der Titanen in den Tartarus singt:

„Wenn neun Tage und Nächte dereinst ein eherner Amboß
Fiele vom Himmel herab, am zehnten käm' er zur Erde."

Aber was will auch eine solche Entfernung, die etwa dem anderthalbfachen Abstande des Mondes von der Erde entspräche, sagen gegen die Anschauung, die wir heute gewonnen haben! Auf eine für unsre Vorstellungen fast unermeßliche Weite von $4\frac{2}{3}$ Billionen Meilen waren wir gezwungen, den Abstand des nächsten Fixsternes von unsrer Erde zu setzen, einen Raum, den das flüchtige Licht selbst erst in $3\frac{1}{2}$ Jahren durchfliegt!

Wie ganz anders schauten die Alten das Himmelsgewölbe an! Das gilt nicht bloß von seinen Entfernungen, die wir nach Lichtjahren, jene nach irdischer Fall= geschwindigkeit schätzen, das gilt auch von seinem reichen Inhalt. Plinius, der doch das Sternenverzeichnis Hipparchs, des berühmtesten Astronomen des Alter= tums, kannte, zählte an dem schönen italienischen Himmel nur 1600 sichtbare Sterne. Und jetzt zählt das unbewaffnete Auge, das doch dasselbe geblieben und nur anders schauen gelernt hat, an dem ungünstigen nordischen Himmel 4000—6000 deutliche Sterne. Was will das aber sagen gegen die unermeßliche Weltenzahl, welche das Teleskop dem Auge enthüllt hat, gegen die 100000 und mehr Sterne erster bis neunter Größe, welche unsre Sternverzeichnisse aufführen gegen die 18000000 Sterne, welche William Herschel in der Milchstraße allein für sein 40füßiges Tele= skop als sichtbar annehmen zu müssen glaubte, gegen die unzählbaren Sternheere, die Lord Rosses Riesenteleskop und dieses noch übertreffend, die photographischen Platten in den menschlichen Gesichtskreis eingeführt hat!

Anders aber schaute das Altertum den Himmel nicht bloß darum an, weil ihm die Mittel des Sehens und der Beobachtung fehlten, sondern weil es diesen Mangel durch seine Träume ersetzen wollte. Seine Dichter und Weisen gefielen sich darin, die Spuren einer mythischen Götterwelt am Himmel zu suchen. In jener Milchstraße, die wie ein glänzendes Diadem den Sternhimmel schmückt, und in der wir heute den Abglanz einer unendlich reichen, fernen Welt sehen, schauten die Griechen nichts als etwa die feurigen Spuren, welche der Wagen des Phaeton hinterließ, oder die Spuren eines ausgetretenen Weges, den die Sonne einst wandelte, ehe sie ihren Lauf durch den Tierkreis antrat. Der Erste, welcher Wahrheit und Wirklichkeit ahnte hinter jenem schimmernden Lichtglanz, weil er eben nur Natur und nicht träumerische Ideen am Himmel suchte, war ein alter griechischer Philosoph, Demokrit, bekannt als der Gründer der atomistischen Schule. Er sah im Glanze der Milchstraße die sich mischenden Bilder von unendlich vielen, durch ihre unermeßliche Entfernung eng aneinander gedrängten Gestirnen. Das Fernrohr Galileis bestätigte die bewunderungswürdige prophetische Anschauung des Philosophen, indem es dort Sterne zeigte, welche das bloße Auge nicht mehr erkennen konnte; doch darf man ja nicht glauben, was in einzelnen Schriften zu lesen ist, Galileis Fernrohr habe die Milchstraße in Sterne aufgelöst. In einem Fernrohre sieht man überhaupt vom Schimmer der Milchstraße meistens nichts mehr, jedoch keineswegs weil es dieselbe in Sterne zerlegt, sondern weil in dem kleinen Gesichtsfelde der Kontrast mit der dunkleren Umgebung des Himmelsraumes fehlt. Man kann deshalb auch mit einem Fernrohre den Verlauf im einzelnen nicht feststellen, sondern höchstens nur die Zunahme der Sterne in der Richtungen zur Ebene der Milchstraße. Dagegen werden einzelne Nebelflecke, die in der Milchstraße stehen, allerdings von großen Teleskopen in Sterne zerlegt.

Seit man eine reiche Welt in jenem „leuchtenden Meteore" des Himmels, wie noch Aristoteles die Milchstraße nannte, zu schauen gelernt hat, ist auch ihrer Gestalt und ihrem Verlauf ein aufmerksamer Blick geschenkt worden. Dort im Südosten zwischen den prachtvollen Sternbildern des Orion, des großen und kleinen Hundes steigt sie empor, anfangs ein schwacher Lichtstrom, der die Hörner des Stiers berührt und sich über die Böckchen des Fuhrmanns ergießt. Eine wunderbare Verzweigung der Milchstraße beginnt jenseits des Zenit in der Kassiopeja. Hier sendet sie einen Zweig südöstlich zum Perseus, der sich gegen die Plejaden und Hyaden verliert, und weiterhin einen andern nordwestlich gegen den kleinen Bären und den Nordpol des Himmels. Im Schwane, der anmutigsten und sternreichsten Gegend des nördlichen Himmels, zeigt sich in ihrer Mitte eine breite, dunkle Leere, von der gleichsam als Mittelpunkt drei Lichtströme ausgehen, deren einer sich erst in der Gegend des Adlers verliert. In ununterbrochener flockiger Gestalt zieht sie nun weiter über den Adler hinaus zum Schützen, wo sie der Horizont uns verbirgt. Am südlichen Himmel aber steigt sie im Schwanze des Skorpions wieder empor, um in der größten Pracht ihres Glanzes sich über Altar und Triangel zu dem funkelnden Sterne des Centauren zu ergießen. Hier auf dieser Strecke vom Schützen bis zum Schiffe, entfaltet die Milchstraße die wun-

derbarste Mannigfaltigkeit und Pracht der Gruppierung, hier werden ihre Ver=
zweigungen die reichsten und glänzendsten. Einen Zweig sendet sie schon vom
Triangel aus bis nahe an den Fuß des Schlangenträgers, einen andern vom Haupt=
stern des Centauren zum Sternbilde des Wolfes, bis sie am Hinterteile des Schiffes,
fächerförmig zerteilt, völlig abbricht und eine weite dunkle Lücke zeigt, jenseit deren
sie sich anfangs wieder mannigfach verzweigt, dann als ein ungeteilter breiter, aber
immer schwächerer Lichtstrom durch den großen Hund zum Orion an unserm öst=
lichen Horizonte fortsetzt. Da, an jener Stätte ihres höchsten Glanzes, wo sie sich
bald in einer Breite von 20 Himmelsgraden ausdehnt, bald auf vier bis fünf Grade
zusammenzieht, umfaßt sie das strahlende Kreuz des Südens. Dort schneidet sie
jenen glänzenden Gürtel der größten und vielleicht nächsten Gestirne des Himmels,
der sich vom Orion durch das Kreuz zum Skorpion hinzieht. Dort umschließt sie,
gleichsam um durch den Kontrast die Wirkung ihres Glanzes noch zu heben, jene
wunderbaren schwarzen Flecken, die man als Kohlensäcke bezeichnet, und in denen
Herschel Öffnungen des Himmels sah, durch welche es gestattet sei, gleichsam in
den finstern Weltraum zu blicken.

Das ist in flüchtigen Umrissen ein Bild von der scheinbaren Gestaltung der
Milchstraße.

Wir werden nun auch verlangen, eine Anschauung von den wirklichen Ver=
hältnissen der fernen Sternwelt und unsrer Stellung zu ihr zu gewinnen. Mag
es auch nur ein Dämmerlicht sein, welches auf solchen Resultaten ruht, so haben
sie doch eine hohe Berechtigung, weil sie im Geiste denkender Menschen zu Reflexionen
führen, die einen Naturgenuß verschaffen, der aus Ideen entspringt. Darin liegt
ja überhaupt die Existenzberechtigung der ganzen Sternkunde, von der niemand
materiellen Nutzen erwartet und deren Ermittelungen nur Bedeutung haben, inso=
fern sie Bausteine liefern zu der geistigen Brücke, die über Raum und Zeit hinweg
unser Sein mit Vergangenheit und Zukunft des Weltalls verknüpft.

Nicht der Zufall allein kann in jener auffallenden Gruppierung der Sterne
gewaltet haben. Es widerstrebt unsrer ganzen Anschauung, diesen Sternring von
dem Heere der uns vereinzelt am Himmel erscheinenden Sterne zu scheiden. Der
Leser wird sich unwillkürlich jener Täuschung erinnern, die in einem Walde nach
seiner Längsrichtung die Bäume dichter gedrängt erscheinen läßt, als nach seiner
Breitenrichtung. So werden wir auch dem Versuch nicht widerstehen können, die
ganze Schar der Sterne am Himmel in ein großes Weltensystem zusammenzu=
fassen. Auch unsre irdische Heimat, unser Sonnensystem gehört diesem großen
Weltganzen an. Aber welche Stellung hat es in demselben? Diese Frage mit
wissenschaftlichen Gründen zu beantworten, hat erst Fr. Wilhelm Herschel unter=
nommen, aber am Ende seines langen und ruhmreichen Lebens war er genötigt,
einzugestehen, daß seine Untersuchungen in dieser Beziehung zu keinem bestimmten
Resultate geführt hatten. Im Jahre 1784 veröffentlichte er zuerst seine Gedanken
über die Stellung unsrer Sonne im Fixsternreiche. Er dachte sich die Fixsterne
in Schichten geordnet und unsre Sonne nicht weit abstehend von dem Punkte, wo
eine kleinere Sternschicht von einer größeren sich abzweigt. Im Jahre 1785 glaubte

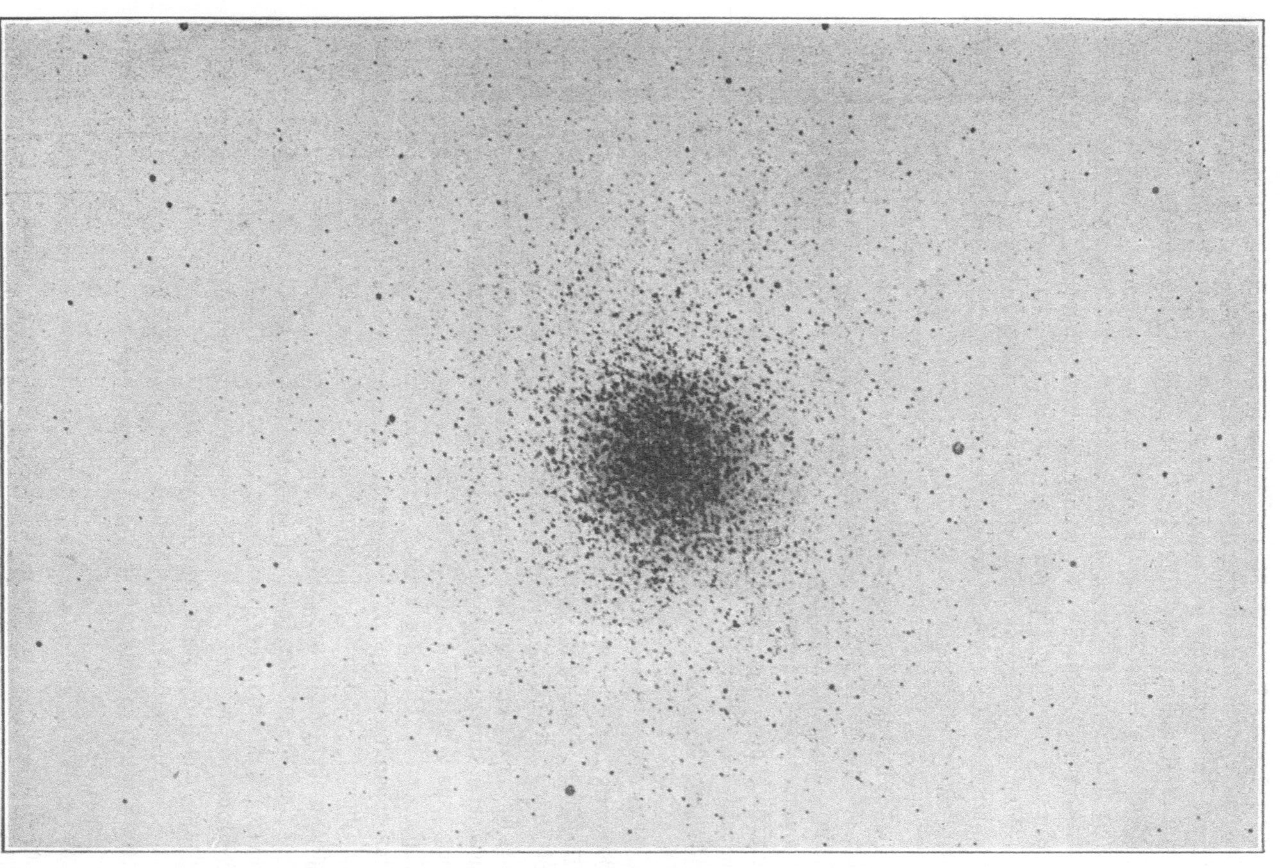

Der große Sternhaufen im Centauren, photographiert auf der Sternwarte zu Arequipa.

er, daß sein Teleskop allenthalben die äußersten Grenzen der Milchstraße erreicht
habe und hielt diese an den meisten Stellen für verhältnismäßig engbegrenzt; 1814
betrachtete er die helleren geballten Stellen der Milchstraße als Folgen einer zu-
sammenballenden Kraft und glaubte an eine allmähliche Auflösung und ein der-
einstiges Zerfallen der Milchstraße. Im Jahre 1817 veröffentlichte William
Herschel eine Abhandlung, in welcher er zeigte, daß unser Sonnensystem tief
in der Milchstraße selbst liege, und 1818 endlich, in seiner letzten bezüglichen Arbeit,
erklärte er endlich die Tiefe der Milchstraße für unergründlich! Damit fällt natürlich jede Spekulation über ihre äußere Gestalt von selbst fort.

Nach Herschels Tode hat zuerst S t r u v e die Untersuchung der Milchstraße
und der Stellung unsres Systems zu derselben, wieder aufgenommen. Er blieb
zuletzt dabei stehen, daß sämtliche für uns wahrnehmbare Sterne zum Systeme
der Milchstraße gehörten und daß die mittleren Abstände zwischen zwei benachbarten
Sternen in dem Maße größer würden, als diese Sterne entfernter von der Ebene
der Milchstraße ständen. Dieses Ergebnis ist richtig, wenn man es auf die scheinbaren Verhältnisse bezieht, und als solches nichts Neues, unrichtig dagegen, wie
ich nachgewiesen habe, wenn man auf die wahren Abstände zurückgeht. Aus meinen
Untersuchungen ergibt sich, daß die Milchstraße zu unserm Fixsternsysteme zunächst
in gar keiner Beziehung steht. Der Fixsternkomplex, zu dem unsre Sonne gehört,
ist nahezu kugelförmig, neben ihm, in ungemessenen Distanzen, existieren noch zahllose andre, ebenfalls nahezu kugelförmige Fixsternsysteme, die sämtlich ungefähr
in einer Ebene gruppiert sind. Diese ist nun die Ebene der Milchstraße, und die
Ringform der letzteren ist eine daraus mit Notwendigkeit hervorgehende optische
Täuschung. Was Kant, von bloßer Spekulation ausgehend, als wahrscheinlich
hinstellte: die Existenz einer Hauptebene für die Fixsternwelt, analog derjenigen,
um welche im Sonnensysteme die Planetenbahnen gruppiert sind, findet in den
genaueren Untersuchungen, welche sich auf Sternkataloge und Berechnungen gründen, seine Bestätigung. Die Verwüstungen durch die Zeit und die Spuren vom
Aufbrechen der Schichten, welche William Herschel in einzelnen Teilen der Milchstraße phantasiereich zu erkennen glaubte, ebenso wie seine berühmten „Öffnungen
im Himmel", erklären sich ungezwungen aus der perspektivischen Ausstreuung ungleich großer, dichter und entfernter Sternhaufen und Nebelflecke.

Einer dieser Sternhaufen ist auch der unsrige, die Gesamtheit der Sterne,
welche sich nächtlich über unserm Haupte wölben. Er bildet in seiner (nach unsern
Anschauungen sich ergebenden) Zusammenstellung ein selbständiges System, ein
Ganzes, den übrigen Sternhaufen ebenbürtig.

Es war die äußere Physiognomie der Himmelslandschaft, aus welcher wir
unsre Vorstellung von der äußern Gestaltung des Weltganzen schöpften. Aber das
reiche, bunte Bild der Himmelslandschaft war in der Tat kein kaltes, lebloses Bild.
Es regte sich in ihm, wie auf unsern Fluren: Sterne kommen und schwinden;
sie wechseln wie das Treiben eines Mückenschwarmes. Denn was hat die Zeit mit
solchem Bilde zu tun, was sind Millionen Jahre für solche Gebilde! Sterne kommen
und gehen; die plötzlich auflodernden neuen Sterne und die Lichtwechsel der Ver-

Der Nebel um den neuen Stern im Perseus, photographisch aufgenommen
am 11. Januar 1902 auf der Licksternwarte.

änderlichen geben davon Zeugnis. Sterne wechseln ihre Ordnung; spektroskopische
wie teleskopische Doppelsterne kreisen um ihren gemeinsamen Schwerpunkt; Planeten, Monde und zahllose Kometen schweifen über das Himmelsgewölbe hin, und
jede schießende Sternschnuppe gleicht einer verblühenden Blume. Doch auch das
gesamte Gemälde zieht wie durch einen verborgenen Mechanismus langsam an
unsern Blicken vorüber; das Vorrücken der Nachtgleichen und das Wanken der Erdachse führen neue Sterne am Horizonte herauf und entziehen uns andre. Aber noch
ist das bewegliche Leben der Himmelsphysiognomie nicht erschöpft. Das ganze
Heer der Sterne, die eine beschränkte Anschauung feste nannte, ist in einer ewigen
Bewegung begriffen; sie alle wandeln ihre Bahnen, wie Monde und Planeten.
Diese Bewegung gab dem Bilde Leben, und in ihr allein haben wir die innere

Einheit, das gesetzliche Band, das diese Welten zu einem Systeme zusammenfaßt, zu suchen.

Bewegungen verlangen eine bewegende Kraft und, wenn sie einander nicht stören und vernichten sollen, ein ordnendes Gesetz. Wo das Gravitationsgesetz gilt, muß es auch einen Schwerpunkt geben, und wo es bewegte Körper gibt, seien es Planeten oder Fixsterne, da müssen sie diesen Schwerpunkt umkreisen. Diese um einen gemeinsamen Schwerpunkt kreisenden Sonnen bilden aber ein geordnetes Ganzes, ein System, ein Reich. Es gilt also in der Tat, ein Weltreich zu begründen, zu begrenzen, auszumessen und vor allem ihm einen Herrscher zu geben. Gewiß eine sehr verführerische Aufgabe für die Phantasie; aber wir wollen uns beeilen, ihr durch den berechnenden Verstand zuvorzukommen!

Wo es sich um die Herrschaft handelt, und wäre es selbst in den fernsten Räumen des Weltalls, da fehlen die Parteien nicht. Entweder eine gewaltige Zentralsonne muß dieses Sternsystem beherrschen, alles überragend an Masse und Kraft, oder ein Gedanke ist es, ein massenloser Punkt, in dem sich alle Anziehungen vereinigen, und dessen Stelle nur zufällig und zeitweilig ein vielleicht unscheinbarer Stern einnimmt. Möglich ist das eine wie das andere; für jenes spricht unser Sonnensystem, für dieses sprechen die Doppelsterne. Jedes hat auch seine Partei gefunden und jede Partei ihren namhaften Führer.

In allen Fällen ist es immer nur der Schwerpunkt, welcher die Herrschaft gibt. Schon der Philosoph Kant, der noch nicht die Eigenbewegung der Sterne kannte, meinte im Sirius, dem glänzendsten aller Sterne, die Zentralsonne zu finden. Die spätere Beobachtung hat diese Herrschaft freilich nicht bestätigt, im Gegenteil haben wir gesehen, daß Sirius sich mit einem Begleiter um den gemeinsamen Schwerpunkt schwingt.

Die Gegend des Himmels, in welcher Mädler den Schwerpunkt des großen Sternsystems suchte, umfaßt ungefähr die Sternbilder des Widders, des Stiers, der Zwillinge und des Orion. Eine nähere Bezeichnung glaubte er aus der Eigenbewegung unsrer Sonne zu erlangen. Ist die Bahn der Sonne nämlich kreisförmig, so ist die Richtung der Sonnenbewegung, die wir ja kennen, die Tangente des Kreises, in welchem die Sonne sich bewegt. Der Mittelpunkt dieses Kreises und damit der Schwerpunkt des Systems ist also innerhalb eines größten Kreises zu suchen, welcher jenen bekannten Punkt im Sternbilde des Herkules, gegen welchen unsre Sonne fortschreitet, zum Mittelpunkt hat. Mädler wandte auf diesen Kreis gewisse, aus der Lage der Milchstraße abgeleitete Andeutungen an und erhielt so für den wahrscheinlichen Ort des Schwerpunktes die Gegend des Himmels, welche sich vom Perseus zwischen Widder und Stier hinzieht. In den Plejaden des Stiers glaubte Mädler schließlich den Schwerpunkt des Himmels zu finden.

Es waren freilich nur unbestimmte Hindeutungen auf das gesuchte Ziel, denn über die wirkliche Form der Sonnenbahn läßt sich im voraus nicht entscheiden, und mit der Verwerfung der Kreisform schwinden auch alle Schlüsse, die wir daran knüpften. Eine sichere Annäherung zum Ziele würden wir nur in einer genauen Vergleichung der verschiedenen Eigenbewegungen der Sterne finden können. Dazu müßten wir aber imstande sein, den Sinn dieser Bewegungen richtig zu deuten, und um dies wieder zu können, müßten wir zuvor eine Entscheidung über die Form des gesuchten Schwerpunktes treffen. Ist es ein massenhafter Zentralkörper, der ihn in sich schließt oder ist es ein leerer, massenloser Punkt, wie Mädler meint? Das ist, wie wir sehen werden, für die Deutung der Sternbewegungen nicht gleichgültig.

Kein glänzender Stern zeigte sich im Bilde des Perseus, den man für die mächtige Zentralsonne hätte erklären können, und eine dunkle, unsichtbare Gespenstersonne zur Herrscherin so vieler Millionen glanzvoller Sonnen einsetzen zu wollen, könnte niemand einfallen. Das wäre nun freilich noch kein Beweis für das Nichtvorhandensein einer solchen Zentralsonne. Aber machen wir uns einmal das fragliche Wesen klar. Es wird ein Zentralkörper gesucht, der den Fixsternen gegenüber ein ähnliches Übergewicht behauptet, wie die Sonne gegenüber den Planeten. Wir wollen nun die Anzahl der uns teleskopisch sichtbaren Sterne mit William Herschel nur auf 20 Millionen anschlagen und jedem Sterne durchschnittlich nur eine Masse geben, die der unsrer Sonne gleich ist, dann erhalten wir für die Masse der gesuchten Zentralsonne, wenn sie auch nach dem in unserm Sonnensysteme bestehenden Verhältnis 720—750mal die Gesamtmasse ihres Systems übertreffen soll, eine Masse, die 15 Milliarden unsrer Sonnenmasse gleich wäre, und einen Körper, der bei der Dichtigkeit unsrer Sonne 2450mal diese an Durchmesser überträfe. In welch ungeheuere Entfernung müßten wir diesen Koloß hinausrücken, oder wie unendlich gering müßten wir seine Leuchtkraft anschlagen, wenn er nicht als zweite Sonne an unserm Firmamente strahlen sollte!

Das ist allerdings ein starker Einwurf gegen die Wahrscheinlichkeit einer solchen Zentralsonne. Aber ein ungleich gewichtigerer läßt sich aus den Eigenbewegungen der Sterne herleiten. In einem Systeme von Welten, in welchem die Anziehung eines massenhaften Zentralkörpers die Bewegungen leitet, müssen notwendig die raschesten Bewegungen in der größten Nähe dieses anziehenden Körpers stattfinden. So ist es in der Tat in unserm Sonnensystem. Wir wissen, daß die Geschwindigkeit des Merkur zehnmal die des fernen Neptun übertrifft, und daß im weitgeschweiften Laufe der Kometen oft noch 10= und 20mal größere Unterschiede der Geschwindigkeit vorkommen. Auch in der Nähe jener angenommenen Zentralsonne müßten also unzweifelhaft besonders schnelle Bewegungen der Sterne sich zeigen. Noch ist aber keine Gegend des Himmels gefunden worden, in welcher so schnelle Bewegungen um einen Punkt sich gruppierten, und doch könnten sie eben darum der Beobachtung am wenigsten entgehen. Wollte man selbst zugeben, daß die Schnelligkeit solcher Bewegungen durch eine ungeheuere Entfernung minder bemerklich werden könnte, so würde durch diese Entfernung wieder der störende Einfluß der Sonnenbewegung aufgehoben, und wir müßten die reinen Eigenbewegungen der die Zentralsonne umkreisenden Sterne selbst erblicken. Es müßte sich also irgend eine Sterngruppe auffinden lassen, in der alle möglichen Richtungen der Eigenbewegung gleich häufig vertreten wären. Mädler, der 3000 Sterne in betreff ihrer Eigenbewegungen verglich, hat für keine einzige Gegend des Himmels den Einfluß der Sonnenbewegung ganz schwinden sehen.

So find wir denn genötigt, den Glauben an eine einzelne allumfassende Zentralsonne aufzugeben. Wir könnten nun meinen, es bestehe überhaupt kein innerer, gesetzlicher Zusammenhang zwischen diesen zahllosen Sternen, es sei in Wirklichkeit nur ein Haufenwerk, nicht ein System von Welten, und die Eigenbewegungen der Sterne ließen sich aus einer Anziehung der zufällig nächststehenden Sterne erklären. Dagegen aber würden wieder die Doppelsterne ein wichtiges Zeugnis bilden. Nicht etwa das Dasein der Doppelsterne überhaupt! Denn warum sollten nicht auch kleine Systeme von diesen Haufen umschlossen werden? Aber diese Doppelsterne zeigen auch eine Eigenbewegung, und die Größe dieser Eigenbewegung übertrifft durchschnittlich fünfmal die durch die gegenseitige Anziehung bewirkte Bahnbewegung der Doppelsterne. Man würde ungeheure Sonnenmassen anzunehmen haben, um durch deren Anziehung aus weiter Ferne so gewaltige Wirkungen hervorbringen zu lassen. Dazu kommt noch die Tatsache, daß das Band eines gemeinsamen Konnexes am Sternhimmel sich nicht bloß auf die nur wenige Sekunden voneinander entfernten Doppelsterne erstreckt, sondern auf so weit voneinander stehende Fixsterne als die hellen Sterne $\beta, \gamma, \delta, \varepsilon, \zeta$ im großen Bären, die nach Bewegungsrichtung und Geschwindigkeit einem engern Verbande angehören.

Die Anordnung aller dieser Welten zu einem einheitlichen System wäre also hiernach nicht unwahrscheinlich. Nur eine andre Gestaltung dieses Systems müssen wir suchen, als wir sie aus unserm Sonnensystem abgeleitet hatten. Da sind es denn die Doppelsterne, in denen wir einen Gedanken lesen, nach welchem die Natur Welten zu ordnen weiß.

Erinnern wir uns der Umwälzungen, welche die Doppelsterne in unsern Vorstellungen hervorbrachten! Wir sahen hier gleichberechtigte Glieder ein System bilden, und keinem vermochten wir die Bezeichnung eines Hauptsternes beizulegen. Wir waren genötigt, sogar auf unser Sonnensystem die veränderte Anschauung zu übertragen und die Herrschaft unsrer Sonne zu erschüttern. Ein System, auf das Newtonsche Anziehungsgesetz gegründet, so lautet unser Urteil, erfordert nichts als einen gemeinsamen Schwerpunkt. Nur die Art der Bewegung ist an die Verteilung der Massen in einem solchen System geknüpft. Immer ist es zwar die gesamte Masse, welche die Anziehung ausübt, aber für einen Punkt innerhalb der anziehenden Masse entspringt die Größe der Anziehung doch nur dem Abstande von dem Schwerpunkte, da alle darüber hinaus liegenden anziehenden Kräfte durch den Gegensatz ihrer Richtungen einander aufheben. Bei einer gleichen Verteilung der Massen, also bei Abwesenheit einer überwältigenden, den Schwerpunkt umschließenden Zentralmasse, müssen die Anziehungen wachsen mit der Entfernung vom Schwerpunkt. Bei kreisförmigen Bewegungen der Körper eines solchen Systems muß auch die Geschwindigkeit dieser Bewegungen in demselben Verhältnis wachsen; alle Glieder müssen in gleicher Zeit ihren Kreislauf vollenden und vom Mittelpunkt aus gesehen in gleichen Zeiten gleiche Winkel beschreiben.

Sollte ein solches System nicht annähernd wenigstens das große System unsrer Fixsternwelt sein? Die Bewegungserscheinungen müßten hier gerade entgegengesetzter Art sein, als wir sie nach den in unserm Sonnensysteme gemachten Erfahrungen zu erwarten hätten. Nicht die schnellsten, sondern gerade die langsamsten Bewegungen haben wir jetzt in der Nähe des Zentralpunktes zu suchen. Ständen wir in der Mitte des Systems selbst, so würde uns die Geschwindigkeit überall dieselbe, also unabhängig von der Entfernung und damit auch unabhängig von der Helligkeit erscheinen, soweit wir nämlich von der Helligkeit auf die Entfernung schließen dürfen. Stehen wir aber, wie es doch wahrscheinlich ist, außerhalb dieser Mitte, so müssen wir wenigstens einigermaßen eine Abhängigkeit zwischen der Bewegungsgeschwindigkeit und der Helligkeit bemerken. Mädler glaubte dies in der Tat gefunden zu haben und kam in einer großen Untersuchung zu dem Resultate, daß bezüglich der Plejadengruppe, speziell bezüglich des hellsten Sternes derselben, Alcyone, alle scheinbaren Bewegungen sich genau so gestalten, um jenen Stern als den Zentralpunkt unsres Fixsternsystems erscheinen zu lassen. Indessen legte Mädler diesem Sterne keineswegs eine so große Masse bei, als erforderlich ist, um das ganze Fixsternheer um sich herum zu führen, sondern er behauptete nur, daß dieser Stern, mehr oder weniger zufällig, dem Schwerpunkte unsres Fixsternsystems sehr nahe stehe.

Die Gruppe der Plejaden also wäre es, in welcher wir nach Mädler den Schwerpunkt unsrer Sternwelt suchen müssen. Diese glänzende, fast 500 Sterne umfassende Sterngruppe, zu der schon das früheste Altertum mit ahnender Bewunderung aufschaute, wäre der Bewegungsmittelpunkt für alle die Millionen Sonnen, welche unser Fixsternsystem bilden. Alcyone, der optische Mittelpunkt dieser Gruppe, vielleicht auch der physische, hätte sonach ein Recht auf den stolzen Namen der Zentralsonne, wenn ein solcher Name überhaupt noch eine Bedeutung hat in dieser republikanischen Weltordnung. Jedenfalls erlangt sie dieses Herrscherrecht nicht durch ihre Masse; wie wäre auch ein Massenübergewicht gegenüber Millionen von Sternen zu denken! Vielleicht ist es nur die große Zahl der in diese Gruppe zusammengedrängten Sterne, welche den Schwankungen des Schwerpunktes Grenzen setzt, und die Masse der Plejaden gerade nur groß genug, um den Schwerpunkt auf ihr Gebiet zu bannen. Alcyone ist ein Stern wie alle Sterne, dem gleichen Naturgesetz unterworfen, das unsrer Sonne die Herrschaft über ihr Planetensystem verlieh!

Ich darf jedoch nicht verschweigen, daß, so geistreich auch immer die Kombinationen sein mögen, durch welche Mädler zu seinen Resultaten gelangte, dennoch diese letzteren keineswegs den Beifall der übrigen Himmelsforscher gefunden haben.

Über den Kausalnexus innerhalb unsres Fixsternhaufens ist zurzeit etwas Sicheres noch nicht begründet; es gehören dazu Beobachtungen, die sich über ungeheure Zeiträume verteilen, und solche stehen uns nicht zu Gebote. Überhaupt dürfen wir nicht vergessen, daß unser Forschen und Wissen seiner Natur nach sehr beschränkt ist und auch stets bleiben wird. Zwar liegt es in des Menschen Gemüt, unaufhaltsam vorwärts zu drängen und sich im Geiste, wenn möglich, auf den letzten Stern zu schwingen, um von höchster Höhe die Anordnung des Weltalls zu überschauen, aber so echt menschlich auch dieses Streben sein mag, so darf man doch niemals übersehen, daß da, wo es sich um den Bau ganzer Sternsysteme han-

delt, unserm wissenschaftlichen Forschen eine Schranke gezogen ist. Dagegen hat
es die Spektralanalyse, die wir bereits mehrere Male hilfreich eingreifen sahen,
möglich gemacht, das Fixsternreich von einem andern Gesichtspunkte aus zu unter=
suchen, nämlich von dem Gesichtspunkte der physischen Konstitution und der che=
mischen Zusammensetzungen seiner einzelnen Sonnen. Zuerst Huggins, dann
Secchi und zuletzt Vogel haben auf diesem Gebiete wichtige Resultate errungen.
Schon Rutherfurd kam durch Beobachtung vieler Sternspektra auf die Idee, daß
sich dieselben in drei Gruppen bringen lassen, allein Secchi erst verfolgte diesen
Gedanken weiter und unterschied, gestützt auf sehr zahlreiche eigne Beobachtungen
vier verschiedene Fixstern=Typen. Später ist Prof. Vogel zu einer etwas abwei=
chenden Klassifikation gekommen, wobei er drei Typen festhält. Er hat ferner die
Ergebnisse seiner Untersuchungen unter allgemeine Gesichtspunkte gebracht; ich will
hier dieselben mit seinen eignen Worten mitteilen. Er sagt:

„Die einzige rationelle Klassifikation der Sterne nach ihren Spektren dürfte
erhalten werden, wenn man von dem Gesichtspunkte ausgeht, daß sich im allge=
meinen in den Spektren die Entwickelungsphase der betreffenden Weltkörper ab=
spiegele. Es lassen sich dann drei ganz vorzüglich geschiedene Klassen aufstellen,
nämlich:

1. Sterne, deren Glühzustand ein so beträchtlicher ist, daß die in ihren Atmo=
sphären enthaltenen Metalldämpfe nur eine überaus geringe Absorption ausüben
können, so daß entweder keine oder nur äußerst zarte Linien im Spektrum zu er=
kennen sind. (Hierher gehören die weißen Sterne.)

2. Sterne, bei denen ähnlich, wie bei unsrer Sonne, die in den sie umge=
benden Atmosphären enthaltenen Metalle sich durch kräftige Absorptionslinien im
Spektrum kundgeben (gelbe Sterne), und endlich:

3. Sterne, deren Glühhitze so weit erniedrigt ist, daß Assoziationen der Stoffe
welche ihre Atmosphären bilden, eintreten können, welche, wie neuere Untersuchun=
gen ergeben haben, stets durch mehr oder weniger breite Absorptionsstreifen charak=
terisiert sind (rote Sterne)."

Zur ersten Klasse gehören u. a. Sirius, Wega, β, γ, δ, ε im Orion und die
Sterne, in denen die Wasserstofflinien hell erscheinen, und außer diesen die Linie D_3
ebenfalls hell sichtbar ist, nämlich β in der Leyer und γ in der Kassiopeja.

Zur zweiten Klasse gehören neben unsrer Sonne Kapella, Arktur, Aldebaran.

Zur dritten Klasse endlich α im Herkules, α im Orion, β im Pegasus und
viele rote Sterne, besonders veränderliche.

Wir sehen, die Wissenschaft führt uns hier auf das dunkle Gebiet des Werdens
und Vergehens ferner Sonnen, sie zeigt uns, vorerst noch im Dämmerlichte, die
verschiedenen Entwickelungsphasen der einzelnen Glieder unsres Sternhaufens.

Jetzt aber treten wir an die Grenzen unsrer Fixsternhimmels! Ein neuer un=
absehbarer Ozean tut sich vor uns auf. Es war nur eine kleine Insel, auf der wir
weilten, eine kleine Insel dieses gewaltigen, Millionen Welten umfassenden Reiches.
Drüben über den dunklen Fluten des Ozeans des Raumes schimmern uns die
Küsten neuer zahlloser Inseln entgegen.

Siebentes Kapitel

Die Nebelflecke und die Nebelsterne.

Mit reinen Saiten mag' empor zu dringen,
Du wirst der Sphären ew'ge Lieder singen.

Tiefdunkle Nacht umgibt uns. Da taucht am fernen Himmelsgrunde ein schimmerndes Wölkchen auf, jenen zarten, weißlichen Nebelflocken gleich, wie sie bisweilen über den klarblauen Sommerhimmel hinschweben. Das Nebelwölkchen wird allmählich lichter, es entfaltet sich zu glänzenden Streifen und funkelnden Sternchen, bis es einem wunderbar gestalteten Diadem voll prächtig schimmernder Edelsteine gleicht. Es erinnert uns an die schönen Sterngruppen der Plejaden, der Hyaden, des Haares der Berenice, nur sind die Lichtpunkte hier dichter, reicher. An ein Zählen ist gar nicht zu denken. Auf einem kreisförmigen Raume von 8 Minuten Durchmesser, kaum dem fünfzehnten Teile der Vollmondscheibe gleich, von der Erde gesehen, zeigen sich mehr als 20000 glänzende Sterne zusammengedrängt. Solche Sternhaufen, wie wir sie im Sternbilde des Centauren und im Sternbilde des Wassermanns sehen, sind zahllos über den ganzen Himmel verbreitet, oft einem Haufen Goldsand gleichend, bisweilen in der Mitte von einem größeren, herrlich gefärbten Sterne, wie dem Rubin oder Smaragd in einem Diadem, geschmückt. Freilich auch kleinere, gröber zerstreute Sternhaufen werden wir am Himmel antreffen, ja wir können dieselben mit bloßem Auge erkennen, wie die Sterngruppe im Perseus, oder mittels eines Opernglases in Sterne auflösen, wie bei der „Krippe" im Krebse. Diese kleinen, wenig gehaltreichen Sterngruppen stehen im Raume verhältnismäßig sehr nahe, doch sind sie immer um viele Billionen Meilen von der Sonne entfernt.

Getragen von den geistigen Schwingen, die uns geliehen, sind wir in diese Fernen vorgedrungen, ist es uns gelungen, die schimmernden Nebel in Sterne aufzulösen, und Sterne sind Welten! Der Astronom vollbrachte dieses Werk durch die Macht seiner Fernrohre; er zog die Wunder des Himmels zur Erde nieder und beraubte sie gewaltsam ihres verhüllenden Schleiers. Aber nicht immer vermag das Fernrohr den Zauberschleier zu zerreißen, den Nebel in Sterne aufzulösen. Seltsame Gestalten lockt es oft aus den Tiefen des Himmels herauf, bald runden Scheiben oder Ringen, bald langgestreckten Kometenschweifen und Fächern ähnlich, bald über viele Vollmondbreiten ausgedehnt, bald in einem einzigen Punkt zusammengedrängt — und alles nur schimmerndes Licht, verschwimmender Nebel, nirgends ein einzelner Stern unterscheidbar! Man weiß, wie einst die Geisterbeschwörer für ver-

19*

schiedene Klassen der Geister Zaubermittel und Beschwörungsformeln von verschie=
denen Graden und Wirkungen bereit hielten. Ebenso mußten auch die Astronomen
jenen abenteuerlichen Gestalten mit immer stärkeren Waffen zu Leibe zu gehen.

Schon William Herschel hat eine Menge von Nebelflecken entdeckt, die sich in
seinen großen Teleskopen in Haufen zahlloser Sterne auflösten; ihm folgte Rosse
mit seinem noch größeren Teleskop und er zerlegte in Sterne viele Gebilde, die
Herschel nur als Nebelflecke verzeichnet hatte.

Aber alle nebelhaft schimmernden Welten lösten sich auch durch Rosses Riesen=
telskope nicht in Sterne auf; viele blieben Nebel, weil sie, in der Tat glühende

Sterngruppe „Krippe" im Krebs.

Nebelmassen sind! Das Spektro=
skop hat in dieser Beziehung ein
entscheidendes Wort gesprochen.
Wenn die Nebelflecke wirklich
aus einer glühenden oder elektrisch
leuchtenden Gasmasse bestehen, so
müssen sie ein Spektrum besitzen,
welches aus einigen hellen Linien
besteht, deren Farbe von der Natur
der leuchtenden Materie abhängt.
Sternhaufen dagegen werden, auch
wenn sie wegen ihrer ungeheuren
Entfernung als Nebelmassen er=
scheinen, ein farbiges Spektrum
mit dunklen Linien zeigen, ähnlich
den einzelnen Fixsternen. Seit
Huggins zum ersten Male ein
Spektroskop auf einen kosmischen

Nebelfleck richtete, hat sich dieser fundamentale Unterschied im Aussehen der
Spektren der Sternhaufen und Nebelflecke tatsächlich gezeigt und wir wissen jetzt,
daß es wirkliche, leuchtende Nebelmassen im Weltraume gibt.

Und welche seltsamen, bisweilen abenteuerlichen Formen zeigen diese Nebel=
flecke. W. Herschel hat solche gesehen, die wie Ellipsen sich darstellen, andre sehen
wie geschwungene Lichtstreifen aus, noch andre zeigen sich als rundliche Nebel mit
hellen Kernen, wieder andere als kometenartige Gebilde. Die meisten sind aber
so lichtschwach, daß sie nur von den größten Teleskopen wahrgenommen werden
können, ja in dem Maße als die Kraft des Fernrohrs größer und die Atmosphäre
klarer, der Himmel dunkler, aber dunstfreier ist, wächst die Zahl der wahrnehmbaren
Nebelflecke. Eine unermeßliche Perspektive eröffnet sich vor unsern Blicken!

Der merkwürdigste in unsern Gegenden sichtbare Nebelfleck ist der große Nebel
im Sternbilde des Orion.

Fast in Vollmondgröße breitet er sich in der Nähe der glänzenden Sterne des
Jakobsstabes aus, und das bloße Auge erkennt ihn in klarer Sternennacht. In
vollem Glanze enthüllt sich seine verborgene Pracht aber erst dem bewaffneten

Der Spiralnebel in den Jagdhunden, photographiert auf der Yerkessternwarte.

Auge. Diesem entfaltet er, was nur immer Seltsames in Gestaltung und Licht=
wechsel gedacht werden mag.

Fast alle Astronomen, die über genügend große Fernrohre verfügen, haben sich
an diesem merkwürdigsten Objekte versucht. So gab 1837 John Herschel eine Dar=
stellung dieses Nebels, die aber weder schön noch charakteristisch genannt werden
kann; im folgenden Jahre publizierte W. C. Bond eine ähnliche Zeichnung, die
er mittels des großen Refraktors zu Cambridge erhalten hatte. Die wichtigen
Arbeiten Lord Rosses datieren aus den Jahren 1860 und 1864, doch hat bezüglich
der Ausdehnung der Nebelmaterie das Parsonstowner Riesenteleskop nicht erheb=
lich mehr gezeigt, als Bonds Refraktor. Die umfassendsten Arbeiten über den
großen Orionnebel hat G. P. Bond in den letzten Jahren seines Lebens geliefert;
sie wurden 1867 veröffentlicht. Die von ihm gegebene Abbildung ist die voll=
kommenste von Menschenhand entworfene Darstellung des Orionnebels. Über sie
hinaus führen nur die photographischen Aufnahmen und unter diesen besonders
jene, welche am 16. November 1898 auf der Lick=Sternwarte erhalten wurden.
Sie zeigen, daß die Ausdehnung des Orionnebels weit beträchtlicher ist, als man
unmittelbar am Fernrohre sehen kann. Nach dem Orionnebel ist der größte und
interessanteste unter den Nebelflecken, welche wir an unserm nördlichen Himmel
sehen können, der große Nebel in der Andromeda. Er wurde am 15. November
1612 von Simon Marius entdeckt, aber nur sehr unvollkommen gesehen. Besser
sahen ihn die beiden Herschel und um die Mitte des vorigen Jahrhunderts Bond
in Cambridge an dem dortigen großen Refraktor. Wie sehr aber die Auffassungen
der wahren Gestalt dieses Nebels durch das Auge auch an den mächtigsten Tele=
skopen täuscht, ergab sich 1888, als Roberts denselben photographisch aufnahm.
Mit Erstaunen erkannte man aus dieser Photographie, daß die wahre Gestalt des
Andromedanebels diejenige einer ungeheuren Spirale ist, welche schräg zur Gesichts=
linie gegen die Erde hin gerichtet liegt, die wir mehr von der schmalen Seite sehen.
Schon Rosse hatte mit seinem ungeheuren Spiegelteleskop eine Anzahl Spiral=
nebel am Himmel entdeckt, allein man hielt diese Gestalten nur für ziemlich selten
vorkommende. Die vervollkommnete Photographie der Nebelflecke zeigte aber seit
dem letzten Jahrzehnt des vorigen Jahrhunderts immer klarer, daß spiralförmige
Nebel sehr häufig vorkommen, ja diese Form eine geradezu typische für die kos=
mischen Nebelflecke ist. Besonders die Nebelfleckenphotographie, welche auf der
Lick=Sternwarte erhalten wurden, haben diese Tatsache erwiesen, so daß Professor
Keeler geradezu aussprach, die spiralige Gestalt der kosmischen Nebel sei die nor=
male und Abweichungen davon könnten als Ausnahmefälle angesehen werden.

Dem Aussehen nach verwandt mit den Spiralnebeln sind die ringförmigen
Nebel. Diese sind aber nur an mächtigen Teleskopen sichtbar, mit Ausnahme eines
einzigen, im Sternbild der Leyer, den man schon mit einem mäßigen Fernrohr
wahrnehmen kann. Eine andre, verwandte Form, tritt uns in den sogenannten
planetarischen Nebeln entgegen, denen W. Herschel diesen Namen gab, weil sie
im Fernrohr einer Planetenscheibe sehr ähnlich sind. Das große Instrument der
Lick=Sternwarte hat aber gezeigt, daß bei den meisten dieser planetarischen Nebel
im Mittelpunkt der kreisrunden Scheibe ein feiner Stern steht. Ganz verschieden

von den bisherigen sind die sehr lichtschwachen und verschwommenen Nebel, die bisweilen große Strecken des Himmels nur mit einem leichten Schleier überdecken. Schon W. Herschel hat eine Anzahl dieser Nebel entdeckt, aber erst die Photographie zeigte, wie ungeheuer ausgebreitet über den ganzen Himmel diese lichtschwache Nebelmaterie ist. Besonders Wolf in Heidelberg hat durch seine photographischen Aufnahmen das Vorhandensein außerordentlich großer Nebelmassen erwiesen und gezeigt, daß manch bereits bekannte einzelne Nebel nur verdichtete Partien einer einzigen äußerst großen Nebelmasse sind.

Die beiden merkwürdigsten Gebilde dieser Art stehen aber am südlichen Himmel. Es ist der Abglanz einer wunderbaren Vereinigung von Sternen und Nebelflecken, die man die große Magelhaensche oder Kapwolke nennt und die schon den Arabern des Mittelalters unter dem Namen des „weißen Ochsen", den sie von ihrer Gestalt entlehnten, bekannt war. John Herschel zählt in ihr allein 582 größere Sterne, 291 Nebelflecke und 46 Sternhaufen. Unscheinbarer ist die sogenannte kleine Wolke. Die photographische Aufnahme der großen Wolke durch Russell auf der Sternwarte zu Sydney hat die höchst überraschende Tatsache ergeben, daß auch dieses gewaltige Nebelgebilde eine Spiralstruktur besitzt und daß sie von zwei kleinen Objekten begleitet wird, in denen nur Sterne sichtbar sind.

Die Gesamtzahl der bekannten und in Verzeichnissen nach ihrer Stellung am Himmel niedergelegten Nebelflecke einschließlich der Sternhaufen, beträgt mehr als 10000. Dies ist aber, wie die spektroskopischen Aufnahmen der neuesten Zeit zeigen, nur ein sehr kleiner Teil der überhaupt vorhandenen Gebilde dieser Art. Der Lick-Refraktor zeigt Tausende von Nebelflecken, die niemand früher gesehen, und die Photographien des Himmels auf der Lick-Sternwarte lassen vermuten, daß die Anzahl der mit unsern Mitteln noch zur Darstellung kommenden Objekte dieser Art weit über 100000 beträgt!

Viele Tausende von Nebeln hat die Kraft der Riesenteleskope in dichtgedrängte Sternhaufen aufgelöst und reiche Welten in ihnen kennen gelehrt. Aber immer bleiben andre Tausende zurück, die der auflösenden Macht des Fernrohres trotzen, die ihre Nebel- und Wolkengestalt im Fernrohre behaupten.

Wenn man mittels des Spektroskops das Licht eines Fixsternes zerlegt, so erhält man, wie wir wissen, ein farbiges Lichtband, in welchem man bei genügender Helligkeit und Dispersion mehrere dunkle Linien erkennt. Anders ist das Spektrum der Nebelflecke, denn es ist auf einige helle Linien reduziert, zum Beweise, daß es von einem leuchtenden und wenig dichten Gase ausstrahlt. Denken wir uns nun einen kleinen, runden planetarischen Nebel in eine größere Entfernung hinausgerückt, so wird er zuletzt auch im stärksten Fernrohre nur noch als schwaches Sternchen erscheinen und von einem kleinen Fixsterne nicht mit Sicherheit unterschieden werden können. Das Spektroskop aber würde in diesem Falle ausreichen, um durch das Auftauchen der hellen Linien sogleich die Nebelnatur des Objekts zu enthüllen. Prof. Pickering zu Cambridge (N. A.) hat dies benutzt, um mit Hilfe des Spektroskops kleine planetarische Nebel aufzusuchen, indem er ein kleines geradsichtiges Spektroskop zwischen Objektiv und Okular des dortigen großen Refraktors einschaltete und bei ruhendem Fernrohre die Sterne durch das Gesichtsfeld des Instruments ziehen ließ. In der Tat fand er auf diese Weise mehrere neue planetarische Nebel, die so klein sind, daß sie im Fernrohr als Fixsterne erschienen, ja bereits als solche beobachtet worden waren.

Der große William Herschel sah in den Nebelgebilden den leuchtenden Urstoff, aus welchem noch heute die Natur ihre Sonnen und Sonnensysteme schafft. Seiner kühnen Phantasie erschien das ganze Weltall als ein großer Riesengarten, in dem die Welten gleich Blumen und Bäumen nebeneinander keimen, blühen und vergehen. Und wie nicht plötzlich dieser Garten aus dem Nichts hervorging, wie er nur allmählich in ununterbrochenem Bildungsprozesse zu dem ward, was er jetzt ist, so sollten wir darin noch heute alle Stufen der Entwickelung nebeneinander sehen. Hier sind Welten und Weltsysteme im Keimen, ähnlich Lichtmassen, in denen aber die Stoffe noch ungeschieden chaotisch gemischt sind, formlos, phantastisch gestaltet und über ungeheure Räume verbreitet; dort ist jener Urnebel bereits zerrissen und durch Anziehung an einzelnen Stellen der Anfang zur Verdichtung gemacht. Die Umrisse sind noch unbestimmt und verwaschen, aber das Licht erscheint schon kräftiger. Hier ist die Verdichtung nach einem Punkte hin schon mächtiger vorgeschchritten; dort hat sich der Nebel schon zur Kugelform gerundet und sein heller Mittelpunkt nähert sich bereits dem Sternenlichte. Hier verknüpft ein Nebelband zwei Gebilde, als wolle die Natur einen Doppelstern erzeugen; dort zieht kometenartig ein Nebelschweif dem Sterne nach, weil der eine Stern gleichsam im Streit um den Urstoff den andern überwunden hat und nun ihn vernichtet. So währt der Kampf der Entwickelung fort, bis alle Nebel verschwunden sind und die neuen Sonnen im reinsten Lichtstrahle glänzen.

Gewiß ist es ein schönes und erhabenes Spiel der Phantasie, das in solcher Weise Welten sich durch dieselbe anziehende und formende Kraft der Natur im Großen bilden läßt, wie der Regentropfen, der aus den Wolken fällt, oder die Tauperle, die im Blütenkelche funkelt, sich im Kleinen bildet! Wie die Dunstbläschen des Nebels sich zusammenziehen, verdichten und in Kugeln ballen, um das innere Gleichgewicht herzustellen, und wie sie, von der Schwere gezogen, endlich als Tropfen niederfallen, so bildeten sich vor Myriaden von Jahren aus dem Urnebel des Chaos unsre Erde und die Sonne mit all ihren Planeten und die Milchstraße mit ihren Millionen von Sonnen und die Tausende von Welten in den Räumen der Unendlichkeit; und in der Unendlichkeit sind diese Sonnen nicht größer als die Wassertropfen und jene Tauperlen die eine Sommernacht zu Millionen zaubert.

Die Spektralanalyse hat dieser großartigen Ansicht eine Unterstützung geliehen, indem sie uns zeigte, daß zwar viele Nebel Sternhaufen sind, zahlreiche andre aber aus leuchtendem Dunste bestehen. Nur läßt sich daraus kein Schluß ziehen, ob die Nebel, welche glühende Gasmasse sind, den Anfang oder das Ende eines Weltenbildungsprozesses bezeichnen. Wilhelm Herschel setzte sie, wie uns bekannt ist, an den Anfang, allein die Wahrnehmung, daß die neuen Sterne, deren ich früher gedacht, zuletzt ein Spektrum zeigten, welches von demjenigen der planetarischen Nebel sich in nichts unterschied, läßt die Möglichkeit nicht ausgeschlossen sein, daß auch Nebel aus der Auflösung oder, um wissenschaftlich richtiger zu sprechen, aus gewissen Veränderungen, die bei einzelnen Firsternen stattfanden, entstehen. Welche Perspektiven eröffnen sich hier dem denkenden Geiste! Erheben wir uns auf den Schwingen des Gedankens über die Ebene der Milchstraße. Die verlassene Welt unsres Sternhaufens erscheint uns als runde glänzende Scheibe, der zunehmenden Dicke wegen in der Mitte heller leuchtend. Aber kein Auge würde in diesem Schimmer noch einzelne Sterne erkennen, und ein starkes Fernrohr nur würde die einzelnen leuchtenden Pünktchen unterscheiden. In hundertfach größerer Entfernung werden wir nur noch den matten Schimmer eines Nebelfleckes gewahren, und kein Teleskop würde ihn noch in Sterne aufzulösen vermögen. Ein Blick durch das Spektroskop aber würde uns sagen: Dort ist kein wirklicher Nebel, sondern dort ist ein Sternhaufen, ein Firsternsystem, dessen einzelne Glieder wegen ihrer großen Entfernung nicht mehr zu unterscheiden sind. Wir sehen, das Spektroskop ist eine Sonde, die auch da noch Aufschluß verschafft, wo alle übrigen Hilfsmittel uns im Stiche lassen.

In der kleinen Weltordnung unsres Sonnensystemes sehen wir darum die einzelnen Glieder mindestens durch Räume voneinander getrennt, welche hundertmal ihre Durchmesser übertreffen. Sind wir nun berechtigt, vom Kleinen auf das Große zu schließen, so dürfen wir ähnliche Zwischenräume auch für die einzelnen, zu einer großen Gesamtordnung vereinigten Weltsysteme annehmen. Sollte nun eine solche Ordnung auch für den großen Zusammenhang jener nebelhaft schimmernden Weltensysteme gelten? Wenn auch sie unsrer Firsternwelt gleichen, wenn auch sie immer wieder durch ähnliche Räume von den Nachbarwelten getrennt sind, welches Maß ergibt sich dann für diese entlegensten Weiten!

Wir sind in der Tat hier an den Grenzen — nicht des Universums, aber unsres Wissens angelangt. Aber auch in diesen Grenzen, wo die Zahlen selbst den Dienst versagen, auch in dieser Unermeßlichkeit, wo Riesenwelten zu Punkten schwinden, besteht die Ordnung ewigen Gesetzes. Auch jene Welten in den Tiefen des Raumes ordnen sich wohl zu einem andern großen Systeme, und dasselbe Naturgesetz, welches den Mond um die Erde, die Planeten und Kometen um die Sonne, die Millionen Sonnen um ihre Zentren bewegt, führt auch die Weltensysteme um ihr Zentralsystem auf vorgeschriebenen Bahnen und in gemessenen Zeiten. Wo die Anziehung Körper verknüpft, da gibt es einen Schwerpunkt, und ob dieser in einer überwiegenden Masse, in einer Sonne liegt, oder ob er zwischen Tausenden gleichwirkender Massen, ein Gedanke im Raume, schwebt: immer ist er das Symbol des Ewigen in dem Wechselnden und Zufälligen, der Vernunft in den scheinbar toten Massen. — —

Wir standen an den Grenzen, an welchen der Menschengeist für Jahrhunderte, vielleicht für immer, seine Schritte gehemmt sehen wird! Wir blickten in eine Geschichte, gegen welche die menschliche gleich einer Sekunde verrinnt. Die Sehnsucht nach der Heimat regt sich wieder. Wohlan, derselbe Gedanke, der uns Sternsysteme zu kleinen Inseln, Sonnensysteme zu Punkten zusammenschmelzen ließ, derselbe Gedanke kann uns auch diese Punkte wieder erweitern und aus der dunklen Tiefe die freundliche Heimat heraufzaubern!

Rückkehr zur Erde.

Unser Ausflug in die Himmelsräume ist beendigt, wir haben die Wunder des Universums kennen gelernt. Versetzen wir uns jetzt noch einmal zurück in die Zeit, ehe wir unsre lange geistige Wanderung unternahmen. Wie trüb, wie eng war damals unser Blick, wie wenig begriffen wir, daß man am Himmel lesen könne! Wir haben seitdem sehen gelernt, unser Auge, unsre Anschauung, unser Gedankenkreis hat sich erweitert. Welche Fülle von Erfahrungen und Erlebnissen liegt zwischen damals und heute! Mit diesem erweiterten Blicke wird man mir nicht die Frage entgegenhalten: Welchen Nutzen gewährt die Sternkunde? Welchen Vorteil hat der Mensch davon, zu wissen, wie das Sonnensystem eingerichtet ist, in welchen Entfernungen die Fixsterne sich befinden oder welche stoffliche Zusammensetzung die Nebelflecke haben? Aber diese Fragen sind doch häufig und sogar von sonst gebildeten Personen aufgeworfen worden, und gerade deshalb, sowie aus dem ferneren Grunde, weil sie uns auf einige mit der Astronomie in enger Beziehung stehende Probleme leiten, über die zu sprechen ich bis jetzt keine Gelegenheit hatte, will ich hier näher darauf eingehen.

Allerdings gewährt die Astronomie keinen direkt auszurechnenden Nutzen; sie befindet sich in dieser Hinsicht nicht besser und nicht schlimmer daran als die Paläontologie oder die Ethnographie, die Malerei, die Skulptur und die Musik. Aber dies wird auch von einer Wissenschaft in erster Linie ebensowenig verlangt wie von der Kunst; beide dienen zunächst der Ausbildung des menschlichen Geistes, sie haben einen edleren Zweck als den der Befriedigung der Bedürfnisse des alltäglichen Lebens. Indes gewährt die Astronomie von einer gewissen Stufe der Ausbildung an allerdings auch einigen praktischen Nutzen. Sie ist es z. B., die uns die genaue Zeitrechnung bietet; ohne sie würde die Jahresdauer, wie einst im alten Rom, von den Launen und Interessen bestimmter Personen abhängen. Von der genauen Bestimmung der Jahresdauer hängt die sichere Bestimmung der Zeitrechnung ab. Wir, die wir von Jugend auf an ein geordnetes Kalenderwesen gewöhnt sind, denken fast niemals an die großen Übelstände, mit welchen die Alten, die sich solcher Einrichtung nicht zu freuen hatten, kämpfen mußten. So bestand z. B. ursprünglich das Jahr der Römer abwechselnd aus 12 und 13 Monaten, je nachdem die Oberpriester es für gut fanden, und niemand konnte und durfte sie hierin kontrollieren. Als Julius Cäsar mit Hilfe des Astronomen Sosigenes das

Kalenderwesen zu ordnen begann, fand er die ganze Jahresrechnung in größter Unordnung vor. Er bestimmte, daß künftighin das bürgerliche Jahr aus 365 Tagen bestehen und nach je vier Jahren ein Schaltjahr von 366 Tagen folgen sollte. Nach Cäsars Ermordung (am 15. März des Jahres 44 v. Chr.) hielten sich indes die Priester nicht genau an seine Vorschrift, sondern schalteten, damit der Neujahrstag nicht auf den letzten Tag der römischen Woche, der Markttag war, fallen sollte, jedes dritte Jahr schon einen Tag ein. Erst Kaiser Augustus stellte diesen Mißbrauch ab und führte die Vorschriften Cäsars wieder ein. Allein auch damit war die Jahresrechnung noch nicht für alle Zeiten in Ordnung. Cäsar hatte nämlich sein Jahr um $11\frac{1}{4}$ Minute zu kurz angenommen, so daß nach Ablauf von je 128 Jahren ein Irrtum von einem Tag entstehen mußte, um den man zurückblieb. Erst im 15. Jahrhundert machten Peter von Alliaco und Kardinal Cusa auf diesen Irrtum aufmerksam, und infolgedessen ließ Papst Gregor XIII. die Sache genau untersuchen und eine neue Kalenderrechnung entwerfen. Sie führt den Namen der Gregorianischen, und ihrer bedienen wir uns noch heute. Um die Übereinstimmung des Kalenders mit dem Sonnenlaufe wiederherzustellen, verordnete Gregor XIII., daß nach dem 4. Oktober des Jahres 1582 sofort der 15. gezählt werden sollte. Der 4. Oktober war ein Donnerstag, der 15. hätte also eigentlich ein Montag sein müssen, doch ließ man ihm seinen Wochennamen als Freitag. Um aber für spätere Zeiten solche Abweichungen zu verhüten, befahl Gregor, daß die Julianische Schaltmethode beizubehalten, daß aber alle 400 Jahre 3 Schalttage auszufallen hätten, und zwar sollten alle vollen Jahrhunderte, deren beide Zahlen durch 4 ohne Rest teilbar sind, Schaltjahre, die andern aber Gemeinjahre sein. Die Jahre 1700, 1800 waren also Gemeinjahre, ebenso 1900, 2000 wird ein Schaltjahr sein.

Die Astronomie ist es ferner, die uns die Gestalt der Erde kennen lehrt und die genaue Ausmessung der Oberfläche ermöglicht; sie endlich leitet den Schiffer auf den einsamen, ja ihm noch unbekannten Wegen des Meeres zum sichern Port und ermöglicht so die ozeanische Schiffahrt.

Die beiden letztgenannten Probleme, die Ausmessung der Größe und Gestalt der Erde, sowie die Ortsbestimmung auf hoher See sind es, die ich dem Leser hier in den Mitteln und Wegen welche die Astronomie zu ihrer Lösung in Anwendung brachte, vorführen will.

Wir wissen aus dem Vorhergehenden, daß die Erde im großen und ganzen die Gestalt einer an den Polen um einen geringen Betrag abgeplatteten Kugel besitzt; aber diese Kenntnis ist im Gange der wissenschaftlichen Erforschung noch von sehr jugendlichem Datum.

Zu den bekannteren Beweisen für die kugelförmige Gestalt der Erde gehört z. B. die Tatsache, daß man am Meere von entfernten Schiffen zuerst die Spitzen der Masten und erst nach und nach, bei fortgesetzter Annäherung, den Rumpf erblickt; wie diese Erscheinung auf die kugelförmige Gestalt der Erdoberfläche oder vielmehr der Meeresoberfläche schließen läßt, ersehen wir unmittelbar aus nachstehender Figur.

Einen ferneren Beweis für die Kugelform der Erde haben die sogenannten Weltumsegelungen, deren erste der Portugiese Magelhaens unternahm, geliefert. Auch der stets in Gestalt eines Kreisausschnittes sich darstellende Erdschatten bei partialen Mondfinsternissen bezeugt die Kugelform. Die Kugelgestalt der Erde war den Alten im allgemeinen nicht unbekannt. Zwar Homer und Hesiod hielten, dem unmittelbaren Eindrucke der Sinne folgend, die Erde für eine flache Scheibe, welche vom Ozean umströmt werde. Anaximenes nahm an, daß diese Scheibe auf komprimierter Luft ruhe, Plato dachte sich die Erde würfelförmig; aber die Philosophen der (von Ptolemäus Philadelphus um 300 v. Chr.) zu Alexandrien begründeten Gelehrtenschule sprachen es mit Entschiedenheit aus, daß die Erde Kugelgestalt besitze, ja, sie versuchten, hierauf gestützt, sogar ihre Größe zu messen. Diese letzteren Versuche führten freilich nur zu sehr ungenauen Resultaten, weil sie in roher Weise angestellt wurden. Der erste, der es unternahm, die Größe des Erdumfanges zu messen, war Eratosthenes. Er hatte gehört, daß

Darstellung der Meereskrümmung.

zu Syene in Ägypten am Mittage des Sommersolstitiums die Sonne auf den Grund tiefer Brunnen scheine, also im Scheitelpunkte stehe, während sie zu Alexandrien an demselben Tage noch $7\frac{1}{4}°$ vom Zenit entfernt blieb. Die Entfernung beider Orte nahm Eratosthenes zu 5000 Stadien an und schloß, da $7\frac{1}{4}$ gerade genau $\frac{1}{50}$ des Kreisumfanges sind, daß der ganze Umfang der Erde $50 \times 5000 = 250000$ Stadien betragen müsse. Eine ähnliche Bestimmung unternahm etwa hundert Jahre später Posidonius. Er maß den Bogen zwischen Rhodos und Alexandrien zu $\frac{1}{48}$ der Kreisumfanges und nahm die Entfernung bei der Punkte zu 3800 Stadien an, woraus die Größe des Erdumfanges zu $48 \times 3800 = 182000$ Stadien folgte. Beide Resultate weichen, wie hieraus zu ersehen, sehr voneinander ab; allein sie konnten wenigstens dazu dienen, eine allgemeine Idee von der Größe der Erde zu geben. Fast tausend Jahre vergingen, ehe man es wieder unternahm, die Größe der Erdkugel zu ermitteln, denn der dritte Versuch wurde erst im 9. Jahrhundert n. Chr. von den Arabern zwischen Tadmor und Racca angestellt. Es fand sich dabei die Länge eines Grades zu 225300 arabischen Ellen; doch kennen wir die Größe der letzteren selbst nicht, da man bloß weiß, daß die Elle der Araber 27 Zoll à 6 Gerstenkörner umfaßte. Wiederum verging ein halbes Jahrtausend, ehe für die Ausmittelung der Erddimensionen etwas geschah.

Diesmal war es ein Franzose, Fernel, der die Länge des Grades zwischen Paris und Amiens durch die Zahl der Umdrehungen seiner Wagenräder maß; die so von ihm erhaltenen Ergebnisse waren, wie vorauszusehen, auch nicht sonderlich genau, aber der Tag war nahe, der auf wissenschaftliche Prinzipien begründete

Gradmessungen sehen sollte. Dem Niederländer Snellius gebührt das Verdienst, an Stelle der direkten Ausmessung großer Entfernungen zuerst das Prinzip der Triangulation in Vorschlag gebracht zu haben. Wir kennen dieselbe im allgemeinen bereits, denn ich habe früher bei der Ermittelung der Mondentfernung schon davon gesprochen. Im allgemeinen besteht diese Methode darin, daß nur eine kleine Strecke, die Grundlinie oder Basis, mit größter Genauigkeit direkt ausgemessen und von deren Endpunkten durch Winkelmessungen von Dreiecken fortgeschritten wird. In der Praxis, wenn es sich um Erreichung möglichster Genauigkeit handelt, ist die Ausführung einer Gradmessung außerordentlich schwierig. Zunächst erfordert die Messung der Basis die größte Sorgfalt, denn jeder hier begangene Fehler erscheint in dem Endresultate vergrößert. Daß die Winkel der einzelnen Dreiecks= punkte ebenfalls mit größter Genauigkeit gemessen werden müssen, ist einleuchtend.

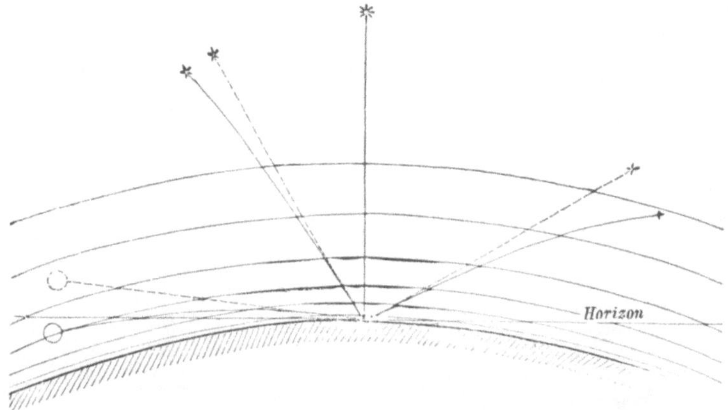

Zur Erklärung der Refraktion.

Dann muß, weil das Dreiecknetz auf der Erdoberfläche und keineswegs überall in einer und derselben Ebene liegt, alles auf das Meeresniveau reduziert werden. Die Bestimmung des Höhenunterschiedes der einzelnen Punkte kann auf zwei ver= schiedene Weisen ausgeführt werden; durch trigonometrische Höhenmessung und durch das geometrische Nivellement. Die erstere Methode ist weniger sicher, weil der Beobachter abhängig von der Refraktion des Lichtes in der Atmosphäre bleibt. Der Lichtstrahl beschreibt bei seinem Durchgange durch die Luft keine gerade Linie, sondern eine Kurve, die ihre hohle Seite der Erde zuwendet.

Die Wirkung davon können wir aus Figur S. 301 ersehen. Jeder Stern er= scheint nämlich infolge der Strahlenbrechung (Refraktion) höher, als er in Wirk= lichkeit steht. Im Scheitelpunkte ist die Refraktion Null, am größten in der Nähe des Horizontes. Eine Folge derselben ist die abgeplattete Gestalt der Sonne beim Auf= und Untergange. Der dem Horizonte nähere Sonnenrand wird nämlich in= folge der stärkeren Brechung mehr gehoben, als der obere, beide nähern sich also scheinbar, und die Sonnenscheibe erscheint abgeplattet. (Abb. S. 302.)

Die Astronomen haben Tafeln der Refraktion entworfen, aus denen man für jede Höhe eines Sternes den Betrag der Strahlenbrechung findet: allein für Punkte, nahe am Horizonte, und besonders für solche innerhalb der Atmosphäre, lassen diese Tafeln noch manches zu wünschen übrig. Man zieht daher zur Ermittelung von Höhenunterschieden das direkte Nivellement vor. Zuletzt müssen noch die geographischen Breiten und Längen der beiden Endpunkte der Gradmessung und die Azimute oder Neigungen gegen den Meridian mit höchster Genauigkeit bestimmt werden. Erst wenn alle diese Messungen ausgeführt sind, kann die Berechnung beginnen und zwar auf Grund von mathematischen Formeln, die erst in der Neuzeit, vor allem durch Bessel, in der wünschenswerten Strenge entwickelt werden konnten.

Gestalt der Sonnenscheibe am Horizonte.

Im Vorhergehenden habe ich versucht, dem Leser in kurzen Zügen eine sogenannte Breitengradmessung zu skizzieren, bei welcher es sich um Ermittelung der Längen von Graden des Meridians handelt. Es gibt aber noch eine zweite Klasse von Gradmessungen, bei welcher es sich um Ausmessung eines Bogens irgend eines Parallelkreises handelt.

Derartige Messungen werden Längengradmessungen genannt. Ihre genaue Ausführung war besonders früher mit Schwierigkeiten verknüpft, weil die Messung eines Längenunterschieds eine weit subtilere Operation ist, als die Messung der geographischen Breiten.

Im allgemeinen handelt es sich bei Bestimmung des Unterschieds der geographischen Längen zweier Plätze vor allem um genaue Ermittelung der Ortszeit, welche zwei Beobachter an beiden Punkten in demselben Augenblicke zählen. Dieser Längenunterschied in Zeit gibt dann mit 15 multipliziert den Längenunterschied in Graden und deren Teilen. Um die Zeitdifferenz zweier Orte zu ermitteln, bediente man sich zuerst der Mondfinsternisse, viel später der Verfinsterungen der Jupitersmonde, da diese Erscheinungen an allen Punkten, wo sie überhaupt sichtbar sind, in demselben Momente wahrgenommen werden. Die auf solchem Wege erlangten Resultate sind jedoch keineswegs sehr genau, und Dominicus Cassini zeigte im Jahre 1700, daß man mit größerer Genauigkeit sich der Sonnenfinsternisse zu demselben Zwecke bedienen könne. Sonnenfinsternisse sind jedoch verhältnismäßig zu selten, um von ihnen für die geographische Längenbestimmung bedeutenden Nutzen zu erwarten, und man wendete daher künstliche momentane

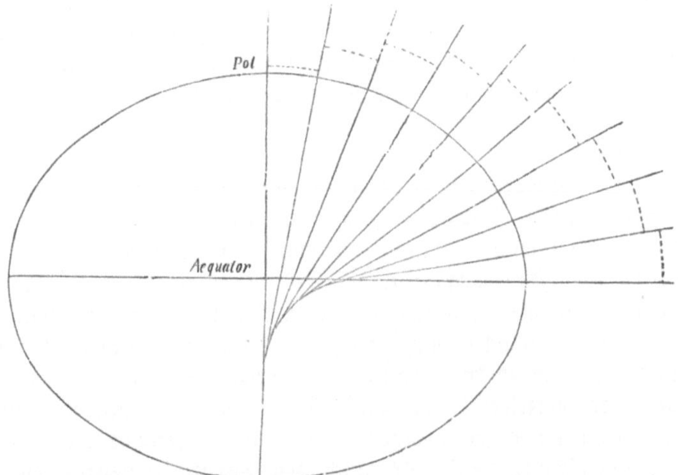

Zunahme der Größe der Meridiangrade nach den Erdpolen hin.

Lichtsignale durch Anzünden kleiner Pulvermengen auf erhöhten Punkten zwischen den beiden Beobachtungsorten an. Diese Methode ist sehr gut; allein sie hat den Übelstand, daß die Beobachtungsstationen nicht sehr weit voneinander entfernt sein dürfen, da sonst das Signal nicht mehr gesehen wird. Man kann allerdings eine Anzahl von Stationen aneinander reihen und auf diese Weise einen größeren Bogen überspannen, aber dann häufen sich leicht die unvermeidlichen Beobachtungsfehler der einzelnen Bestimmungen zu sehr merklichen Werten an.

Auf diese Weise kam man auch bei den besten und sorgfältigsten Bestimmungen stets auf Resultate, die um mehrere Sekunden voneinander abwichen, und man wird sich denken können, welches Aufsehen es in der astronomischen Welt erregte, als im Jahre 1847 der Nordamerikaner S. C. Walker den Längenunterschied zwischen Philadelphia und Jersey City mit einer Genauigkeit bis auf einige Hundertstel der Sekunde bestimmte. Das Mittel hierzu bot ihm der elektrische Telegraph, und gegenwärtig benutzt man diesen, wenn es auf große Genauigkeit ankommt, ausschließlich, da der elektrische Strom die größten irdischen Distanzen in sehr kleinen und noch dazu sicher bestimmbaren Bruchteilen der Sekunde durchläuft An den beiden Orten, deren Längendifferenz gemessen werden soll, werden Meridianinstrumente aufgestellt und der Augenblick, in welchem bestimmte Sterne die im Gesichtsfelde dieser Fernrohre ausgespannten Fäden passieren, durch den Telegraphen übertragen und mittels besonderer Apparate die Urzeiten registriert. Der Beobachter hat nichts weiter zu tun, als im Momente, wo der Stern den Faden berührt, eine Taste niederzudrücken; alles andre besorgen die Apparate und die späteren Rechnungen. Es leuchtet ein, daß Beobachtungen dieser Art einen außerordentlich hohen Grad von Genauigkeit zu gewähren imstande sind, und in der Tat ist dieser so bedeutend, daß sich dabei eine gewisse (freilich schon früher bemerkte) Unvollkommenheit der menschlichen Sinne störend bemerklich macht. Um dem Leser hiervon einen richtigen Begriff zu verschaffen, wollen wir annehmen, es seien zwei Meridianinstrumente hintereinander absolut genau aufgestellt, und zwei Beobachter wollten den Augenblick bestimmen, in welchem ein bestimmter Stern ihren Meridian passiert, also hinter die Mittelfäden ihrer Instrumente tritt. Wenn beide Beobachter sich ein und derselben Uhr bedienen, deren Pendelschläge sie in Gedanken mitzählen, bis der Stern den Meridian passiert, so sollte man glauben, daß in dem angeführten Falle beide genau im nämlichen Augenblicke, bei demselben Pendelschlage, den Meridiandurchgang wahrnehmen müßten. Dies ist jedoch nicht der Fall. Vielmehr wird der eine Beobachter um einen gewissen Bruchteil der Sekunde früher den Durchgang wahrnehmen als der andre, und diese Zeitdifferenz wird für beide, wenigstens eine Zeitlang, ziemlich konstant bleiben. Man hat gefunden, daß dieser Unterschied unter Umständen, selbst bei geübten Beobachtern, über $\frac{1}{4}$ Sekunde betragen kann, während die Genauigkeit der verschiedenen Bestimmungen jedes einzelnen bis auf mehr als $^1/_{10}$ Sekunde steigt, also sein Beobachtungen, untereinander selbst verglichen, bis auf $^1/_{10}$ Sekunde übereinstimmen. Jene große Abweichung, die sich für verschiedene Beobachter verschieden herausstellt, wird die persönliche Gleichung derselben genannt. Die Ursache derselben liegt darin, daß Gesicht und Gehör nicht absolut gleichzeitig tätig sein können und daß jeder Sinneseindruck, um zum Bewußtsein zu gelangen, einer gewissen Zeit bedarf, die bei verschiedenen Personen verschieden ist. Arago hat zuerst nachgewiesen, daß der aus der persönlichen Gleichung entspringende Unterschied in den Bestimmungen zweier Beobachter verschwindet oder wenigstens sehr klein wird, wenn beide bloß den Antritt des Sternes an den Faden wahrzunehmen, nicht aber gleichzeitig die Uhrschläge zu beachten brauchen. Man hat daher besondere Apparate konstruiert, bei welchen der Moment des Sternburchganges durch den Druck des Beobachters auf eine Klappe notiert wird. Durch diesen Druck wird ein elektrischer Strom hergestellt, der mit den Schreibapparaten eines Telegraphen in solche Verbindung gesetzt wird, daß sofort auf einem durch Uhrwerk bewegten Papierstreifen (auf dem die Uhr selbst ihren Gang durch Punkte bezeichnet) ein Eindruck erzeugt wird, der mit höchster Schärfe den Moment der Beobachtung zu messen gestattet.

Unabhängig von der Messung der Erddimensionen kann man aus gewissen Beobachtungen die Größe der Abplattung unsrer Erde ermitteln. Diese Beobachtungen beziehen sich auf die Bestimmung der Länge des sogenannten einfachen Sekundenpendels. Der Raum, den ein Körper in einer bestimmten Zeitdauer durchfällt, oder die Geschwindigkeit, welche er zu Ende dieser Zeitdauer besitzt, gibt ein Mittel an die Hand, die Intensität der Anziehungskraft, unter deren Einfluß der Körper eben jene Bewegung vollbringt, zu bestimmen.

Denken wir uns die Erde als vollkommene Kugel mit regelmäßiger Massenverteilung im Innern und ohne Rotation um ihre Achse, so wird die Intensität ihrer Anziehungskraft auf alle Punkte ihrer Oberfläche selbstverständlich gleich groß sein müssen. Ein Körper wird in derselben Zeitdauer überall gleich große Fallhöhen durchlaufen und seine Geschwindigkeit am Ende der nämlichen Zeitdauer allenthalben gleich groß sein.

Denken wir uns ferner die Erde noch zwar ohne Rotation, aber an den Polen abgeplattet, so wird ihr Radius an den Polen am kürzesten, am Äquator am längsten sein. Die Schwere nimmt aber bei wachsender Distanz vom Mittelpunkte der Erde im Verhältnis des Quadrates der Entfernung ab. Daher wird auch die Geschwindigkeit, welche ein freifallender Körper am Ende einer gewissen Zeitdauer erreicht, an den Polen am größten, am Äquator am kleinsten sein. Nehmen wir nun schließlich an, die abgeplattete Erde rotiere um ihre Achse, so tritt hierdurch eine weitere Kraft auf, welche den Fall der Körper gegen den Äquator hin verzögert. Diese Kraft ist die Schwungkraft, die nämliche, welche die rasch geschwungene Schleuder spannt. Die Abplattung im Vereine mit der Rotation vermindert demnach auf der Erdoberfläche die anziehende Kraft der Schwere von den Polen zum Äquator hin, und die Mathematik entwickelt die Gesetze, nach welchen aus der beobachteten Pendellänge an verschiedenen Orten der Erdoberfläche deren Abplattung gefunden werden kann. Zuletzt gibt es noch eine rein astronomische Methode, die Abplattung der Erde zu bestimmen. Gewisse Störungen der Mondbewegung hängen nämlich von der abgeplatteten Gestalt der Erde ab, und man kann aus der Größe jener Anomalien auf die Größe dieser Abplattung schließen. Indessen sind die auf diesem Wege erlangten Resultate minder genau, als die durch Messungen an der Erdoberfläche ermittelten Ergebnisse.

Ich habe dem Leser nun kurz die Wege angezeigt, auf welchen man zur Kenntnis der Erddimensionen zu gelangen vermag; betrachten wir jetzt die Arbeiten selbst, welche man in dieser Richtung unternommen hat.

Die erste genauere Gradmessung begann 1683 in Frankreich, aber sie lieferte aus verschiedenen Gründen bezüglich der Erdabplattung kein zufriedenstellendes Resultat. Dies führte zu dem Plane einer neuen und großartigen Messung, die gleichzeitig unter dem Äquator (in Peru) und unter dem nördlichen Polarkreise (in Lappland) ausgeführt wurde. Die Arbeiten begannen 1735 und führten zu dem Ergebnisse, daß die Länge eines Grades unter dem Äquator 56753 und unter dem Polarkreise 57437 Toisen betrage. Hieraus folgt, daß man im Norden einen längeren Weg zurücklegen muß, um gleiche Krümmungen wie am Äquator zu erhalten.

daß die Erde dort also weniger gekrümmt, flacher, d. h. abgeplattet ist. Gewisse Schriftsteller, welche keine genügende Einsicht in die genaueren mathematischen Verhältnisse, welche hier maßgebend sind, besaßen, haben den umgekehrten Schluß gezogen und behauptet, daß, weil der Meridiangrad im Norden größer sei, als am Äquator, müsse die Erde an den Polen verlängert sein. Die Unrichtigkeit dieses Schlusses können wir aus Figur S. 303 ersehen, welche den Durchschnitt durch ein sehr abgeplattetes Ellipsoid darstellt. Die 10 Linien, welche die Peripherie des oberen rechten Quadranten zeigt, stehen alle senkrecht auf der elliptischen Oberfläche und teilen jenen Quadranten in 9 gleich große Winkel von je 10 Grad. Wir sehen nun sofort aus der Figur, daß das Stück des elliptischen Bogens vom Äquator bis zur ersten normalen Linie kleiner ist, als das Stück zwischen der 9. und 10. Linie. Bei der Erde findet ganz das Gleiche statt, obgleich deren Abplattung so gering ist, daß sie bei einer Zeichnung in der Größe der vorstehenden Figur nicht sichtbar hervortreten könnte,

Bald nach jenen Messungen in Lappland und am Äquator wurden verschiedene in andern Teilen der Erde ausgeführt, allein ihren Aufschwung nahmen die Gradmessungen erst, als zur Zeit der ersten französischen Revolution der Vorschlag auftauchte, ein allgemeines Weltmaß einzuführen, dessen Einheit nie mehr verloren gehen könne. Man wählte als solchen den vierzigmillionten Teil des Erdumfanges und beschloß, dessen Größe durch eine neue Gradmessung ermitteln zu lassen, die an Ausdehnung und Genauigkeit alles bisher Dagewesene weit übertreffen sollte. Diese Messung, welche 1792 begann, sollte sich von Dünkirchen bis Barcelona erstrecken, aber Biot und Arago führten sie noch weiter, bis zur Insel Formentera. Im Jahre 1806 waren die eigentlichen Gradmessungsarbeiten vollendet, die einen Bogen des Meridians von 12° 22′ 12,7″ umfassen. Fast um dieselbe Zeit begannen ausgedehnte Gradmessungen in England, Rußland und Ostindien, kleinere in mehreren europäischen Staaten und später auch am Kap der guten Hoffnung, so daß Bessel im Jahre 1840 eine erschöpfende Diskussion der Erddimensionen auf Messungen stützen konnte, die zusammen einen Bogen von 50° 34′ umfaßten. Das Resultat dieser klassischen Arbeit war:

Durchmesser des Äquators 1718,87 Meilen,

Länge der Erdachse 1713,13 Meilen,

Halbmesser der Abplattung $^1/_{299}$

Die Länge der geographischen Meile ist hierbei zu 7420,44 Meter angenommen.

Seitdem sind zwei Drittel Jahrhundert verflossen, und die Zahl und Ausdehnung der Gradmessungen hat sich beträchtlich vermehrt. Neuere Rechnungen, die sich hierauf stützen, zeigen, daß die Erddurchmesser ein wenig größer sind, als Bessel gefunden hat. Vorläufig bleiben jedoch die Astronomen bei den Angaben des letzteren stehen, da mehrere große Erdmessungen in Ausführung genommen sind, nach deren Vollendung erst eine definitive Berechnung der Erddimensionen erfolgen wird.

Was die Bestimmung der Erdabplattung aus Pendelbeobachtungen anbelangt, so liegt von letzteren gegenwärtig eine so große Anzahl aus weit über die Erdoberfläche zerstreuten Orten vor, daß eine auf dieses gesamte Material gegründete Untersuchung sehr zuverlässige Werte für die Größe der Erdabplattung liefern muß. Eine solche Berechnung lieferte als Wert für die Abplattung der Erde $1/_{288,9}$. Dieser Wert kommt dem aus dem größten Bogen der Gradmessungen abgeleiteten sehr nahe und fällt fast genau mit dem Verhältnisse ($1/_{289}$) der Schwungkraft zur Schwere unter dem Äquator zusammen. Da nun auch mathe=matisch=mechanische Gründe von großem Gewichte dafür sprechen, daß der wahre Wert der Erdabplattung gleich diesem Verhältnisse sein müsse, so kann man $1/_{289}$ als definitive Zahl für die Größe der Erdabplattung annehmen. Nimmt man, wie üblich, den Umfang des Äquators zu 5400 Meilen an, so ergibt sich bei einer Abplattung von $1/_{289}$:

Durchmesser des Äquators	1718,9 Meilen,
Poladurchmesser	1712,9 Meilen,
Gesamte Erdoberfläche	9260510 Quadratmeilen,
Rauminhalt der Erde	2649900000 Kubikmeilen.

Wir sind jetzt dem Astronomen auf den verschiedenen Wegen gefolgt, auf welchen er nach und nach zu den genauen Resultaten für die Größe und Gestalt der Erde gelangte, welche ich dem Leser mitgeteilt habe. Ich muß ihn nun, ehe ich Abschied nehme, auffordern, mir noch einmal zu folgen auf jene Wege, auf denen es der Wissenschaft gelungen ist, das wichtige Problem der geographischen Ortsbestimmung, besonders auf der See, zu lösen. Ganz besonders für den See=verkehr der Gegenwart ist es von der größten Wichtigkeit, daß der Schiffer stets genau weiß, wo er sich auf dem Meere befindet. Schon vor 200 Jahren sah man in England die Notwendigkeit einer genauen Ortsbestimmung auf See so deut=lich ein, daß das Parlament die Summe von 20000 Pfund Sterling demjenigen versprach, der eine genaue Methode der Längenbestimmung auf See finden würde. Es handelte sich lediglich um die Längenbestimmung, weil, wie wir von früher wissen, die geographische Breite verhältnismäßig leicht gefunden werden kann. Die Schwierigkeit liegt ausschließlich darin, den Stand der Uhrzeit in einem und demselben Momente für zwei weit voneinanderliegende Orte zu kennen. Wir sind dieser Schwierigkeit schon oben bei der Besprechung der Längenmessungen be=gegnet und haben gleichzeitig gesehen, wie sie gegenwärtig durch den elektrischen Telegraphen mit Glück überwunden wird. Telegraphische Verbindung besteht nur zwischen den wenigsten Orten, und vollends auf dem Meere, wo der Schiffer häufig in die Lage kommt, seine Länge bestimmen zu müssen, ist die besprochene Methode ganz unausführbar. Hier tritt die Methode der Längenübertragung durch Chronometer ein. Denken wir uns, der Schiffer habe eine absolut genau gehende Uhr, die er vor seiner Abreise nach der Uhr einer Sternwarte, etwa Green=wich, stellte. Diese Uhr wird ihm nun in jedem Augenblicke die Zeit angeben, welche eben in Greenwich ist. Diese Zeit aber, mit der Fahrzeit an Bord des Schiffes (welche durch direkte Beobachtung der Sonne erhalten wird) verglichen, gibt jetzt sofort den Zeitunterschied gegen Greenwich, und da die Länge dieser

Sternwarte schon bekannt ist, auch die geographische Länge, unter der sich das Schiff befindet. Nehmen wir an, ein Schiffer laufe aus der Themse, um nach New York zu segeln; vorher habe er seinen Chronometer mit der Uhr der Greenwicher Sternwarte in der Nähe von London, verglichen. Nachdem er mehrere Tage auf dem Atlantischen Ozeane gefahren, wünscht er seine Länge zu wissen. Zu diesem Zwecke mißt er die Höhe der Sonne, um daraus die wahre Uhrzeit an Bord seines Schiffes zu berechnen. Die Messung der Sonnenhöhe geschah in dem Augenblicke, als sein Chronometer 10 Uhr 16 Minuten 30 Sekunden zeigte. Die Berechnung ergibt dem Schiffer, daß es in demselben Augenblicke an dem Orte, wo er sich befand, 8 Uhr 0 Minuten 30 Sekunden war. Der Zeitunterschied gegen Greenwich beträgt demnach 2 Stunden 16 Minuten, um welche Greenwich gegen die Schiffszeit voraus ist. Der Schiffer befindet sich also 34° westlich vom Meridiane von Greenwich. Dieses Verfahren ist sehr einfach, allein es setzt den Besitz einer genau gehenden Uhr voraus. Harrison (geb. 1693, gest. 1776) war der erste, der eine derartige Uhr konstruierte, und erhielt dafür vom englischen Parlamente die Summe von 500000 Mark. Gegenwärtig hat die Vervollkommnung der Chronometer einen so hohen Grad erreicht, und gleichzeitig sind die Preise derselben verhältnismäßig so billig geworden, daß jeder Seefahrer ein solches Instrument an Bord hat. Zwar gehen alle diese Uhren nie absolut genau, aber sie haben einen fast konstanten Gang, d. h. sie laufen täglich sehr nahe um den gleichen Betrag vor oder bleiben konstant um ein paar Sekunden zurück. Der Schiffer ermittelt diesen täglichen Gang vor seiner Abreise, indem er die Uhr während eines gewissen Zeitraumes mit der Uhr einer Sternwarte vergleicht. Ergibt sich nun, daß sie täglich z. B. 10 Sekunden voreilt oder zurückbleibt, so weiß er nach 25 Tagen, daß er von den Angaben des Chronometers 10×25 Sekunden zu subtrahieren oder ebenso viel hinzu zu addieren hat, um die ganz genaue Greenwicher Zeit zu erhalten.

Bei großen Seereisen oder bei Landreisen durch weite, unbekannte Gegenden ist es aber immerhin wichtig, auch ein Mittel zu besitzen, den Gang des Chronometers kontrollieren zu können, denn diese feinen Instrumente sind notwendig sehr empfindlich, und die Ortsbestimmung müßte beträchtlich fehlerhaft werden, falls die Uhr ihren täglichen Gang plötzlich aus irgend einer Ursache um mehrere Sekunden änderte, ohne daß der Beobachter imstande wäre, diese Abweichung zu erkennen.

Ein solches Mittel zur Kontrollierung der zur Zeitübertragung mittels des Chronometers bestimmten Länge eines Ortes, sowie auch zur Längenbestimmung ohne Zeitübertragung durch Chronometer gewähren die Messungen der Winkelabstände des Mondes von gewissen Fixsternen. Nehmen wir an, daß zwei Beobachter, von denen der eine in London, der andere in Berlin ist, sich verabredeten, an einem gewissen Tage nach ihrer Uhr den Moment aufzuzeichnen, wenn der Mittelpunkt des Mondes 1° von einem gewissen Sterne entfernt steht. Der Beobachter in London findet für diesen Moment 10 Uhr 1 Min. 10 Sek. nach Londoner Zeit, der Beobachter in Berlin hingegen 10 Uhr 53 Min. 8 Sek. nach Berliner Zeit. Hieraus würde für den Meridianunterschied zwischen Berlin und London

51 Min. 58 Sek. hervorgehen. Allein dieses Resultat ist nicht ganz streng, denn die beiden Beobachter befinden sich dem Monde gegenüber nicht unter den gleichen Verhältnissen, indem der Beobachter in Berlin den Mond in bezug auf den Fixstern aus einer etwas andern Richtung sieht, als derjenige in London. Um sich hiervon frei zu machen, muß vorher an den Beobachtungen eine Korrektion angebracht werden, durch welche sie so modifiziert werden, als habe sich der Beobachter im Erdmittelpunkte befunden, wo die erwähnte optische Verschiebung wegfallen würde. Wenn die genannten beiden Beobachter in Berlin und London diese Reduktion auf den Erdmittelpunkt berücksichtigen, so ergibt sich als Meridiandifferenz zwischen London und Berlin 54 Min. 8 Sek. = 13°32′.

In der angegebenen Weise ist das Verfahren für den Seefahrer freilich unbrauchbar, denn er muß diese Beobachtung des zweiten Ortes sofort haben, wenn sie ihm überhaupt etwas nützen soll; dann würde es auch immer seine Schwierigkeiten haben, den Augenblick eines bestimmten Abstandes des Mondes von einem Sterne abzuwarten. Der Seefahrer muß jeden heiteren Augenblick benutzen können. Alle diese Schwierigkeiten werden durch die Mondtafeln, welche der Schiffer oder Reisende mit sich nimmt, beseitigt. Diese Tafeln geben für Jahre voraus den Abstand des Mondes von der Sonne und einer Anzahl hellerer Sterne für jeden Augenblick nach Greenwicher Zeit mit einer Genauigkeit an, welche die einer direkten Beobachtung sogar noch übertrifft. Findet z. B. der Seefahrer an einem gewissen Tage um 5 Uhr 13 Min. 30 Sek. Ortszeit den auf den Erdmittelpunkt reduzierten Abstand des Sonnen- und Mondzentrums zu 14° 15′, so lehrt ihn sein Blick in die Mondtafeln, daß dieselbe auf den Erdmittelpunkt reduzierte Distanz von Sonne und Mond in Greenwich um 7 Uhr 17 Min. 30 Sek. stattfindet, daß es demnach 7 Uhr 17 Min. 30 Sek. in Greenwich war, als die Zeit seines Schiffes 5 Uhr 13 Min. 30 Sek. betrug. Sonach befindet sich also das Schiff 2 Stunden 4 Min. = 31° westlich von Grrenwich. Der erste, welcher diese Methode praktisch wenngleich nur ganz roh anwandte, war Amerigo Vespucci. Er sah am 27. September 1499 zu Venezuela abends 7½ Uhr den Mond 1°, um Mitternacht dagegen 5½° östlich vom Mars. Hieraus schloß er, daß der Mond sich damals in vier Stunden um 1° ostwärts bewegt habe und also um 6½ Uhr Ortszeit mit dem Mars in Konjunktion gewesen sein müsse. Die Nürnberger Ephemeriden lehrten aber der Vorausberechnung gemäß, daß dieselbe Konjunktion um Mitternacht nach Nürnberger Zeit stattgefunden habe. Vespucci schloß hieraus, daß der Längenunterschied zwischen Nürnberg und Venezuela 5½ Stunden oder 82½° betrage, was auch ziemlich richtig ist.

Ich habe dem Leser jetzt die hauptsächlichsten Methoden zur Bestimmung der geographischen Länge vorgeführt; aber es hat der Anstrengung von fast zwei Jahrhunderten bedurft, um sie so weit auszubilden, daß sie praktisch von Nutzen sein konnten. Viele Tausende fahren heutzutage auf den stattlichen Dmpfern der Hamburger und Bremer Gesellschaften nach Amerika, ohne zu wissen, daß das Schiff auf dem endlosen Ozeane, wie ein Postwagen auf der Landstraße, eine ganz genau vorgezeichnete Bahn durchläuft, so daß der folgende Dampfer fast im

Kielwasser des vorauffahrenden dahinbraust; und daß es das Licht der Wissen=
schaft ist, welches das stolze Schiff zum sicheren Hafen leitet!

Und nun wollen auch wir mit dem Schatze erweiterter Erkenntnis aus den
Himmelsräumen und von den einsamen Meeresküsten dem Hafen zueilen.

Schöner, reicher, heller entfaltet sich die Heimat vor uns, erkannt im Lichte
des Jenseits. Mit innigeren Banden als je werden wir uns an sie geknüpft fühlen.
Wenn aber einst wieder Tage kommen sollten, wo den Leser vielleicht, um einem
trüben Horizonte seines Lebens zu entfliehen, die Lust zu neuen Ausflügen in den
Himmelsraum anwandelt, zu den Sternen die unverlöschlich in unser Leben hinab=
strahlen: dann wird er andre Begleiter finden, die ihm vielleicht noch weiter die
Pforten des Himmels öffnen, ihn noch sanfter durch die unermeßlichen Räume
tragen, noch anziehender in den fernen Öden unterhalten werden! Gedenke er
dann gleichwohl freundlich unser gemeinsam verlebten Stunden und des Führers,
der ihn wenigstens gewissenhaft durch die Wunder des Himmels zu geleiten sich
bestrebt hat.

Additional information of this book

(Die Wunder der Sternenwelt; 978-3-662-23897-4) is provided:

http://Extras.Springer.com

Sach- und Namenregister.

Die Zahlen beziehen sich auf die Seitenzahlen des Buches. — Ein A. vor einer Zahl bedeutet Abbildung

Aberrationswinkel 61.
Ablenkung des Lichts 60, A. 61.
Abulfeda, Ringgebirge 98; — Rillen des A. 97.
Acharnar, Stern im Eridanus 244.
Achromatische Linse 28.
Adams, John 7; — Neptunberechnung 196.
Adler, Sternbild 244.
Agrippa, Ringgebirge 98.
Ägypter 4.
Airy 255.
Alcyone, Stern in den Plejaden 289.
Aldebaran, Stern im Stier 17, 244, 251, 290.
Alfons von Kastilien 4.
Algol, Stern in der Medusa 256, 257, 258.
Alkor, Stern im großen Bären 270 272.
Almanon, Ringgebirge 98.
Alphard, Sternbild 18.
Alphonsus, Wallebene A. 111.
Altair, Stern im Adler 244.
Anderson 260.
Andromeda, Sternbild 16; — =nebel 294.
Antares, Stern im Skorpion 19, 244.
Apex, Zielpunkt der Erdbewegung 224.
Aphelium 56.
Apogäum 49, 56.
Äquator 34; — Rückwärtsgehen 53.
Äquatorial 42; — der Wiener Sternwarte A. 39.
Äquinoktien 46.
Arago 195.
Argelander, Eigenbewegung der Fixsterne 252, 255; — Sternkarte 248.
Ariel, Uranusmond 193.
Aristarch von Samos 113, 116.
Aristarch, Ringgebirge, 91, 99, A. 99.
Aristoteles 229.
Aristyllus 53.
Arktur, Stern im Bootes 19, 244, 245, 251, 252, 267, 270.
Asten 204.
Asterion 19.
Asträa, Planetoid, 160, 161.
Astronomische Einteilung des Himmelsgewölbes A. 33.

Augustus, Kaiser, Kalender 299.
Auwers 252, 277, 278.
Azimut 34, 302.

Babylonier 4.
Backlund 204.
Bär, große 15, A. 15, 270, 272, 288; — Karte der veränderlichen Stellung A. 253; — kleine 15.
Barnard, E. E. 175, 207, 211.
Beer, Mondkarte 103.
Bessel, Friedrich Wilhelm 6; — Erddimensionen 306; — über dunkle Fixsternbegleiter 278; — Kometenbahnen 204; — Gradmessungsformeln 302; — Kometenbeobachtungen 208, 209; — Merkurdurchmesser 144; — Mondatmosphäre 109; — Saturnmessungen 179; — Sternkarten 160; — Sternparallaxe 267, 268; — Uranusbahn 195, 196.
Beteigeuze, Stern im Orion 244.
Biela, Komet, 204, 205.
Biot, 214, 306.
Bischoffsheim, R., 29.
Blendgläser zur Sonnenbeobachtung 123.
Bode 157, 194.
Bond, G. P., 182, 193, 294.
Bond, W. C., 294.
Bonpland 221.
Bootes, Sternbild 19, 244.
Borelli, G. A. 200.
Bouvard 194, 195, 203.
Bradley, James, 6, 117; — Aberration 61; — Jupitermonde 174; — Sternparallaxe 265.
Brahe, Tycho, 5, 72, 259, 265; — Durchmesser der Fixsterne 25; — Stern in der Kassiopeja 258; — Variation des Mondes 73; — Zodiakallicht 138.
Bredichin, Prof. 207, 209.
Breiten und Längen, geographische 302.
Breitengradmessung 302.
Bruhns-Komet 205.
Bunsen, R. W., 29, 132.
Burnham, Sherburn Wesley, 274, 275, 276.
Burton 213.

Calippus, Mondberg 91.
Call 119.

Canopus, Stern im Schiff 244.
Capella 16, 17, 58. — Stern im Fuhrmann 244, 290.
Cäsar, Julius, Kalenderwesen 298, 299.
Cassini, Dominikus, Mondkarte 103, 117, 259; — Jupiterrotation 168; — Saturnringe 180, 181, 185; — Zodiakallicht 140.
Cassini, Jakob, Ortsveränderung des Arktur 252.
Centaur, Sternbild 244, 245, 268, 269, 271, 291; — der große Sternhaufen im A. 283.
Cepheus 16, 53.
Ceres, Planetoid 157, 158, 164.
Chacornac 162.
Challis 197.
Chappe 119.
Chara 19.
Childrey 138.
Chladni, über Meteore 218.
Chriestie 209.
Chronometer 307 ff.
Clairault 201
Clark 278.
Clavius, Ringgebirge kurz nach Sonnenaufgang A. 93.
Clavius-Longomontanus-Tycho, Mondlandschaft A. 95.
Curtius, Ringgebirge 91.
Cook 119.
Cusa, Kardinal, 299.

Daphne, Planetoid, 163.
Dawes, 182.
Deimos, Marsmond 154.
Deklination 38; — der Sonne 46; — der Sterne 42.
Dembowski, Baron von, 274, 275.
Demokrit 281.
Dione, Saturnmond 186.
Döll, Eduard, 215.
Dollond, achromatische Linsen 28.
Donati, Alessandro, Komet 208.
Doppelsterne 258, 270 f., 274, 288; — Bahnen 275; — Bewegung 274; — Farben 276, 277; — Massenverhältnisse 277; — spektroskopische 258, 275; — und mehrfache Sterne 270—279.
Dörfel, Georg 200.
Dörfel, Mondgebirge 91.
Drachen 16.
Dymond 119.

Eichen des Himmels 246.
Ekliptik und deren Schiefe 46; — elliptische Form 49; — Periodizität der E. 236; — Neigung der Satellitenbahnen des Jupiters und Uranus gegen die Ebene der E. A. 195.
Ellipse, jährliche, der Sterne A. 62.
Enceladus, Saturnmond 186.
Encke, Johann Franz 7; — Komet 203, 204; — Saturnringe 182.
Ephemeriden 309.
Epizykeln 82, A. 81, 230.
Eratosthenes 300.
Erde, Abplattung 305, 306, 307; — Achse (Natation oder Wanken) 59; — (Nutation oder Wanken) 236; — Apex 224; — Bahn um die Sonne und die Jahreszeiten A. 55; — gemeinschaftliche mit Mond A. 71; — Dimensionen 306; — Durchmesser des Äquators 307; — vom Monde aus gesehen A. 88; — Entfernung vom Mond 116, Messen A. 116; — Einfluß des Mondes 111, 112; — Gestalt und Größe 299 ff.; — Größenverhältnis zum Mond A. 107; zu Jupiter A. 169; zu Merkur A. 141; zu Neptun A. 194; zu Saturn A. 177; zur Sonne A. 122; zu Uranus A. 191; — Jahr und Jahreszeiten 54, A. 55; — Kugelform, Beweise 499 f.; — Oberfläche 307; — Parallelkreise Polarkreise, Wendekreise 48; — Polardurchmesser 307; — Rauminhalt 307; Sonnennähe und Sonnenferne 49; — Anziehung durch die Sonne A. 58.
Eridanus, Sternbild 244.
Eros, Planetoid 165.
Evektion (Mondbahn) 72.

Fernel 300.
Fernrohr 20 ff.; — Durchmesser A. 22; — Einrichtung 22.
Feuerkugeln 218, 219, 220.
Finsternisse 74 f.
Fisch, Sternbild 244.
Fische, Sternbild 17.
Fixsterne 243 f.; — Eigenbewegung 250—255; — Größenklassen oder Helligkeitsabstufungen 243f. — der nächste 269; — physische und chemische Natur 290; — Radialbewegung 254.
Fixsternhimmel 243.
Fixsternkomplex 284.
Fixsternörter 243.
Fixsternsystem 280—290; — Schwerpunkt 286, 287.
Fixsterntrabanten 272.
Fixsternwelt, die Grenzen der 203 bis 269.
Flamsteed 117.
Fomalhaut, Stern im Fisch 244.
Forster 211.
Fraunhofer, Joseph 6; — Kometensucher 248; — Refraktoren 28.
Frühlingsnachtgleichenpunkte 47.
Frühlingspunkt 51; — Lage im Jahre 2170 v. Chr. A. 54; heutige Lage A. 54.
Fuchs, Sternbild 259.

Fuhrmann, Sternbild 16, 244, 260, 276.
Fuß, Nikolaus 272.

Galilei, Galileo 5, 123; — Beobachtungen und Entdeckungen betreffend den Mond 90; — Fernrohr 281; — Jupitermonde 171; — Mondkarte 102; — Saturn 177.
Galle 196, 197.
Gasparis, de 162.
Gauß, Karl Friedrich 6; — Berechnung der Ceres 158.
Geißlersche Röhre 209.
Glas, bleihaltiges 28.
Gleichung, jährliche 73; — persönliche 304.
Goldschmidt, Hermann 162 f.
Grabmessung 305.
Gravitationsgesetz 233, 276, 286.
Green 119.
Gregor XIII., Kalenderwesen 299.
Gregorys Spiegelteleskop 27, A. 27; — Teleskop 27, A. 24.
Größenklassen der Sterne 243 f.
Gruithuisen 106.

Haar der Berenice 291.
Hahn, Graf von 148.
Hall, A. 179; — Marsmonde 153, 154.
Halley, Edmund 6, 118, 201, 202, 251; — Komet 202.
Hansen 108.
Harding 144, 148, 159.
Harrison 308.
Harvard-Sternwarte 29, 30.
Hasselberg 209.
Haupthaar der Berenice 19.
Hebe, Planetoid 161.
Heis, E., 140, 172, 219.
Helioskopische Okulare 124.
Hell, Pater, 120.
Helligkeit des Objektivbildes 23, 24, 25.
Helligkeitsklassen der Sterne 243 f.
Hencke, K. L. 160 f.
Henry, Gebrüder, 248.
Herbstnachtgleichenpunkt 47.
Herbstpunkt 52.
Herkules, Sternbild, 19, 251, 255, 256, 286, 290.
Herodot, Ringgebirge 99.
Herrik 220.
Herschel, Alexander, 224.
Herschel, Friedrich Wilhelm, 6, 23, 24, 91, 271, 272, 277; — Doppelsterne 274; — Marsbeobachtungen 151; — Mondoberfläche 103; — Nebelflecke 292, 295, 296; — Öffnungen des Himmels 282, 284; — Saturn 179, 180f., 182, 185; — Sonnenflecken 131, 132; — Sonnenhülle 131; — Sonnenbewegung 255; — Sonnensystem in der Milchstraße 284, 287; — Teleskop A. 25, 284; — Entdeckung des Uranus 157, 158; 191, 192, 193; — Venus 148; — Venusleuchten 149; — Weltenraum und dessen Tiefe 245, 246.
Herschel, John, Nebelflecke 294, 295.
Herschel, Karoline 203.
Herz Karls II. 19.
Hesiod 280.

Hevel (Hevelius) 90, 256, 259; — Mondkarte 102.
Himmel, Bewegung 229; jährliche 44 ff.; tägliche 31 ff.; — Gewölbe, astronomische Einteilung A. 33; — Karten 248; photographische 249.
Himmelsphotographie 30.
Himmelspol 53.
Hind, J. R. 162.
Hipparchos 4; — Himmelsmessung 33; — Nachtgleichen 52, 53, 54; — Sonnenentfernung 113; — Sternenverzeichnis 251, 280; — Sternensystem 229; — Zahl der Sterne 247.
Höhenmessungen trigonometrische, 301.
Homer 280.
Hough 171.
Humboldt, A. v. 138, 221.
Huggins 259, 254, 290; — Sternspektra 290, 292.
Huyghens, Christian, 5; — Saturn 117, 184; — Mondberg 91.
Hund, großer und kleiner, Sternbild 18.
Hyaden, Sternbild 58, 291.
Hyadra 18.
Hyginus, Mondkrater 98; — Rillen des A. 97; — Umgebung von A. 105.
Hyperion, Saturnmond 186.

Jagdhunde, Sternbild 19; — Spiralnebel in den A. 293.
Jahr 298; — siderisches 46, 54, 58; — tropisches 46, 54, 58.
Jahreszeiten A. 55.
Jährliche Gleichung 73.
Jährliche Himmelsbewegung 44 ff.
Janson 259.
Japetus, Saturnmond 186.
Jones, G. 140.
Jungfrau, Sternbild 18, 244, 271, 276.
Juno, Planetoid 159.
Jupiter. Abplattung 167; — Äquatorneigung 169; — äquatoriale Strömungen 170; — Dichtigkeit 167; — Durchmesser 167; — Flecke A. 168; — Größenverhältnis zur Erde A. 169; — zur Sonne A. 122; — Neigung der Satellitenbahnen gegen die Ebene der Ekliptik A. 195; — Rotation 168, 169; — rote Wolke 171, A. 170; — Selbstleuchten 175; — Streifen 170.
Jupitermonde 171—176; — Abstände 173; — Bahnen 174, A. 173; — Sonnen- und Mondfinsternisse 174, 175; — Umlaufszeit 174; — Verschwinden gleichzeitiges, dreier A. 172.

Kalenderwesen 298, 299.
Kanopus 54.
Kant, Immanuel, 6; — Hauptebene für die Fixsternwelt 284; — Zentralsonne 286.
Kapwolle 295.
Karte, elliptische A. 161.
Kassiopeja, Sternbild 15, 16, 258, 290.
Kästner, Walleben des Mondes 92

Kastor, Sterne in den Zwillingen 18, 271.
Keeler, Prof. 184, 294.
Kepler, Johannes 5, 150, 231, 232, 279; — Gesetze 232, 233; — Ansicht über Mondmeere 92; — Entfernung der Sonne 113; — Stern im Schwan 259.
Kirch, G., 148, 272.
Kirchhoff, H. 29, 132 f.; — Spektralanalyse 132.
Klinkerfues 204.
Kohlensäcke 282.
Koluren 47, A. 47.
Kometen 199 f.; — Bahnen von sechs periodischen A. 203; — Bahnformen A. 206; — Berechnung 201, 202; — innere 205; — periodische 203; — Exzentrizität 237; — Ausströmung 208; — Photographie 211, A. 212; — Schweife 209, 210; — mehrschweifige 210; — Selbstleuchten 208; — spektroskopische Untersuchungen 208, 209, 210; — Umlaufszeiten 207; — Unheilverkünder 211; — von Biela 204, 205; — Bruhns 205; — von Donati 208; — Encke 203, 204; — Halleys 202; — Lexell 202, 203; — Pogson 204, 205; — von Wells 209; — von 1668 211; — von 1680 200; 211; — von 1744 208; — von 1811 A. 205; — I. von 1843 206; 207, — von 1862 224; — I. von 1864 208; — von 1866 224; — von 1880 207; — von 1882 210, 211, Photographie A. 212; — II. von 1882 207; — von 1889 V. 207; — von 1892 I. 211; — von 1893 IV. 211; — von 1898 X. 211.
Kometensucher Fraunhofers 248.
Konjunktion 81; — untere und obere 143.
Kopernikus, Nikolaus 4, 230, 231, 271; — Ringgebirge 91.
Korona der Sonne 77, 134.
Krebs, Sternbild 18, 291; — Sterngruppe Krippe A. 292.
Kreil 112.
Kreiselbewegung A. 59.
Kreutz, Prof. 207.
Kreuz, Sternbild 244.
Krippe, Sternbild 18, 291, A. 292.
Krone, nördliche, Sternbild 19, 251, 259.

Lacaille 117.
Lagrange 236.
Lalande 115.
Lambert 272.
Lamont, Johann von 112.
Länge, geographische 303.
Längengradmessung 306.
Längenübertragung 307.
Laplace, Pierre Simon de 6; — Jupitermonde 174; — Entstehung des Planetensystems 238 f., 240.
Lassell, Neptunmond 193; — Saturn 182; — Uranusmonde 219.
Leibniz, Mondgebirge 91, 100.
Leier, Sternbild 244, 251, 254, 257, 290.
Lepaute, Madame 201.

Leverrier, Joseph 7; 278, 195, — Berechnung des Neptun 196 f.; — Sternschnuppen 221.
Lexell, Komet 202, 203.
Leyer s. Leier.
Libration des Mondes 69.
Licht, Abirrung 265; — Ablenkung des 60, A. 61; — Geschwindigkeit 62; — Refraktion 301; — Schnelligkeit 269.
Lichtjahr 269.
Lichtmenge der Sterne, Messung 244.
Lichtsignale 303.
Lichtveränderung der Sterne 256 f.
Lick-Sternwarte 28, 29, 30.
Linné, Mondkrater 105.
Linse 21; — achromatische 28.
Lohrmann, W. G., Mondkarte 103, 105, 106.
Lohse 148.
Löwe, Sternbild 18, 244, 271.
Lowell 151.
Lupe 21.
Luther, K. R. 163.
Lymann 147.

Magelhaens, Weltumsegelung 300.
Magelhaenssche Wolken 295.
Mädler 91, 96, 105, 106; — Eigenbewegung der Firsterne 252, 255; — Jupiter 168; — Mars 152; — Mondkarte 103; — Schwerpunkt des Himmels 286, 287, 289; — Venus 147.
Mare Crisium 92.
Mare Humboldtianum 92.
Mare Serenitatis 92.
Marius, Simon 171, 294.
Mars 150—155; — Achsendrehung 152, 154; — Atmosphäre 153; — Aussehen 150; — Durchmesser 151; — Größenverhältnis zur Sonne A. 122; — Karten 152; — Monde 154; — Oberfläche 152, 153; — Umlaufszeit 150.
Maskelyne 252.
Maury, Miß 276.
Mayer, Andreas 148.
Mayer, Christian 272, 273.
Mayer, Tobias, Mondkarte 103, 252.
Méchain 203.
Medusa, Sternbild 256.
Meereskrümmung, Darstellung der A. 300.
Meridiane auf der Erde A. 37.
Meridianebene 35.
Meridiangrade, Zunahme der nach den Erdpolen A. 303.
Meridianinstrument 304.
Merkur 80, 141—145; — Achsendrehung 144; — Bahn 79, 80, A. 79, 143, 144; — Durchgänge 81, 121, 143; — scheinbare Größe A. 143; — Größenverhältnis zur Sonne A. 122; — Masse 144; — Oberfläche 144; — Phasen A. 142; — Sichelgestalten A. 144; — Umlaufszeit 144.
Messier 202.
Messungen, astronomische 32; — Breiten- und Längengrade 302 ff; — Deklination der Sterne 38; — Lichtablenkung 60, A. 61; — Nutation 59; — Entfernungen bzw. Abstände 114, A. 114, 116;

— Erdumfang 300; — Kraft der Fernrohre 23 f., 25; — Jupitermonde 173; — Merkurdurchmesser 144; — Mondburchmesser, 68; — Mondhöhen 90 f.; — photometrische 175; — Planetoiden 164; — Sonne 113 f.; — Saturn 179; — Massen und Dichtigkeit der Sterne 258; — Sternparallaxe 264, 266; — Winkelmessungen 33, 34.
Meteore 225. — Asteroiden 213 f.; — Bahnen 224, A. 223; 218, — Ursprung 219; — Zusammensetzung 217, 218.
Meteoreisen 216, 217, 218, A. 217.
Meteorfälle, ältere und neuere 214, 215, 216.
Meteorsteine 213, 214, A. 215, A. 217.
Michell, John, 272.
Mikrometer 264, 267.
Milchstraße 280 f., 282, 284.
Miller 259.
Mimas, Saturnmond 186.
Mira, Stern im Walfisch 256.
Mittagsfernrohr 38.
Mittlere Zeit 50.
Mizar, Stern im großen Bären 270, 272, 275, 276.
Monat, siderischer 65; — synodischer 66, 75, 76.
Mond 85 ff.; — Atmosphäre 108, 109, 110; — Bahn 66 f., 68 f.; — Bahn in bezug auf die Sonne A. 71; — Neigung gegen die Ebene des Erdäquators 59; — Wirkung auf die Erde A. 60; — Bewegung während eines Monats 68, A. 69; — Bewegung der Knoten 70; — Bewohner 108—110; — im ersten Viertel A. 104; — Einfluß auf die Erde 111, 112; — Einfluß auf die Nachtgleichen 59; — Flachländer 89; — Größenverhältnis von Erde und Mond A. 107; — Karte des A. 102; — Knoten 74; — Krater 92 f., 93; — Landschaft 85 f., 87; — Lauf 66 f., 68 f.; — Libration 69; — Meere 92; — Mondschein und sein Wechsel A. 66; — Parallaxe 115; — Schwankung 69; — Schwere auf dem 107; — Tafeln 76; 309; — Umbrehung A. 67; — Umlaufszeit 73; — Variation 73; — Wallebene Alphonsus A. 111.
Mondfinsternis 74, 76.
Mondkarten 102, 103, 105.
Mondnacht 65 ff.
Mondschein und sein Wechsel A. 66.
Müller, Johann s. Regiomontanus.

Nebel, elliptische 292; — kometenartige 292; — um den neuen Stern im Perseus A. 285; — planetarische und ringförmige 294, 295; — spiralförmige 294.
Nebelflecken und Nebelsterne 291 bis 297; — im Orion 192; — Photographie 294, 295; — Spektrum 295; — spektroskopische Untersuchungen 292.

Nachtgleichen 52, 56, 236; — Vorrücken 252, 256.
Nachtgleichenpunkte 46.
Neison 106.
Neptun 193 f.; — Bahn 196; — Dichtigkeit 193; — Durchmesser 193; — Entdeckungsgeschichte 195 f.; — Größe 193; — Größenverhältnis zur Erde A. 194; zur Sonne A. 123; — Masse 196; — Mond 193; — Umlaufszeit 194.
Neujahrstag im alten Rom 299.
Newcomb 255; — Uranusmonde 192, 193.
Newton, Isaak, 5, 259; — Gravitationsgesetz 233, 234; — Teleskop A. 22; — parabolische Bahn der Kometen 200.
Nivellement, geometrisches 301, 302.
Nizza, Sternwarte bei 29.
Nova, neuer Stern 260.
Novemberschwarm der Sternschnuppen 222, A. 225.
Nutation 236; — der Erdachse 59.

Oberon, Uranusmond 193.
Objektiv 22.
Ochse, weißer (Kapwolke) 295.
Okular 22.
Olbers, Venusleuchten 149; — Kometen 158, 209; — Planetoiden 159 f., 165.
Olmstedt, Denison 221.
Oppolzer, Th. v. 204 f.
Orion, Sternbild 18, A. 17, 244, 286, 290; — nächtlicher Sternenhimmel in der Umgebung des A. 11.
Orionnebel 292, 294.
Ortsbestimmung der Sterne 38, 41, 43, 44 f.; — auf der See 307 f.
Ortszeit 303.

Palisa 163.
Palitzsch 202.
Pallas, P. S. 218.
Pallas, Planetoid 156.
Parabel und Ellipse mit gleichem Brennpunkte A. 201.
Parallaxe 114, 115, 118, 120, 121, 263 f., 265 f., 268.
Parallelkreise 35, A. 34; — am Himmel und auf der Erde A. 37.
Passageinstrument 38.
Pegasus, Sternbild 290.
Pendelbeobachtung 304 f., 306.
Penumbra (Hof) der Sonnenflecken 127.
Perigäum 49, 56.
Perihelium 56.
Perseus, Sternbild 16, 58, 245, 6, 261, 287; — Nebel um den neuen Stern im A. 285.
Peter von Alliaco 299.
Peters 163, 278.
Peurbach 4.
Phasen des Merkur A. 142; — der Venus 145, A. 146.
Philolaus 229.
Phobos, Marsmond 154.
Phoebe, Saturnmond 186, 187.
Photographie im Dienste der Astronomie 29, 30, 163, 248.
Piazzi, Guiseppe 252; — Entdeckung der Ceres 157.

Pickering, William, 104, 186, 187, 275, 276; — Nebelflecke 295.
Pik von Teneriffa und seine Umgebung nach Piazzi Smyth A. 101.
Planeten. Bahnen 228, 235, 236; — Durchgänge 81; — 78 f.; — untere und obere 79; — Bewegung eines unteren um die Sonne A. 79; — Rückläufe 80, 81; — Epizykeln 82, A. 81; — Rückläufe und Stillstände 82, 83 f., A. 83; — sonnennahe 141 ff.; — sonnenferne 166—198; Zeichen 228.
Planetensystem 227 f., 238; — Entstehung 238 f.
Planetoiden 156—166.
Planmann 120.
Plato 300.
Platonisches Weltjahr 53.
Plejaden 17, 58, 286, 289, 291.
Plinius 247, 280.
Pogson, Komet 204.
Polarkreise 48.
Polarstern 15, 51, 53, 54, 58.
Poldistanz 34.
Pol des Himmels 35, 37; — Umdrehung der P. des Himmelsäquators 53.
Polhöhe 38.
Pollux, Stern in den Zwillingen 18, 244.
Pons 203.
Poor, L. 207.
Posidonius 300.
Präsepe oder Krippe 18.
Präzession 52.
Problem der drei Körper 236, 237.
Procyon, Stern im kleinen Hunde 18, 244, 278.
Protuberanzen 77, 134, 135, A. 133, A. 136, A. 137.
Ptolemäus, Claudius 4, 113, 228, 229, 230, 247, 251.
Ptolemäus, Philadelphus 300.
Pythagoras 113.

Quetelet 222.

Radialbewegung eines Fixsternes 254.
Radius vector 232.
Reflektor 23.
Refraktion, Erklärung der A. 301.
Refraktor 23.
Regiomontanus 4.
Regulus, Stern im Löwen 18, 244.
Rektaszension 41, 42, 46.
Rhea, Saturnmond 186.
Richer 117.
Riesenteleskop Rosses 292.
Rigel, Stern im Orion 244.
Rillen 96, 98, 99; — des Herodot A. 99.
Ringgebirge 93; — innere Ansicht A. 94; — in der Nähe des Mondrandes A. 90; — nach Aufgang der Sonne A. 87; — vor Untergang der Sonne A. 87; — Abulfeda 98; — Agrippa 98; — Almanoa 98; — Aristarch 91, 98, A. 99; — Clavius 91, A. 93; — Eratosthenes 96; — Herodot 99; — Kopernikus 91, 96; — Tacitus 98; — Theophilus 91; — Triesnecker 98, 106.

Ringsystem des Saturn 181 f., 183 f., A. 181, A. 187, A. 188, A. 189.
Roberts 294.
Römer, Olof 12, 117.
Roß, Kapitän 216.
Rosse, Lord 294; — Riesenteleskop 25, 292.
Russel 295.
Rutherfurd 290.

Saros 75.
Saturn 176, A. 180, A. 182, A. 183, A. 184; — Abplattung 176, 180; — Atmosphäre 180; — Dichtigkeit 178, 179, 180; — Größe 176; — Größenverhältnis zur Erde A. 177; — Größenverhältnis zur Sonne A. 122; — Monde 184—187; — Umlaufsbahnen A. 185; — Phasen A. 179; — Ringsystem 181 ff., 183 f., A. 181, A. 187, A. 188, A. 189; — Rotation 179, 180; — Streifen 180.
Schaltjahre 299.
Schiaparelli 144, 201; — Marsbeobachtungen 151, 152; — Ansichten über Meteorerscheinungen 223 f.; — Venusbeobachtung 149.
Schiff, Sternbild 244.
Schlange des Ophiuchus 19.
Schlangenträger, Sternbild 19, 259.
Schönfeld 248, 257.
Schmidt, J., 91, 105, 106; — Jupiterflecke 170; — Kometenbeobachtung 207; — Mondkarte 103; — neue Sterne 260.
Schröter, H. 98, 103, 106, 144, 148, 149.
Schwabe H. 131.
Schwan, Sternbild 245, 259, 260, 267, 271.
Schwankung des Mondes 69.
Schwere 107, 305.
Schwerpunkt 277, 286, 287, 288.
Schwungkraft 305.
Secchi. Saturn 180; — Sonnenflecke 128 f.; — Sternspektra 290.
Seeliger, Prof. v. 261.
Siderisches Jahr 46, 54, 58.
Sirius, Stern im großen Hunde 18, 244, 245, 251, 254, 258, 267, 277, 278, 286. 290.
Skorpion, Sternbild 19, 244.
Snellius 301.
Solstitien 47.
Sondieren des Himmels 246.
Sonne 113—140, 290; — Abstand 113, A. 117; — Anziehung auf die Erde A. 58; — Bewegung 252, 254; — Deklination 46; — Entfernung 113, A. 117; — Erdnähe und Erdferne 49; — Fackeln 128; — Finsternis 74 f., A. 75; — Größenverhältnis zu den Planeten A. 122; — Korona 134; — Ort 46; — Parallaxe 116, 118, 120; — Protuberanzen 77, A. 133, A. 136, A. 137; — Rotationsdauer 125, A. 125; — Scheibe, Gestalt am Horizont A. 302; — Schwerpunkt 277; — System 227, 234, 235, 239; — Tag 46; — Wendepunkte 47.

Sonnenfinsternis 74, 76, 77; — ringförmige A. 75; — totale, für einen Erdort A. 75.
Sonnenflecke 124—134; — Bahnen A. 126, A. 130; — scheinbare Bewegung A. 125, A. 127, A. 128; — Photographie der großen A. 129; — Flecke mit Fackeln am Rande A. 127.
Sosigenes 298.
South, James, 274.
Spektralanalyse 29, 132, 253, 290, 296.
Spektrographen 29.
Spektroskop 29, 292, 297.
Spica, Stern in der Jungfrau 18, 244, 276.
Spiegelteleskop Gregorys 27, A. 27; — Newtons 26.
Spörer 132.
Sterne, Bilder 14 ff.; — Buchstabenbezeichnung 257; — Dellination 38, 42; — jährliche Ellipse eines infolge der Aberration A. 62; — Größenklassen 243 f.; — Haufen 291; — der große im Centaur A. 283; — Karten 248; — Katalog 248; — Klassifikation 290; — Kunde, geschichtl. Überblick 3 f.; — Wert und Nutzen 298 f.; — Lichtabirrung 265; — Lichtmessungen 244; — Masse oder Gewicht 278; — Nacht 243—249; — neue 258 f.; — Ortsbestimmung 38, 41, 43, 44 f., 47, 265; — Parallaxe 265 f., A. 266; — photographische Karten 249; — dem bloßen Auge sichtbare der nördlichen Halbkugel A. 246; — der südlichen Halbkugel A. 247; — Spektren 254, 275, 290; — Tag 41, 46; — teleskopische 245; — veränderliche 256 f.; — Weltkatastrophen 261; — Zahl 248; — Zeit 41, 45.
Sternenhimmel, nächtlicher in der Umgebung des Orion A. 11.
Sternschnuppen 219 ff.; — Bahnen A. 223; — Geschwindigkeit 219, 220; — Häufigkeit 220 f.; — Höhe 219; — Schwärme, Novemberschwarm 221 f., 222, A. 225; — Schweife 220; — Substanz 225.
Sternwarten, Harvard 29, 30; — Lick 28, 29, 30; — bei Nizza 29; — Wien Äquatorial A. 39; — Yerkes 28, 29, 30, 261.
Stier, Sternbild 17, 38, 244, 286, A. 16.
Störungen, periodische und säkulare 235 f.

Strahlenbrechung 301, 302.
Stroobant, P. 149.
Struve 182, 193, 268, 274, 284.
Stumpe 255.
Stundenkreise 35, A. 34, A. 37.
Stundenwinkel 35.
Synodischer Monat 75, 76.
Synodischer Umlauf des Mondes 66 f., 72.
Synodische und siderische Umdrehung des Mondes 66, A. 67.
Syzygien des Mondes 72.

Tacitus, Ringgebirge 98.
Tägliche Bewegung des Himmels 31 ff.
Telegraph 303 f., 307.
Teleskop 22; — Gregorys 27, A. 24; — Herschels 24, Durchschnitt A. 25; — Newtons A. 22; — Lord Rosses 25, 292.
Tethys, Saturnmond 186.
Thales 77.
Theophilus, Ringgebirge 91.
Tierkreis 52, A. 53.
Tierkreislicht 138, 140.
Timocharis 53.
Titan, Saturnmond 186, Vorübergang A. 186.
Titania, Uranusmond 193.
Tittus 156, 157.
Triangulation 301.
Triesnecker, Ringgebirge 98, 106.
Tropisches Jahr 46, 54, 58.

Umbriel, Uranusmond 193.
Uranus 157, 158, 191—195; — Abplattung 191; — Durchmesser 191; — Entfernung von der Sonne 191; — Größenverhältnis zur Erde A. 191; — Größenverhältnis zur Sonne A. 122; — Monde 191, 192; — Bahnsystem A. 193; — Neigung der Satellitenbahnen gegen die Ebene der Elliptik A. 195.

Variation 73.
Venus 77, 78, 79, 145—149; — Bahn 79, A. 79, 145; — Achsendrehung 149; — Atmosphäre 147, 148; — Durchgänge 81, 118, 119, 120, 121, A. 117; — Durchmesser 146; — Entfernung von der Sonne 145; — Größe 147; — Größe in verschiedenen Entfernungen von der Erde A. 145; — Größenverhältnis zur Sonne A. 122; — Mond 149; —

Sichel A. 147; — Sichtbarkeit 146; — Sichtbarkeit der dunklen Scheibe 148; — Umlaufszeit 145, 149.
Virtuelles Bild einer bikonvexen Linse A. 21.
Vespucci, Amerigo 309.
Vesta, Planetoid 159.
Vico, de 182.
Vogel 148, 180, 209, 251, 257, 258, 260, 276; — Sternspektra 290.

Wales 119.
Walfisch, Sternbild 156.
Walter, S. C. 303.
Wallebene 93.
Wanken der Erdachse 59, 236.
Warren de la Rue, Mondphotographien 103.
Wassermann, Sternbild 18.
Wasserschlange, Sternbild 18.
Wage, Sternbild 18.
Wega, Stern in der Leier 53, 244, 245, 251, 254, 290.
Weiß, Prof. 219.
Wells 209.
Weltjahr, platonisches, 53.
Weltsystem, aristotelisch=ptolemäisches 229; — kopernikanisches 230 f.
Wendekreise 48.
Widder, Sternbild 17, 58, 286.
Widmannstätten 216.
Wilson 131.
Winkelgeschwindigkeit eines Sternes 279.
Winkelmessung, astronomische 33, 34, 45.
Wolf, Prof. M., 163, 261, 295.
Wolf, R. 131.
Wright 216.

Yerkes=Sternwarte 28, 29, 30, 261.

Zeichen des Tierkreises 52, A. 53.
Zeit, mittlere, Berechnung und ihre Abweichung von der wahren 50.
Zeitgleichung 50.
Zeitrechnung 298.
Zenit 34.
Zenitdistanz 34.
Zentralkörper 277, 278.
Zentralsonne 286, 287, 289.
Zirkumpolarsterne 36, 37.
Zodiakallicht 138, A. 138, A. 139.
Zodiakus 52, A. 53.
Zöllner 134, 175, 244, 245.
Zwillinge, Sternbild 18, 244, 286, A. 162, A. 163.

Richard Wagner.
Nach der Lithographie von C. Scheuchzer.

Illuſtrierte Allgemeine Kunſtgeſchichte

im Umriß

für Schule und Haus ſowie zum Selbſtſtudium

Von

Paul Knötel

Mit 181 Abbildungen — Mit 181 Abbildungen

Elegant gebunden M. 6.50

Dürers Selbſtbildnis

Das Werk gibt einen klaren Überblick über den Entwicklungsgang der Kunſt in allen Ländern und zu allen Zeiten, wobei Baukunſt, Bildnerei und Malerei in gleicher Weiſe berückſichtigt ſind. Bei jeder Epoche ſind die Höhepunkte ſcharf hervorgehoben unter Verweiſung auf die Hauptwerke, ſowie auf das unvergänglich Schöne. Der **deutſchen Kunſt** iſt neben der griechiſchen und italieniſchen der Löwenanteil eingeräumt, doch ſind auch alle übrigen Länder angemeſſen berückſichtigt. Auf die Illuſtrierung iſt die größte Sorgfalt verwendet worden; es ſind nur Gegenſtände gewählt worden, welche für Zeitrichtung und Künſtler charakteriſtiſch ſind. Die Ausführung geſchah mit allen Hilfsmitteln der modernen Technik, ſo daß ſämtliche Bilder eine muſtergültige Ausführung fanden.

Verlag von Otto Spamer in Leipzig

Deutfche Briefe

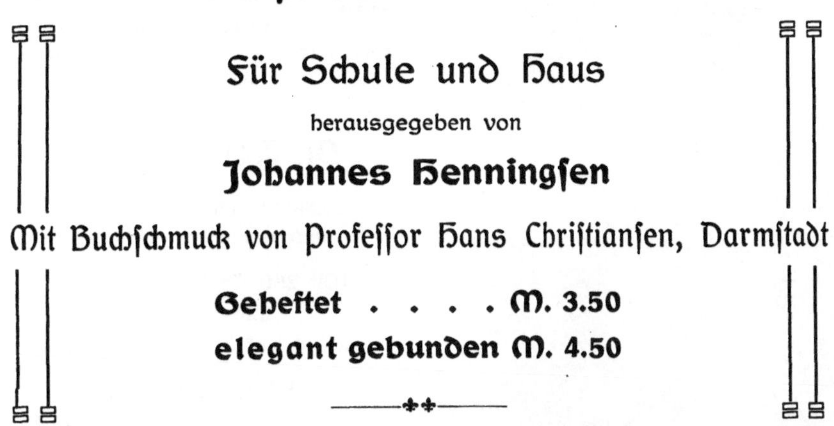

Für Schule und Haus

herausgegeben von

Johannes Henningsen

Mit Buchschmuck von Professor Hans Christiansen, Darmstadt

Geheftet . . . . . M. 3.50

elegant gebunden M. 4.50

————✤✤————

Die Bedeutung des Briefes zur Erkenntnis der Entwickelung des Volks-
lebens und der Volksbildung wird immer mehr anerkannt. Immer
mehr lernt man die reichen Schätze an Geist und Gemüt, die in
unferer Briefliteratur vorhanden find, würdigen und benutzen. Aber während die bisher erschienenen Werke sich vorzugsweise an die literarisch
Gebildeten wenden, ist unser Buch für den schlichten Mann des Volkes
und für die Jugend bestimmt. Es ist ein Volksbuch im besten Sinne
des Wortes. Der Herausgeber hat mit geschickter Hand aus der Fülle des
Stoffes eine Auswahl solcher Briefe getroffen, in denen Handlung vorhanden
ist, und die dem Leser Einblicke in das Leben und den Charakter bedeutender Menschen aus den verschiedensten Zeiten und Verhältnissen gewähren.

Vertreten find in dem Werke die Meister des deutschen Briefes von
Luther bis auf unsere Zeit. Genannt seien von großen Dichtern und Denkern
Gellert, Lessing, Goethe, Schiller, Körner, Grimm u. a., von Musikern Felix
Mendelssohn, Robert Schumann und Richard Wagner. Die nachklassischen
Meister find vertreten durch Friedrich Hebbel, Theodor Storm, Eduard
Mörike, Gottfried Keller, Klaus Groth und Fritz Reuter. Aus der Zeit des
nationalen Aufschwunges erwähnen wir die köstlichen Briefe Kaiser Wilhelms I.,
Bismarcks und Moltkes. In die Welt des Technikers führen uns die Briefe
des Ingenieurs Max Eyth, in die des Arztes die Briefe des berühmten
Chirurgen Theodor Billroth usw. Eine knapp gehaltene Geschichte des
deutschen Briefes erhöht den Wert des Buches.

Die Ausstattung ist glänzend und eigenartig vornehm, hat doch die
Meisterhand von Prof. Hans Christiansen in Darmstadt den Buchschmuck geschaffen.

Verlag von Otto Spamer in Leipzig

Das alte Wunderland der Pyramiden.

Geographiſche, politiſche und kulturgeſchichtliche Bilder

aus der Vorzeit,
der Periode der Blüte ſowie des Verfalles
des alten Ägyptens.

Von

Dr. Karl Oppel.

Fünfte umgearbeitete
und vermehrte Auflage.

Mit **250** Text=Abbildungen
und Karten,
ſowie **4** Tafeln in Farbendruck.

Geheftet M. **7.—**.

Fein gebunden M. **8.50.**

Kopf der in Turin befindlichen Porträtſtatue
Ramſes' II.

O ppel hat ſein Buch mit Begeiſterung für das „Wunderland" und ſeine
alten Bewohner geſchrieben; er wollte dadurch die Jugend und die
weiteren Kreiſe der Gebildeten bekannt machen mit jenem merk=
würdigen Lande und Volke, von dem die andern Völker am Mittelmeer
einen großen Teil ihrer Kultur erhielten, und das dadurch auf die Entwicklung
des Menſchengeſchlechts einen weſentlichen Einfluß ausübte, wennſchon nicht
einen ſo großen, wie früher angenommen wurde. Überdies darf Ägypten
ein noch erhöhtes Intereſſe beanſpruchen, ſeitdem ſeine engen Beziehungen
zu Vorderaſien bekannt geworden ſind. Das vorzügliche Werk hat zum
Leidweſen zahlreicher Freunde eine längere Reihe von Jahren gefehlt; es
war eine ſo perſönliche Schöpfung ſeines Verfaſſers, daß es faſt unmöglich
erſchien, das Buch der neuen Forſchung entſprechend umzugeſtalten, ohne
ihm zugleich ſeinen weſentlichen Reiz zu rauben. Jetzt iſt dieſe ſchwere
Aufgabe jedoch in vortrefflicher Weiſe gelöſt worden, und das Buch liegt
verjüngt und dem Stande der heutigen Wiſſenſchaft entſprechend vor, ohne
den Geiſt, in dem Oppel es ſchrieb, zu beeinträchtigen. Die prächtige
Illuſtrierung, bei der tunlichſt die Schöpfungen der Ägypter ſelbſt zur
Darſtellung gebracht wurden, erleichtert das Verſtändnis für die Weltan=
ſchauung der älteſten Kulturvölker.

Das Buch eignet ſich vorzüglich als **Geſchenkwerk für die ſtudierende
Jugend,** doch kann es auch jedem Freunde des Altertums warm empfohlen
werden, insbeſondere aber auch allen denen, die ſich auf eine **Reiſe nach
Ägypten** vorbereiten wollen.

Verlag von Otto Spamer in Leipzig

Die Pyramiden von Gifeh. Aus: Karl Oppel „Das alte Wunderland der Pyramiden".

JAPAN Das Land der auf= gebenden Sonne einst und jetzt

Nach seinen Reisen und Studien geschildert von
Dr. Joseph Lauterer

Mit 108 Abbildungen nach japanischen Originalen sowie nach photographischen Naturaufnahmen.
2. Auflage • Preis: Geheftet **7 M.**, elegant gebunden **8 M. 50 Pf.**

Japanischer Bauer mit Grasmantel.

Dr. Lauterer bietet in diesem Buche zum erstenmal eine zusammenhängende, populäre Darstellung des japanischen Reichs, seiner geschichtlichen Entwicklung und seines gesamten Kulturlebens. In fesselnder Weise und nach eigener auf mehrjährigen Reisen durch ganz Japan gewonnener Anschauung entwirft der Verfasser ein anschauliches Bild des Landes. Er schildert den Boden= reichtum Japans, seine Tier= und Pflanzenwelt, die geographischen und klimatischen Verhältnisse, insbesondere aber seine Bewohner in ihren eigenartigen Sitten und in ihrer ganzen Lebensweise.

Besonders hervorzuheben sind die dem Werke beigegebenen, vorzüglich ausgeführten **Illustrationen.** Eine Reihe von Reproduktionen nach Dar= stellungen der berühmtesten japanischen Künstler vermittelt die Anschauungs= und Denkweise des Inselvolkes, während zahlreiche photo= graphische Naturaufnahmen uns mitten in das volle Leben und Treiben hineinführen.

Lauterers Buch bietet ein ge= treues Bild des alten und des heutigen Japans und damit für jeden Gebildeten einen Schatz der Be= lehrung und Unterhaltung. Von großem Nutzen ist es dem Kaufmann, welcher sich über die japanischen Verhältnisse unterrichten will. Auch für den Japan= reisenden enthält es zahlreiche wert= volle Ratschläge und Winke, die ihm für den dortigen Aufenthalt von größtem Nutzen sein werden.

Korea Das Land des Morgenrots

Nach seinen Reisen geschildert von
Angus Hamilton

Mit 110 Abbildungen nach photographischen Aufnahmen sowie einer Karte.
Geheftet **7 M.**, elegant gebunden **8 M. 50 Pf.**

Verlag von Otto Spamer in Leipzig

Viertausend Kilometer im Ballon

Von

Herbert Silberer

Mit 26 photographischen Aufnahmen
vom Ballon aus.

Preis: Geheftet M. 4.50, in elegantem Einband M. 6.—.

Die **Luftschiffahrt** ist in unseren Tagen zu einer sich immer mehr stei=
gernden Bedeutung gelangt; sie hat sich zu einem Sport ent=
wickelt, der viele begeisterte Anhänger zählt, unter denen es
heute Meister gibt, die es zu einer wahren Künstlerschaft gebracht haben;
sie dient der Wissenschaft und der Landesverteidigung. So darf ein
Buch wie das vorliegende auf ein allgemeines Interesse rechnen, zumal es
das erste eines deutschen Autors ist, der nur seine eigenen Luftfahrten
beschreibt. Der junge Luftreisende, ein Sohn des bekannten Sportsmannes
und Schriftstellers Victor Silberer, legte innerhalb weniger Sommer über
viertausend Kilometer im Ballon zurück. Er ist der einzige Luftschiffer,
dem es gelungen ist, von Wien aus im Ballon die Nordsee zu er=
reichen. Ebenso ist er der einzige, der mit einem nur 1200 Kubikmeter
fassenden Ballon mit Leuchtgasfüllung 23½ Stunden in der Luft zu bleiben
vermochte. Seine Glanzleistung aber war es, in diesem Sommer in einem
nur 800 Kubikmeter fassenden Ballon über 19 Stunden ganz allein zu
fahren. In anschaulicher Weise schildert der junge Amateur=Aeronaut diese
und all seine hochinteressanten Fahrten. Das Buch enthält noch einen be=
sonderen Wert durch zahlreiche vorzügliche Wiedergaben photographischer
Aufnahmen vom Ballon aus, welche der Verfasser auf seinen verschie=
denen Luftreisen gemacht hat.

Verlag von Otto Spamer in Leipzig

Hafen von New York

Buch
Berühmter Kaufleute

Männer von Tatkraft und Unternehmungsgeist

Für Jugend und Volk geschildert von
Wilhelm Berdrow

Mit 52 Text=Abbildungen ——————— Geh. M. **6.50**, eleg. geb. M. **8.50**

Das Buch berühmter Kaufleute zeichnet in kurzgefaßten Bildern das Leben und Schaffen der hervorragendsten Männer auf dem Gebiete des Handels und der Unternehmungstätigkeit. Von den Bardi und Peruzzi des alten Florenz, den Fuggern und Welfern Augsburgs, den mittelalter= lichen Handelsfürsten Englands, gelangt der Verfasser zu den Koryphäen des modernen Welthandels, den Siemens, Astor, Vanderbilt, Carnegie, Cecil Rhodes. Er sucht sie bei ihrer Arbeit auf und spürt den inneren Triebkräften nach, die zum Erfolge führten. Aber nicht nur den königlichen Kaufmann, den weltumspannenden Unternehmer schildert er, sondern auch seinen Einfluß auf die Entwickelung des gesamten wirtschaftlichen Lebens der Völker.

Ein solches Werk ist für jeden **Gebildeten** hochinteressant und dürfte hervorragend geeignet sein als Geschenk für jüngere Kaufleute, für Söhne von Gewerbetreibenden, Kaufleuten und Industriellen.

Verlag von Otto Spamer in Leipzig

Der Weltverkehr und seine Mittel

Mit einer Übersicht über Welthandel und Weltwirtschaft

In **neunter** Auflage durchaus neu bearbeitet von

Ingenieur **C. Merckel**, Geheimer Ober-Postrat **Münch**, Regierungsbaumeister **Nestle**, Dr. **R. Riedl**, Ober-Postrat **C. Schmücker**, Kais. Marine-Oberbaurat **Tjard Schwarz**, Kgl. Wasser-Bauinspektor **Stecher** und Prof. **L. Troske**, Kgl. Eisenbahnbauinspektor a. D.

Mit **844** Text-Abbildungen sowie **14** teils farbigen Tafeln.

In neuem modernen Einbande M. 15.—

Die Entwickelung des Verkehrswesens zur gegenwärtigen Höhe ist die großartigste Leistung der modernen Technik; die Trennung durch Zeit und Raum erscheint fast überwunden. Eine Reise von Berlin oder Leipzig nach Paris, die noch zu Großvaters Zeiten Wochen erforderte, wird heute in bequemen, mit allem Komfort ausgestatteten Wagen in 16 Stunden ausgeführt, und selbst eine Reise nach Amerika hat ihre Schrecknisse verloren, seit prächtig ausgestattete Dampfer den Reisenden in sechs Tagen sicher über den Ozean bringen. Die Errungenschaften der Verkehrstechnik sind aber auch die interessantesten, da sie jedem einzelnen zugute kommen und jeder ihren Segen am eignen Leibe verspürt.

Ein Buch, das den modernen Weltverkehr und seine Mittel schildert, ist für jedermann interessant. Es ist unentbehrlich in der Bücherei des Kaufmanns wie des Industriellen, des Offiziers und des Gelehrten.

Der Verkehr zu Lande und zur See, der Bau von Straßen, Brücken, Viadukten, das große Gebiet des Eisenbahnwesens, Verkehr und Anlage von Wasserstraßen, Fluß- und Seekanäle, das jetzt so aktuelle Kapitel vom Schiffbau sind von hervorragenden Fachmännern behandelt.

Das Buch enthält eine Fülle interessanten Stoffes in lebendiger anschaulicher Darstellung und ist außerordentlich reich illustriert. Es ist ein ebenso schönes wie nützliches Geschenkwerk, in dem jeder bei genußreicher Lektüre reiche Belehrung und Anregung findet. Insbesondere eignet sich das Buch auch für die heranwachsende Jugend.

Innere Einrichtung eines amerikanischen Luxuswagens von Pullmann.

Verlag von Otto Spamer in Leipzig

Buch der Erfindungen

Ausgabe in einem Bande

unter Mitwirkung von
Profeſſor Dr. **Laſſar-Cohn** und Hauptmann a. D. **Caſtner**
bearbeitet von
Wilhelm Berdrow
Mit 705 Text-Abbildungen und acht teils mehrfarbigen Tafeln.
Gebunden M. 15.—

Für den weiteſten Kreis der nach Bildung Strebenden, insbeſondere für die heranwachſende Jugend, fehlte bisher ein Buch, das flott geſchrieben, in überſehbarem Umfange und in großen Zügen das Weſentliche aus all dem vielgeſtaltigen Betriebe unſeres gewerblichen und induſtriellen Lebens gab. Ein ſolches liegt hiermit vor. Der als Fachſchriftſteller vorteilhaft bekannte Verfaſſer, der in hervorragendem Maße die Gabe einer populären Darſtellung, lebendige und anſchauliche Sprache beſitzt, hat, klaren Blicks und feſter Hand das Weſentliche vom Unweſentlichen trennend, in einem ca. 90 Bogen faſſenden Bande eine Überſicht über die Entwicklung und gegenwärtige Geſtaltung unſrer geſamten Gewerbe und Induſtrien unter Berückſichtigung aller Errungenſchaften bis auf die jüngſten Tage gegeben, wie ſie in ſolcher Gediegenheit nirgends exiſtiert.

Die Illuſtration iſt ungewöhnlich reichhaltig und wird den allerhöchſten Anſprüchen gerecht. Über 700 vortrefflich ausgeführte Text-Abbildungen und acht zum Teil mehrfarbige Beilagen begleiten und erläutern das geſchriebene Wort und erhöhen den Wert ſowie die praktiſche Verwendbarkeit des prächtigen Buches, welches jedermann eine unerſchöpfliche Quelle der Belehrung darbietet. Dem Induſtriellen wie dem Kaufmann, dem Lehrer und dem Künſtler wird es unentbehrlich ſein. Insbeſondere ſei es auch als Geſchenkwerk für die heranwachſende Jugend empfohlen, für welche es keinen beſſeren Leſe- und Belehrungsſtoff gibt.

Zentrifugenſaal einer Zuckerfabrik.

Verlag von Otto Spamer in Leipzig

Die Elektrizität

ihre Erzeugung und ihre Anwendung in Industrie und Gewerbe

Allgemeinverständlich dargestellt
von
Arthur Wilke
Ingenieur für Elektrotechnik

Mit 10 Tafeln und über 800 Abbildungen im Text

5. Auflage

Elegant gebunden M. 10.—

Zusammen mit einem
Zerlegbaren Modell einer Dynamomaschine
15 Mark

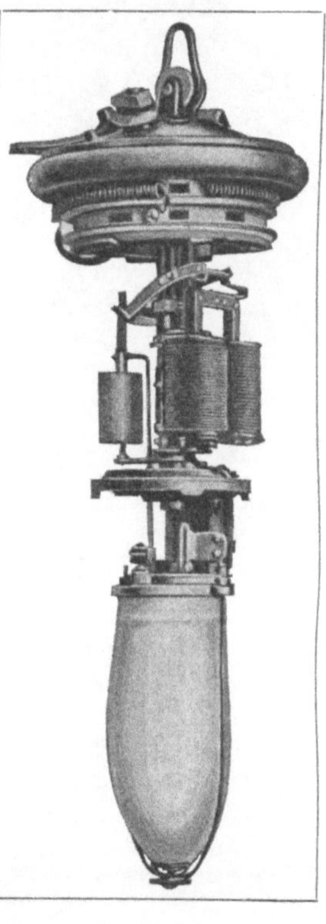

Jedermann empfindet heutzutage, wo ihm die praktische Verwertung der vielseitigsten aller Naturkräfte, der Elektrizität, täglich vor Augen tritt, das Bedürfnis, sich eine eingehendere Kenntnis dieses Gebietes zu erwerben und sich gelegentlich darüber Auskunft zu holen. Diese Erwägungen haben zur Herausgabe dieses Werkes geführt, in welchem die Elektrizität, das interessanteste Kapitel der modernen Technik, in einer ihrer gegenwärtigen Bedeutung entsprechenden Vollständigkeit in Wort und Bild veranschaulicht ist.

Der Verfasser ist als einer der besten elektrotechnischen Schriftsteller bekannt; er hat sich hier zugleich als ein Meister populärer Darstellung erwiesen. Sein Werk ist so übersichtlich und klar, so überaus leichtfaßlich geschrieben, daß es den Leser gleichsam spielend selbst mit verwickelteren Problemen vertraut macht. Eine äußerst reichhaltige, prächtige und vor allem sachgemäße Illustrierung trägt dazu nicht wenig bei.

Haben schon die ersten vier Auflagen des Wilkeschen Buches in allen Kreisen, bei Fachleuten wie bei Laien, die schmeichelhafteste Aufnahme gefunden, so wird der **5. Auflage** um so mehr Anerkennung gezollt werden, als sie vollständig neu bearbeitet und bis auf die allerneueste Zeit ergänzt worden ist, somit also ein getreues Bild von dem gegenwärtigen Stande der Elektrotechnik bietet.

Verlag von Otto Spamer in Leipzig